普通高等教育工程管理专业"十二五"新编系列教材

工程财务与风险管理

顾伟红　主　编
祝连波　副主编
刘振奎　主　审

中国铁道出版社
2010年·北京

内容简介

本书系统阐述工程管理中财务基本理论知识及其应用体系，内容共分12章：工程财务管理总论，财务管理的价值观念，财务预测与工程资金规划，工程项目筹资管理，项目投资管理，工程资产投资与管理，工程成本费用与财务控制，收入、利润及利润分配管理，工程财务分析，工程财务风险管理，国际工程财务管理，工程财务信息化管理。

本书可作为高等学校工程管理专业、工程造价专业、房地产经营与管理专业、土木工程专业及相关专业教材，也可供高职院校的同类专业学生使用以及施工企业管理人员、相关专业人员工作参考。

图书在版编目（CIP）数据

工程财务与风险管理/顾伟红主编．—北京：中国铁道出版社，2010.8

（普通高等教育工程管理专业“十二五”新编系列教材）

ISBN 978-7-113-11601-9

Ⅰ.①工…　Ⅱ.①顾…　Ⅲ.①建筑工程-财务管理-高等学校-教材　Ⅳ.①F407.967.2

中国版本图书馆CIP数据核字（2010）第140393号

书　　名：工程财务与风险管理
作　　者：顾伟红　主编　祝连波　副主编

责任编辑：刘红梅　**电话：**010－51873133　**电子信箱：**mm2005td@126.com　**教材网址：**www.tdjiaocai.com
封面设计：郑春鹏
责任校对：孙　玫
责任印制：陆　宁

出版发行：中国铁道出版社（100054，北京市宣武区右安门西街8号）
网　　址：http://www.tdpress.com
印　　刷：三河市华业印装厂
版　　次：2010年9月第1版　　2010年9月第1次印刷
开　　本：787 mm×1 092 mm　1/16　印张：21.5　字数：536千
书　　号：ISBN 978-7-113-11601-9
定　　价：38.50元

前言

本书是为工程管理专业工程财务管理课程编写的一本专业基础课教材。在专业知识体系中旨在帮助同学树立财务管理的基本价值观，掌握以三大财务决策，即筹资决策、投资决策、利润分配决策为主线的财务管理方法，具备初步的工程理财及工程财务决策分析能力。

教材按照建设部高等学校工程管理学科专业指导委员会制定的《工程管理专业培养方案及课程教学大纲》中对该课程内容的要求编写，内容契合专业培养要求，同时与现有财务管理类教材相比突出以下几个特点：

一是突出工程的特点。现代工程项目管理，是以财务管理为核心的目标控制及管理过程，将工程全过程管理与财务管理知识有机结合，满足了非财务类专业对财务知识的学习要求。因此教材内容编写充分结合了工程企业财务管理的决策特点，并重视与工程管理专业其他课程的衔接。如增加建筑企业资金流转、项目资本金制度、投资项目现金流量管理、建筑企业工程结算收入管理、工程成本管理等内容；并注重与该专业建设项目管理、工程估价、建设项目经济评价等课程的呼应衔接。

二是注重知识体系更新。在对基本知识模块：财务管理的价值观念、三大财务决策、财务预算和控制理论介绍的基础上，更新了工程资金规划、项目融资、工程财务风险管理、工程财务信息化管理等新知识，既及时体现了教师在长期教学中的观点更新，也拓展了专业知识的宽度。

三是加强理论联系实际，注重能力培养。教材对基本知识理论的阐述力求准确精练，同时，在各章后附有相应的案例，借以培养学生知识的应用能力、激发学生创新思考。在各章前附有学习目标，包括知识和能力两方面，使学生在学习各章知识前首先了解要达到的学习目标要求。

本教材适用于工程管理专业各方向的工程财务管理课程教学，也可作为其他相关专业或人员的学习参考。教材由兰州交通大学工程管理系教师编写，由顾伟红任主编，祝连波任副主编，刘振奎教授主审。各章作者分工如下：第1，3，6，10章由顾伟红编写；第2章3、4节，第7，8，12章由祝连波编写；第4，9章由陈小娟编写；第2章1、2节，第5，11章由谢斌编写。全书由顾伟红进行统稿。硕士研究生赵冉在资料搜集和修改整理方面做了许多工作。在此对所有付出辛勤劳动的编写人员表示衷心的感谢。同时，在本书编写过程中，参阅了国内同行多部著作，在此一并表示衷心的感谢。

由于作者知识积累的局限、编写中参考的资料有限，书中难免存在疏漏或不妥，欢迎同行专家和读者在使用中给予批评指正，感谢您的交流和大力支持。

作者 Email：guweihong@ lzjtu. mail. cn

作者

2010 年 8 月

目录

1 工程财务管理总论

学习目标

- 理解工程财务管理的对象及特点
- 掌握工程财务管理的目标和内容和职能
- 识别工程财务管理的环境对财务管理影响
- 了解工程财务会计核算的要素和具体方式
- 把握工程财务管理的基本知识框架,增加对工程财务管理的理解和认识

1.1 工程财务管理概述

工程财务指工程项目在实施过程中或企业在生产经营中客观存在的资金运动,以及通过资金运动所体现的企业与各方面的经济关系。工程财务管理既要遵循企业财务制度的各项规定,又要体现工程项目管理的各方面特征,是工程全过程管理的重要部分。如何利用价值形式对工程中的财务活动进行综合管理,如何以较低的代价取得资金,如何高效地运用资金、科学合理地分配资金;如何使企业价值或财富实现可持续增长。针对这些问题的管理和控制,形成了工程财务管理的基本研究框架。

1.1.1 工程财务管理的内涵

1. 工程财务管理的对象

企业财务的本质是资金运动及其形成的经济关系,工程财务管理的研究对象同样是在工程建设全过程中的资金运动及管理使用。工程建设以资金筹划、筹集为起点,经材料、设备采购、工程实施转化为各种物质占用形态,至工程结算取得货币资金,资金运动形成经货币、生产资料、在建产品、工程产品、货币资金的一个完整循环过程,周而复始不断流转。企业资金流转图见图 1.1。

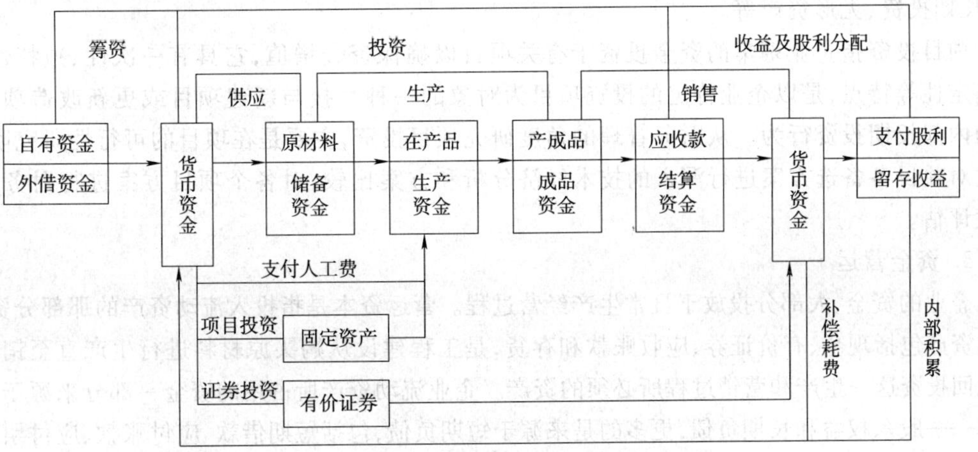

图 1.1 企业资金流转图

2. 工程财务管理特点

结合工程项目管理的特征，工程财务管理有其自有的特点：

1）由于工程项目管理具有一次性特征，工程项目财务管理形成预测、计划、控制、核算、分析、考核一整套完整程序；

2）资金在工程项目上不断改变其形态，其占用表现为各种成本或费用，因此管理好项目资金，便能控制各项成本费用支出；

3）建筑产品生产周期长，受客观条件影响大，项目财务的动态跟踪管理对企业经济效益起到关键作用，通过工程实施中的控制、调整确保项目经济目标实现。

1.1.2　工程财务管理的内容

财务管理是对财务活动和财务关系的管理，工程财务活动总是紧密贯穿在工程企业生产经营、工程项目建设管理活动中，具体包括工程资金筹集、投放、营运、分配等财务活动。工程财务管理的内容包括资金管理、成本管理、筹资管理、投资管理和利润分配管理，其中资金管理包括资金的取得和使用，成本管理主要是工程实施中的成本费用控制管理，利润管理包括工程价款结算、收入、利润形成管理与利润分配管理。

1. 筹资管理

筹集资金是企业资金运动的起点。在筹资过程中，企业一方面要预测资金需要量，确定筹资规模；另一方面要选择筹资渠道和筹资方式，确定合理的筹资结构，降低筹资费用。企业筹集的资金包括两个部分，一是股东投入形成的权益资本，主要通过吸收直接投资和发行股票的方式取得；二是债权人投入形成的负债资本，主要通过银行借款、发行债券、商业信用、融资租赁等方式取得。

工程项目融资是以项目的资产和所产生的现金流量为基础筹集项目建设所需资金，具有有限追索特征，进行合理的融资结构设计，合理分担风险是确保项目融资成功的关键。

2. 投资管理

资金的投放是指企业为了赢利而将所筹资金进行投资的行为。企业的投资包括对内投资和对外投资两种。对内投资是把资金直接投放于生产经营性资产，例如购置设备、购买材料等，以便通过生产经营获取利润；对外投资是把资金投放于金融性资产，例如购买股票、债券等，以便获得股利或利息收入。企业投资活动的结果，形成各种资产，包括流动资产、固定资产、长期投资、无形资产等。

项目投资指企业筹集的资金投资于有关项目以确保资金增值，它具有一次性、独特性、目标确定性等特点，是以企业特定的投资项目为对象的一种直接与新建项目或更新改造项目有关的内部长期投资行为。从财务管理的角度研究项目投资，主要是在项目的可行性研究阶段，通过对项目各备选方案进行深入的技术经济分析和方案比较，对各个项目方案进行财务的可行性评估。

3. 资金营运

企业的资金，大部分投放于日常生产经营过程。营运资本是指投入流动资产的那部分资本。流动资产包括现金、有价证券、应收账款和存货，是工程建设从购买原材料进行生产直至销售产品收回投资这一生产和营销过程所必须的资产。企业流动资产所占用的资金一部分来源于长期资本——股东权益和长期负债，更多的是来源于短期负债，包括短期借款、应付账款、应付票据和应付未付款。流动资产减流动负债称为净营运资本，净营运资本的大小会影响企业的收益和风险。在企业生产经营活动中,要消耗各种材料物资、发生固定资产损耗、支付工资和各种费用,继而生产出产成品(已完工程),通过产品销售收回资金,并实现资本增值,形成企业的利润。

4. 利润分配

利润是企业生产经营活动的最终成果,是以一定时期实现的各项收入抵补费用和支出后实现的赢利。施工企业建造合同收入包括初始收入和因合同变更、索赔、奖励等形成的收入两部分内容。工程成本包括从建造合同签订开始至合同完成止所发生的、与执行合同有关的直接费用和间接费用。

企业通过投资取得的收入,首先弥补生产经营耗费,缴纳流转税,其余形成营业利润;营业利润和投资净收益、营业外收支净额等构成企业利润总额。利润利润总额首先按国家规定缴纳所得税,形成净利润,再按法定程序提取公积金和公益金,分别用于扩大积累、弥补亏损和改善职工集体福利设施,其余利润可作为投资者收益分配或留存企业作为追加投资。利润分配管理要确定分配给股东的股利与留存收益的比例,通过分析影响股利政策的各方面因素,选择对企业最有利的股利政策,以实现企业理财目标。

1.1.3 工程财务关系

企业财务关系是企业在组织财务活动过程中所形成的各种经济利益关系,经济利益关系包括利益双方的权利与义务。工程建设是由参与工程建造的各方共同完成的,涉及各方的经济利益,形成的财务关系主要表现在以下几方面:

1. 与投资者之间的财务关系

主要是指企业的投资者向企业投入资金,企业向投资者支付报酬所形成的经济关系。企业的所有者包括国家、法人和个人,投资者按照投资合同、协议、章程的约定履行出资义务以便及时形成企业、项目资本,其目的是为了获得满意的投资回报;企业利用资本进行经营,实现利润后,应按出资比例或合同章程的规定向所有者支付投资报酬。企业与所有者之间的财务关系是所有财务关系中最基本的财务关系。

2. 与债权人之间的财务关系

是指企业向债权人借入资金,并按借款合同规定按时支付利息和归还本金所形成的经济关系。企业除利用资本进行经营活动外,还要通过负债降低资金成本,扩大经营规模。企业的债权人主要有本企业发行的公司债权的持有人、贷款机构、商业信用提供者、其他出借资金给企业的单位和个人。债权人将资金提供给企业使用,有权要求企业如期偿还本金和利息;企业取得资金后,要依法使用,并按期归还本息。企业与债权人之间的财务关系在筹资活动和结算活动中产生,性质上属于债务与债权关系,其基础是企业的信誉和偿债能力。

3. 与政府之间的财务关系

中央与地方政府作为社会管理者,担负维持社会正常秩序、保卫国家安全、组织和管理社会活动等任务,行使政府职能。政府依据这一身份,无偿参与企业利润分配。税收是国家财政收入的主要来源,照章纳税是企业对国家、对社会应尽的义务。企业必须及时、足额计缴各种税款,不得任意拖欠,更不得偷税漏税。这种关系是国家以社会管理者的身份参与企业资金分配,带有强制和无偿性。至于国家以投资者的身份对企业投资和从企业分利,则属于企业与投资人之间的财务关系。

4. 与其他企业之间的财务关系

企业与其他企业之间互相提供商品和劳务,产生商品交换关系;由于商品交换的分期付款或延期付款,又产生债权债务关系;企业之间相互投资,还产生利润分配关系。

5. 企业内部各单位、各部门之间的财务关系

施工企业内部包括若干个独立核算单位,各内部单位之间发生的工程结算、机械租赁、材料销售、劳务供应等业务,都要按照内部结算价格办理结算,从而形成了资金结算关系。另外,企业与所属单位之间还存在着资金缴拨关系。

6. 企业与职工之间的财务关系

指企业向职工支付劳动报酬过程中所形成的经济关系。职工为企业付出了劳动,企业向职工支付劳动报酬,从而形成了职工和企业在劳动成果方面的分配关系。企业应保证职工工资、奖金、津贴的及时发放,不得随意拖欠,并按规定提取公益金,以充分调动职工的积极性和创造性。

1.2 工程财务管理的目标

财务管理的目标是在特定理财环境中,通过组织财务活动,处理财务关系所要达到的目的。它是一切财务活动的出发点和归宿。

1.2.1 具有代表性的财务管理目标

1. 利润最大化

即假定在企业的投资预期收益确定的情况下,财务管理行为将朝着有利于企业利润最大化的方向发展。以追逐利润最大化作为财务管理的目标,其主要原因有三:

1)人类进行生产经营活动的目的是为了创造更多的剩余产品,在商品经济条件下,剩余产品的多少可以用利润这个价值指标来衡量;

2)在自由竞争的资本市场中,资本的使用权最终属于获利最多的企业;

3)只有每个企业都最大限度地获得利润,整个社会的财富才可能实现最大化,从而带来社会的进步和发展。

利润是企业一定期间全部收入和费用的差额,能够从一定程度反映企业经济效益好坏和对社会的贡献,也是企业补充资本、扩大经营规模的源泉。以之作为财务管理的理财目标,还有直观易算特点,但在实践中也存在以下难以解决的问题:

1)利润是企业一定时期内实现的利润总额,没有考虑资金的时间价值;

2)没有反映创造的利润与投入的资本之间的关系,因而不利于不同资本规模的企业或不同期间之间的比较;

3)没有考虑风险因素,高额利润往往要承担过大的风险;

4)片面追求利润最大化,可能导致企业的短期行为,如忽视在科技开发、产品开发、人才开发、生产安全、技术装备水平、生活福利设施、履行社会责任等方面的投资与管理。

2. 资本利润率最大化或每股利润最大化

资本利润率是净利润与投入资本的比率;每股利润是净利润额与普通股股数的比值。所有者投资是为取得资本收益,两指标均反映投资与收益的对比关系,能反映企业赢利水平,并克服了利润最大化作为财务管理目标的第二个缺陷。净利润与出资额或股份数对比,既能说明企业赢利水平,又能揭示不同时期同一企业或不同企业同一时期赢利能力差异。但不能克服利润最大化理财目标的其他三个缺陷:没考虑资金的时间价值,没有考虑风险因素和可能导

致经营者的短期行为。

3. 企业价值最大化(股东财富最大化)

投资者建立企业的目的在于创造尽可能多的财富,这种财富首先表现为企业的价值。企业价值是指企业全部资产的市场价值,它是以一定期间归属于投资者的现金流量,按照资本成本或投资机会成本贴现的现值表示的。它不同于利润,利润只是新创造价值的一部分,而企业价值不仅包含了新创造的价值,还包含了其潜在的或预期的获利能力。其价值的评价一般是通过投资大众的市场评价进行的,投资者对企业潜在的获利能力预期越高,其价值就越大。在股份公司,负债水平一定情况下,企业价值主要体现在公司股票价格上,股票投资报酬的现值越大,股票的市场价格就越高,企业的价值就越大。因此,企业价值最大化也可表述为股东财富最大化。以企业价值最大化作为财务管理的目标,其优点主要表现在:

1)这一目标考虑了资金的时间价值和投资的风险价值,有利于选择投资方案、统筹安排长短期规划、有效筹措资金、合理制订股利政策等;

2)这一目标反映了对公司资产保值增值的要求,从某种意义上说,股东财富越多,公司资产的市场价值就越大,追求股东财富最大化的结果可促使公司资产保值或增值;

3)这一目标有利于克服管理上的片面性和短期行为;

4)这一目标有利于社会资源合理配置,社会资本通常流向公司价值最大化或股东财富最大化的企业或行业,从而实现社会效益最大化。

以企业价值最大化作为财务管理的目标也存在一些问题:

1)对于非股票上市公司,这一目标值不能依靠股票市价做出评判,而需通过资产评估方式进行,出于评估标准和评估方式的影响,这种估价不易客观和准确;

2)公司股票价值并非为公司所控制,其价值波动也并非与公司财务状况的实际变动相一致,这对公司实际经营业绩的衡量也带来了一定的困难。

综上,企业理财较理想的选择是以企业价值最大化为目标。根据这一目标必须协调好财务活动不同利益主体之间的关系:

1)所有者与经营者的矛盾与协调

企业价值最大化直接反映了企业所有者的利益,与经营者没有直接的利益。因而,双方主要矛盾是经营者希望在提高企业价值和股东财富的同时,能更多增加享受成本,而股东则希望以较小的成本带来更高的企业价值或股东财富。股东为防止经营者背离其目标,往往采取报酬与绩效挂钩,通过监督、激励来协调这一矛盾。

2)所有者与债权人的矛盾与协调

所有者的财务目标可能与债权人期望实现的目标发生矛盾:如所有者可能会要求经营者改变举债资金的原定用途,如用于风险更高的项目,这会增加债权人的风险。高风险项目成功,额外利润为所有者独享,若失败,债权人却要与所有者共同承担此项损失。再有,股东可能未经债权人同意,要求经营者发行新债,致使旧债风险增加。为协调这些矛盾,债权人常采取限制性借债,收回借款、寻求法律保护等措施。

3)企业与社会

企业作为市场主体,它不仅要为其所有者提供收益,而且还要承担相应的社会责任,如保护生态平衡、防止公害污染、支持社区文化教育和福利事业等。二者目标既一致,也会有背离;为防止企业背离社会目标,应采取法律监督、政府监督、社会舆论监督等方式。

1.2.2 工程财务管理的目标

工程财务管理既是工程类企业整体管理活动的重要组成部分,又是现代工程项目管理的核心系统,它是以资金为核心开展的,为工程目标的实现提供支持条件和手段的、为工程管理的总目标服务的理财活动。为实现这一总目标,首先要在明确战略的前提下合理确定投资方向,在控制投资风险的前提下做好投资决策,以提高资金的报酬水平;同时应寻求合理的资金来源渠道,降低资金成本,使工程保持合理的资本结构及负债规模;另外,在工程建设中应合理使用资金,加速周转,降低资金占用和减少耗费,并保持适当的资金储备;同时在整个过程中要做好资金的风险管理。

工程财务管理还应有以下具体目标:

(1)选择最佳的投资方案。投资方案的选择是工程或工程企业经营成败的关键所在。某些工程效益低、工程成本高、债务负担重,甚至不宣告破产就不足以摆脱债务危机,究其原因在很大程度上与项目前期投资决策的失误密切相关。因而,投资决策是工程理财的重要活动之一。投资方案选择前必须经过充分的市场调查和市场分析,并考虑可能出现的各种风险,才能做出最佳的投资方案选择。

(2)以最低的成本筹集资金。当投资方案已确定,则如何以最低的成本筹措所需的资金就是筹资决策需重点解决的问题。筹资决策中,如对筹资渠道、方式考虑不当,往往造成资金成本过高,使工程各方利益受到损害,甚至因担负过重的债务负担而走入困境。

(3)合理安排资本结构。工程项目的资本结构,一般是由自有资本和借款人资本构成的。负债的多少应与自有资本和偿债能力的要求相适应,既要防止负债过多,导致财务风险过大,偿债能力过低,又要有效地利用负债经营,提高自有资本的收益水平。

(4)营运资本和利润分配管理。营运资本管理主要指合理投放固定资产、流动资金占用,加速工程款回收,提高资金使用效率。

利润是工程建设的最终财务成果,也是企业经营的主要目的之 。在工程建设中,对于利润,理财的着眼点在于增加收入和节约开支;对于利润分配,其核心在于制定股利政策、分配政策,即针对不同政策的影响因素,而采取不同的分配决策。

(5)合理规避风险。工程建设投资的复杂性决定建设过程各阶段都会伴随资金的财务风险,如融资风险,施工阶段垫资承包风险、资金使用管理风险,竣工阶段的汇率风险、结算风险等。工程财务管理要运用风险管理的手段和方法对工程建设过程各阶段与资金筹集、使用、收回相关的风险因素进行辨识、估计、评价和处理,使工程财务风险得到有效控制和规避。

1.3 工程财务管理的职能

工程财务管理的职能反映在具体财务活动过程中,包括以下主要职能:

1.3.1 工程财务预测

进行财务预测,有助于减少财务活动的盲目性,增强理财的自觉性。财务预测是在过去与现在财务资料的基础上,对未来的财务状况与财务指标所作的估计。其内容涉及财务管理的各个方面,如资产需要量预测、长短期投资预测、成本费用预测、销售收入预测、现金流量预测、利润及利润分配预测等。具体内容包括销售预测、利润预测、成本预测和资金预测。对项目进行资金规划,要考虑资金来源、资金结构、资金平衡与债务偿还等多方面因素,以达到资金利用的价值最大化。财务预测是财务决策的前提。

1.3.2 工程财务决策

工程财务决策是从企业经营和项目投资角度出发,来确定各项具体财务活动的目标,并从两个以上的财务方案中选择一个能实现既定目标的优化方案的过程。财务决策是财务管理的核心,其内容涉及筹资决策、投资决策、利润决策、资金占用决策、成本费用决策、价格决策等。在预测基础上作出的财务决策是编制财务计划、进行财务控制的基础。各项财务决策的正确与否直接关系到企业经营与项目建设的成败。具体财务决策的程序为:①确定决策目标;②提出备选方案;③选择最优方案。

项目投资决策要通过对各个项目备选方案进行深入的技术和经济分析及方案比较,对各方案进行财务可行性评估。通过准确估算项目预期现金流量进行评估指标计算比较,进而进行方案取舍。

1.3.3 工程财务计划

财务计划主要指利润规划和财务预算,它规定企业计划期内的利润、收入、成本费用以及投资与筹资规模,是企业组织日常财务活动的纲领。其内容主要包括筹资计划、投资计划、成本费用计划、销售收入计划及利润计划等。利润规划是企业为实现其目标利润而系统、全面调整其经营活动的规模和水平,是编制财务预算的基础;财务预算是财务计划的数量反映,如现金预算、费用预算等。

项目施工阶段要编制资金使用计划来进行成本控制,具体有按成本费用构成分解编制的资金使用计划、按项目构成分解编制的资金使用计划、按时间进度分解编制的资金使用计划。

财务计划是财务控制的基础和依据。

1.3.4 财务控制

财务预算的落实需要通过财务控制来实现。财务控制是根据财务计划和有关财会的政策法规,对实际或预计的财务活动实施情况进行对比检查,发现偏差并及时采取措施加以纠正的过程。因此,财务控制是财务管理的经常性工作,是实现财务计划、执行财务制度的基本手段。财务控制的步骤:首先制定控制标准,分解落实责任;其次实施追踪控制,及时调整误差;最后要分析执行情况,搞好考核奖惩。

财务考核是将报告期财务指标实际完成数与规定的考核指标进行对比,确定有关责任单位或个人是否完成财务活动任务的过程。财务考核常与奖惩、晋升等紧密联系,是贯彻财务责任制度的必要环节。财务考核要尽可能采用科学的考核指标,进行公平、公正的考核,否则会挫伤有关责任单位和个人的积极性。

1.3.5 财务分析

财务分析是根据核算资料,运用特定方法,对企业财务活动过程及其结果进行分析评价的工作。从中可掌握计划完成情况,评价财务状况,掌握企业财务活动规律性,改善财务预测、决策、预算和控制,也能发现问题,促进改善企业财务管理。财务分析的常用方法有比较分析法、比率分析法、因素分析法、结构分析法、差额分析法、平衡分析法等,其中比率分析法是财务管理中非常重要的分析方法。

1.4　工程财务管理的环境

工程财务管理的环境是对工程企业理财、工程财务活动开展起影响作用的各种条件的总称。研究理财环境,有助于正确制定理财策略。

工程理财的环境主要包括宏观经济环境、法律环境、金融环境,微观市场环境、生产技术环境、企业内部管理环境。

1.4.1　宏观经济环境

在影响企业理财的各种外部环境中,宏观经济环境是首要因素。如国民经济发展的总体状况;政府对经济部门的控制和参与程度,即经济管理体制;社会总供给与总需求的平衡状态及由此决定的社会通货膨胀水平等。以下从经济周期及政府经济政策两方面进行分析。

1. 经济周期与通货膨胀

市场经济条件下,经济发展带有一定波动性,经济学中描述这种经济复苏、繁荣、衰退和萧条的循环为经济周期。在经济周期的各阶段,经营理财的策略并不相同,其要点见表1.1。

表1.1　经济周期各阶段理财策略

复苏阶段	繁荣阶段	衰退阶段	萧条阶段
1. 增加厂房设备	1. 扩充厂房设备	1. 停止扩张	1. 建立投资标准
2. 实行长期租赁	2. 继续建立存货	2. 出售多余设备	2. 保持市场份额
3. 建立存货	3. 提高价格	3. 停产不利产品	3. 缩减管理费用
4. 引入新产品	4. 开展营销规划	4. 停止长期采购	4. 放弃次要利益
5. 增加劳动力	5. 增加劳动力	5. 削减存货	5. 削减存货
		6. 停止扩招员工	6. 裁减员工

从经济发展阶段来看,如果经济处于上升时期,社会总供给和总需求旺盛,经济增长速度加快,人民的收入水平有较大的提高,社会资金充裕,企业发展所需的资金就比较容易筹集;相反,如果经济发展出现停滞和衰退,市场萎缩、萧条,购买力水平下降,企业产品销售就会遇到困难,企业资金周转也会受到影响。社会总供给和总需求的平衡状态以及由此决定的社会通货膨胀水平,会对企业供、产、销产生全面的影响,使企业风险加大。由于通货膨胀一般是指某一时期物价的普遍上涨,所以对企业的财务预测、决策、预算工作,对企业资金需要量的确定和筹集,对股份制企业及其他企业持有的证券价格,对企业财务状况和赢利水平等会产生全面的影响。

2. 政府经济政策

在社会主义市场经济体制条件下,政府主要用经济手段对企业实施宏观调控,企业经营自主权和理财自主权增强。我国在财税、金融、外汇、价格、投资、社会保障等方面不断推进的各项改革,对企业的财务活动有直接的深远的影响。

1.4.2　法律环境

法律环境既为企业生产经营规定了行为准则及限制条件,又为企业合法经营提供了保障。

财务管理的法律环境是指企业和外部发生经济关系时所应遵守的各种法律、法规和规章，主要包括：

1.《中华人民共和国公司法》（以下简称《公司法》），是我国规定公司的设立、组织与活动的法律。其主要内容为：公司设立的原则和条件；公司内部管理体制；公司的资本和出资要求；股份的发行和转让；公司债券；公司的财务、会计；公司的合并、分立；公司的破产、解散和清算等。企业从设立到终止的各项财务处理都必须遵守《公司法》。

2.《中华人民共和国税法》（以下简称《税法》），是我国制定的用以调整国家和纳税人之间在征、纳税方面的权利和义务关系的法律规范的总称。它是征、纳税双方的行为准则，其目的是保证征、纳税双方的合法权益，维护税收正常秩序，保证国家及时、足额地取得财政收入。税负是企业的一种费用，会增加企业的现金流出，对企业财务管理有重要的影响。

3. 财务法规，主要是由财政部制定并颁布实施的《企业财务通则》（以下简称《通则》）。2007 年新颁布的《通则》分 10 章共 78 条，是围绕企业经营、设立、分配、重组过程中伴生的财务活动进行规定的。内容包括：总则、企业财务管理体制、资金筹集、资产营运、成本控制、收益分配、重组清算、信息管理、财务监督和附则。

第一章总则，包括财务管理通则制定的目标、适用范围、财务管理的基本要素、财政部门在企业财务管理中的作用等。

第二章企业财务管理体制，要求企业实行资本权属清晰、财务关系明确、符合法人治理结构要求的财务管理体制，包括财务决策制度、风险管理制度、预算管理制度等，并明确了所有者和经营者在财务管理中的责任和权限。

第三章资金筹集，规范了企业的筹资方式、程序及资本金管理中的财务处理，要求企业筹资中要确定筹资规模、控制筹资成本和筹资风险，优化资本结构。

第四章资产营运，要求企业根据风险和收益均衡等原则和经营需要，确定合理的资产结构，实施资产结构动态管理，并规范了货币资金、应收账款、存货、固定资产、无形资产和对外投资等资产的管理办法和程序。

第五章成本控制，要求企业建立成本控制系统，强化成本预算约束，推行质量成本控制办法，实行成本定额管理、全员管理和全过程控制，并规范了各种成本费用项目的财务处理。

第六章收益分配，明确了企业收益的范围，提出了收益管理的基本要求，规范了企业利润分配的程序和相应的财务处理。

第七章重组清算，规范了企业重组的基本财务程序、财务处理方法和要求。

第八章信息管理，提出了企业结合经营特点，优化业务流程，建立财务和业务一体化的信息处理系统的要求，明确了财务信息在经营决策、风险控制、保障职工利益和满足宏观管理需要等方面的作用和要求。

第九章财务监督，要求企业在接受政府监督、社会监督的基础上还要建立健全内部监督制度，明确了企业管理者在财务管理中违规、违纪行为的处理办法。

第十章附则，明确了实行企业化管理的事业单位比照适用本财务通则，并规定新的《企业财务通则》从 2007 年 1 月 1 日起施行。

在具体内容的规定当中，《通则》充分将强制性规定和指导性意见结合在一起，尤为突出体现了财务管理理念，引导企业通过建立健全内部财务制度，规范财务行为，控制财务风险。

除上述法规外，理财人员还应当熟悉《证券法》、《票据法》、《支付结算办法》、《破产法》和《合同法》等，在守法的前提下履行财务管理的各项职能。

1.4.3 金融环境

金融机构和金融市场是企业生存发展赖以取得资金及开展投资活动的主要场所,影响工程理财的主要金融环境因素有金融市场、金融机构、及利息率。

1. 金融市场

金融市场是资金供应者和资金需求者双方通过金融工具进行交易的场所,由金融交易的主体(金融市场参加者)、金融市场工具(金融交易的对象)、金融市场组织方式(金融交易的形式)构成。

金融交易的主体包括:个人、经济实体(公司)、政府及其有关行政机构、金融机构及中央银行。金融市场工具一般分为两类:一类是股票、债券、票据、可转让存单、借款合同、抵押契约等筹资、投资工具;另一类是期货合同、期权合同、互换交易等保值、投机工具。金融市场主要有两种组织方式:拍卖方式、柜台方式。

2. 金融机构

金融机构是金融市场的专业参加者,其专业活动是为潜在的和实际的金融交易双方创造交易条件。一般可分为三类:各种银行、市场中介机构(如证券交易公司)、合同储蓄机构(如保险公司)。我国主要金融机构见表1.2:

表1.2 我国主要金融机构

金融机构类别	金融机构名称	主要职能
1. 中央银行	中国人民银行	代表政府管理全国的金融机构和金融活动、经营国库
2. 政策性银行	国家开发银行 中国进出口银行 中国农业发展银行	由政府设立,以贯彻国家产业政策、区域发展政策为目的,不以营利为目的
3. 商业银行	中国工商银行、中国农业银行 中国建设银行、中国银行、交通银行、光大银行、深圳发展银行、中信银行	以经营存款、放贷、办理转账结算为主要业务,以营利为目的
4. 非银行金融机构	保险公司 信托投资公司 证券机构	经营保险业务 以委托人身份代人理财 从事证券业务,如证券工程、证券交易所等

3. 利息率

利率是金融市场上一定时期运用资金资源的交易价格。资金作为一种特殊商品,以利率为价格标准的融通,实质是资金资源通过利率实行的再分配。利率在资金分配,企业财务决策中起重要作用。

1.4.4 市场环境

市场是买卖双方进行商品和劳务交易的场所。市场环境对企业财务管理的影响主要有:商品市场供求状况直接影响资金占用、周转和资金使用效益,资金市场的供求状况直接影响企业的筹资和投资。

具体来说,参加市场交易的生产者、消费者数量越多,竞争越大;参加交易的商品差异程度越小,竞争越大。工程项目通过建筑市场进行承发包交易,因此建筑市场供求状况及工程差异状况是建设、施工单位财务管理要考虑的主要市场因素。一些开发项目还要考虑项目未来产品市场状况的影响。工程建设同时要考虑其生产要素的市场采购环境：劳动力市场供求状况、物资来源、材料价格涨跌、机械设备市场等，通过合理预测，把握时机，提高资金使用效益。

建筑企业的市场环境还可进一步分析为合作环境与建筑相关法规制度环境。合作环境是指与建筑企业一起工作的各种组织，如项目业主、设计单位、分包商、供应商。建筑相关法规制度环境包括下列各方面制度：营业执照和资质认证制度、招投标制度、项目管理制度、项目质量监督制度、项目法人责任制、项目资本金制度、项目合同管理制度、项目风险管理制度、专业资质管理制度等。

1.4.5　生产技术环境

工程建设属劳动密集型产业，其生产周期长、各种材料设备资源占用周期较长。近年来，施工技术、工程技术、工程管理技术得到较快发展，这些进步给财务管理带来新的课题，如需要考虑如何为新设备融资、考虑技术研发投入、考虑工人技术培训投入等。

从企业内部来看，生产环境包括生产能力、厂房设备、生产组织、劳动生产率、技术开发能力、产品质量等。技术环境包括研发、实验、机械设备投入、技术人才梯队、企业文化等方面。

1.4.6　管理环境

管理环境主要有企业内部财产组织形式和财务管理体制两方面。

(1)管理环境

企业按照财产组织形式分为个体制、合伙制和公司制三种类型。现代企业组织形式主要采用公司制，公司制企业又分有限责任公司和股份有限公司，有限责任公司股东以其出资额为限对公司承担责任，公司以其全部资产对公司的债务承担责任。股份有限公司的资本分为等额股份，股东以其所持股份为限对公司承担责任，公司以其全部资产对公司的债务承担责任。有限责任公司和股份有限公司在法律地位上、企业财务管理方法上基本相同，只是在某些方面(如股东人数、注册资本的最低限额、出资方式以及税后利润分配等)有所区别。

按投资主体的不同可以分为国有企业、集体企业、外资企业、私营企业、个体工商户以及多种所有制结合的联合企业。国有企业应当按法律、行政法规的规定和要求转换经营机制，即有步骤地进行清产核资、界定产权、清理债权债务、评估资产，以及建立规范的企业内部管理机构，改建为公司。国家授权的投资机构或国家授权的部门，还可以单独投资，设立国有独资的有限责任公司。

按照《公司法》的规定，公司制企业内部组织机构主要分为股东会、董事会、监事会。

公司内部分层次组织机构的建立，有利于明确股东、董事会和经理人员的权力、责任和利益，同时也对三者之间制衡关系的建立及保证公司制的有效运行起促进作用。

(2)财务管理体制

主要指财务管理权利的集中与分散。对于规模过分庞大而内部信息又无法迅捷流转的企业，适度分权是有效的；而代理也是有成本的，被代理者与代理者的利益有时是一致的，有时并不一致。且代理层次越多，利益异化的可能性就越大。资金的体外循环，小金库的设置，会计信息的失真，均来自于这种代理成本，集权则可减少代理所带来的利益异化。企业设计财务管理制度时必须考虑这一问题。

大型企业集团往往采用分权基础上的集权管理模式。这是一种汇集资金筹措、运用、收益分配于一体的参与市场竞争的自上而下授权、自下而上多层次决策的集权模式，通过在集团公司和成员企业之间建立相应的财务机构和监督机制，借助预算控制、指标考核、制度约束等主要手段强化企业集团财务管理。

1.5 工程财务会计核算

1.5.1 企业主要会计要素

会计要素是对会计对象按经济特征所作的基本分类。会计要素的划分是准确进行会计核算、提供会计信息的前提和基础。根据《企业会计准则》的规定，会计对象可划分为资产、负债、所有者权益、收入、费用和利润六个要素。

1. 资产

资产是指过去的交易、事项形成并由企业拥有或控制的资源，该资源预期会给企业带来经济效益。资产按其流动性可以分为流动资产、长期投资、固定资产、无形资产和其他资产。(1)流动资产是指可以在1年或者超过1年的一个营业周期内变现或耗用的资产，主要包括：货币资金（现金、银行存款等）、短期投资、应收及预付款项（即结算债权）、待摊费用和存货等。(2)长期投资是指除短期投资以外的投资，包括持有时间准备超过1年（不含1年）的各种股权性质的投资、不能变现或不准备随时变现的债券、长期债权投资和其他长期投资。(3)固定资产是指企业使用期限超过1年的房屋、建筑物、机器、机械、运输工具以及其他与生产、经营有关的设备、器具、工具等；不属于生产经营主要设备的物品，但单位价值在2 000元以上，并且使用年限超过2年的，也应当作为固定资产。不能同时满足这两个条件的劳动资料，应当作为低值易耗品处理。(4)无形资产是指企业为生产商品或者提供劳务、出租给他人、或为管理目的而持有的、没有实物形态的非货币性长期资产。无形资产分为可辨认无形资产和不可辨认无形资产。可辨认无形资产包括专利权、非专利技术、商标权、著作权、土地使用权等；不可辨认无形资产是指商誉。

2. 负债

负债是指过去的交易、事项形成的现时义务，履行该义务预期会导致经济利益流出企业。企业的负债按其流动性（即负债的偿付期限的长短），分为流动负债和长期负债。(1)流动负债是指在1年（含1年）或者超过1年的一个营业周期内偿还的债务，包括短期借款、应付票据、应付账款、预收账款、应付工资、应付福利费、应付股利、应交税金、其他暂收应付款项、预提费用和一年内到期的长期借款等。(2)长期负债是指偿还期在1年或者超过1年的一个营业周期以上的负债，包括长期借款、应付债券、长期应付款等。

3. 所有者权益

所有者权益是指企业资产扣除负债后由所有者享有的剩余权益。它是企业获取长期可使用资金的主要来源之一。公司的所有者权益又称为股东权益。所有者权益的来源包括所有者投入的资本、直接计入所有者权益的利得和损失以及留存利润（或称留存收益）等。具体包括实收资本、资本公积和盈余公积。(1)实收资本是指投资者按照企业章程，或合同、协议的约定，实际投入企业的资本。我国实行的是注册资本制，因而，在投资者足额缴纳资本之后，企业的实收资本应该等于企业的注册资本。(2)资本公积包括资本（或股本）溢价、接受捐赠资产、拨款转入、外币资本折算差额等。(3)盈余公积包括：法定公积金，指企业按照规定的比例从净利润中提取的盈余公积；任意公积金，指企业经股东大会或类似机构批准按照规定的比例从净利润中提取的盈余公积。

4. 收入

收入是指企业在日常活动中形成的、会导致所有者权益增加的、与所有者投入资本无关的经济利益的总流入。收入包括销售商品收入、提供劳务收入和让渡资产使用权收入(利息收入、使用费收入和现金股利收入)等，不包括为第三方或者客户代收的部分。收入按照日常活动的主次地位，分为主营业务收入和其他业务收入。主营业务收入，是与实现企业经营目标直接相关的日常活动所带来的收入。其他业务收入，是主营业务之外附属的日常活动而产生的收入。

5. 费用

费用是指企业在日常活动中发生的、会导致所有者权益减少的、与向所有者分配利润无关的经济利益的总流出。费用包括营业成本、营业税金和期间费用。(1)营业成本是指企业因销售商品、提供劳务或让渡资产使用权等日常活动而发生的实际成本。(2)营业税金是指企业日常活动应负担的税金及附加，包括营业税、消费税、城市维护建设税、资源税、土地增值税和教育费附加等。(3)期间费用具体包括销售费用、管理费用和财务费用。

6. 利润

利润是指企业在一定会计期间的经营成果。包括收入减去费用后的净额、直接计入当期利润的利得和损失等。利润划分为不同的层次：营业利润，利润总额和净利润。(1)营业利润是企业在一定会计期间的日常经营活动的成果。它是营业收入减去营业成本和营业税金，再减去销售费用、管理费用和财务费用后的金额。(2)利润总额是企业在一定会计期间的各项经济活动在扣除所得税费用之前的综合经营成果。利润总额由营业利润、补贴收入、投资收益和营业外收支净额构成。(3)净利润是企业在一定会计期间的最终经营成果，是利润总额扣除所得税费用后的余额。

1.5.2　工程项目财会核算

1. 概念

工程项目财会核算是指以货币为主要计量单位对工程项目施工中物化劳动和活劳动消耗进行预测、计划、控制、核算、考核和分析的一种管理活动和核算形式，是推行工程项目财务管理和会计核算的简称。它借助于会计核算的价值表现形式，采用财务会计、财务管理及管理会计等其他现代管理方法，对工程项目生产经营过程中的各种劳动消耗、资金占用和财务成果进行记录、计算、分析和比较，为工程项目的经营者和企业决策层提供会计信息和决策依据，以利于提高决策水平，不断改善经营管理，以较少的劳动耗费和资金占用取得最佳的经济效益，以达到提高工程项目管理水平的目的。

2. 财会核算在工程项目管理中的作用

工程项目管理是由施工技术、质量、安全、成本等管理构成，形成一个相互联系又相互制约的有机整体。工程项目财会核算是工程项目管理中处于中枢地位的一个子系统，由于在工程项目管理中所处地位重要，它又是工程项目管理的中心。一方面它为工程项目管理建立了目标保证体系，体现了提高经济效益是工程项目管理的本质特征；另一方面在工程项目管理目标指导和约束下，用它特有的方法，为工程项目经理(部)提供能够反映工程项目管理结果的会计信息，监督、控制工程项目的各项管理工作，使之得到不断完善和提高，发挥工程项目管理的综合优势，保证工程项目管理目标的实现。二者关系为：工程项目管理是工程项目财会核算产生的基础，没有工程项目管理，便没有工程项目财会核算的产生和发展。工程项目管理又在工程项目财会核算作用下，得到了发展与完善，表现出共生存、互促进，同发展的依托关系。

3. 工程项目财会核算的任务

进行工程项目财会核算要严格执行国家财经法律法规，贯彻《两则》和企业内部的各项规章制度，以国家制定的有关成本开支范围，费用开支标准和工程概预算定额为依据，搞好成本管理工作，促使工程项目合理、节约地使用人力、物力和财力，达到降低工程项目成本，提高经济效益的目的。其基本任务包括：

1）预测、分解指标，落实责任，建立目标保证体系。工程项目财会核算，就是要在搞好成本预测的基础上，编制工程项目成本计划，并按工程项目进度逐阶段地对成本目标进行指标分解，依据工程项目管理的不同职能落实相应的责任，最终建立起责任目标保证体系。这是工程项目财会核算的首要任务。

2）及时、准确、全面、系统地提供会计信息。工程项目财会核算，要科学地使用会计科目，建立完整的账簿体系，按照会计核算程序，核算施工过程中发生的各种生产耗费和取得的生产经营成果，及时、准确、全面、系统地提供会计信息，是工程项目财会核算的主体和中心任务。

3）组织资金的合理使用和周转。工程项目财会核算，要在企业经营计划和财务收支计划的指导和约束下，认真编制工程项目的财务收支计划，搞好工程项目的结算工作，组织好对工程款的回收工作，保证工程项目施工和企业生产经营的正常进行。要严格执行财务收支计划，做到合理有效地使用资金，促使工程项目合理、节约地使用人力、物力和财力，提高设备、工具的利用率，减少资金占用，加速资金的周转，从管好、用好资金上，达到控制成本的目的。这是工程项目财会核算的核心任务。

4）分析、考核、评价经济效果。工程项目财会核算，在充分利用会计核算、统计核算、和业务核算等资料的基础上，不仅要分析、考核和评价工程项目管理的最终经营成果，而且要对工程项目施工的全过程进行分部，分项地分析、考核和评价，以便及时地发现工程项目管理中存在的问题和外部因素变动对工程项目造成的影响，采取相应的措施，改善经营管理，保护工程项目和企业合法利益，降低工程项目成本，提高经济效益。这是工程项目财会核算分析、考核和评价经济效果的根本目的。

4. 工程项目财会核算的形式

工程项目管理是以落实经济责任指标为基础，工程项目管理要始终强调成本管理和财会核算。各个工程项目由于不同的结构类型、不同的规模大小、工程造价等方面差异也很大，且不同发包单位对工程项目的要求也不尽相同，导致了工程项目组织体制的多样化，其财会核算也就会出现不同的形式。一般情况下，施工企业按其资质、规模、能力、实力、管理体制来确定与工程项目相匹配的核算形式。目前大体上有两种工程项目组织体制，即：总公司直属的工程项目经理部、公司直属的工程项目经理部，因而工程项目的财会核算也就有与组织体制相适应的两种形式。

（1）总公司直属的工程项目财会核算形式

改制后的大型建筑集团总公司形成以产权联结为主要纽带的众多法人联合体，具有工程总承包、勘察设计、建筑安装、机械化作业、物资设备供应、工程监理、建筑科研以至房地产开发等多种功能的综合能力。集团总公司有能力对特大型的建筑项目进行建设总承包或施工总承包。以一个统一的主体与发包单位签订承包合同，负责组织建设全过程（或施工阶段全过程）的全部生产活动，并对发包单位负责。集团总公司作为总承包单位通过分包合同把总承包的工程项目按分部分项工程,分包给所属土建公司或专业施工公司,需要时也可将部分工程分包给外部单位,并对分包单位进行总控制,分包单位对总承包单位负责。这种总分包形式减少了发包单位对总分包及各分包单位之门的协调工作,提高了工作效率。总承包单位对工程项目资金实行总调度,即按总承包合同与发包单位进行工程款结算后,再按分包合同的规定、分包工程完成的施工产值向分包单位结算备料款和工程款。这已成为目前建筑企业的主要项目组织管理模式。

在集团总公司内部一般建立了内部结算中心(或内部银行),因此,在总公司内部劳务的提供、物资的供应,分包工程的结算也可先以内部支票(或收付款凭证),通过内部结算中心进行结算,然后根据具体情况由内部结算中心完成对集团总公司各内部单位之间货币资金的拨付。这种方法有利于发挥集团总公司在资金和资源上的整体优势,充分发挥资金的使用效果,减少了不必要的资金沉淀。由总公司承包的工程项目一般都是特大型的工程项目,工程项目的规格、标准比较高,进口设备使用量大,其中许多工程项目是由外商投资或合资兴建的项目。因此,工程项目的财会核算还可能涉及外币的结算业务,需要开立外币账户,加强对外币资金的管理与核算。

总公司直属的工程项目应加强对工程项目成本的管理与控制。明确自己的成本责任目标、成本核算范围,加强对工程项目成本的中间控制,做好工程变更洽商增账或索赔工作,做好对总承包管理费、总分包费率差和工程项目经理部的各种成本费用的归集与核算工作。总承包单位还应根据分包合同,严格审核分包产值,在工程项目竣工后,总承包单位要严格审核和控制分包项目的工程造价,维护总分包双方的利益。

总公司直属的工程项目财会核算范围较大,可配置总会计师和相应会计机构及会计人员,专门对工程价款、分包工程款、供应单位往来款项及工程项目成本进行核算,办理现金、银行存款、内部银行以至外币的结算和纳税等工作。

(2)公司直属的工程项目财会核算形式

建筑、安装公司作为构成集团总公司的法人实体,是自负盈亏的独立法人(包括:土建公司、安装公司和其他各种专业化施工公司),是集团总公司内部的利润中心。每个公司内部一般都包括若干个内部独立核算单位如:分公司和辅助生产单位、服务单位等。作为土建公司或施工专业公司,有能力对大型工程项目或小区工程进行工程项目施工总承包或分包专业化施工项目。一般来说土建公司应作为一个主体与发包单位签订项目总承包合同,并根据合同内容对发包单位负责。

土建公司组建的工程项目经理部,经法人授权或委托,实行工程项目施工总承包管理,对工程项目负责组织施工,对于特殊的专业施工项目,因生产能力的限制可将其通过合同分包给其他专业公司施工,并应对分包单位的施工方案、工程质量、工程进度、期限实行总控制。分包单位应对总承包单位负责。

公司承包的工程项目除偏远或外埠的工程项目外,一般不单独开立银行结算账户。与发包单位工程价款的结算,与供应单位和分包单位的结算都可以通过公司的银行结算户进行。对于集团总公司内部单位的分包工程款的结算,提供劳务、设备物资供应的结算,也可以通过内部银行办理结算。

公司直属的工程项目经理部是成本管理中心,应对工程项目设立成本核算账户,为了保持与工程概(预)算的一致,成本核算账户应先按土建、水暖卫生、电气工程的分类设账,再按成本项目进行明细核算。工程项目经理部所发生的各种费用支出,应先在间接费中归集,月末再转入工程成本。属于企业管理费用开支范围内的费用支出,则应作为期间费用直接计入管理费用。工程项目经理部还应对总承包管理费、总分包费率差等工程收入进行核算。在施工期间和工程项目竣工后,要严格审核和控制分包单位完成的分包产值和最后确定的分包项目的工程造价,并根据税法的有关规定,做好分包工程代扣代缴流转税的工作。维护总分包双方的利益。工程项目经理部应按照财务制度规定的核算期编制"工程成本报表"等各种成本报表。工程项目竣工后应提供"竣工工程成本报表"。

公司直属的工程项目应根据会计核算和成本管理责任的要求,设置财会核算机构,配置财会主管和相应的财会人员,对工程项目的成本、与发包方、分包单位、供应单位的各种结算款项进行核算,有现金报销或银行存款结算业务的还应设置出纳人员。

1.6 案例 美国次贷危机

1. 何为次级按揭贷款

次级按揭贷款,通俗来讲是贷款机构向信用程度差和收入不高的借款人提供的贷款。"按揭"一词由中国香港传入,是英语"mortgage"的粤语音译,指住房等标的资产的购买者——即按揭人在支付首期规定的款项后,由贷款银行或其他金融机构——即按揭受益人代其支付其余款项,并将所购房产的产权抵押给该按揭受益人作为偿还贷款履行担保的行为。按揭贷款的重要特征是标的资产发生了所有权的转移,即按揭人偿还完负债之前,标的资产的所有权归按揭受益人所有,按揭人还清本息后,标的资产的所有权归按揭人所有。

美国的按揭贷款与中国老百姓所熟悉的住房抵押贷款是类似的。美国的房屋按揭贷款通常根据客户信用质量被分为三类:优级按揭贷款(prime mortgage)、超 A 按揭贷款(Alternative A mortgage)、次级按揭贷款(subprime mortgage)。

次级按揭贷款是相对于优级贷款而言的,各类按揭贷款所适用的对象见表 1.3。优级按揭贷款面向信用等级高、债务负担合理、风险小的优良客户;次级按揭贷款面向信用分数低、收入证明缺失、负债较重的客户,如美国的低收入阶层和新移民;而"超 A"面对的客户介于上述二者之间的灰色地带,泛指那些信用记录不错,但缺少或完全没有固定收入、存款、资产等合法证明文件的客户。

表 1.3 各类贷款划分

按揭贷款类别	面向客户
优级	• 信用等级高(个人信用分数 660 分以上) • 收入稳定可靠 • 债务负担合理
次级	• 信用等级低(个人信用分数 620 分以下) • 收入证明缺失 • 负债较重:还款额与收入比(*PTI*)超过 55%;贷款总额与房产价值比(*LTV*)超过 85%
超 A	• 信用分数在 620 分到 660 分之间 • 信用等级高(信用分数高于 660 分),但不愿或无法提供完整的税单或收入证明

2. 次级按揭贷款的特点

(1)风险大

由于对客户的信用等级要求低,次级抵押贷款无法收回的风险相对其他类贷款要大。瑞银国际(UBS)的研究数据表明,截至2006年底,美国次级抵押贷款的还款违约率高达10.5%,是优级贷款的7倍。

(2)利率高

高风险必然要求高利率作为回报,因此次级抵押贷款还有高利率的特点。通常次级按揭贷款会比优级按揭贷款高2~3个百分点。

(3)以浮动贷款利率为主

由于次级按揭贷款的服务对象通常不符合抵押贷款市场标准,因此在美国少数族裔集中和经济不发达的地区很受欢迎。同时,2002年之后,美国房价快速上涨,越来越多的家庭难以获得优级贷款,次级按揭贷款和超A贷款受到了越来越多购房者的欢迎。在2003年,次级按揭贷款和超A贷款只占当年美国按揭贷款发放总量的不到15%,到2006年已经达到了46%。在这类贷款的帮助下,美国居民住房的自有率有了显著提高。根据美国人口普查局的统计,美国居民住房的自有率从1995年的64%上升到2006年的69%左右。其中,低收入家庭的获益最大。据美联储统计,在1995年至2004年间,低收入家庭的住房自有率上升了6个百分点,而高收入家庭只上升了4个百分点。

3. 次贷危机爆发

引起美国次级抵押贷款市场风暴的直接原因是美国的利率上升和住房市场持续降温。图1.2反映了次贷危机发展的路线情况。房地产市场的火爆,使按揭贷款金融衍生链条上的许多金融机构一度获取高额利润,这种泡沫好景不长。流动性在推高房价的同时带来物价上涨的巨大压力,迫使美国改变利率政策,开始收缩银根,以缩小流动性。

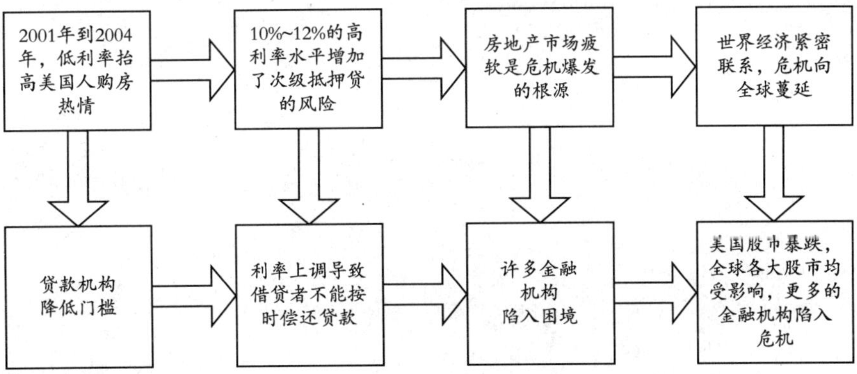

图1.2 美国次贷危机发展路线图

当美联储持续加息之后,许多次级抵押贷款的借款人无法偿还每月高昂的贷款,其结果是一些房产被收缴后再次投向市场,变相增加了市场供应量。而且,从2006年开始,美国房地产市场开始衰退,房价逐渐下降。如果手中的房产不能卖出满意的价格,借款人索性就宣称破产。银行得到的只是价值远远低于贷款金额的房产。一些贷款机构出现亏损以至破产,由于这个原因,次级抵押贷款支持的次级债券也变成了垃圾债券,这又引起了投资于次级债的金融机构和基金公司陷入财务困境。投资者了解到这个信息后,纷纷要求赎回投资,造成基金公司流动性困难,不得不暂停赎回,这引发了投资者的恐慌。商业银行出于安全考虑不肯拆出资金。出问题的金融机构从银行和债券市场都无法融到资金,次贷危机就演变为流动性危机。

市场信心发生动摇,造成美国股市下跌。

2007 年 4 月,美国第二大的次级债发行商新世纪金融公司申请破产保护,标志着美国次贷危机爆发。次级债链条上的许多金融机构破产或出现信用困难。

复习思考题

1. 工程财务管理的研究对象是什么?
2. 谈谈你对财务管理目标选择的理解。
3. 工程财务管理的具体目标是什么?
4. 简述财务管理的内容及对企业理财的影响。
5. 影响财务管理的环境因素如何分类?
6. 简述我国金融机构的组成。
7. 我国企业的财产组织形式有哪几类?
8. 财务管理的职能有哪些?其内在有何联系?
9. 简述六大会计要素的主要内容。
10. 工程财务核算的具体方式有哪些?

2　财务管理的价值观念

学习目标

- 理解资金时间价值的概念,掌握资金时间价值的计算方法
- 掌握单项资产风险报酬计算方法,具备初步的风险投资决策分析能力
- 理解资金利息率的含义,掌握利率的构成
- 理解杠杆原理与经营风险、财务风险的关系
- 掌握资金成本的构成,熟悉个别资金成本计算、掌握综合资金成本、边际资金成本的含义及计算
- 掌握最佳资本结构的决策方法,了解资本结构调整的方法

2.1　资金时间价值

2.1.1　资金时间价值的概念

假设十年前某人有1 000元,与现在(十年后)此人有1 000元,从绝对值的角度来看是相同的,都是1 000元,但是从价值的角度来看,这1 000元所具有的价值(如购买力)是不一样的。这个简单的例子,揭示了资金在不同时点上价值并不相等,即资金具有时间价值。

资金时间价值是指资金随着时间的推移在生产经营活动中所增加(减少)的价值,资金的增值过程是与生产和流通过程相结合的,离开了生产和流通领域,资金是不可能增值的。对于资金存在时间价值这一客观现象,西方经济学家一般将其与消费心理因素联系在一起。他们认为,投资者进行投资必然推迟消费,对投资者推迟消费应该给予回报,其回报的量与推迟的时间成正比。因此,资金时间价值是资金所有者推迟现时的消费而要求得到的按推迟时间长短计算的报酬。这种解释有一定道理,但没有揭示资金时间价值的实质和来源。资金之所以具有时间价值,根源在于在再生产过程中的运动和转化,是所有者让渡所有权而参与社会财富分配的一种方式。资金时间价值的真正来源是工人创造的剩余价值的一部分,马克思的《资本论》揭示了剩余价值如何转化为利润,利润又如何转化为平均利润。在没有通货膨胀和风险的情况下,投资于不同行业的资金会获得大体相当的投资报酬率或社会平均资金利润率。因此,在确定资金时间价值时,应以社会平均资金利润率或平均投资报酬率为基础。

资金时间价值,是一定量的资金在不同时点上的价值量的差额,具体有两种表现形式。一是绝对数,即时间价值额,是资金在生产经营过程中产生的增值额;另一种是相对数,即时间价值率,是扣除风险报酬率和通货膨胀补偿率后的平均资金利润率或平均投资报酬率。在财务管理中,一般使用相对数字来表示资金时间价值。需要说明的是,银行存款利率、贷款利率、各种债券利率、股票的股利率都可以看做是投资报酬率,它们与时间价值都是有区别的,只有在没有通货膨胀和没有风险的情况下,时间价值才与上述各报酬率相等。一般在讲述资金时间

价值的计算时都采用抽象分析法,即假设没有风险和通货膨胀。

资金时间价值,帮助我们正确计算不同时期的财务收支,准确进行投资活动的评价,在财务管理各决策阶段,筹资、投资、分配,都要考虑资金时间价值因素,以提高资金使用效率。

2.1.2　资金时间价值的计算

1. 几个相关术语

(1)利息与利率

利息是指占用资金所付出的代价,通常用 I 表示。如:在借贷的过程中,债务人支付给债权人的超过原借贷本金的部分。利率是指在单位时间内所得利息与借款本金之比,通常用 i 表示。利率是从利息的定义中衍生出来的,也就是说理论上先承认了利息,再以利息来解释利率。在实际计算中,正好相反,常根据利率计算利息,利息的大小用利率来表示。如:某人年初借款本金为10 000元,一年后付息800元,则该笔借款的年利率是8%。

(2)单利和复利

单利是指在计算利息时,仅考虑最初的本金,而不计入在先前利息周期中所累计增加的利息,即通常所说的"利不生利"的计息方法。复利是指在计算利息时,某一计息周期的利息是由本金加上先前周期所累积利息总额来计算的,这种计算利息方式称为复利,也就是通常所说的"利生利""利滚利"。通常我们在计算资金时间价值的时候采用复利计算,因为复利更符合我们的实际生活情况。

(3)计息次数

通常用 n 表示,计息次数是指从开始投入资金到资金使用终结的整个期限除以计息期限所得的值。

(4)现值

现值通常用 P 表示,指资金发生的某一特定时间序列起点的值。

(5)终值

终值通常用 F 表示,指资金发生的某一特定时间序列终点的值。

(6)年金

年金通常用 A 表示,指各年(期)等额收入或支付的金额,即在某一特定的时间序列期内,每隔相同时间收支的等额款项。根据每次首付款发生的时点不同,可以把年金分为普通年金、即付年金、递延年金和永续年金。

普通年金:指从第一期开始,在一定时期内每期期末等额收付的系列款项,又称为后付年金。

即付年金:指从第一期开始,在一定时期内每期期初等额收付的系列款项,又称为先付年金或预付年金。

递延年金:指从第一期以后开始,在一定时期内每期期末等额收付的系列款项。

永续年金:指从第一期开始,无限期每期期末等额收付的系列款项。诺贝尔奖金就是典型的永续年金。

2. 现金流量图

图2.1现金流量图代表的含义如下:横轴代表的是时间轴,每一个刻度代表一个时间单位,可以取年、半年、季度、月等,零表示时间序列的起点;相对于时间轴的垂直箭线代表不同时间点的现金流量(现金流量指某一项目的现金或与现金等价物的流入与流出),在横轴上方的

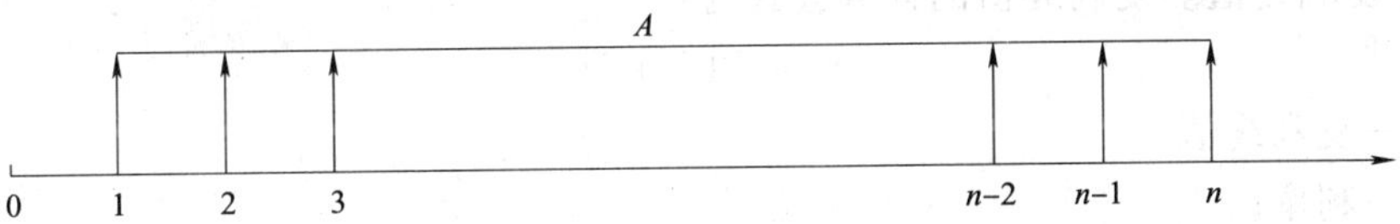

图 2.1　现金流量示意图

箭线代表现金的流入,即表示效益,下方代表现金的流出,即表示损失;现金流量的方向(流入与流出)是对特定的系统而言的,贷款方的流入就是借款方的流出,反之亦然;在现金流量图中,箭线的长短与现金流量的大小成比例,实际当中箭线的长短示意性的表示各时点现金流量的差异,在各箭线的上方(下方)注明其现金流量的数值;箭线与时间轴的交点为现金流量发生的时点。

3. 资金时间价值的计算

(1)一次性收付款项的终值与现值

一次性收付款项是指在某一特定时点上一次性支付(或收取),经过一段时间后再相应地一次性收取(或支付)的款项。

1)单利的终值和现值

单利是指只对借贷的原始金额或本金支付(收取)的利息。我国国库券的利息一般是按照单利计算的。

①单利终值的计算公式

$$F = P + P \cdot i \cdot n = P(1 + i \cdot n) \tag{2-1}$$

式中　P——本金(现值);

i——利率;

F——本利和(终值);

n——期数。

例 2.1　将 200 元存入银行,年利率假设为 10%,按单利法计算,1 年后、2 年后、3 年后的终值是多少?

解:1 年后的终值:[200 × (1 + 10%)] = 220(元)

2 年后的终值:[200 × (1 + 10% × 2)] = 240(元)

3 年后的终值:[200 × (1 + 10% × 3)] = 260(元)

②单利现值的计算公式

单利现值的计算同单利终值的计算是互逆的,因此由上式可得单利现值的计算如下:

$$P = \frac{F}{1 + in} \tag{2-2}$$

公式中各字母的含义与式(2-1)相同。

2)复利的终值和现值

复利,就是不仅本金要计算利息,本金所生的利息在下期也要加入本金一起计算利息即通常所说的“利滚利”。

①复利的终值计算

复利终值是指一定数量的本金在一定的利率下按照复利的方法计算出的若干时期以后的本金和利息。例如,公司将一笔资金 P 存入银行,年利率为 i,如果每年计息一次,则 n 年后的本利和就是复利终值。复利终值的计算公式为：

$$F = P(1+i)^n \tag{2-3}$$

式中　F——复利终值；

i——利率；

P——复利现值；

n——期数。

式中系数$(1+i)^n$称为终值系数，可用符号$(F/P,i,n)$表示，此系数可从相应的复利系数表中查出。

因此上式可表示为：

$$F = P(F/P,i,n) \tag{2-4}$$

现金流量图见图2.2。

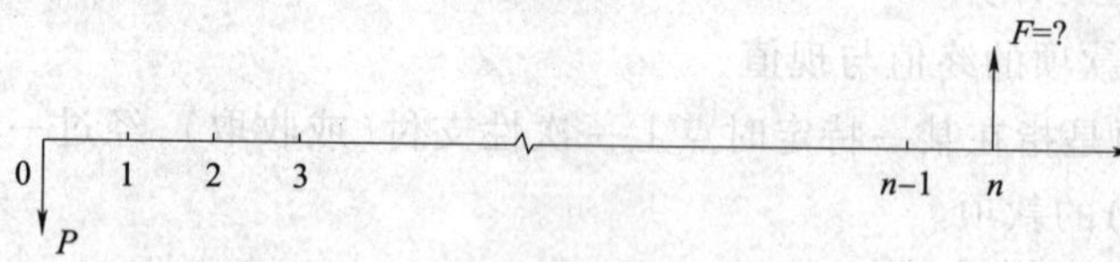

图2.2　一次性支付复利终值示意图

例2.2　某人将500元存放于银行，年存款利率为4%，则经过3年时间的本利和为多少？

解：本题直接代入公式：$F=P(1+i)^n=500\times(1+4\%)^3=562.43$（元）

②复利的现值计算

复利的现值计算公式：

$$P = F(1+i)^{-n} \tag{2-5}$$

公式中各字母的含义与式(2-3)相同。

式中系数$(1+i)^{-n}$称为现值系数，可用符号$(P/F,i,n)$表示，此系数可从相应的复利系数表中查出。

因此上式可表示为：

$$P = F(P/F,i,n)。 \tag{2-6}$$

现金流量图见图2.3。

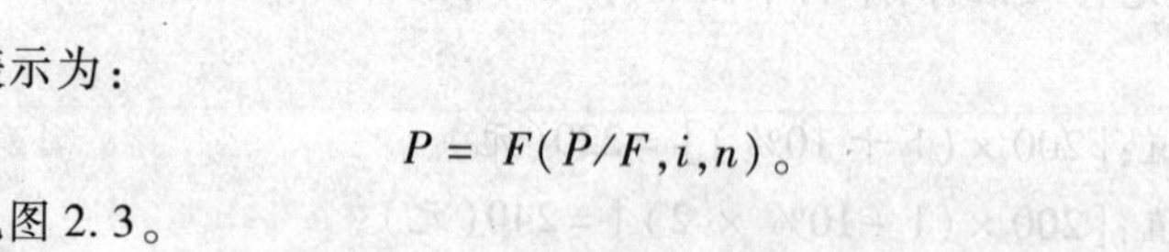

图2.3　一次性支付复利现值示意图

例2.3　某投资项目预计5年后可获得收益100万元，按投资报酬率10%计算，则现在应投资多少？

解：$P=F(1+i)^{-n}=100\times(1+10\%)^{-5}=100\times0.6209=62.09$（万元）

(2)普通年金的终值与现值

1)普通年金终值的计算

普通年金终值是指在一个时间序列中，在利率为 i 的情况下连续每个计息周期的期末支付一笔等额的资金 A，求 n 年后各年的本利累计而成的终值 F。

计算公式的推导：

$$F=A+A(1+i)^{1}+A(1+i)^{2}+A(1+i)^{3}+\cdots+A(1+i)^{n-1} \tag{2-7}$$

在上式两端同时乘以 $(1+i)$，则有：

$$F(1+i)=A(1+i)+A(1+i)^{2}+A(1+i)^{3}+A(1+i)^{4}+\cdots+A(1+i)^{n} \tag{2-8}$$

后式减去前式得：

$$F(1+i)-F=A(1+i)^{n}-A \tag{2-9}$$

即：

$$F=A\frac{(1+i)^{n}-1}{i} \tag{2-10}$$

式中 $\frac{(1+i)^{n}-1}{i}$ 称为年金终值系数，可用符号 $(F/A,i,n)$ 表示。

因此上式可表示为：

$$F=A(F/A,i,n) \tag{2-11}$$

现金流量图见图 2.4。

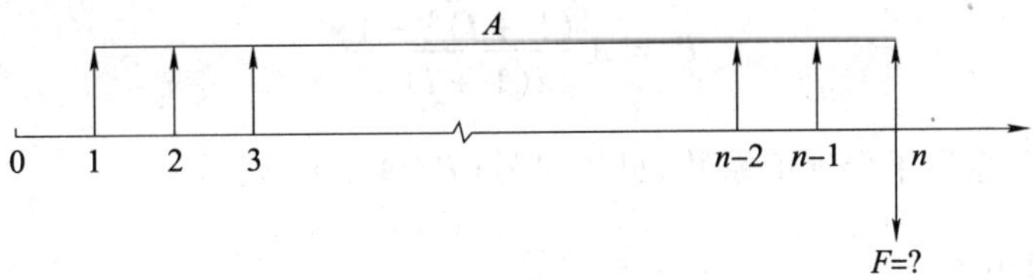

图 2.4 年金终值示意图

例 2.4 假设某人在 5 年内每年年末在银行存款 100 万元，存款年利率为 10%，则 5 年后应从银行取出的本利和为多少？

解：这是一个已知 A,i,n，求终值 F 的问题。

代入公式 $F=A[(1+i)^{n}-1)]/i=A(F/A,i,n)$

$F=100\times[(1+10\%)^{5}-1)]/10\%=100\times(F/A,10\%,5)$

$=100\times6.1051=610.51$（万元）

2）偿债基金问题

偿债基金是指为了在约定的未来某一时点清偿某笔债务或积聚一定数额的资金，在已知利率和期数的情况下，求年金的问题。也就是说，偿债基金的计算实际上是年金终值的逆运算。其计算公式为：

$$A=F\frac{i}{(1+i)^{n}-1} \tag{2-12}$$

式中 $\frac{i}{(1+i)^{n}-1}$ 称为偿债系数，可用符号 $(A/F,i,n)$ 表示。

因此上式可表示为：

$$A=F(A/F,i,n) \tag{2-13}$$

现金流量图见图 2.5。

例 2.5 某企业 5 年后需要一笔 50 万元的资金用于固定资产的更新改造，如果年利率为

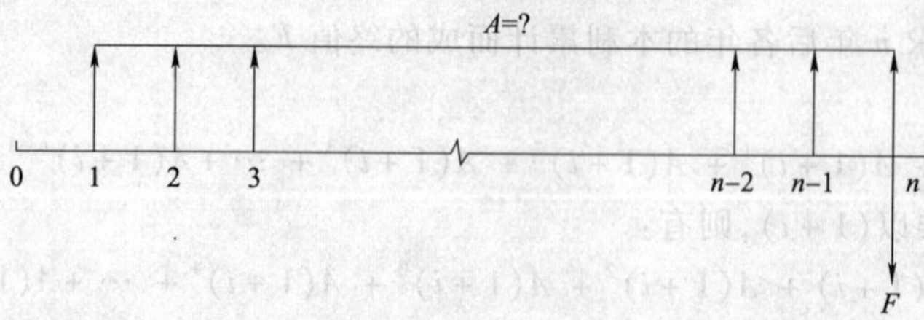

图 2.5　偿债基金现金流量图

5%，问从现在开始企业每年应存入银行多少钱？

解：这是一个已知 F,i,n，求 A 的问题。

代入公式：$A = F \cdot i/[(1+i)^n - 1] = F(A/F,i,n)$

$A = 50 \times 5\% / [(1+5\%)^5 - 1] = 50 \times (A/F, 5\%, 5)$

$= 50 \times 0.181 = 9.05$（万元）

3）普通年金现值的计算

普通年金现值是指在 n 年内每年等额收支一笔资金 A，则在利率为 i 的情况下，求此等额年金收支的现值总额。其计算公式为：

$$P = A\frac{(1+i)^n - 1}{i(1+i)^n} \tag{2-14}$$

式中，$\frac{(1+i)^n - 1}{i(1+i)^n}$ 称为年金现值系数，可用符号 $(P/A,i,n)$ 表示。

因此上式可表示为：

$$P = A(P/A,i,n) \tag{2-15}$$

现金流量图见图 2.6。

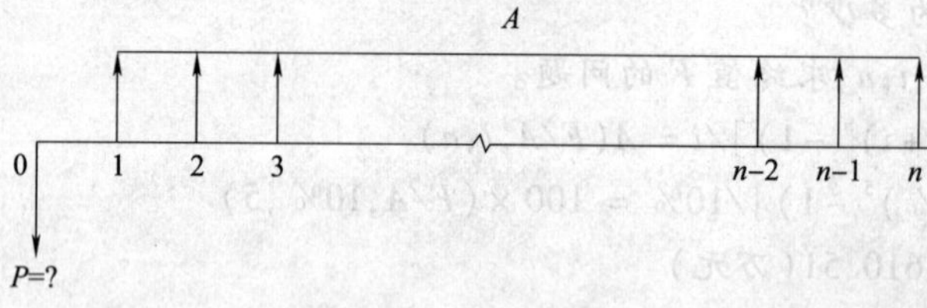

图 2.6　年金现值公式现金流量图

例 2.6　某企业租入一项设备，每年年末需要支付租金 100 万元，年复利率为 10%，则 5 年内应支付的租金总额的现值为多少？

解：这是一个已知 A,i,n，求现值 P 的问题

$P = 100 \times (P/A, 10\%, 5) = 100 \times 3.7908 = 379.08$（万元）

4）资本回收问题（已知 P,i,n，求 A）。

资本回收是指期初一次投资数额为 P，欲在 n 年内将投资全部收回，则在利率为 i 的情况下，每期应等额回收的资金。其计算公式为：

$$A = P\frac{i(1+i)^n}{(1+i)^n - 1} \tag{2-16}$$

式中 $\frac{i(1+i)^n}{(1+i)^n-1}$ 称为资本回收系数,可用符号 $(A/P,i,n)$ 表示。

因此上式可表示为:

$$A = P(A/P,i,n) \tag{2-17}$$

例 2.7 某项目投资 1 000 万元,计划在 8 年内全部收回投资,若已知年利率为 8%,则该项目每年平均净收益至少应达到多少?

解:这是一个已知 P,i,n,求现值 A 的问题。现金流量图见图 2.7。

$A = 1\,000 \times (A/P, 8\%, 8) = 1\,000 \times 0.174 = 174$(万元)

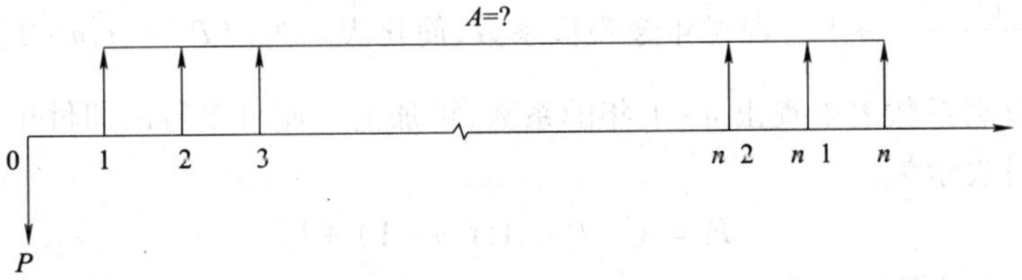

图 2.7 资本回收公式现金流量图

(3)即付年金的终值和现值

由前面我们给出的定义,即付年金和普通年金的区别我们用图形来表示。见图 2.8 及图 2.9:

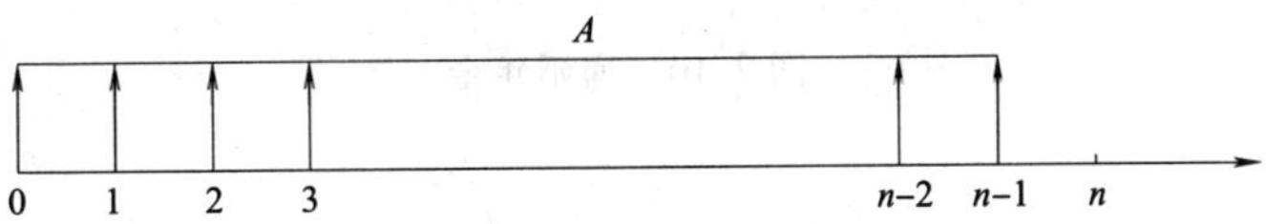

图 2.8 n 期即付年金

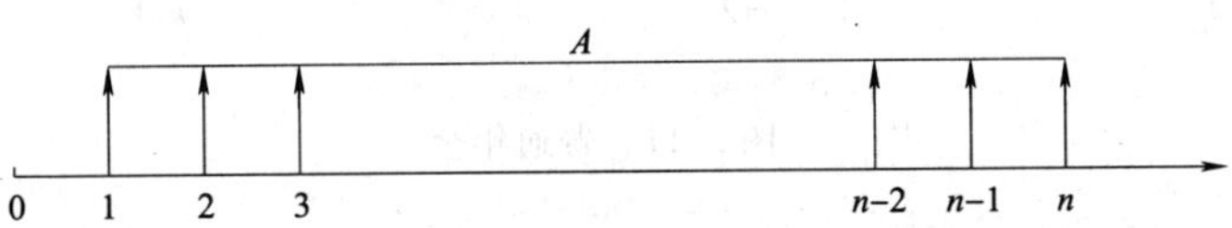

图 2.9 n 期普通年金

由前面的普通年金的计算公式,可以推导出即付年金的公式。这里直接给出即付年金的终值和现值的公式。

即付年金终值的公式:

$$F = A\frac{(1+i)^{n+1}-(1+i)}{i} = A\left[\frac{(1+i)^{n+1}-1}{i}-1\right] \tag{2-18}$$

式中,$\frac{(1+i)^{n+1}-1}{i}-1$ 为即付年金终值系数,可用符号 $[(F/A,i,n+1)-1]$ 表示,可以先通过本书后面的复利系数表中查出 $n+1$ 年的系数,再减去 1 便可以得出即付年金系数的值。

因此上式可表示为:

$$F = A[(F/A,i,n+1)-1] \tag{2-19}$$

例 2.8 假设某人在 5 年内每年年初在银行存款 100 万元，存款年利率为 10%，则 5 年后应从银行取出的本利和为多少？

解：$F = A[(F/A,i,n+1)-1] = 100 \times [(F/A,10\%,6)-1] = 100 \times [7.7156-1] = 671.56$（万元）

把本题和例 2.4 比较，可以看出两者结果之间存在差异。也就是说年初支付和年末支付对一个项目而言意义不同，因此在进行计算的时候一定要分清楚年金的类型，以免发生错误。

即付年金现值的公式：

$$P = A\frac{1-(1+i)^{n}}{i}(1+i) = A\left[\frac{1-(1+i)^{-(n-1)}}{i}+1\right] \tag{2-20}$$

式中，$\frac{1-(1+i)^{-(n-1)}}{i}+1$ 为即付年金现值系数，简化表示为 $[(P/A,i,n-1)+1]$，可以先通过本书后面的复利系数表中查出 $n-1$ 年的系数，再加上 1 便可以得出即付年金系数的值。

因此上式可表示为：

$$P = A[(P/A,i,n-1)+1] \tag{2-21}$$

（4）递延年金现值的计算

由前面给出的定义，即付年金和普通年金的区别用图形来表示，见图 2.10 及图 2.11。

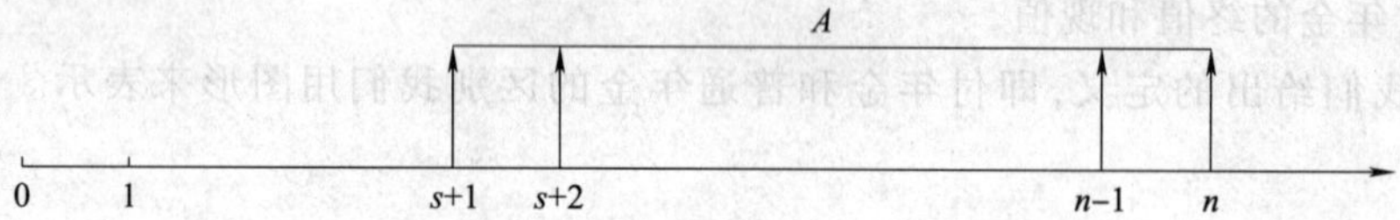

图 2.10 递延年金

图 2.11 普通年金

即付年金的现值的公式：

$$P = A\{[1-(1+i)^{-n}]/i - [1-(1+i)^{-s}]/i\} = A[(P/A,i,n)-(P/A,i,s)] \tag{2-22}$$

或

$$P = A[1-(1+i)^{-(n-s)}]/i(1+i)^{-s} = A(P/A,i,n-s)(P/F,i,s) \tag{2-23}$$

例 2.9 假设某人在年初存入一笔资金，存满 5 年后，从第 6 年年末每年取出 1 000 元，至第 10 年末取完，存款年利率为 10%，则此人应在最初一次存入银行多少钱？

解：$P = A[(P/A,10\%,10)-(P/A,10\%,5)] = 1\,000 \times (6.1446-3.7908)$

$= 2\,353.8$（元）

或 $P = A(P/A,10\%,10-5(P/F,10\%,5) = 1\,000 \times 3.7908 \times 0.62.9 = 2\,353.7$（元）

（5）永续年金现值的计算

由于永续年金持续期无限，没有终止的时间，因此没有终值，只有现值。通过普通年金现值计算可推导出永续年金现值的计算公式为：

$$P = A\frac{1-(1+i)^n}{i} = A\frac{1-\frac{1}{(1+i)^n}}{i} \tag{2-24}$$

当 $i \to \infty$ 时，$\frac{1}{(1+i)^n} \to 0$，故

$$P = \frac{A}{i} \tag{2-25}$$

例 2.10 某人持有的某公司优先股，每年每股股利为 2 元，若此人想长期拥有，在回报率为 10% 的情况下，请对该项股票投资进行估价。

解：这是一个求永续年金现值的问题，即假设该优先股每年股利固定且持续较长时期，计算出这些股利的现值之和，即为该股票的估价。

$$P = \frac{A}{i} = \frac{2}{10\%} = 20(\text{元})$$

4. 名义利率和实际利率

在复利计算中，利率周期通常以年为单位，它可以与计息周期相同，也可以不同。当利率周期与计息周期不一致时，就出现了名义利率和实际利率。

(1) 名义利率

我们把利率周期与计息周期不一致时的利率称为名义利率。它由计息周期利率 i 乘以一个利率周期内的计息次数 m 所得到，即

$$r = i \times m \tag{2-26}$$

如月利率为 3‰，则名义利率为 3.6%。很显然，计算名义利率的时候忽略了前面各期利息的再生因素，这与单利的计算相同。通常所说的利率周期利率都是名义利率。

(2) 实际利率（有效利率）

把利率周期与计息周期一致时的利率称为实际利率。设年名义利率为 r，一年中计息次数为 n，则一个计息周期的利率为 r/m，一年后的本利和为：

$$F = P(1+\frac{r}{m})^m \tag{2-27}$$

根据利率定义得到实际年利率 i 为：

$$i = \frac{P(1+\frac{r}{m})^m - P}{P} = \left(1+\frac{r}{m}\right)^m - 1 \tag{2-28}$$

例 2.11 假设某人在年初在银行存款 100 万元，存款年利率为 8%，每半年计息一次，则在 1 年末能从银行取出的本利和为多少？

解：先计算该存款的实际利率：

$i = (1+r/m)^m - 1 = (1+0.08/2)^2 - 1 = 8.16\%$

$F = 100(1+8.16\%) = 108.16$（万元）

2.2 风险分析

企业的财务活动贯穿于生产经营的整个过程，生产经营及财务活动通常是在各种风险情

况下进行的,这要求企业经营者要经常进行经营活动和财务状况的分析,树立风险意识,建立有效的风险防范处理机制来加强企业财务风险控制,制定出合理的财务计划。

承担风险,就要求得到相应的额外收益。投资者由于承担风险进行投资而要求的超过资金时间价值的额外收益,就称为投资的风险价值,也称为风险收益或风险报酬。本节将主要介绍风险报酬的计算和风险衡量。

2.2.1　风险的概念

风险是指某一行动的结果具有多样性。某一行动的结果具有多种可能而不肯定,就叫有风险;反之,若某一行动的结果很肯定,就叫没有风险。

从财务管理的角度,风险是企业在各项财务活动中由于各种难以预料和无法控制的因素,使企业在一定时期、一定范围内所获取的最终财务成果与预期的经营目标发生偏差,从而形成的使企业蒙受经济损失或更大收益的可能性。

财务管理的风险类型包括:筹资风险、投资风险、经营风险、存货管理风险及流动性风险。

筹资风险指的是由于资金供需市场、宏观经济环境的变化,企业筹集资金给财务成果带来的不确定性。筹资风险主要包括利率风险、再融资风险、财务杠杆效应、汇率风险、购买力风险等。

投资风险指企业投入一定资金后,因市场需求变化而影响最终收益与预期收益偏离的风险。在我国,根据公司法的规定,股东拥有企业股权的25%以上应视为直接投资。企业对外投资主要有直接投资和证券投资两种形式,证券投资主要有股票投资和债券投资两种形式。

经营风险又称营业风险,是指在企业的生产经营过程中,供、产、销各个环节不确定性因素的影响所导致企业资金运动的迟滞,产生企业价值的变动。经营风险主要包括采购风险、生产风险、存货变现风险、应收账款变现风险等。

存货管理风险指企业保持一定量的存货对于其进行正常生产来说是至关重要的,但如何确定最优库存量是一个比较棘手的问题,存货太多会导致产品积压,占用企业资金,风险较高;存货太少又可能导致原料供应不及时,影响企业的正常生产,严重时可能造成对客户的违约,影响企业的信誉。

流动性风险是指企业资产不能正常和确定性地转移现金或企业债务和付现责任不能正常履行的可能性。从这个意义上来说,可以把企业的流动性风险从企业的变现力和偿付能力两方面进行分析与评价。由于企业支付能力和偿债能力发生的问题,称为现金不足及现金不能清偿风险。由于企业资产不能确定性地转移为现金而发生的问题则称为变现能力风险。

2.2.2　风险报酬

风险可能带来超出预期的损失,也能带来超出预期的收益。这就是投资者冒风险进行投资的原因。通常,风险越大,报酬越多。所谓风险报酬就是投资者因冒风险进行投资而要求的,超过无风险报酬的额外报酬。风险和报酬的基本关系是风险越大,要求的报酬率越高。

企业财务和经营管理活动总是处于或大或小的风险之中,任何经济预测的准确性都是相对的,预测的时间越长,不确定因素的影响程度就越高。因此,为了简化决策分析工作,在短期财务决策中一般不考虑风险因素。而在长期财务决策中,则不得不考虑风险因素,需要计量风险程度。

风险报酬有两种表示方法:一是风险报酬额,指投资者因冒风险进行投资而获得的超过时间价值的那部分额外报酬。二是风险报酬率,指投资者因冒风险进行投资而获得的超过时间价值率的那部分额外报酬率,即风险报酬额与原报酬额的比率。在财务管理中,风险报酬一般用相对数风险报酬率来表示。

如果不考虑通货膨胀的话,投资者进行风险投资所要求或期望的报酬率便是资金的时间价值(无风险报酬率)与风险报酬率之和。即:

期望投资报酬率 = 资金时间价值(无风险报酬率) + 风险报酬率

假如,资金时间价值为10%,某项投资期望报酬率为15%,在不考虑通货膨胀的话,该项投资的风险报酬率便是5%。

1. 风险衡量

(1)单项资产的风险报酬

1)确定概率分布

在经济活动中,某一事件在相同的条件下可能发生也可能不发生,这类事件称为随机事件。概率就是用来表示随机事件发生可能性大小的数值。通常,把必然发生的事件的概率定为1,把不可能发生的事件的概率定为0,而一般随机事件的概率是介于0与1之间的一个数。概率越大就表示该事件发生的可能性越大。

2)计算期望报酬率

随机变量的各个取值,以相应的概率为权数的加权平均数,叫做随机变量的期望报酬率,它反映随机变量取值的平均化。

期望报酬率的计算:

$$\bar{k} = \sum_{i=1}^{n} k_i p_i \qquad (2-29)$$

式中 $\bar{k}$——期望报酬率;

p_i——第 i 种结果出现的概率;

k_i——第 i 种结果出现后的预期报酬率;

n——所有可能结果的数目。

3)计算标准离差

表示随机变量离散程度的指标包括平均差、方差、标准差和全距等,最常用的是方差和标准差。

方差是用来表示随机变量与期望值之间离散程度的一个量。

标准差也叫均方差,是方差的平方根。

标准离差的计算:

$$\delta = \sqrt{\sum_{i=1}^{n} (k_i - \bar{k})^2 \cdot p_i} \qquad (2-30)$$

标准差反映投资收益风险的大小。期望值相同的情况下,标准差指标越大,则说明离散程度越大,那么投资风险也就越大;反之,标准差指标越小,则说明离散程度越小,投资风险也就越小。

4)计算标准差系数(标准离差率)

标准差是反映随机变量离散程度的一个指标,它是一个绝对数,不能用于比较不同规模项目的风险大小,为了解决这个困难,我们引入标准差系数的概念。

标准差系数是标准差与期望值的比值。是用相对数表示的离散程度,即风险大小。

$$V = \frac{\delta}{\bar{k}} \times 100\% \qquad (2-31)$$

式中　V——标准离差差；

δ——标准离差；

$\overline{k}$——期望报酬率。

期望值不同的情况下，标准差系数较大的投资项目，其风险也较大；反之，标准差系数较小的投资项目，其风险也较小。

例 2.12　甲公司有 A、B 两种股票，每种股票都可能遭遇景气、一般、萧条三种股市行情，各股票的报酬率和概率分布如表 2.1 所示。请计算这两种股票的期望报酬率和风险指标。

表 2.1　甲公司两种股票预期收益率及概率分布

经济情况	该种经济情况发生的概率(P_i)	报酬率(K_i)	
		A 股票	B 股票
景气	0.2	40%	70%
一般	0.6	20%	20%
萧条	0.2	0%	-30%

解：A 股票的期望报酬率：

$$\overline{k}=k_1k_1+k_2k_2+k_3k_3=40\%\times 0.2+20\%\times 0.6+0\%\times 0.20=20\%$$

B 股票的期望报酬率：

$$\overline{k}=k_1p_1+k_2p_2+k_3p_3=70\%\times 0.2+20\%\times 0.6+(-30\%)\times 0.20=20\%$$

风险指标计算：

(1)标准离差

A 股票的标准离差：

$$\delta=\sqrt{(40\%-20\%)^2\times 0.20+(20\%-20\%)^2\times 0.60+(0\%-20\%)^2\times 0.20}=12.65\%$$

B 股票的标准离差：

$$\delta=\sqrt{(70\%-20\%)^2\times 0.20+(20\%-20\%)^2\times 0.60+(-30\%-20\%)^2\times 0.20}=31.62\%$$

(2)标准差系数(标准离差率)

A 股票：

$$V=\frac{12.65\%}{20\%}\times 100\%=63.25\%$$

B 股票：

$$V=\frac{31.62\%}{20\%}\times 100\%=158.1\%$$

从上述计算结果可以看出 A 股票的风险比 B 股票的风险小。一般情况，在报酬率相等的情况下，可直接根据标准离差来比较风险程度，如果期望报酬不等，则必须计算标准离差率才能对比风险程度。

5)计算风险报酬率

企业的投资风险可以用标准差率来测算，由于投资风险与相应的风险报酬率之间存在着内在的联系，即在市场调节有效的状态下，投资风险和投资收益应该是对称的。理论界提出，通过风险报酬系数(风险报酬斜率)，可以将风险指标转化为相应的风险报酬率，计算公式为：

风险报酬率＝风险报酬系数×标准离差率

或者

$$R_R=bV \tag{2-32}$$

式中 R_R——风险投资报酬率；

b——风险报酬系数；

V——标准差系数(标准离差率)。

仍用例 2.12 中的数据，若 A 股票的风险报酬系数为 40%，B 股票的风险报酬系数为 30%。计算两种股票的风险报酬率。

A 股票的风险报酬率：$R_R = 40\% \times 63.25\% = 25.3\%$

B 股票的风险报酬率：$R_R = 30\% \times 158.1\% = 47.43\%$

(2) 证券组合的风险报酬

两个或两个以上的资产所构成的集合称为资产组合。若资产组合中的资产均为有价证券，则该资产组合称为证券组合。这样的一种做法它的意义在哪呢？我们都知道每一种投资它都是具有一定的风险的，那么证券组合的意义就在于，通过选择若干种证券作为投资对象，以达到在保证预定收益率的前提下把风险降低到最小。建立系统科学的证券投资组合，可以帮助投资者全面捕捉获利机会，有效的降低投资风险，因此，必须了解证券组合的风险报酬。

根据性质的不同可以分为：可分散风险和不可分散风险，现分述如下。

1) 可分散风险。可分散风险又叫非系统性风险或公司特别风险，是指某些因素对单个证券造成经济损失的可能性。一般来讲，随着资产组合中资产个数的增加，资产组合的风险会逐渐降低，当资产的个数增加到一定程度时，资产组合的风险程度将趋于平稳，这时组合风险的降低将非常缓慢，直到不再降低。这样，如果一个证券组合包含有 40 种股票而且又比较合理，那么大部分可分散风险都能被消除。因而，这种风险称为可分散风险。

2) 不可分散风险。不可分散风险又称系统性风险或市场风险，指的是由于某些因素给市场上所有的证券都带来经济损失的可能性，如宏观经济状况的变化、国家税法的变化、国家财政政策和货币政策变化、世界能源状况的改变都会使股票收益发生变动。它对所有的股票都有影响，不能通过证券组合消除，主要是通过 β 系数来测量的。β 系数的计算较为复杂，一般由市场中介组织计算并公布，无需投资人自己计算。β 系数的大小在 1 上下波动。作为整体的证券市场的 β 系数为 1。如果 $\beta > 1$，说明该股票的风险大于整个市场的风险；如果 $\beta < 1$，则说明其风险小于整个市场的风险。

一些标准的 β 值如下：

$\beta = 0.5$ 说明该股票的风险只有整个市场股票风险的一半；

$\beta = 1.0$ 说明该股票的风险等于整个市场股票的风险；

$\beta = 2.0$ 说明该股票的风险是整个市场股票风险的 2 倍。

针对一项具体投资项目，诺贝尔经济学奖获得者威廉姆·夏普于 20 世纪 60 年代提出的资产定价模型给出了必要报酬率和所承担的风险之间的关系。计算公式为：

某项资产投资必要报酬率 = 无风险报酬率 + 风险报酬率

风险报酬率 = 该项资产风险系数 ×(市场平均报酬率 - 无风险收益报酬率)

即：

$$R_R = \beta_j (R_m - R_f) \tag{2-33}$$

因此，某种证券的必要报酬率 = 无风险报酬率 + 该项资产风险系数 ×(市场平均报酬率 - 无风险收益报酬率)

即：

$$K_j = R_f + \beta_j (R_m - R_f) \tag{2-34}$$

式中，K_j 为某某种证券的必要报酬率；R_f 为无风险报酬率；β_j 为第 j 个股票的 β 系数；R_m 为市场组合平均收益率，也称为市场收益率；$(R_m - R_f)$ 为市场风险补偿率，也称市场风险收益率。

上述公式我们成为资本资产定价模型 CAPM(Capital Asset Pricing Model)。

如果有了单个股票的 β 系数，即 β_j，那么作为组合的风险系数 β 可以用加权平均公式计算：

$$\beta = \sum_{j=1}^{n} \beta_j \times w_j \tag{2-35}$$

式中　β_j——投资组合中第 j 种股票风险系数；

w_j——第 j 中项目的投资比重。

因此，证券组合的风险报酬率 R_R 的计算公式：

$$R_R = \beta(R_m - R_f) \tag{2-36}$$

必要报酬率 K 的计算公式：

$$K = R_F + \beta(R_m - R_f) \tag{2-37}$$

例 2.13　某公司持有由甲、乙、丙三种股票构成的证券组合，它们的 β 系数分别是 2.0、1.0 和 0.5，他们的金额分别是 10 万，6 万，4 万，股票的市场报酬率为 15%，无风险报酬率为 10%，试确定这种证券组合的风险报酬率和必要报酬率。

解：(1)确定组合的 β 系数

$$\beta = \sum_{j=1}^{n} \beta_j \times w_j = 2.0 \times \frac{10}{10+6+4} + 1.0 \times \frac{6}{10+6+4} + 0.5 \times \frac{4}{10+6+4} = 1.4$$

(2)计算该证券组合的风险报酬率

$$R_R = \beta(R_m - R_f) = 1.4 \times (15\% - 10\%) = 7\%$$

(3)计算该证券组合的必要报酬率：

$$K = R_F + \beta(R_m - R_f) = 10\% + 7\% = 17\%$$

揭示风险和报酬率关系的基本模型是资本资产定价模型，即式(2-34)，由它可以得出风险和报酬率的关系图(图 2.12)。图中 SML(Security Market Line)，为证券市场线，它说明必要

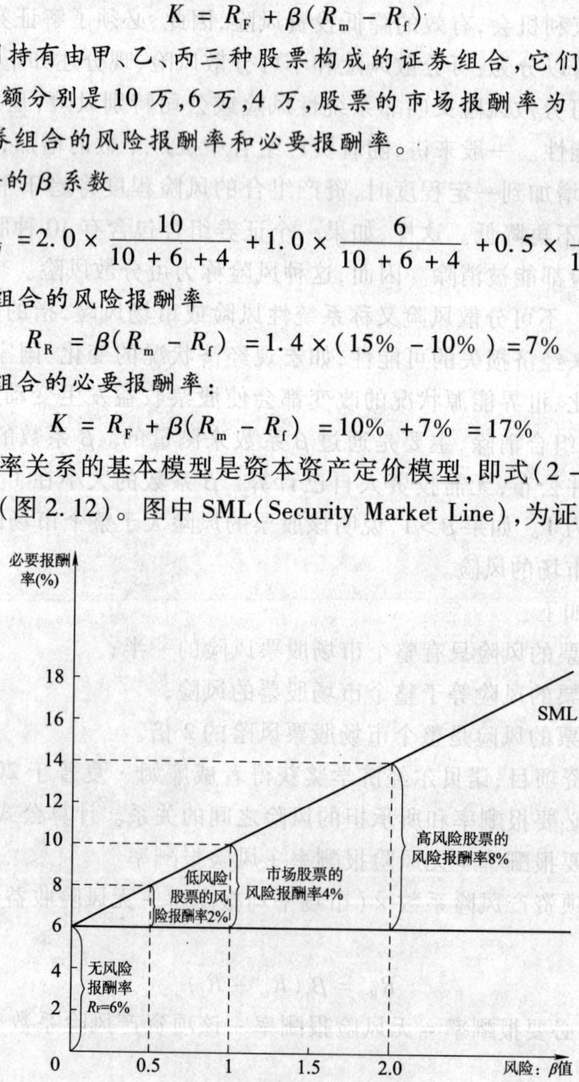

图 2.12　证券报酬与 β 系数的关系

报酬率与不可分散风险 β 系数之间的关系。β 值越高，要求的风险报酬率也越高，在无风险报酬率不变的情况下，必要报酬率也就越高。

2.3 资金利息率和资金成本

2.3.1 资金利息率

1. 利息率的概念

利息率简称利率(Interest Rates)，就其表现形式来说，是指在一个计算周期内所得到的利息额与期初借贷资金之比，一般以百分数表示。多年来，经济学家一直在致力于寻找一套能够完全解释利率结构和变化的理论，“古典学派”认为，利率是资本的价格，而资本的供给和需求决定利率的变化；凯恩斯则把利率看做是“使用货币的代价”。马克思认为，利率是剩余价值的一部分，是借贷资本家参与剩余价值分配的一种表现形式。从资金流通的借贷关系来看，利率是特定时期运用资金的交易价格。资金作为一种特殊商品在资金市场的买卖，是以利率作为价格标准的，资金的融通实质上是资源通过利率这个价格体体系在市场机制作用下实行再分配。

利率是国家宏观经济调控的重要工具之一，通常由国家的中央银行控制，在美国由联邦储备委员会进行管理。当经济过热、通货膨胀上升时，政府便提高利率、收紧信贷；当过热的经济和通货膨胀得到控制时，便会把利率适当地调低。作为重要的基本经济因素，利率在工程企业资金的分配及财务决策过程中起着十分重要的作用。

2. 利息率的种类

(1)按照利率的时间单位，可把利率划分为年利率、月利率和日利率

年利率是以年为时间单位计息，俗称“分”；月利率是以月为时间单位计息，俗称“厘”；日利率以日为时间单位计息，俗称“毫”。

(2)按照利率的决定方式，可把利率划分为市场利率和官方利率

市场利率是指由借贷资金的供求关系所决定的利率。当资金供大于求时，市场利率下跌；供小于求时，市场利率上升。资金的供求均衡点决定了市场利率；官方利率是指由政府金融管理部门或者中央银行确定的利率。官方利率是根据客观经济运行状况而定的，是国家调节宏观经济的重要杠杆。我国的利率属于官方利率，由国务院统一制定，中国人民银行统一管理。发达的市场经济国家，以市场利率为主，同时有官方利率，但一般官定利率与市场利率无显著脱节现象。

(3)按照借贷期内利率是否浮动，可把利率划分为固定利率和浮动利率

固定利率是指在整个借贷期限内，利率不随借贷资金的供求状况而变动的利率。固定利率尽管计算资金成本比较方便，但在有严重通货膨胀时，会给债权人带来很大的损失；浮动利率是指在借贷期限内随市场利率的变化而定期调整的利率。借贷双方可以在签订借款协议时就规定利率可以随物价或其他市场利率等因素进行调整。浮动利率可避免固定利率的某些弊端，但计算依据多样，手续繁杂，工作量比较大。

(4)按照利率的作用，可把利率划分为基准利率与差别利率

基准利率又称基本利率，是指在多种利率并存的条件下起决定作用的利率。所谓起决定作用的意思是这种利率变动，其他利率也相应变动。因而，了解基准利率水平的变化趋势，就可以了解全部利率体系的变化趋势。基准利率，在西方通常是中央银行的再贴现率，在中国是

中国人民银行对商业银行贷款的利率。

差别利率是指基准利率确定后,各金融机构根据基准利率和借贷款项的特点而换算出的利率。例如,某金融机构规定,贷款给 AAA 级、AA 级、A 级企业的利率,应分别在基准利率基础上加 0.5%、1% 和 1.5%,若基准利率是 5%,则 AAA 级、AA 级和 A 级企业的贷款利率分别是 5.5%、6% 和 6.5%,这便是差别利率。

(5)按照信用行为的期限长短,可把利率划分为长期利率和短期利率

长期利率指借贷时间在一年以上的利率;短期利率指借贷时间在一年以内的利率。由于借贷期限越长,不确定因素较多,风险较大,所以利率越高,反之期限越短,利率越低。

(6)按照利率的真实水平,可把利率划分为实际利率与名义利率

实际利率是指在物价不变,货币购买力不变条件下的利率,或指在通货膨胀情况下剔除通货膨胀因素后的利率;名义利率则是没有剔除通货膨胀因素的利率(借贷契约和有价值证券上载明的利率),因为物价上涨是一种普遍的趋势,所以,名义利率一般高于实际利率。在出现通货膨胀时,名义利率上提高了,但从实际购买力考察,利率实际上并没有增加或没有名义上增加的那么多。所以要得知实际利率提高与否,必须先剔除通货膨胀的影响。在没有发生通货膨胀或在金属货币流通条件下,没有实际利率与名义利率之分。一般来说,实际利率与名义利率的关系可用式(2-38)表达:

$$r = i + p \tag{2-38}$$

式中 r——名义利率;

i——实际利率;

p——通货膨胀率。

例如,某银行发放的一年期贷款利率为 10%,该国当年的通货膨胀率为 4%,则该贷款的实际利率为 6%。

(7)按照银行等金融机构存款与贷款业务不同,可把利率划分为存款利率和贷款利率

存款利率是存款利息与存款金额之比。存款利率比较统一明了,但因受政府管理部门的限制,难以灵活反映资金供求状况;贷款利率是贷款利息与贷款金额之比。各银行对不同贷款对象采取的贷款利率会不尽相同,贷款利率能较好的反映资金市场供求情况。

3. 决定和影响利率的主要因素

决定和影响利率的主要因素有利润率的平均水平、资金的供求情况、物价变动幅度、国际经济环境和国家经济政策等因素。

(1)利润率的平均水平

利息来源于企业的利润,是企业利润的一部分,因而利率的高低就必然受社会平均利润率所制约。平均利润率是决定利率的基本因素,是利率的最高限,利率只能在平均利润率和零之间浮动。在制定利率时,要考虑企业的中等利润率水平,要根据平均利润率制定利率,即利率的总水平要适应大多数企业的负担能力。也就是说,利率总水平不能太高,太高了大多数企业承受不了;相反,利率总水平也不能太低,太低了不能发挥利率的杠杆作用。

(2)资金的供求状况

一般地,当借贷资本供不应求时,借贷双方的竞争结果将促进利率上升;相反,当借贷资本供过于求时,竞争的结果必然导致利率下降。在我国市场经济条件下,由于作为金融市场上的商品的"价格"—利率,与其他商品的价格一样受供求规律的制约,因而资金的供求状况对利率水平的高低有决定性作用。

(3)物价变动的幅度

物价变动对利率有重要影响,是利率变动的指示器。物价上涨,货币就会贬值,如果存款的名义利率不变,就可能出现其实际利率低于物价上涨率,实际收入下降,这使得从事经营货币资金的银行必须适应物价上涨的幅度,否则难以吸收存款;同时银行必须使贷款的名义利率适应物价上涨的幅度,否则难以获得投资收益。因此,当物价上涨时,应适当提高利率水平。利率与物价的变动具有同向运动趋势。

(4)国际经济的环境

现代经济的一个重要特征就是世界经济日益国际化、一体化。商品买卖、资金流动和资源配置越具有国际性,国际利率水平对国内利率影响越大。改革开放以后,我国与其他国家的经济联系日益密切。在这种情况下,利率也不可避免地受国际经济因素的影响,表现在以下几个方面:①国际间资金的流动,通过改变我国的资金供给量影响我国的利率水平;②我国的利率水平还要受国际间商品竞争的影响;③我国的利率水平,还受国家的外汇储备量的多少和利用外资政策的影响。因此,一国政府在调整国内利率水平时必须考虑国际利率水平。否则,国内利率与国际利率就会出现利差,吸引国际流动资本的投机行为,最终给本国经济造成影响,甚至导致经济危机。

(5)国家经济政策

国家在一定时期制定的经济发展战略,决定和影响着资金的供求状况以及资金的流向。利率政策只是国家整个经济政策的一个组成部分,它应当与整个经济政策协调配合。自1949年建国以来,我国的利率基本上属于管制利率类型,利率由国务院统一制定,由中国人民银行统一管理,在利率水平的制定与执行中,要受到政策性因素的影响。例如,建国后至十年动乱期间,我国长期实行低利率政策,以稳定物价、稳定市场。1978年以来,对一些部门、企业实行差别利率,体现出政策性的引导或政策性的限制。可见,在我国社会主义市场经济中,利率不是完全随着信贷资金的供求状况自由波动,它还取决于国家调节经济的需要,并受国家的控制和调节。

4. 利率的构成

资金的利率由五部分构成,即纯利率、通胀补偿率、变现力补偿率、违约风险补偿率和到期风险补偿率,可用式(2-39)表示:

$$r = R_c + R_t + R_b + R_w + R_q \qquad (2-39)$$

式中 r——利率(名义利率);

R_c——纯利率;

R_t——通胀补偿率;

R_b——变现力补偿率;

R_w——违约风险补偿率;

R_q——到期风险补偿率。

现将上述构成利率的五个方面分述如下。

(1)纯利率

纯利率是指没有风险和没有通货膨胀情况下的均衡点利率。影响纯利率的基本因素是资金的供求关系,纯利率随资金供求的变化而不断变化。精确地测定纯利率是非常困难的,在实际工作中,一般用国库券的利率来表示,但一定要注意:前提条件是通货膨胀率极低。如国债的中长期利率是5%,可以把5%在通货膨胀率极低的条件下看做纯利率。

(2)通胀补偿率

通货膨胀已成为世界上大多数国家经济发展过程中难以医治的病症。持续的通货膨胀，会不断降低货币的实际购买力，同时，对投资项目的投资报酬率也会产生影响。资金的供应者在通货膨胀情况下，必然要求提高利率水平以补偿其购买力损失，所以，在这种情况下，除了纯利率之外，还包括额外的通货膨胀率，以补偿通货膨胀所遭受的损失。例如通货膨胀率是2%，意味着物价水平上涨2%，那么依然要求得到5%的回报率的就话，实际收益率只能达到3%，投资者必然在2%的通货膨胀前提条件下，要求报酬率应该是7%。必须指出的是，计入利率的通货膨胀率，并不是过去实际的通货膨胀水平，而是对未来通货膨胀水平的预期值。因此，如果需要预期两年或两年以上的通货膨胀率，则应该取其平均值。例如2007年底纯利率为5%，2008年、2009年及2010年各年的通货膨胀率预计为3%、4%和5%，则三年平均的通货膨胀率即为4%。这样，考虑了预期通货膨胀后的三年无风险证券利率应为9%。

(3)变现力补偿率

变现力是指某项资产迅速转化为现金的可能性。如果一项资产能迅速转化为现金，说明其变现能力强、流动性好、流动风险小；反之，则说明其变现能力弱、流动性不好，流动风险大。政府债券、大公司的股票与债券，由于信用好，变现能力强，所以流动性风险小，而一些不知名的中小企业发行的证券，流动性风险则较大。一般而言，精确地计算变现力补偿率是非常困难，但若有类似违约及到期风险的金融资产中，最具变现力与最缺乏变现力之利差可反映为变现力补偿率，如在其他因素均相同的情况下，流动性风险小与流动性风险大的证券利率差距约介于1%~2%之间，这就是所谓的变现力补偿率。

(4)违约风险补偿率

违约风险是指借款人无法按时支付利息或偿还本金而给投资人带来的风险。为了弥补违约风险，就必须提高利率，否则，投资人就不愿投资，借款人也就无法获得资金。违约风险反映着借款人按期支付本金、利息的信用程度，违约风险愈高，贷款人制定的利率也愈高。例如，政府公债由于不会发生违约风险，所以其利率在所有应税证券中最低。对公司债而言，债券等级愈高则违约风险愈低，其利率也较低。在期限和流动性等因素相同的条件下，各信用等级债券的利率与政府公债利率之间的差额，即可视为违约风险补偿率。

(5)到期风险补偿率

债务到期日越长，债权人承受的不确定因素就越多，承担的风险也就越大。为弥补该风险而增加的利率水平，就叫到期风险补偿率。例如，同时发行的国债，3年期的利率就比1年期的利率高，银行存、贷款利率也一样。因此，长期利率一般要高于短期利率。这便是到期风险补偿率。

综上所述，某一特定借款或投资利率主要由以上五大因素构成，只要能合理预测上述因素，便能较合理地测定利率水平。

2.3.2 资金成本

1. 资金成本的概念

资金成本是企业筹集资金的主要依据，也是企业进行投资管理的重要标准。资金成本(cost of capital)也译为资本成本，是指企业为筹措和使用一定量资金而付出的代价。资金成本有广义和狭义之分，其中广义的资金成本包括各种资金的资金成本；狭义的资金成本仅指长期资金的资金成本，它包括资金的取得成本和占用成本。

资金的取得成本是指企业在筹集资金过程中所发生的各种费用,也称之为筹资费,即企业在整个筹资过程中为获得一定量资金而付出的代价,如发行股票、债券支付的印刷费、发行手续费、律师费、资信评估费、公证费、担保费、广告费、和行政费用等。筹资费用通常是在筹措资金时一次支付的,资金使用过程不再发生。资金的占用成本是指企业因占用资金而支付的费用,如普通股票的股利、优先股的股息、债券的利息、银行借款的利息等。资金占用成本具有经常性、定期性支付的特征,它与筹资金额、使用期限的长短有关,可视为变动成本。

资金成本可以用绝对数表示,亦可用相对数来表示。资金成本用绝对数表示,是指企业为筹措和使用一定量的资金而付出的筹资费用与用资费用的总和。资金成本用相对数表示,是指企业为筹措和使用一定量的资金而付出的用资费用与筹得的资金净额之间的比率,即资金成本率。人们通常所说的资金成本就是指资金成本率,其表示方法如下式所示:

$$资金成本率=\frac{资金占用成本}{筹资总额-筹资费用}\times 100\% =\frac{资金占用成本}{筹资总额(1-筹资费率)}\times 100\%$$

资金成本与资金时间价值是两个不同的概念,不要把两者混淆起来。资金成本既包含了资金时间价值,还包含了投资的风险价值以及通货膨胀等因素,而资金时间价值是不含风险价值和通货膨胀因素的。假定企业债券利率为 12%,在这 12% 中既包含了资金时间价值,也包含了投资者投资风险价值,还包含了通货膨胀因素。三者的分布可能是:资金时间价值占 6%,投资风险价值占 2%,通货膨胀率占 4%。三者之和只是企业债务成本的一部分,另一部分是筹资费用。对于企业来说,付出的总代价可能达到 13%,而其中 1%(即 13% - 12% = 1%)的差异是由于筹资费用引起的。

2. 资金成本的种类

资金成本有多种形式,通常使用的有个别资金成本、综合资金成本和边际资金成本三种。个别资金成本是企业某种长期资本占用费与有效筹资额的比率,它包括长期借款成本、债券资金成本、优先股成本和普通股成本四种类型;由于受总体经济环境、法律、风险和其他多种因素的制约,企业不可能只使用某种单一的筹资方式,往往需要通过多种方式筹集所需资金。为了进行筹资决策,就要计算确定企业全部长期资金的总成本,即综合资金成本。综合资金成本是以各种资金占全部资金的比重为权数,对个别资金成本进行加权平均确定的资金成本,又称加权平均资金成本或整体资金成本,它往往在资本结构决策时使用;边际资金成本是项目追加一单位的资金所需追加的成本,边际资金成本也用加权平均法计算。

3. 资金成本的作用

(1)资金成本在企业筹资决策中的作用

企业筹资要考虑资金成本、财务风险、资金期限、偿还方式、限制条件、资本结构等因素。其中资金成本是一项重要的因素,直接关系到企业的经济效益,其作用具体表现在以下几个方面:

1)资金成本是影响企业筹资总额的重要因素

即使通过同一资金来源渠道,采用同一筹资方式来筹集资金,资金成本也会随着筹资总额的变动而变动。因此,企业必须根据自身的经营需要,在不超过企业资金成本的承受限度内,合理确定筹资总额,节约使用资金。

2)资金成本是企业选用筹资方式的参考因素

企业在筹集资金时,可选用不同的筹资方式,如发行股票、债券、向银行借款等,企业最终选择何种方式,必须认真比较各种筹资方式资金成本的差异。

3)资金成本是评价企业经营业绩的重要依据

资金成本是企业使用资金应获得收益的最低界限。资金成本的高低不仅能反映企业资金管理人员的管理水平，还可以用于衡量企业整体的经营业绩，反映企业整体的经营理念。更进一步，资金成本还可以促进企业增强效率和转变观念，充分挖掘资本的潜力，节约资金占用，提高资金的使用效益。

(2)资金成本在投资决策中的作用

资金成本在企业分析投资项目的可行性，选择投资方案时也有重要作用。一般而言，只有当投资项目的预期收益率高于资金成本率时，经济上才是合理的，投资项目才可行；反之，当投资项目的预期收益率低于资金成本时，投资项目将不可行。国际上通常将资金成本视为投资项目的“最低收益率”，或项目应否采纳的“取舍率”。在预测分析中．还常常以资金成本作为贴现率，来计算各投资方案的净现值、现值指数等指标，以比较不同方案的优劣。当然，投资评价还涉及技术的可行性、社会效益等因素，但资金成本比较是综合评价的一个重要方面。

4. 资金成本的计算

(1)个别资金成本的计算

个别资金成本的计算包括债务融资成本的计算和权益融资成本的计算。债务融资成本的计算包括长期借款成本和债券资金成本的计算。企业债务融资的利息费用在税前利润中列支，有抵减所得税的效应。企业权益融资计算涉及优先股、普通股和留存收益资金成本的计算。出于优先股股利和普通股股利在税后支付，企业权益筹资实际的财务负担高于债务筹资。

1)长期借款成本

企业长期借款的资金成本是由借款利息和筹资费用构成的，借款利息计入税前成本费用，可以起到抵税的作用，因此、一次还本、分期付息借款的资金成本率的计算公式为：

$$K_L=\frac{I_L(1-T)}{L(1-f_L)}=\frac{i(1-T)}{1-f_L} \tag{2-40}$$

式中　K_L——长期借款成本率；

I_L——长期借款年利息；

L——长期借款筹资费总额；

T——所得税税率；

f_L——长期借款筹资费率；

i——长期借款的利率。

例 2.14　某企业取得 3 年长期借款 100 万元，年利率 5%，每年付息一次，到期一次还本，筹资费用率 0.5%，企业所得税率 33%，求这项长期借款的资金成本率。

解：这项长期借款的资金成本率为：

$$K_L=\frac{100\times 5\%\times(1-33\%)}{100\times(1-0.5\%)}=3.37\%$$

或

$$=\frac{5\%\times(1-33\%)}{1-0.5\%}=3.37\%$$

如果银行借款在有补偿余额条款、贴现付息的情况下，应将银行借款的名义利率转化为实际利率才能工确计算出长期借款的资金成本率。

2)债券资金成本

发行债券的成本，主要指债券利息和筹资费用。债券利息是在税前支付的，因此，企业实际上少缴了一部分所得税。债券的筹措费即发行费用，包括申请费、注册费、印刷费等。所以，长期债券的资金成本率计算公式为：

$$K_B = \frac{I_B(1-T)}{B(1-f_B)} \qquad (2-41)$$

式中 K_B——债券资金成本率；

B——债券筹资总额；

I_B——票面利息；

f_B——债券筹资费用率；

T——所得税税率。

例 2.15 某公司发行面值总额为 1 000 万元的 3 年期债券，票面利率为 4%，发行费用率为 2%，按面值发行，公司所得税率为 33%，求该债券的资本成本率。

解：该债券的资本成本率为：

$$K_B = \frac{1\,000 \times 4\% \times (1-33\%)}{1\,000 \times (1-2\%)} = 2.73\%$$

当债券发行价格有平价、溢价和折价时，债券的筹资额应按具体发行价格确定债券资金成本。

例 2.16 假设某公司拟发行总面额为 500 万元的 10 年期债券，票面利率 10%，发行费率为 4%，公司所得税率为 33%，根据市场环境的不同，公司可能采取：平价发行 500 万元、溢价发行 600 万元和折价发行 400 万元，试分别计算不同发行价是债券资金成本。

解：平价发行债券的资金成本为：

$$K_B = \frac{500 \times 10\% \times (1-33\%)}{500 \times (1-4\%)} = 6.98\%$$

溢价发行债券的资金成本为：

$$K_B = \frac{500 \times 10\% \times (1-33\%)}{600 \times (1-4\%)} = 5.82\%$$

折价发行债券的资金成本为：

$$K_B = \frac{500 \times 10\% \times (1-33\%)}{400 \times (1-4\%)} = 8.72\%$$

3）优先股成本

企业发行优先股股票，需要支付筹资费，如注册费、代销费、印刷费、手续费、律师费、广告费等，其资本成本率的计算公式为：

$$K_P = \frac{D_P}{P(1-f_P)} \qquad (2-42)$$

式中 K_P——优先股资金成本；

D_P——优先股每股年股利；

P——优先股筹资额；

f_P——优先股筹资费率。

例 2.17 某公司发行 200 万元优先股，发行费率为 5%，每年支付的股利率为 10%。求该公司优先股资金成本率。

解：该公司优先股资金成本率计算如下：

$$K_P = \frac{200 \times 10\%}{200 \times (1-5\%)} = 10.53\%$$

由于优先股股利在所得税后支付，不涉及税款扣减问题。因此，在计算优先股成本时，无需经过税赋的调整。另外，当企业破产清算时，优先股持有人的求偿权在债券持有人。因此，优先股成本一般都高于债券成本。

4）普通股成本

由于普通股的股利率是不固定的，需要根据每年的赢利情况而定。计算普通股资本成本率的方法相当于计算普通股要求收益率的方法。计算方法主要有：估价法、贝他系数法和风险溢价法。

①估价法

估价法也称为股利固定增长模型法。其计算公式如下：

$$K_c = \frac{D_c}{P_c(1-f_c)} + G \tag{2-43}$$

式中 K_c——普通股资金成本率；

D_c——普通股每股年股利；

P_c——普通股发行价格；

f_c——普通股筹资费率；

G——普通股股利年固定增长率。

例 2.18 某建筑工程公司发行面值为 2 元的普通股 1 000 万股，发行价格为 3 元，发行费率为发行所得的 4%，第一年股利率为 10%，以后每年以 5% 的速度增长。求该普通股的资金成本率。

解：该普通股的资金成本率为：

$$K_c = \frac{1\,000 \times 2 \times 10\%}{1\,000 \times 3 \times (1-4\%)} + 5\% = 11.94\%$$

②贝他系数法

也称为资本资产定价模型法，普通股的资金成本率可以用投资者对发行公司的风险程度与股票投资承担的平均风险水平来评价。其计算公式为：

$$K_c = R_F + \beta(R_m - R_F) \tag{2-44}$$

式中 K_c——普通股资本成本率；

R_F——无风险利率（通常以政府债券利率代替）；

β——某企业股票收益相对于市场上所有股票收益的变动幅度；

R_m——市场股票平均收益率。

例 2.19 某公司普通股的 β 系数为 1.5，市场股票平均收益率为 12%，无风险利率为 6%，求该普通股资金成本率。

解：该普通股资金成本率为：

$$K_c = 12\% + 1.5 \times (12\% - 6\%) = 21\%$$

贝他系数法在理论上是比较严密的，但它建立在一定的假设基础上，即假设风险与报酬率成线性关系，投资者进行了高度的多元化投资组合。因此，这种方法可能会有些不切合实际。

③风险溢价法

根据风险和收益相匹配的原理，普通股股东要求的收益率，应该以债券投资者要求的收益率，亦即企业的税前债务成本为基础。实践研究表明，风险溢价率一般为 3% ~5% 之间。当市场利率达到历史性高点时，风险溢价率通常较低，在 3% 左右；当市场利率处于历史性低点时，风险溢价通常较高，在5%左右，计算公式为：

$$K_c = K_B + R_c \tag{2-45}$$

式中 K_c——普通股资金成本率；

K_B——债券资金成本率；

R_c——风险溢价率。

这种方法要求有一定的主观判断能力，所以，往往会出现较大误差。

5）留存收益资金成本

留存收益也叫留用利润，包括盈余公积金和未分配利润，其所有权属于普通股股东，其实质是普通股股东对企业的追加投资，也有资金成本，只不过是表现为机会成本。因此，留存收益也必须计算资金成本率，其计算方法与普通股相似，只是不必考虑筹资费用。

一般说来，在企业的全部资金中，普通股以及留存收益的风险最大，要求报酬率也相应较高，由此，其资金成本也是最高的。

（2）综合资金成本的计算

其计算公式为：

$$K_w = \sum_{i=1}^{n} K_i W_i \tag{2-46}$$

式中 K_w——综合资金成本率；

K_i——第 i 种筹资方式的个别资金成本；

W_i——第 i 种筹资方式的个别资金成本占全部资金的比重。

由式(2-46)可知，综合资金成本计算的关键是权重 W_i 的确定，有以下四种确定权重的方法：

1）按账面价值确定权重

按个别资金的账面价值来计算权重的优点是资料容易取得，可以直接从资产负债表中得到。其缺点是当资本的账面价值与市场价值差别较大时，比如股票、债券的市场价格发生较大变动，计算结果会与实际有较大的差距，从而贻误筹资决策。

2）按现行市场价值确定权重

以市场价值为权数计算综合资金成本，是指债券、股票等以当时的市场价格计算权重，从而计算综合资金成本。该方法的优点是能够反映实际的资金成本，缺点是现行市场价值经常处于变动之中，不易取得。

3）按目标价值确定权重

目标价值权数是指债券、股票以未来预计的目标市场价值确定权重。采取这种价值形式计算的综合资金成本，能体现期望的资本结构，而不像账面价值权重和市场价值权重那样只反映过去和现在的资本结构，对企业筹措薪资金，反映期望的资金结构是非常有益的，其不足之处就在于目标价值的确定难免有主观性。

根据以上分析可以看出，市场价值和目标价值权重均优于账面价值权重，通常应选择市场价值作为权重，但如果公司按账面价值计算的资金成本同按市场价值计算的资金成本相差并不远，仍可采用易于确定的账面价值权重。

例2.20 某公司共有长期资金(账面价值)4 000万元，其中长期借款100万元、债券2 000万元、优先股股本200万元、普通股股本1 450万元、留存收益250万元，其资金成本分别为5%、8%、14%、15%、13%，求该公司综合资金成本。

解：该公司综合资金成本计算如下：

$$K_w = 5\% \times \frac{100}{4\,000} + 8\% \times \frac{2\,000}{4\,000} + 14\% \times \frac{200}{4\,000} + 15\% \times \frac{1\,450}{4\,000} + 13\% \times \frac{250}{4\,000} = 11.08\%$$

(3)边际资金成本

边际资金成本确定的基本过程是:第一,确定企业的最佳资本结构作为未来融资所应维持的标准;第二,确定各种筹资方式的资金成本;第三,计算筹资总额分界点,即某一特定的资金成本条件下可以筹集到的资金数额;第四,计算边际资金成本,即按照不同融资区间的资金成本计算加权资金成本。

例 2.21　某市第一建筑工程公司现有长期资金总额 1 亿元,其中长期借款 0.25 亿元,普通股 0.75 亿元。现该公司准备扩大经营规模筹集更多的资金,试计算资金的边际成本。

解:计算过程可分为以下几个步骤:

1. 确定目标资金结构

该公司的财务人员经过认真分析,认为现有的资金结构比较合理,确定为目标资金结构。即保持长期借款占 25%,普通股占 75% 的资金结构。

2. 测算各种资金的成本

该公司的财务人员通过对资本市场状况和企业筹资能力的分析,认为随着企业筹资额的增加,各种资金的成本也会发生变动,测算资料见表 2.2。

表 2.2　某建筑公司新筹资的数量范围资金成本表

筹资方式	目标资金结构	新筹资的金额范围(单位:万元)	资金成本
长期借款	25%	400 及以下	5%
		400 以上	10%
普通股	75%	750 及以下	12%
		750 以上	15%

3. 计算筹资总额分界点

筹资总额分界点,是指在保持资本结构不变的条件下可以筹集到的资金总额。即在筹资总额分界点以内筹资,资金成本不会改变,一旦超出了这一分界点,即使保持原有的资本结构,其资金成本也会增加。筹资总额分界点的计算公式为:

$$筹资总额分界点 = \frac{某种资金成本分界点}{该种资金在总额中所占的比重} \qquad (2-47)$$

该公司的筹资总额分界点计算见表 2.3。

表 2.3　筹资总额分界点计算表

筹资方式	资金成本	筹资范围(单位:万元)	筹资总额分界点(单位:万元)
长期借款	5%	400 及以下	400 ÷ 25% = 1 600
	10%	400 以上	
普通股	12%	750 及以下	750 ÷ 75% = 1 000
	15%	750 以上	

由此可得出 3 组追加筹资总额的范围:1 000 万元以内;1 000 ~ 1 600 万元;1 600 万元以上。

4. 计算边际资金成本

对上述三个筹资总额范围分别计算加权平均资金成本到,可得到各种筹资范围的边际资金成本,计算过程见表2.4。

表2.4 边际资金成本计算表

序号	筹资范围(单位:万元)	筹资方式	资金结构	资金成本	边际资金成本
1	0~1 000	长期借款	25%	5%	10.25%
		普通股	75%	12%	
2	1 000~1 600	长期借款	25%	5%	12.5%
		普通股	75%	15%	
3	1 600以上	长期借款	25%	10%	13.75%
		普通股	75%	15%	

2.4 杠杆原理和资本结构

2.4.1 杠杆原理

杠杆原理是影响企业资本结构决策的一个重要因素。自然科学中的杠杆是物理学的专用名词,是指在力的作用下能绕固定支点转动的杆,如果改变支点和力的作用点之间的距离,可以在力不变的情况下,产生大小不同的力矩作用。财务管理中的杠杆,则是由于固定费用(包括生产经营方面的固定费用和财务方面的固定费用)的存在,当企业业务量发生较小的变化时,引起利润发生较大的变化,主要有经营杠杆、财务杠杆和复合杠杆三种。

1. 经营杠杆

(1)经营杠杆的概念

经营杠杆也称营业杠杆,是指由于固定成本的存在,导致企业的息税前利润变动率始终大于销售量变动率的作用。在其他条件不变的情况下,产销量的增加一般不会改变固定成本总额,但会降低单位产品分摊的固定成本,从而提高单位产品利润。如果不存在固定成本,所有成本都是变动的,那么息税前利润就等于边际贡献,息税前利润变动率就会同产销量变动率完全一致,也不会有杠杆作用。但事实上,一般企业经营成本中都会有固定成本,只要有固定成本存在,息税前利润的变动率与产销量变动率就会不一致。

例2.22 某出售商品混凝土的建筑公司基本销售额为100万元,变动成本率为70%,固定成本总额为25万元。试分别计算(1)销售额增长5%时,息税前利润的增长率;(2)销售额降低3%时,息税前利润的降低率。

解:计算过程见表2.5。

表2.5 某建筑公司息税前利润的变化情况计算表

	基本销售额	销售额增长5%	销售额降低3%
销售额(万元)	100	100×(1+5%)=105	100×(1-3%)=97
变动成本(万元)	100×70%=70	105×70%=73.5	97×70%=67.9
固定成本(万元)	25	25	25
息税前利润(万元)	100-70-25=5	105-73.5-25=6.5	97-67.9-25=4.1
息税前利润的变化情况(万元)		(6.5-5)÷5=30% 息税前利润增长30%	(5-4.1)÷5=18% 息税前利润降低18%

由此可见，由于固定成本的存在，若企业业务量有小幅增长，息税前利润就会有大幅增长，从而为企业带来杠杆利益；若企业业务量有小幅降低，息税前利润就会有大幅降低，从而给企业带来一定的风险。

(2)经营杠杆系数及计算

不同的企业，经营杠杆作用的程度不完全相同。为了反映经营杠杆的作用程度，需要测算经营杠杆系数(Degree of Operating Leverage，缩写为 DOL)。经营杠杆系数，是息税前利润的变动率与企业产销量变动率的比率，其计算公式为：

$$DOL = \frac{\triangle EBIT/EBIT}{\triangle Q/Q} \tag{2-48}$$

式中　DOL——经营杠杆系数；

$\triangle EBIT$——息税前利润的变动额；

$EBIT$——变动前的息税前利润；

$\triangle Q$——产销量(额)的变动额；

Q——变动前的产销量(额)。

例 2.23　某公司有关资料如表 2.6 所示，试计算该公司的经营杠杆系数。

表 2.6　某公司销售额和利润表

项　　目	2007 年	2008 年	变动额	变动率
销售额(单位：万元)	1 200	1 500	300	25%
变动成本(单位：万元)	600	800	200	33%
固定成本(单位：万元)	300	300	0	0
息税前利润(单位：万元)	300	400	100	33%

$$DOL = \frac{(400-300)\div 300}{(1\,500-1\,200)\div 1\,200} = 1.32$$

(3)经营杠杆系数与经营风险的关系

经营杠杆本身并不是利润不稳定的根源。但是。当企业产销量增加时，息税前利润将以 DOL 的倍数增加；当企业产销业务量减少时，息税前利润又将以 DOL 的倍数减少。因此，经营杠杆系数越高，企业利润的变动越激烈，企业的经营风险就越大。

2. 财务杠杆

(1)财务杠杆的定义

财务杠杆(Financial Leverage)又可称融资杠杆或资本杠杆，是指由于固定的财务费用的存在所带来的息税前利润变动率对税后利润变动率的影响。企业运用财务杠杆，可以获得一定的财务杠杆利益，同时也承受相应的财务风险。

(2)财务杠杆系数及计算

财务杠杆系数(Degree of Financial Leverage，缩写为 DFL)，又称财务杠杆程度，是指企业税后利润变动率(或普通股本利润率的变动率)与息税前利润变动率之间的比率。其计算公式为：

$$DFL = \frac{\triangle EPS/EPS}{\triangle EBIT/EBIT} \tag{2-49}$$

式中　DFL——财务杠杆系数；

$\triangle EPS$——普通股每股利润变动额;

EPS——普通股每股利润;

$\triangle EBIT$——息税前利润的变动额;

$EBIT$——变动前的息税前利润;

例 2.24 某企业全部资本为 100 万元,债务比率为 40%,债务成本率为 6%,企业使用所得税率为 33%,当息税前利润分别为 5 万元时,计算财务杠杆系数。

解:

$$DFL=\frac{5}{5-100\times40\%\ \times6\%}=1.92$$

财务杠杆系数为 1.92 表示,当息税前利润增长 1 倍时,普通股每股利润将增长 1.92 倍;反之,当息税前利润下降 1 倍时,普通股每股利润将下降 1.92 倍。

(3)财务杠杆系数与风险的关系

财务风险是指企业举债而给企业财务成果带来的不确定性。企业增加负债,会增加固定的利息负担,当息税前利润不变时,财务杠杆系数增大,会给企业带来较大的财务风险。一般来说,在其他因素不变的条件下,固定的财务成本越高,财务杠杆系数越大,企业的财务风险越大。

3. 复合杠杆

(1)复合杠杆的定义

复合杠杆也称总杠杆、联合杠杆。复合杠杆就是用来反映财务杠杆和经营杠杆的连锁作用。经营杠杆是通过扩大产销量影响息税前利润,而财务杠杆是通过扩大息税前利润影响普通股每股收益,两者最终都影响到普通股东的收益。如果企业同时利用经营杠杆和财务杠杆,那么产销量变动对普通股收益的影响就会更大,总的风险也就更高。

(2)复合杠杆系数及计算

复合杠杆系数(Degree Of Combined Leverage,缩写为 DCL),是用于反映经营杠杆和财务杠杆综合利用程度的,其计算公式为:

$$DCL=DOL\times DFL \tag{2-50}$$

(3)复合杠杆系数与风险的关系

复合杠杆系数反映企业的总风险程度,并受经营风险和财务风险的影响(同方向变动)。两种杠杆可以有多种组合,如企业可以通过降低经营杠杆系数来降低经营风险,而同时适当提高负债比例来提高财务杠杆系数,以增加企业收益。虽然这样做会使财务风险提高,但如果经营风险的降低能够抵消财务风险提高的影响,则仍将使企业总风险下降。于是,就会产生企业总风险不变(甚至下降)而企业总收益提高的好现象,财务上对杠杆原理研究的目的就在于帮助企业控制风险,增加收益。

2.4.2 资本结构

1. 资本结构理论

资本结构理论是企业财务管理理论的核心之一,经历了早期发展阶段和现代理论两个阶段。现代资本结构理论主要有 MM 理论和权衡理论。MM 理论认为:在无公司税的情况下,资本结构不影响企业价值和资本成本;在有公司税的情况下,负债会因税负节约而增加企业价值,负债越多,企业价值越大,权益资本的所有者获得的收益也越大。权衡理论认为:负债企业的价值等于无负债企业价值加上税负节约,减去预期财务拮据成本(因财务拮据而发生的各种直接间接成本或损失)的现值和代理成本(指为处理股东和经理之间,债券持有者与经理之间的关系而发生的监督成本)的现值。最优资本结构存在于税负节约与财务拮据成本和代理成本相平衡的点上。

我们通常所说的资本结构是指企业中各种资本的构成及比例关系,狭义资本结构仅指长期资本之间的比例,而广义资本结构则指各种资本之间的比例。本教材使用的是狭义的资本结构概念,即企业长期资本构成及比例关系。最佳资本结构是指在一定条件下,使企业的加权平均资本成本最低,企业价值最大的资本结构。

资本结构决策在企业融资决策中居于核心地位,资本结构安排是否合理,直接关系到企业融资成本的高低、财务风险的大小,以及财务杠杆能否有效发挥作用。

2. 资本结构决策

(1)资本结构决策的方法

1)每股利润分析法

资本结构是否合理,可以通过每股利润的变化进行分析。一般情况下,凡是能够提高每股利润的资本结构是合理的;反之,则认为是不合理的。

每股利润分析法就是以每股利润最大为决策标准,也称息税前利润——每股利润分析法,简写为 EBIT - EPS 分析法,是利用每股利润无差别点来进行资本结构决策的方法。

每股利润无差别点是指两种筹资方式下,普通股每股收益相等时的息税前利润点(或销售额点),也称息税前利润平衡点或筹资无差别点,其计算公式为:

$$\frac{(\overline{EBIT}-I_1)(1-T)-D_1}{N_1}=\frac{(\overline{EBIT}-I_2)(1-T)-D_2}{N_2}=EPS \tag{2-51}$$

式中 $\overline{EBIT}$——每股利润无差别点处的息税前利润;

I_1,I_2——两种筹资方式下的年利息;

D_1,D_2——两种筹资方式下的优先股股利;

N_1,N_2——两种筹资方式下流通在外的普通股股数;

T——所得税税率。

例 2.25 假如某公司原有资本总额 500 万元,现拟增加筹资 250 万元,原有资本结构及新增筹资后的资本结构如表 2.7(公司所得税率为 33%,优先股股利为每股 0.15 元,假设原资本结构中普通股为 10 万股,方案 1 增发普通股 10 万股即每股发行价为 25 元,方案 2 增发公司债 250 万)。

表 2.7 新增筹资后的资本结构

筹资方式	原资本结构	新增筹资后的资本结构	
		方案 1:增发 10 万股普通股	方案 2:增发公司债 250 万
公司债券(利率 10%)			
普通股(10 万股)	200	200	200
优先股(50 万股)	300	300	300
增发普通股(10 万股)		250	
增发公司债(利率 12%)			250
资本总额(万元)	500	750	750

解：

$$\frac{(\overline{EBIT}-200\times 10\%)(1-33\%)-50\times 0.15}{10+10}=\frac{(\overline{EBIT}-200\times 10\%-250\times 12\%)(1-33\%)-50\times 0.15}{10}$$

解得$\overline{EBIT}=91.2$ 万元，$EPS=2.01$ 万元

即，当 $EBIT=91.2$ 万元时，两种筹资方案的 EPS 相同；

$EBIT>91.2$ 万元时，发行债券会导致更高的 EPS；

$EBIT<91.2$ 万元时，发行股票会导致更高的 EPS。

上述对 EPS 的分析，可用图 2.13 表示：

令 $EPS_1=\dfrac{(\overline{EBIT}-200\times 10\%)(1-33\%)-50\times 0.15}{10+10}=0$，解得 $EBIT_1=31.2$ 万元

令 $EPS_2=\dfrac{(\overline{EBIT}-200\times 10\%-250\times 12\%)(1-33\%)-50\times 0.15}{10}=0$，$EBIT_2=61.2$ 万元

据三个坐标点(31.2,0)、(61.2,0)、(91.2,2.01)绘图 2.13：

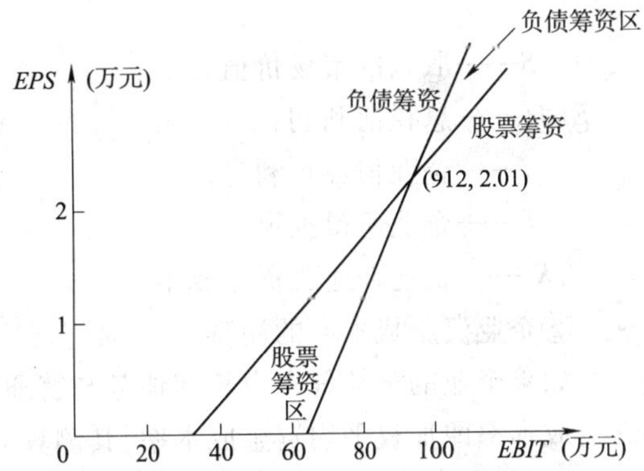

图 2.13　$EBIT-EPS$ 分析图

$EBIT-EPS$ 分析图简单明了，但这种分析方法只考虑了资本结构对每股利润的影响，并假定每股利润最大，股票价格也就最高，没有考虑资本结构对风险的影响，是不全面的。因为，随着负债比重的增加，投资者的风险加大，股票价格和企业价值也会有下降的趋势，所以，单纯用 $EBIT-EPS$ 分析法有时会做出错误的决策。

2）资本成本比较法

资本成本比较法就是计算和比较企业的各种可能的筹资组合方案的资本成本，从中选择资本成本最低的方案为资本结构的最优方案。这种方法计算简便，但只从资本投入的角度对资本结构进行优选分析，较为片面。因此，这种方法在实际应用时还应考虑企业的其他因素，并对结果进行修正。

例 2.26　某公司有两个筹资方案可供选择，有关资料见表 2.8。

表 2.8　某公司筹资方案资料表

筹资方式	A 方案			B 方案		
	筹资额（万元）	筹资额所占比例（%）	个别资金成本（%）	筹资额（万元）	筹资额所占比例（%）	个别资金成本（%）
长期借款	50	10	6	70	14	7
债券	100	20	8	180	36	8
优先股	50	10	10	30	6	10
普通股	300	60	12	220	44	12
合计	500	100		500	100	

分别计算两个方案的资本成本。

解： A 方案　$10\%\times 6\%+20\%\times 8\%+10\%\times 10\%+60\%\times 12\%=10.4\%$

B 方案　$14\%\times 7\%+36\%\times 8\%+6\%\times 10\%+44\%\times 12\%=9.74\%$

然后，根据企业筹资评价的其他标准，考虑企业的其他因素，对各个方案进行修正之后，再

选择其中资本成本最低的方案。

3）综合评价法

上述两种资本结构决策方法的缺点是都没有考虑风险因素，显然是不够全面合理的。综合评价法则克服了这个缺点，它是将综合资本成本、企业总价值及风险综合考虑进行资本结构决策的一种方法。在计算分析时，关键是测算企业价值和企业资金成本率：

①企业价值的测算

如果将企业的资金来源总额看成是对公司的金融要求权，那么金融要求权相当于股权与债权之和。这样，企业价值 V 应该等于企业债务的市场价值 B 与企业股票市场价值 S 之和。为简化计算，债务的市场价值等于其债务的本金（或面值），股票的市场价值按未来净收益贴现测算，其公式为：

$$S=\frac{(EBIT-I)(1-T)}{K_s} \tag{2-52}$$

式中　S——股票的市场价值；

$EBIT$——息税前利润；

I——企业债务年利息；

T——企业所得税税率；

K_s——企业普通股资金成本率。

②企业资金成本率的测算

如果企业的全部资本由长期债务与普通股构成，在已测算的企业价值基础上，企业的全部资金成本率即加权平均资金成本率，其测算公式为：

$$K_w=K_B\left(\frac{B}{V}\right)(1-T)+K_s\left(\frac{S}{V}\right) \tag{2-53}$$

式中　K_w——企业资金成本率；

K_B——企业长期债务资金成本率；

B——企业长期债务的市场价值；

V——企业价值。

其余符号同前。

③企业最佳资本结构测算及判断

在风险改变的情况下，企业价值最大，企业资金成本率最低时的资本结构为最优结构。

例 2.27　某建筑公司的现有资本结构全部为普通股，账面价值 1 500 万元，期望的息税前利润为 250 万元，若无风险报酬率为 6%，平均报酬率为 10%，所得税率为 30%，经测算，目前的债务利率和贝他系数值见表 2.9。

表 2.9　债务利率和贝他系数值

债务市场价值（万元）	债务率（%）	贝他值	债务市场价值（万元）	债务率（%）	贝他值
0	—	1.5	600	9	1.8
200	8	1.55	800	10	2
400	8.3	1.65	1 000	12	2.3

该公司准备购回部分股票调整资本结构，试用综合评价法计算企业资本结构中不同债务时企业的总价值和资金成本率。

解:求解过程见表 2.10。

表 2.10 某建筑公司企业价值及资金成本率计算表

债务市场价值 B（万元）	股票市场价值 S（万元）	企业价值 V（万元）	贝他值（%）	债务率（%）	债务资金成本率 K_B（%）	普通股资金成本率 K_S（%）	企业资金成本率 K_W（%）
①	② = (250 − ① × ⑤) × (1 − 30%) ÷ ⑦	③ = ① + ②	④	⑤	⑥ = [① × ⑤ × (1 − 30%)]	⑦ = 10% + ④ × (10% − 6%)	⑧ = ⑥ × (① ÷ ③) + ⑦ × (② ÷ ③)
0	1 458	1 458	1.5	—	—	12	12
200	1 343	1 543	1.55	8	5.6	12.2	11.34
400	1 204	1 604	1.65	8.3	5.81	12.6	10.91
600	1 039	1 639	1.8	9	6.3	13.2	10.67
800	850	1 650	2	10	7	14	10.61
1 000	599	1 599	2.3	12	8.4	15.2	10.95

从计算结果可看出，在没有债务的情况下，企业价值为原有股票价值；当公司增加债务时，企业价值上升，企业资金成本率下降；当债务达到 800 万元时，企业价值最大，企业资金成本率最低；当债务达到 1000 万元时，企业价值下降，资金成本率上升，因此，该公司债务为 800 万元时的资本结构是最佳资本结构。

(2) 资本结构决策的影响因素

影响资本结构决策的因素很多，重要的因素有：

1) 行业差异

在实际工作中，不同的行业，资本结构有很大差别。企业在进行资本结构决策时，应了解本企业所处行业的资本结构的一般水平，再分析本企业与其他企业的差别，以便确定最佳的资本结构。一般而言，从事公用事业的企业有责任提供持续不断的服务，因而其在运用财务杠杆时就谨慎得多，举债较少。

2) 所有者与经营者的态度

企业所有者和经营者的态度对资本结构决策有重要影响。如果一个企业的股票被众多的投资者所持有，谁也没有绝对的控制权，所有者不必担心控制权的分散，可能会采取增发普通股票来筹集资金。如果一些企业被少数股东所控制，所有者为了保证其绝对控制权，一般愿意采用优先股或负债方式筹集资金。从经营者的角度看，一旦企业发生财务危机，其职务和利益将受到重大影响，故经营者就可能较少地使用财务杠杆尽量减低债务资本的比例。经营者与所有者在资本结构这个重大问题上是有矛盾的，企业财务人员对此往往无能为力，资本结构的最终决定权在所有者或其代表（如董事会）手中。

3) 贷款人的态度和企业信用等级的影响

虽然每个企业对如何应用财务杠杆、进行资本结构决策，都有自己的分析判断，但在涉及较大规模的债务筹资时，贷款人的态度和企业信用等级往往会成为关键因素。如果企业的信用等级不高，而且负债率已经较高，贷款人将不愿意向企业提供贷款，从而使企业无法达到它所希望达到的负债水平。

4) 企业的财务状况及赢利能力

获利能力强，财务状况好，变现能力强的企业，有能力负担较大的财务风险。在其他因素相同的条件下,发展速度快的企业对外部资本的依赖性较强。因此,增长率较高的企业倾向于使用更多的债务资本。

5)企业的资产结构

企业的资产结构也会影响企业的资本结构决策。一般情况下,技术密集型企业中的固定资产比重较高,总资产周转速度慢,这些企业中必须有相当比重的自有资本作后盾;劳动密集型企业流动资产所占比重较大,资金周转速度快,可以较多地依赖流动负债来筹集资金。

6)所得税税率的高低

企业利用负债资金,可以获得减税利益。因此,所得税税率越高,负债的好处就越多;反之,如果税率很低,则采取负债方式的减税利益就不明显。由此可见,税率的高低,对企业安排负债比例会产生一定的刺激作用。

(3)常见的资本结构调整方法

在企业财务管理实践中,当发现现有的资本结构不合理时,企业可以采用下列方法进行调整。

1)债转股、股转债

债转股是债权转为股权的简称。广义的债转股不仅包括企业之间债权与股权的交换,而且还包括可转换公司债券转换成股票成为企业的股东。狭义的债转股则特指我国近期出台的一项政策,即:以新成立的金融资产管理公司为投资主体,将商业银行原有的不良资产转给该公司,作为其持有原债务企业的股权。债转股后,金融资产管理公司实际上成为企业阶段性的股东,依法行使股东的权利,在企业经营情况好转后,通过上市、转让或企业回购等形式,最终将这笔资金收回。债转股对债务企业来说,并非是一种筹资手段,它只能降低其资产负债率,优化资本结构。

2)从外部取得增量资本

通过从外部取得增量资本同样也可以调整资本结构。

3)调整权益资本结构

主要有:优先股转换为普通股、股票回购减少公司股本、国有股减持(指按照特定方法减少国有股比重,增加其他股份的比重)等。

4)调整现有负债结构

与债权人协商,将短期负债转为长期负债,或将长期负债列入短期负债,收回发行在外的可提前收回债券等。

5)兼并其他企业、控股企业或进行企业分立

通过兼并其他企业、控股企业或进行企业分立的方式也可以改善企业的资本结构。

2.5 案例　用友软件的资本结构决策

本案例分析用友软件的资本结构决策,旨在阐明企业资本结构的基本理论、影响因素,揭示在资本结构决策中会综合考虑企业所处特定资本市场环境和生命周期发展阶段、财务风险管理、投资和竞争战略以及企业效率等诸多方面。

1. 企业概况

用友公司最初由两位股东王文京和苏启强于1988年共同创建,1999年5月,用友集团公

司进行资产重组。经股东会批准,王文京等四位自然人分别将其各自持有的公司全部股权转让给五家法人单位——北京用友科技有限公司、北京用友企业管理研究所有限公司、上海用友科技咨询有限公司、上海益倍管理咨询有限公司和上海优富信息咨询有限公司。

1999 年 10 月 29 日,经北京市人民政府京政函〔1999〕2133 号文批准,由原用友软件(集团)有限公司的五家股东作为发起人,将原北京用友软件(集团)有限公司依法变更为北京用友软件股份有限公司,注册资本 7 500 万元,股份总数 7 500 万。2001 年 4 月 18 日,经中国证监会签发的证监发行字〔2001〕28 号文批准,公司利用上海证券交易所交易系统,采用上网定价方式向社会公开发行每股面值为 1 元的人民币普通股,向社会公开发 2 500 万股。至此公司股份总额为 10 000 万股,注册资本 10 000 万元。

用友是我国软件行业的代表性企业,十几年来一直专注于软件业发展,战略清晰,定位准确。公司的经营范围包括:电子计算机软件、硬件及外部设备的技术开发、技术咨询、技术转让、技术服务、技术培训;企业管理咨询;数据库服务;销售电子计算机软硬件及外部设备、销售打印纸和计算机耗材;图书零售。公司在加强自主研发与创新的同时,还在中国及亚洲部分地区建立了最大的管理软件营销服务网络。截至目前,公司在中国建立了 40 余家分子公司、60 多家客户服务中心、1 000 多家合作伙伴,同时在东南亚和日本等国家和地区逐步建立了用友管理软件产品的销售和服务体系。用友软件自上市以来的主要财务数据和财务指标,如表 2.11 所示。

表 2.11 用友软件 2001 – 2006 年主要财务数据和指标

项　　目	2001 年末	2002 年末	2003 年末	2004 年末	2005 年末	2006 年末
总资产(元)	1 167 865 248	1 218 117 870	1 282 611 512	1 337 378 193	1 492 476 728	1 606 305 457
总负债(元)	161 366 045	178 673 441	152 379 554	177 473 836	260 571 614	296 654 755
流动负债(元)	160 366 045	176 673 441	150 604 554	166 868 836	244 178 682	281 719 755
长期负债(元)	1 000 000	2 000 000	1 775 000	10 605 000	16 392 932	14 935 000
股东权益(元)	1 062 317 619	1 093 923 602	1 113 940 713	1 147 165 912	1 206 848 324	129 064 603
每股净资产(元)	10.62	10.94	9.28	7.97	6.98	5.74
流动比率	6.60	5.96	6.38	5.63	4.01	3.14
速动比率	6.58	5.95	6.36	5.61	4.00	3.13

(资料来源:用友软件股份有限公司 2001 – 2006 年各年年报,用友软件网站,下同。)

从上表可看出,用友软件公司的资产负债率保持在较低水平,公司的资本结构长期稳健。

2. 用友软件公司财务数据显示财务保守迹象

企业长期债务资产比持续 5 年低于 20% 被视为财务保守企业,财务保守企业具有如下特征:(1)资本公积和现金余额明显超过高财务杠杆企业,内部现金流量和现金余额一般足以支持日常经营活动和部分投资活动;(2)财务保守并不是长期政策,财务保守企业中的 70% 后来改变了财务保守政策,50% 在 5 年后提高了财务杠杆,90% 此后没有继续采用财务保守政;(3)财务保守企业往往确保财务灵活性或债务融资能力,应付今后可能的并购、投资和股票回购;(4)对财务危机很敏感的行业往往奉行财务保守主义。

结合用友软件公司上市以来的相关财务数据看,用友软件应该符合财务保守企业的定义,公司长期负债资产比一直远低于 20%,仅为 1% 左右(如表 2.12 所示)远远低于同业水平。

表 2.12　用友软件公司 2001－2006 年债务资本构成

财务指标	2001 年	2002 年	2003 年	2004 年	2005 年	2006 年
流动负债资产比	14.36%	14.5%	11.74%	12.48%	16.36%	17.54%
长期负债资产比	0.08%	0.16%	0.14%	0.79%	1.10%	0.93%

由于用友软件处于高科技信息技术行业，处于高速发展阶段，面临激烈的市场竞争，需要进行资本并购和产业整合，需要进行大量的研发投入，产品生命周期相对较短，收益稳定性相对较差，因此，尽管作为行业中赢利能力较好的公司，采取财务保守行为仍然具有合理的一面，可视作一种兼具财务风险管理、投资扩张和有利创新的理性战略行为。

然而，应该看到，长期采取财务保守行为会对企业效率产生影响，不利于企业持续发展。企业采取财务保守行为，虽然可使还本付息的压力较小，但同时导致难以充分利用债务融资所带来的节税、财务杠杆和信息传递功能，缺乏债务融资所具有的激励、约束机制，长此以往，企业的资本成本将相对较高，不利于企业价值的提升。

3. 用友软件公司的资本结构

根据用友软件公司上市以来的财务数据，可以计算出相关资本结构数据，如表 2.13 所示。

表 2.13　用友软件公司的资本结构

财务指标	2001 年	2002 年	2003 年	2004 年	2005 年	2006 年
资产负债率	13.82%	14.67%	11.88%	13.27%	17.46%	18.47%
流动负债占负债比率	99.38%	98.88%	98.84%	94.02%	93.71%	94.97%
长期负债占负债比率	0.62%	1.12%	1.16%	5.98%	6.29%	5.03%

从表 2.13 可以看出，自上市以来，用友软件公司的资产负债率始终保持在较低水平，大致处于 11% ~19% 这一区间，在整个计算机软件开发与咨询业处于偏低水平，说明公司资本结构较为稳健。从负债内部结构看，流动负债在负债总额中占主导地位，长期负债所占比率较低，在 7% 以下。

复习思考题

1. 什么是风险报酬，如何计算？

2. 什么是利息率？利息率的构成及作用是什么？

3. 影响企业资本结构的主要因素有哪些？

4. 什么是企业的最佳资本结构？应如何确定？

5. 某设备价格 110 万元，合同签订时支付了 20 万元，余款分期支付。第一年末付款 28 万元，从第二年起，每半年支付 8 万元。设年利率为 12%，每半年复利一次。问多少年能够付清余款？

6. 某建筑公司从银行取得长期借款 100 万元，年利率为 10%，期限为三年，每年付息一次，到期还本。假定筹资费用率为 1%，所得税率为 33%。试计算该借款的成本。

7. 某建筑工程有限公司发行普通股 300 万股，面值为 1 元，筹资总额 150 万元，筹资费率为 4%，已知第一年每股股利 0.25 元，以后各年按 5% 的比率增长，试计算该股票的成本。

8. 假设某公司共有长期资金 3 000 万元，其中长期借款 100 万元、债券 1 000 万元、优先股本200万元、普通股股本1450万元、留存收益250万元,其资金成本分别为5.56%、8.38%、14.74%、15.31%、15%。求算公司综合资金成本。

9. 某建筑公司已有资金100万,其中长期债务20万,优先股5万,普通股75万。为发展需筹集资金,筹资资料见表2.14,试确定资金的边际成本。

表 2.14

筹资方式	目标资金结构	新筹资数量范围	资金成本
长期债务	20%	0~1万 1~4万 大于4万	6% 7% 8%
普通股	5%	0~0.25万 大于0.25万	10% 12%
普通股	75%	0~2.25万 2.25~7.5万 大于7.5万	14% 15% 16%

10. 某公司年销售净额为280万元,固定成本为32万元,变动成本率为60%,资本总额为320万元,债务比率50%,债务利率为10%。试分别计算该企业的经营杠杆系数、财务杠杆系数及复合杠杆系数。

11. 某建筑工程公司全部长期资本为2000万元,其中借入资本600万元,利率10%;普通股股本1400万元,无优先股。息税前利润为200万元,所得税率33%。试计算该公司的财务杠杆系数。

12. 某建房地产开发公司目前拥有资本2000万元,其结构为:负债200万元(年利息20万元),普通股800万元(100万股,每股面值8元)。现准备追加筹资200万元,有两种筹资方案可供选择。方案一:发行普通股50万股,每股面值4元;方案二:全部从银行借入,利率6%。公司追加筹资后,息税前利润预计为160万元,所得税率为33%。试计算每股收益无差别点及无差别点的每股收益并对公司的筹资方案进行决策。

3　财务预测与工程资金规划

学习目标

- 了解工程财务预测的含义及内容
- 熟悉资金预测的方法，资金规划的内容
- 掌握财务预算的种类，熟悉财务预算的编制方法
- 了解工程资金使用计划的编制
- 培养工程财务预测观念，能够进行工程资金预测，编制财务预算

3.1　工程财务预测

财务预测是财务管理的重要环节，它是对企业未来财务状况的、财务指标发展趋势的科学测算和估计，是企业开展正确的财务决策、编制财务计划的依据，也是企业建立有效财务预算的基础。工程财务预测是根据过去和现在已有的资料，运用一定的科学手段和方法，估计工程项目的融资要求；它是工程项目融资计划的前提。

预测的理论根据，是被研究对象的发展趋势具有一定的规律性，而且这种规律性可以为人们所认识和掌握，这就为人们对它们的发展变化实现进行科学的预测提供了实际可能。可见正确地进行预测，一定要有详细的资料，再在这个基础上进行加工计算和科学分析，从中找出客观上存在的规律，用于预测未来。

3.1.1　财务预测的内容

财务预测的主要内容包括销售预测，销售成本预测，销售利润预测，生产预测，制造费用预测，采购预测，生产成本预测，财务报表预测，财务指标预测，资金预测等内容。具体到工程财务，其基本内容包括：销售预测、利润预测、成本预测和资金预测四个部分。

1. 销售预测

销售预测是为了预测销售量和销售额，即预测销售量和销售收入。它有广义和狭义之分。对工程项目业主而言，广义的销售预测包括项目前期的市场调查和项目投产期的销售额预测两方面；狭义的销售预测仅指项目的销售额预测。市场调查是指通过了解与特定产品有关的供销环境和各类市场情况，做出该产品有无市场前景或潜在市场需求的过程。销售额预测是根据市场调查的有关资料，经过分析研究预计生产产品在未来一定时期市场销售水平及变化趋势、市场价格水平及变化趋势从而预测销售额及其变化趋势的过程。进行充分而合理的市场调查是销售额预测的基础。

2. 利润预测

利润预测是经营预测的最终目的。它是在销售额预测的基础上，根据企业未来发展目标及其他相关资料，预计未来应达到的利润水平及变动趋势的过程。主要采用的是管理会计中

的量本利分析方法。

3. 成本预测

成本预测是生产预测系统的最终目的。它是在认真分析过去的基础上,根据所确定的企业未来发展目标及有关资料,运用专门方法预计未来成本水平及变动趋势的过程。成本预测的目的,一是为挖掘降低成本的潜力指明方向,作为计划期降低成本决策的参考;二是为项目内部各责任部门降低成本指明途径,作为编制增产节约计划和制定降低成本措施的依据。

4. 资金预测

资金预测是指在销售预测及成本预测的基础上,根据企业发展目标,运用一定的方法预计未来一定时期或一定项目所需资金数额的过程。资金需要量预测是财务预测的重要组成部分。科学地预测企业在预测期资金的需要量,是合理安排企业筹资计划的前提;也是合理筹划和运用经营资金,提高企业经济效益的保证。

3.1.2 财务预测的方法

财务预测有定性预测法和定量预测法两类。定性预测法是指依靠熟悉业务、具有丰富经验和综合分析能力的人员或专家,根据已经掌握的历史资料和直观材料,运用预测者的知识、经验和分析判断能力,预测企业或项目未来的财务状况和资金需要量的方法。在缺乏完备、准确历史资料的情况下常采用此预测法,以下主要介绍德尔菲法。

定量预测法是指在掌握与预测对象有关的各种要素定量资料的基础上,运用数学方法进行科学的加工处理,建立出能够反映变量之间规律性联系的预测模型的方法。这里主要介绍趋势预测法和回归分析法。

定量预测法与定性预测法在实际应用中是相互补充,相辅相成的。定量预测法虽然较为精确,但没有考虑非计量因素;定性预测法虽然考虑非计量因素,但精确性受到预测人员经验和素质的影响,会带有一定的主观随意性。因此,在实际工作中往往先借助计算机进行定量分析,然后再根据实际情况,采用定性方法作相应的修正,以达到较好预测效果。

1. 德尔菲法

德尔菲法的应用过程是由主持预测的机构确定预测的课题并选定专家,人数多少视具体情况而定,一般是10~50人。预测机构与专家联系的主要方式是函询,专家之间彼此匿名,不发生任何横向联系。通过函询收集专家意见,加以综合、整理后,再反馈给各位专家,征求意见。这样反复经过4~5轮,尽管每个专家发表的意见各有差异,但由于参与讨论的专家人数较多,会出现一种统计的稳定性,使专家的意见趋于一致,作为最后预测的根据。

2. 趋势预测法

趋势预测法,是以一个指标本身过去的变化趋势作为预测的依据进行预测的方法,即它以时间作为自变量,把未来作为历史的自然延续,按实物自身发展趋势进行预测。这种方法的基本原理是假设企业过去和现在的某种发展趋势将会延续下去,而且过去和现在的发展条件同样适用于未来。主要有简单平均法、移动加权平均法和指数平滑法。趋势预测法主要在销售量预测中应用。

(1)简单平均法

简单平均法是根据预测对象以往若干期历史数据,计算算术平均数作为未来的预测数。其计算公式为:

$$预测值=\frac{\sum 以前各期的实际数}{期数}$$

这种方法在计算上十分便捷，但并未考虑历史资料的变动趋势，这就可能导致预测结果产生较大的误差。所以这种方法只适用于预测比较稳定的情况。

(2)移动加权平均法

是对过去过去若干期的指标值，按其距离预测期的远近分别进行加权，然后计算其加权平均数，并以此作为计划期预测值的方法。其计算公式为：

$$预测值=\frac{\sum 某期实际值\times 该期权数}{各期权数之和}$$

由于接近预测期的实际情况对预测值的影响较大，故在设定权数的时候应按近大远小的原则，即近期资料的权数大些，远期资料的权数小些，权数之和应等于1。这种方法即考虑近期发展趋势，又对其采用不同权数进行加权，消除了差异，得出的预测值也与实际情况更为接近。

(3)指数平滑法

指数平滑法是根据上期预测值和实际值，引入平滑指数来预计本期预测值的方法。计算公式为：

预测值 = 平滑指数 × 上期实际值 + (1 − 平滑指数) × 上期预测值

由公式可见，平滑指数法实质是在前期实际值和预测值基础上，分别以平滑指数 α 和 $1-\alpha$ 为权数的一种特殊的加权平均。从公式表面来看，本期预测值似乎只与上期有关，但如果企业连续采用该法预测，上期预测值又与再上期有关。如此推算，本期预测值就与以前所有各期实际值有关，但越往前，权数越小，影响也越小。

平滑指数 α 是一个经验数据，一般取值范围在 0.3 ~ 0.7 之间，它具有修匀实际中所包含的偶然因素对预测值的影响。一般情况下，在企业进行短期预测或波动较大的预测时，应采用较大的平滑指数；进行长期预测或波动较小的预测时，应采用较小的平滑指数。

3. 回归法

通过预测值与时间的关系建立回归模型并据此进行预测的方法称为时间序列回归法。由于时间的特殊性，可以对时间值进行修正，可简化回归系数的计算。用修正的时间自变量计算回归系数的方法称为修正的时间序列回归法。

直线回归法的模型为：

$$Y = a + bX$$

式中，a、b 为回归系数；X 为时间变量；Y 为预测值。

根据直线回归法的基本原理，回归系数 a、b 的计算公式为：

$$b=\frac{n\sum XY-\sum X\sum Y}{N\sum X^2-(\sum X)^2},a=\frac{\sum Y-b\sum X}{n}$$

若按时间序列的特点对 X 进行修正，令 $\sum X=0$，则上述回归系数的公式简化为：

$$a=\frac{\sum Y}{n},b=\frac{\sum XY}{\sum X^2}$$

公式中的 X 为修正的时间自变量，其取值必须满足 $\sum X=0$，而且还应满足近大远小的原则。因此。X 的取值区分下列两种情况：

①若 X 为奇数，即给定的资料期数为奇数时，可令 $(n+1)/2$ 期的 X 为 0，前后各期分别以 1 的间隔确定 X 值。例如 n 为 5 时，以 3 期为中心，令该期 X 为 0，其余各期依次递减，具体结

果如下：

期数　1　2　3　4　5　$n=5$

X值　-2　-1　0　1　2

②若 n 为偶数，即给定资料的期数为偶数时，可令 $n/2$ 期和 $(n/2)+1$ 期的值分别为 -1 和 $+1$，其余各期以 2 为间隔一次递减。例如 n 为 4 时，应以 2 和 3 期的 X 值为 -1 和 $+1$，具体结果如下：

期数　1　2　3　4　$n=4$

X值　-3　-1　$+1$　$+3$　$\sum X=0$

对于项目成本预测，常常采用预算成本和实际成本相互依存的关系，即建立的线性模型 $Y=a+bX$ 中，X 代表预算成本，Y 代表实际成本。

必须指出，采用直线回归法预测值、影响预测值变动的因素之间必须具有线性关系的假设，否则分解出来的结果会失去意义。我们可用相关程度分析检验其线性相关性。其相关系数用 R 表示，计算公式为：

$$R=\frac{n\sum x_iy_i-\sum x_iy_i}{\sqrt{[n\sum x_i^{\ 2}-(\sum x_i)^2][n\sum y_i^{\ 2}-(\sum y_i)^2]}} \tag{3-1}$$

相关系数 R 的取值范围在 0 到 ±1 之间。由于会计中一般不用负相关，故 R 取值范围在 0～1 之间。$R=1$ 时，说明预测数与影响预测量变动的主要因素之间完全相关，当 $R=0$ 时，表明两者完全没关。一般情况下，当 $R\geqslant0.8$，就表明预测数与影响预测值变动的主要因素之间有密切联系的关系，可以使用线性回归进行分析。

例 3.1　某施工队 2006 年 3～9 月份成本核算资料见表 3.1。如果 2006 年 10 月份和 11 月份预算成本分别为 20 万元和 30 万元，分别预测 10、11 月的实际成本。

表 3.1　某施工队成本核算资料

月份	3	4	5	6	7	8	9	合计
预算成本 X	17.9	14.2	21.9	26	33.5	38.5	30	182
实际成本 Y	19.8	17.4	22.2	24.5	28.9	32.3	27.1	172.2
X^2	320.41	201.64	479.61	676	1122.25	1482.25	900	5182.16
Y^2	354.42	247.08	486.18	637	968.15	1243.55	813	4749.38

根据上表资料代入计算公式计算 a 和 b：

$$b=\frac{n\sum XY-\sum X\sum Y}{N\sum X^2-(\sum X)^2}=0.6$$

$$a=\frac{\sum Y-b\sum X}{n}=9$$

因此回归方程为 $Y=9+0.6X$

如果本年 10 月预算成本为 20 万元，即 $X=20$，则实际成本 $Y_{10}=9+0.6\times20=21$（万元），实际成本比预算成本将超出 1 万元。

如果本年 11 月预算成本为 30 万元，即 $X=30$，则实际成本 $Y_{11}=9+0.6\times30=27$（万元），实际成本比预算成本将降低 3 万元。

3.2 项目资金规划

项目资金规划包括项目资金预测及项目资金规划两个部分。资金预测是指对企业未来某一时期内的资金需要量所进行的科学预计和判断;资金规划具体从资金来源、资金结构、资金平衡与债务偿还等方面指导项目资金使用,以达到资金利用价值的最大化。

3.2.1 项目投资估算及资金筹措预测

在国外,如英国、美国等,通常将建设项目从酝酿、提出设想直至施工图设计各阶段对项目投资所作的预测称为估算。这里的项目投资估算是指在建设项目的投资决策阶段,在对项目的建设规模、技术方案、设备方案及工程方案等进行研究并基本确定的基础上,采用一定的方法,对拟建项目投资额所做的估计、计算、核定及相应文件的编制。投资是项目的一项重大现金流出,主要集中发生在前期,且数额较大,对项目经济评价指标的影响比较大。从满足建设项目投资计划和投资规模的角度来说,建设项目投资估算包括固定资产投资和铺底流动资金;从满足建设项目经济评价的角度,建设项目投资估算由固定资产投资和全部流动资金组成。因此,都必须考虑固定资产投资和流动资金。投资额的大小、投资使用的计划安排、投资的资金来源及资金成本还影响到项目生产期的有关成本及费用。进行估算时应编制以下报表:①建设投资估算表;②建设期利息估算表;③流动资金估算表;④项目总投资使用计划与资金筹措表。主要表格样式见表3.2、表3.3、表3.4。

表3.2 建设投资估算表(形成资产法)(人民币单位:万元,外币单位:万美元)

序　号	工程或费用名称	建筑工程费	设备购置费	安装工程费	其他费用	合　计	其中:外币	比例(%)
1	固定资产费用							
1.1	工程费用							
1.1.1	×××							
1.1.2	×××							
1.1.3	×××							
	……							
1.2	固定资产其他费用							
1.2.1	×××							
	……							
2	无形资产费用							
2.1	×××							
	……							
3	其他资产费用							
3.1	×××							
	……							
4	预备费							

续上表

序　号	工程或费用名称	建筑工程费	设备购置费	安装工程费	其他费用	合　计	其中:外币	比例(%)
4.1	基本预备费							
4.2	涨价预备费							
5	建设投资合计							
	比例(%)							100%

表3.3　流动资金估算表(人民币单位:万元)

序　号	项目 \ 年份	最低周转天数	周转次数	计算期									
				1	2	3	4	5	6	7	8	…	n
1	流动资产												
1.1	应收账款												
1.2	存货												
1.2.1	原材料												
1.2.2	燃料												
1.2.3	在产品												
1.2.4	产成品												
1.2.5	×××												
	……												
1.3	现金												
1.4	预付账款												
2	流动负债												
2.1	应付账款												
2.2	预收账款												
3	流动资金(1-2)												
4	流动资金当期增加额												

表3.4　项目总投资使用计划与资金筹措表(人民币单位:万元,外币单位:万美元)

序　号	项　　目	合　计			1			…
		人民币	外币	小计	人民币	外币	小计	
1	总投资							
1.1	建设投资							
1.2	建设期利息							
1.3	流动资金							
2	资金筹措							
2.1	项目资本金							
2.1.1	用于建设投资							
	××方							

续上表

序号	项目	合计			1			…	
		人民币	外币	小计	人民币	外币	小计		
	……								
2.1.2	用于流动资金								
	××方								
	……								
2.2	债务资金								
2.2.1	用于建设投资								
	××借款								
	××债券								
	……								
2.2.2	用于建设期利息								
	××借款								
	××债券								
	……								
2.2.3	用于流动资金借款								
	××借款								
	××债券								
	……								
2.3	其他资金								
2.3.1	×××								
	……								

3.2.2 资金规划

项目的资金规划是指确定项目实施所需资金的数额，根据资金的可能来源及资金的使用效益，安排恰当的用款计划及选择适宜的筹资方案。项目资金的提供者们据此安排各自的出资计划，以保证项目所需资金能及时到位。

项目的资金规划内容包括资金来源、资金结构、资金平衡与债务偿还四方面，如图3.1所示。

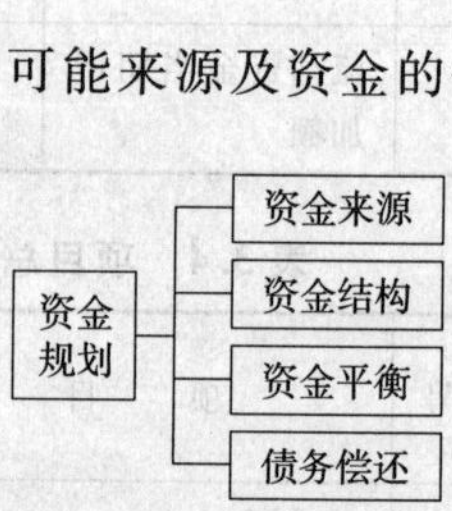

图3.1 项目资金规划的内容

1. 资金来源

资金来源是指企业用于项目投资资金的筹措渠道，从总体上看资金的来源可分为自有资金和借入资金，前者形成项目的资本金，后者形成项目的负债。项目资本金的筹措方式一般包括：政府投资，股东直接投资，发行股票，吸收国外资本直接投资；负债筹资的方式一般包括：银行贷款，发行债券，设备融资租赁，借用国外资金等。

2. 资金结构

项目资本金的筹措与负债筹资的筹措具有不同性质。因此，在进行筹资决策时，应同时考虑到资本结构与财务风险对项目的影响。寻求优化的资金结构对企业的经营非常重要。

项目资金结构指在项目的资金中,企业各种长期资金筹集来源的构成和比例关系。短期资金的需要量和筹集是经常变化的,且在整个资金总量中所占比重不稳定,因此不列入资本结构管理范围,而作为运营资金管理。权益资本指股东提供的资本,它的资本成本率是随着项目赢利情况的变化而变化的(如普通股和留存收益方式筹集的权益资本);负债资本指项目债权人提供的资本,是有偿使用,而且到期必须偿还,它的资本成本率是事先确定的,不随项目赢利多少而变化(如优先股、债券、融资租赁等方式筹集的债务资本)。企业的资金结构通常指由长期债务资本和权益资本构成的长期资金比例关系。

例 3.2 公司 A 和 B 的资金结构见表 3.5。试分析资金结构对 A、B 公司收益的影响。

表 3.5 A、B 两公司资本结构与收益

项　目	A 公司	B 公司
普通股(每股 50 元)	300 000	150 000
债券(利率 12%)		150 000
资本总额	300 000	300 000
息税前收益	50 000	50 000
支付债券利息		18 000
交纳企业所得税(税率 40%)	20 000	12 800
税前净收益	30 000	19 200
普通股每股收益	5	6.4

【分析】由表中数据可见,A 公司和 B 公司的长期资本总额均是 300 000 元,息税前收益都是 50 000 元。但两家资本结构不同,A 公司资本总额都是权益资本(普通股),而 B 公司资本总额中权益资本(普通股)和负债资本(债券)各占一半。因为 B 公司负债资本的固定资本成本率(债券利率)12% 小于两家企业营业收益率 16.7% (50 000/300 000),结果 B 公司普通股每股收益(6.4 元)大于 A 公司的普通股每股收益(5 元)。

一般在利率不变的条件下,不同的资金结构对企业自有资金利益的影响取决于全部投资收益率与贷款利率的相对关系。如前者大于后者,自有资金能获利;否则亏损。在相同的资金结构条件下,企业的自有资金利益随着全部投资收益率的提高而增加。

对新建项目的资金筹措方案,既要估算项目投资资金的总需要量,又要分析资金来源、筹资方式、资金结构、筹资风险及资金使用计划等的合理性与可靠性。在项目经营过程中,资金运作过程主要应考虑经营风险和财务风险。

3. 资金平衡

资金平衡就是使每年资金能够保证项目当年的正常运转,即每年的资金来源加上上年的结余必须足以支付本年所需要的使用资金,并且合理安排平衡资金结构与股票和利率之间的关系。否则项目将无法正常运行。严重时甚至造成企业的资不抵债,即破产。项目寿命期内的资金来源于资金运用满足资金平衡的条件是:

$$(\text{各年的})\text{累计盈余资金} \geq 0$$

如果某年的累计盈余资金出现负值,表明该年出现资金短缺,需要另找资金渠道弥补缺口或修改项目资金使用计划,使之达到平衡。一般在出现某年的资金短缺时,用短期银行借款补充,并于次年还清借款和利息。

4. 债务偿还

债务偿还是用项目的收入偿还贷款的本金与利息。在项目的投资构成中,贷款通常占很大比例。企业占用资金,必须偿还本金与利息。偿还的方式有等额利息法(即项目寿命期内不还本金,每年等额还息,在寿命期末归还本金和当期利息);等额本金法(即项目寿命期内每年还等额的本金和相应的利息);等额摊还法(即项目寿命期内每年偿还相同的本利);一次性偿付法(即最后一期偿还本利)。各种还款方式计算详见表 3.6。

表 3.6 还款的方式计算表

还款名称	还款方式	偿还利息额	偿还本金额
等额利息法	寿命期中不还本金,每年付息额相等,最后一期归还本金和当期利息	$INT_t = K_L \cdot i$ $t = 1,2,\cdots,n$	$CP_t = \begin{cases} 0 & t = 1,2,\cdots,n-1 \\ K_L & t = n \end{cases}$
等额本金法	每年还相等的本金和相应的利息	$INT_t = i \cdot \left[K_L - \frac{K_L}{n}(t-1) \right]$ $t = 1,2,\cdots,n$	$CP_t = \frac{K_a}{n}$ $t = 1,2,\cdots,n$
等额摊还法	每年偿还本利额相等	$INT_t + CP_t = K_L \cdot \frac{i(1+i)^n}{(1+i)^n - 1}$ $t = 1,2,\cdots,n$	
一次性偿付法	最后一期偿还本利	$INT_t + CP_t = \begin{cases} 0 & t = 1,2,\cdots,n-1 \\ K_L(1+i)^n & t = n \end{cases}$	

备注:INT_t—第 t 期付息额;CP_t—第 t 期还本额;n—贷款期限;i—银行贷款利率;K_L—贷款总额。

例 3.3 拟建某工业生产项目,这一建设项目的基础数据如下:固定资产投资估算总额为 5 263.9 万元(其中包括无形资产 600 万元),建设期 2 年,运营期 8 年。本项目固定资产来源为自有资金和贷款。自有资金在建设期内均衡投入;贷款总额为 2 000 万元,在建设期内每年贷入 1000 万元。贷款年利率 10%(按年计息)。贷款合同规定的还款方式为前 4 年等额还本付息。编制项目借款的还本付息计划表。

解:计算投产后前 4 年应偿还的等额本息:

$$A = P \times \frac{(1+i)^n \times i}{(1+i)^n - 1} = 2\,205 \times \frac{(1+10\%)^4 \times 10\%}{(1+10\%)^4 - 1} = 2\,205 \times 0.315\,5 = 695.61 \text{ 万元}$$

还本付息表见表 3.7。

表 3.7 还本付息表

序 号	费用名称 \ 年 份	1	2	3	4	5	6
1	年初借款余额	0	1 050	2 205	1 729.89	1 027.27	632.39
2	当年借款	1 000	1 000	0	0	0	0
3	当年应计利息	50	155	220.5	172.99	120.73	63.24
4	当年应还本息			695.61	695.61	695.61	695.61
4.1	当年应还利息			220.50	172.99	120.73	63.24
4.2	当年应还本金			475.11	522.62	574.88	632.39
5	年末余额	1 050	2 205	1 729.89	1 207.27	632.39	0.00

3.2.3 案例应用

某公司拟在我国建设某工业生产项目,项目生产规模为年产 P 产品 200 万件,产品最终在我国国内销售。建设期 1 年,投产期 1 年,达到设计生产能力的年份共 5 年。财务预测数据分析如下。

1. 资金规划

项目投资所需各项投资额以及资金来源,见表 3.8、表 3.9。

表 3.8 建设投资估算表

序 号	工程或费用名称	建筑工程费	设备购置费	安装工程费	其他费用	合 计	比例%
1	固定资产投资费用	3950	8510	790	895	14145	55.63
1.1	工程费用	3950	8510	790		13250	52.11
1.2	固定资产其他费用				895	895	3.52
2	无形资产				9300	9300	36.57
3	其他资产费用				100	100	0.39
4	预备费					0	0.00
4.1	基本预备费				1883.6	1883.6	7.41
4.2	涨价预备费					0	0.00
5	建设投资合计	3950	8510	790	12178.6	25428.6	100.00
	比例(%)	15.53	33.47	3.11	47.89	100	

表 3.9 总投资使用计划与资金筹措表

单位:万元

序 号	项目名称	合 计	1	2	3
1	投资合计	28576.43	26762.61	1425.59	388.23
1.1	建设投资	25428.6	25428.6		
1.2	建设期利息	556.66	556.66		
1.3	流动资金	2591.17	777.35	1425.59	388.23
2	资金筹措	28576.43	26762.61	1425.59	388.23
2.1	项目资本金	8570.99	8026.84	427.68	116.47
2.1.1	用于建设投资	7236.98	7236.98		
2.1.1.1	股本投资	7236.98	7236.98		
2.1.2	用于流动资金	777.35	233.2	427.68	116.47
2.1.2.1	股本投资	233.2	233.2		
2.1.2.2	企业未来经营收益	544.15		427.68	116.47
2.1.3	用于建设期利息	556.66	556.66		
2.1.3.1	股本投资	556.66	556.66		
2.2	债务资金	20005.44	18735.77	997.91	271.76
2.2.1	用于建设投资	18191.62	18191.62		
2.2.2	用于建设期利息	0			
2.2.3	用于流动资金	1813.82	544.15	997.91	271.76

项目建设投资为25428.6万元,流动资金从建设期第一年年末开始投入,按生产负荷安排使用。

资金筹措渠道:自有资金8570.99万元,其余均为借款。建设投资借款年利率6.12%。

2. 成本费用估算

(1)所有原材料、辅助材料及燃料动力价格均以近几年市场已实现的价格为基础,预测生产期初的价格(到厂不含税价)。

(2)工资及福利费按全厂定员和人均月工资及福利费估算。年工资及福利费总额为1000万元。

(3)折旧费:机器设备残值率5%,折旧年限10年,采用直线法折旧,房屋建筑残值率5%,折旧年限30年,直线法折旧。无形资产按10年摊销,其他资产按5年摊销。折旧费、摊销费估算值见表3.10。

表3.10　折旧费、摊销费估算表

序号	项目名称	折旧年限	1	2	3	4	5	6	7
1	固定资产合计								
1.1	原值合计			16585.26	16585.26	16585.26	16585.26	16585.26	16585.26
1.2	当期折旧费			1262.46	1262.46	1262.46	1262.46	1262.46	1262.46
1.3	净值合计			15322.80	14060.34	12797.88	11535.42	10272.96	9010.50
2	机器设备	10							
2.1	原值			11640.98	11640.98	11640.98	11640.98	11640.98	11640.98
2.2	折旧费			1105.89	1105.89	1105.89	1105.89	1105.89	1105.89
2.3	净值			10535.09	9429.20	8323.31	7217.42	6111.53	5005.64
3	房屋建筑	30							
3.1	原值			4944.28	4944.28	4944.28	4944.28	4944.28	4944.28
3.2	折旧费			156.57	156.57	156.57	156.57	156.57	156.57
3.3	净值			4787.71	4631.14	4474.57	4318	4161.43	4004.86
4	无形及递延资产合计								
4.1	原值合计			9400	9400	9400	9400	9400	9400
4.2	当期摊销费			950	950	950	950	950	930
4.3	净值合计			8450	7500	6550	5600	4650	3720
5	其他资产	5							
5.1	原值			100	100	100	100	100	100
5.2	摊销费			20	20	20	20	20	
5.3	净值			80	60	40	20	0	
6	无形资产	10							
6.1	原值			9300	9300	9300	9300	9300	9300
6.2	摊销费			930	930	930	930	930	930
6.3	净值			8370	7440	6510	5580	4650	3720

(4)修理费按建设投资的 1.415% 估算。

(5)财务费用包括长期借款利息和流动资金借款利息。长期借款利息估算见表 3.13 借款还本付息计算表;流动资金借款利息按当年及以前年份流动资金借款合计乘以流动资金借款年有效利率计算,流动资金借款利率 5.85% 。

(6)其他制造费用为每年 200 万元。

(7)营业费用为营业收入的 5% 。

项目总成本费用估算表见表 3.11。

表 3.11　项目总成本费用估算表

序号	项目名称	合　计	1	2	3	4	5	6	7
一	生产成本(1+2+3+4)	49694.76		7382.46	8462.46	8462.46	8462.46	8462.46	8462.46
1	直接原材料与辅助材料	25520.00		3520	4400	4400	4400	4400	4400
2	外购燃料动力	5800.00		800	1000	1000	1000	1000	1000
3	直接工资及福利费	6000.00		1000	1000	1000	1000	1000	1000
4	制造费用	12374.76		2062.46	2062.46	2062.46	2062.46	2062.46	2062.46
4.1	折旧费	7574.76		1262.46	1262.46	1262.46	1262.46	1262.46	1262.46
4.2	修理费	3600.00		600	600	600	600	600	600
4.3	其他制造费用	1200.00		200	200	200	200	200	200
二	管理费用	10480.00		1750	1750	1750	1750	1750	1730
1	无形资产摊销	5580.00		930	930	930	930	930	930
2	其他资产摊销	100.00		20	20	20	20	20	0
3	其他管理费用	4800.00		800	800	800	800	800	800
三	财务费用	4800.00		1203.54	938.04	529.25	106.11	106.11	106.11
1	短期负债利息净支出	2989.15		90.21	106.11	106.11	106.11	106.11	106.11
2	长期负债利息净支出	620.76		1113.33	831.93	423.14			
3	其他财务费用	2368.39							
四	营业费用	0.00		800	1000	1000	1000	1000	1000
五	总成本费用	5800.00		11136.00	12150.50	11741.71	11318.57	11318.57	11298.57
六	经营成本	68963.91		7720	9000	9000	9000	9000	9000
七	固定成本	52720.00		6016	5750.5	5341.71	4918.57	4918.57	4898.57
八	可变成本	31843.92		5120	6400	6400	6400	6400	6400

3. 销售收入预测

本项目建设期 1 年,生产期 6 年。投产期第 1 年的达产比例依序为 80% ,销售收入和销售税金及附加估算见表 3.12。其中,产品销售价格根据今年国内市场已实现的价格预测,生产期的市场价格为每件出厂价(不含税价)100 元,达产能力为年产 200 万件。

(1)增值税的计算

销项税额 = 销售收入 × 17%

进项税额 =(直接材料费及辅助材料费 + 外购燃料动力费)× 17%

增 值 税 = 销项税额 − 进项税额

(2)城市维护建设税为增值税的 7%,教育费附加为增值税的 3%。

表 3.12 销售收入和销售税金及附加估算表

序号	项目名称	单位	合计	1	2	3	4	5	6	7
1	营业收入	万元	116 000		16 000	20 000	20 000	20 000	20 000	20 000
1.1	销售价格	元			100	100	100	100	100	100
1.2	销售数量	万件			160	200	200	200	200	200
1.3	销项税额	万元	19 720		2 720	3 400	3 400	3 400	3 400	3 400
2	增值税		14 395.6		1 985.6	2 482	2 482	2 482	2 482	2 482
2.1	销项税额		19 720		2 720	3 400	3 400	3 400	3 400	3 400
2.2	进项税额		5 324.4		734.4	918	918	918	918	918
3	营业税金及附加		1 439.56		198.56	248.20	248.20	248.20	248.20	248.20
3.1	城市维护建设税		1 007.69		138.99	173.74	173.74	173.74	173.74	173.74
3.2	教育费附加		431.87		59.57	74.46	74.46	74.46	74.46	74.46
3.3	资源税									

4. 借款的还款方式

详见表 3.13 借款还本付息表。

(1)长期借款采用最大偿还能力法偿还。还款资金来源于折旧费、摊销费和未分配利润。

(2)利润折旧摊销用于投资。

本项日投产后有未来经营收益用于流动资金,形成项目资本金,第 2 年 427.68 万元,第 3 年 116.47 万元。优先用折旧摊销。

表 3.13 借款还本付息表

序号	项目名称	合 计	1	2	3	4
1	借款还本付息					
1.1	期初借款本息累计	38 699.19		18 191.62	13 593.58	6 914.00
1.2	当期借款	18 191.62	18 191.62			
1.3	当期应计利息	2 925.05	556.66	1 113.33	831.93	423.14
1.4	当期偿还本金	13 490.08	0	4 598.04	6 679.58	2 212.46
1.5	当期支付利息	2 925.05	556.66	1 113.33	831.93	423.14
2	还本资金来源	14 046.74	556.66	4 598.04	6 679.58	2 212.46
2.1	当期可还本的未分配利润	7 396.85		2 813.26	4 583.59	0
2.2	当期可还本的折旧费	3 243.23		834.78	1 145.99	1 262.46
2.3	当期可还本的摊销费	2 850.00		950	950	950
2.4	其他还本资金	556.66	556.66			

3.3　财务预算

3.3.1　财务预算的概念

1. 财务预算

财务决策完成之后，就形成了对某一特定的财务问题的行动方案。要顺利实现这些决策还必须将行动方案纳入相应的期间计划，在时间、资金、人员等方面进一步落实，并在期间计划的实施过程中进行有效的控制，以完成既定的目标。计划和控制，都是为了实现既定的决策。财务管理不仅包含财务决策，还将通过财务计划向全体职工传达财务决策对每个职工的具体要求，以及对执行过程的监控。

这里的财务计划是指利润规划和预算编制两部分。利润规划是企业为实现其目标利润而系统、全面调整其经营活动的规模和水平，它是企业编制期间预算的基础。预算是计划数量的说明，这里的数量指的是实物度量、劳动度量和货币度量的总称。

财务预算是一系列专门反映企业未来一定预算期内预计财务状况和经营成果，以及现金收支等价值指标的各种预算的总称，具体包括现金预算、预计利润表、预计资产负债表和预计现金流量表等内容。财务预算的编制需以财务预测的结果为依据，它服从决策目标的要求，是使决策目标具体化、系统化、定量化的过程。

2. 财务预算的作用

(1)经济预测作用

计划是以预测为基础的，预算是根据对未来一段时期的经济预测情况编制的。企业在确定预算之前，需要通过社会典型调查或运用数字、统计的方法预测供、产销各个环节中所不能控制的各相关的变动，充分认识预测对象运动的规律性，以便制订出来的预算最准确。为此，做好预算工作能够使得企业在掌握现在和预计未来时具有充分的主动性。

(2)明确目标

编制预算就是制订近期企业发展目标和方向，通过充分挖掘和合理地利用企业的人力、物力和财力，以取得巨大的经济效益。具体地说，财务预算经过反复的预算平衡，可以把企业各部门、各单位引向一个统一的奋斗目标，同时，又可以把整个企业的总目标和任务落实到各部门和单位，使他们明确自己在完成企业总的目标和任务中应负的责任，起到调动各方面积极性的作用，同心协力实现企业的总体规划。

(3)相互协调

由企业的各级部门如采购、生产、销售、财务等部门根据自己的具体情况和利害关系所编制的计划，不一定符合企业的整体利益，对企业其他部门来说也不一定行得通，而各部门制定的预算通过预算委员会进行平衡后，可以使企业各部门的经济活动和各项工作，在企业统一目标的指导下，使内部资源配置达到最优化；也可以在预算执行过程中，以实际数据与预算比较，及时发现差异，进行原因分析，采取必要的措施，保证预算的实现。以预算为标准的这种控制，是保证企业当期取得良好经济效益的重要手段。

(4)作为评价业绩的标准

加强企业管理，落实经济责任制，离不开对各部门单位及个人的业绩考评。考评业绩就要有标准。预算是既根据过去情况，又考虑了未来实际情况而编制的，因此用它作为考核的标准更有实际意义。预算作为评价的标准,通过比较实际收支与预算的差异,可以评价整个企业及各个部门工作的好差。

3.3.2　财务预算与全面预算体系

全面预算是所有以货币及其他数量形式反映的有关企业未来一段期间内全部经营活动各项目标的行动计划与相应措施的数量说明。具体由特种决策预算、日常业务预算和财务预算三大类内容组成,见图3.2。特种决策预算,即固定资产投资预算,主要涉及现金的长期性流动,也叫资本支出预算。日常业务预算指与企业日常经营活动直接相关的经营业务的各种预算。具体包括销售预算、生产预算、直接材料消耗及采购预算、直接工资及其他直接支出预算、制造费用预算、产品生产成本预算、经营及管理费用预算等。销售预算和生产预算统称为业务预算,用于计划和控制企业的基本经济业务。特种决策预算和日常业务预算也称分预算或辅助预算。

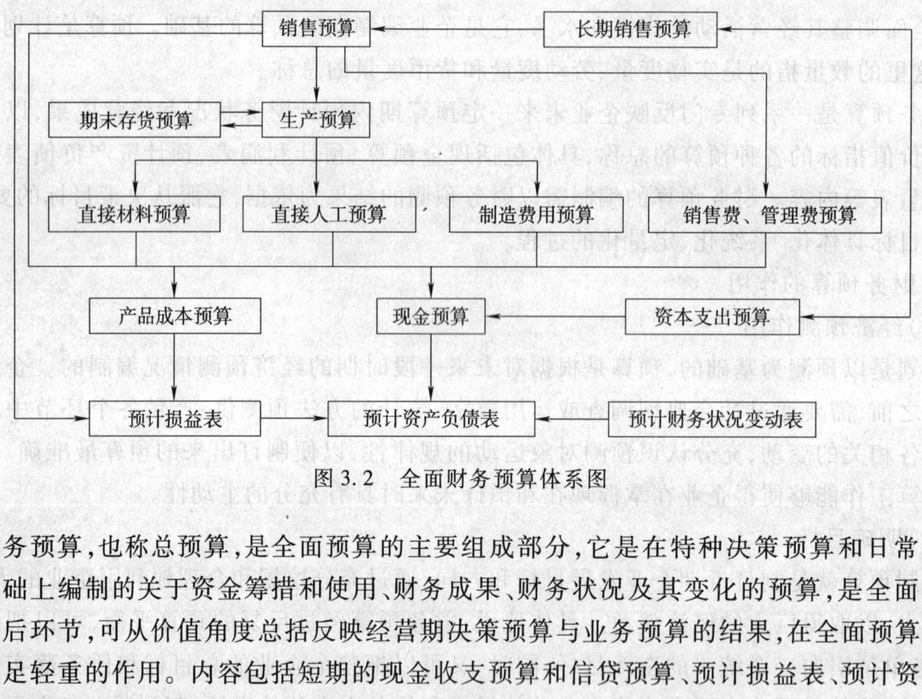

图3.2　全面财务预算体系图

财务预算,也称总预算,是全面预算的主要组成部分,它是在特种决策预算和日常业务预算的基础上编制的关于资金筹措和使用、财务成果、财务状况及其变化的预算,是全面预算体系的最后环节,可从价值角度总括反映经营期决策预算与业务预算的结果,在全面预算体系中具有举足轻重的作用。内容包括短期的现金收支预算和信贷预算、预计损益表、预计资产负债表和预计财务状况变动表。

企业生产经营的全面预算,是以对市场需求的研究和预测为基础,以销售预算为主导,进而包括生产、成本和现金收支等各个方面,并特别重视生产经营活动对企业财务状况和财务成果的预期的影响,整个预算体系是以预计的财务报表作为终结。全面预算为企业整体及其各个方面确立了明确的目标和任务,同时也是评价企业生产经营各个方面工作成果的基本尺度。在生产经营过程中,把实际成果同预算目标进行对比,考核和分析实际成果同预算之间的差异,有助于促进各有关方面及时采取有效措施,消除薄弱环节,保证预定目标更好地完成。因此,一个良好的预算制度对企业的生产经营活动具有计划和控制的作用。

3.3.3　财务预算的编制方法

1. 企业预算的编制程序

企业预算的编制,往往涉及经营管理的各个部门,只有执行者参与预算的编制,才能使预算成为他们自愿努力完成的目标。预算的编制程序有两种:一是由上而下;二是由下而上。

由上而下,层层分解指标是常用的编制程序,步骤为:

(1)企业最高决策领导机构根据长期规划,利用本、量、利分析等工具,提出企业一定时期的总目标,并下达规划指标。

(2)最基层的成本控制人员自行草编预算,使预算能较为切合实际和具有比较大的操作性。

(3)各部门汇总本部门所属的各种预算,并初步协调本部门的预算,编出销售、生产、财务等预算。

(4)企业的预算委员会审查、平衡、协调各预算,汇总出企业的总预算。

(5)经过行政最高领导批准,审议机构通过或者驳回修改预算。

(6)主要预算指标报告给董事会或上级主管单位,讨论通过或者驳回修改

(7)批准后的预算,下达给各部门执行。

由下而上编制预算是各单位自行列示各自的预算指标、层层汇总,最后由企业专门机构或人员进行汇总和调整,确定企业总预算。

不同的预算编制程序与企业组织结构设置和经营管理方式密切相关。方法一优点为预算整体性强,便于企业统一指挥调度,但可能导致下层部门积极性不够。方法二有利于各部门积极性发挥,但易造成各部门从自身利益出发,协调困难、相互支持不足等问题。集权的组织往往采用自上而下层层分解方式编制预算,分权组织由于权力在各下级中心,往往层层向上汇总编制预算。

2. 财务预算编制方法

(1)固定预算与弹性预算

1)固定预算

固定预算又称静态预算,是根据企业未来既定的业务量水平,不考虑预算期内生产经营活动可能发生的变动而编制的预算。其缺点为:过于机械呆板及可比性差。因为编制固定预算时没有考虑预算期内生产经营可能发生的变动,而只是以预算期内计划预定的某一共同的活动水平为基础确定相应的数据。当实际业务量与编制预算所根据的业务量发生较大差异时,有关预算指标的实际数与预算数会因业务量基础不同而失去可比性。

因此,固定预算适用于经营业务稳定,生产产品产销量稳定,能推确预测产品需求及产品成本的企业,也可用于编制固定费用预算。

2)弹性预算

弹性预算是为一定的业务量水平范围而不是为单一的业务量水平而编制的预算,其数据能够适应业务量水平的变化而自行调整。因此它比固定预算更便于区分和落实责任,是一种先进的预算编制方法。它可以使预算执行情况的评价和考核建立在更加客观可比的基础上,更好地发挥预算控制作用。特别是在企业会计电算化日益普及的今天,更能显示其优越性。弹性预算多用于各种生产成本和间接费用的预算,也适用于企业利润预算的编制。

其编制的具体程序如下:

①确定相关范围,预期在未来时间内业务活动在这一范围内变动。

②选择和确定业务量的计量单位。弹性预算可选用的业务量单位较多,如产量、人工工时、机器工时或修理工时等。选用业务量计量单位时,应注意计量单位要能代表企业的生产经营活动水平。

③根据成本与产量之间的依存关系将企业的成本分为固定成本、变动成本、混合成本三大类。

④用混合成本函数 $y=a+bx$ 将混合成本分解为固定成本和变动成本。

⑤确定在各种业务量水平下的预算数额。

⑥如果企业事后在生产水平已知情况下编制弹性预算,可按实际业务水平编制弹性预算;如果企业事先编制弹性预算,则可利用多栏式的表格分别编制对应于不同经营活动水平的预算成本。

生产成本中的直接材料和直接人工标准通常已经按每单位产品明确制定,属于变动成本,根据业务量水平为其编制弹性预算是较为方便的。生产成本中的制造费用则较为复杂,不同的费用项目有不同的性态,需要根据各项目的特点作具体分析,一般将其分解为固定性制造费用和变动性制造费用两个组成部分。固定性制造费用在一定的产量相关范围内保持不变,变动性制造费用则随产量的变动而变动。销售与管理费用的情况与此类似,但它们与制造费用的不同之处,在于其中的变动性费用(如某些销售费用)可能与销售净收入之间存在较明显的依存关系,而不是与生产工作量有依存关系。

编制弹性预算与固定预算的区别主要在于:弹性预算将所有的成本费用划分为变动成本和固定成本,变动成本按单位成本预算和控制,固定成本按总额预算和控制;固定预算对成本费用总额不按成本性态进行划分,而按完全成本预算和控制。在实际工作中,一般企业可采用固定预算和弹性预算组成的混合预算制度,以适应管理的需要。

例 3.4 通过列表法编制某公司 2007 年制造费用弹性预算。表 3.14 按 5% 为业务量间距进行相关数值预算。

表 3.14 某公司 2007 年制造费用弹性预算

单位:元

直接人工工时	22 596	24 210	25 824	…	32 280	33 894	35 508
生产能力利用(%)	70%	75%	80%	…	100%	105%	110%
1. 变动成本项目	13 629	14 600	15 576	…	19 470	20 444	21 417
燃油	1 129.8	1 210.5	1 291.2	…	1 614	1 694.7	1 775.4
辅助工人工资	12 427.8	13 315.5	14 203.2	…	17 754	18 641	19 529.4
…	…	…	…		…	…	…
2. 混合成本项目	21 512	25 703	27 300		30 770	35 500	38 650
辅助材料	5 142.88	5 433.4	5 723.92	…	6 886	7 176.53	7 467.04
维修费	6 406.36	6 745.3	7 084.24	…	8 440	8 778.94	9 117.88
检验员工资	751.92	784.2	816.48	…	945.6	977.88	1 010.16
水费	3 211.52	3 405.2	3 598.88	…	4 373.6	4 567.28	4 760.96
…	…	…	…		…	…	…
3. 固定成本项目	26 180	26 180	26 180	…	26 180	26 180	26 180
管理人员工资	8 700	8 700	8 700	…	8 700	8 700	8 700
保险费	2 800	2 800	2 800	…	2 800	2 800	2 800
设备租金	2 680	2 680	2 680	…	2 680	2 680	2 680
…	…	…	…		…	…	…
制造费用预算额	61 321	66 483	69 056	…	76 420	82 124	86 247

(2)增量预算与零基预算

1)增量预算

增量预算是指以基期成本费用水平为基础,结合预算期业务量水平及有关降低成本的措施,通过调整有关的原有费用项目而编制预算的一种方法。增量预算方法的使用,存在以下假定:

①现有的业务活动是企业所必需的,即企业目前的每项业务活动都是企业工常生存和发展必不可少的。

②原有的各项开支都是合理的。既然现有的业务活动是企业所必须的,那么原有的各项开支就一定是合理的,应该予以保留。

③增加的费用是值得的,费用的增加是为取得收入而预先付出的代价。

增量预算方法是以基期的实际预算为基础,对预算值进行的增减调整。该方法以过去值为基础,实际上是基于以往实绩的预算方法,受既定结果的影响,造成调增预算容易、调减预算困难的心理定势,导致难以控制成本费用,无法最终达成预算目标。

2)零基预算

零基预算是一种区别于传统增量预算的先进的预算编制方法。所谓零基预算,就是以零为基数的预算编制方法。在预算编制时,不受基期水平的约束,一切从“零”开始,即根据预算期的实际情况,重新考虑各项目应达到的预算数额。零基预算的编制步骤如下:第一,划分基层预算单位。第二,对基层预算单位的业务活动计划进行“成本效益”分析,权衡得失,排除优先顺序,并把它们分成等级。第三,根据生产经营必要性与资金供应的实际可能性,判定可纳入预算的费用可以到达几级,并对可纳入预算中的费用项目进行加工、汇总,形成综合性的费用预算。

零基预算的优点:不受现有费用水平限制,能够调动各方面降低费用的积极性,有助于企业的发展。其缺点为所有项目均需重新审视,工作量大,而且效率低,时效性差,投入成本巨大。要克服这些缺点,需采取一些必要的措施。如大亚湾核电站为了避免上述问题,采取折中模式,即对新的项目、重要的项目全部采用“零预算”管理,对其他项目采用滚动预算进行管理。零基预算方法特别适用于产出比较难辨认的服务型部门费用预算的编制。

(3)定期预算与滚动预算

1)定期预算

定期预算是指在编制预算时以不变的会计期间作为预算期的一种预算编制方法。具优点是能够使预算期间与会计年度相匹配,便于考核和评价预算的执行结果。其缺点为:①缺乏远期指导性。定期预算往往是在年初甚至提前2~3个月编制的,预算期较长。对于整个预算年度的生产经营活动很难做出准确的预算,尤其是对预算后期的预算只能进行笼统的估算,数据含糊,缺乏远期指导性,从而给预算的执行带来很多困难,不利于发挥预算的指导和控制作用。②造成预算滞后性。事先预见到的预算期的某些活动,在预算期间可能会发生变化时(如预算期临时中途转产),而原有预算却未能及时做出相应的调整,就会造成预算滞后,从而使预算失效。③形成人为预算中断。在预算执行过程中,由于受预算期间的限制,致使经营管理者只考虑未来较短时期内的业务活动,而忽视了长期经营活动的连续性,形成人为的预算中断。

2)滚动预算

滚动预算,又称永续预算或连续预算,其主要特点是:预算期连续不断,始终保持一定的期限。通常预算持续期为一年。在采用滚动预算方式时,应在基期预算的基础上,每到一个月末(或季度末),应对月份(或季度)预算的执行情况进行差异分析,根据新的情况进行调整和修订后几个月份(或季度)的预算,并在原来的预算期期末,增列一个新的月份(或季度)的预算。这样,企业的预算便以此往复,不断滚动,随时保证企业在进行全面预算管理时,有整套预算年度的预算计划。见图3.3。

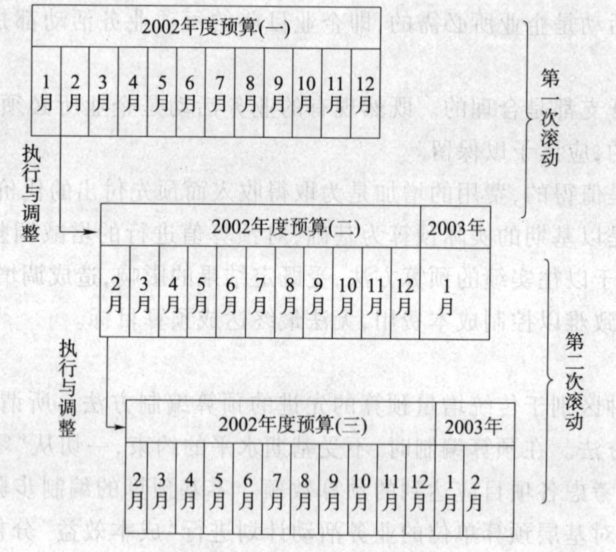

图3.3 逐月滚动预算图示

滚动预算具有以下三个优点:

第一,保持预算的完整性、连续性,从动态预算中把握企业未来发展的趋势。第二,能使企业内部各级管理人员始终保持对未来一定时期(月、季、年)的生产经营活动的更长远、更周密的考虑和规划,保证企业的各项工作有条不紊地进行。

第三,预算根据企业实际情况的变化在作不断的修正,使预算与实际情况更相适应,因而有利于充分发挥预算的指导和控制作用。

预算编制工作量较为繁重,是采用滚动预算编制方法的一个较为突出的不足。一般可以采用按季滚动的方法来代替按月滚动的方法,而在执行预算的那个季度里,再按月具体、详尽地编制各月份的预算。同时,在滚动预算的编制过程中,近期预算资料的编制应尽量准确,而远期预算资料的编制可适当笼统一些,然后通过每季度末对预算的调整、补充,再逐渐将笼统的预算资料编制得较为详尽、准确,从而避免无效劳动,简化预算的编制工作,提高滚动预算编制方法的适用性。

以上介绍的编制预算的方法不是相互独立的.而是相互联系的,它们都是构成企业全面预算管理方式中的有机组成部分。在全面预算管理方法中,综合利用这些预算管理方法,可以有效地提高企业管理水平,对企业的生产经营活动进行计划和控制。

3.3.4 财务预算的编制

财务预算是企业在计划期内反映有关预计现金收支、经营成果和财务状况的预算,它主要包括"现金预算"、"预计损益表"、"预计资产负债表"。它的编制是在对企业生产经营科学预测基础上，根据预测编制成的销售计划、生产计划和财务预算、专门预算为基础，因此，在编制财务预算以前，先要编制销售预算、生产预算、直接材料采购预算、直接人工预算、制造费用预算、单位生产成本预算、经营及管理费用预算等业务预算以及专门决策预算，然后根据这些预算编制财务预算。

下面举例说明各项预算的编制方法。

以下举例先分别介绍各项业务预算编制方法，再介绍如何编制现金预算及其他财务预算。

1. 销售预算

销售预算是编制总预算的一个出发点，几乎总预算中的其他各个项目，如生产、材料采购、存货和费用等方面的预算，都要以销售预算为基础。

销售预算中，通常还包括预期的现金收入，其目的是为编制现金预算提供必要的资料。预期的现金收入包括上期销售将于本期收到的现金和本期销售可于本期收到的现金。

例 3.5 *A* 公司生产和销售一种产品，2007 年度预期的销售数量、单位产品销售价格和销售收入及其分季的现金收入预算数如表 3.15 所示。假设每季度销售收入中，本季收到现金 70%，其余的 30% 要到下季才能收到现金。2006 年四季度应收账款余额为 15 000 元。该企业预算年度的分季销售预算如表 3.15 所示。

表 3.15 销售预算

单位：元

季度	一	二	三	四	全年
预计销售量(件)	500	800	850	600	2 750
预计单位售价	100	100	100	100	100
销售收入	50 000	80 000	85 000	60 000	275 000
年初应收账款	15 000				15 000
第一季度	35 000	15 000			50 000
第二季度		56 000	24 000		80 000
第三季度			59 500	25 500	85 000
第四季度				42 000	42 000
现金收入合计	50 000	71 000	83 500	67 500	272 000

$$期末应收账款余额 = 15\,000 + 275\,000 - 272\,000 = 18\,000$$

2. 生产预算

以销售预算为基础，可进而编制生产预算。

例 3.6 *A* 公司预算年度内每季度末产成品存货占下一季度销售量的 20%，2008 年第一季度的销售量为 580 件，预算年度(2007 年)初存货量预计为 150 件，该公司预算年度的分季生产预算如表 3.16 所示。

存货数量通常按下期销售量的一定百分比确定，年初存货是编制预算时设计的，年末存货根据长期销售趋势来确定。

生产预算的"预计销售量"来自销售预算，其他数据在表中计算得出：

$$预计期末存货 = 下季度销售量 \times 20\%$$

$$预计期初存货 = 上季度期末存货$$

产品的生产量与销售量之间的关系可按下式计算：

预计产量 =(预计销售量 + 预计期末存货)－预计期初存货

表 3.16 生产预算

季　度	一	二	三	四	全　年
预计销售量	500	800	850	600	2750
加:预计期末存货	160	170	120	116	116
合　计	660	970	970	716	2866
减:预计期初存货	150	160	170	120	150
预计生产量	510	810	800	596	2716

3. 直接材料预算

直接材料预算,以生产预算为基础编制,同时还须考虑原材料的存货水平。在直接材料预算中,通常还包括材料方面预期的现金支出的计算,为现金预算的编制提供必要的资料。在材料方面预期的现金支出,包括上期采购材料将于本期支付的现金和本期采购材料应由本期支付的现金。

例 3.7 *A* 公司预算年度内生产产品需一种原材料,预计每个季度末的材料存货要占下一季度生产需要量的 20%,预算年度初的存货量为 510 kg,预算年度末的材料存货量预计为 640 kg。材料的采购款中,本季度需付 60%,其余的 40% 可到下一季度支付,2007 年第一季度应付 2006 年第四季度材料款为 12000 元。该公司预算年度的分季材料预算如表 3.17 所示。

预计生产量来自生产预算。单位产品材料用量的数据来自标准成本资料或消耗定额资料。生产需要量是预计生产量与单位产品材料用量的乘积。

$$预计期末存量 = 下季度生产需要量 \times 20\%$$

$$预计期初存货 = 上季度期末存量$$

材料在生产环节的需用量同预计采购量之间的关系,按下式计算:

$$预计材料采购量 = (生产需要量 + 预计期末存量) - 预计期初存量$$

单价根据标准资料确定。

$$预计采购金额 = 预计材料采购量 \times 单价$$

表 3.17 A 公司直接材料预算

季　度	一	二	三	四	全　年
预计生产量(件)	510	810	800	596	2716
单位产品材料用量(千克)	5	5	5	5	5
生产需要量(千克)	2550	4050	4000	2980	13580
加:预计期末存量(千克)	810	800	596	640	640
合计	3360	4850	4596	3620	14220
减:预计期初存量(千克)	510	810	800	596	510
预计材料采购量(千克)	2850	4040	3796	3024	13710
单价	10	10	10	10	10
预计采购金额	28500	40400	37960	30240	137100
预计现金支出					
上年应付账款	12000				12000
第一季度	17100	11400			28500

续上表

季 度	一	二	三	四	全 年
第二季度		24 240	16 160		40 400
第三季度			22 776	15 184	37 960
第四季度				18 144	18 144
现金支出合计	29 100	35 640	38 936	33 328	137 004

4. 直接人工预算

直接人工预算也是以生产预算为基础编制的，以各期完成的产成品数乘以生产单位产品需用的工时（根据标准成本资料或消耗定额资料）得到各期需用的直接人工总工时；再以各期需用的直接人工总工时乘以每小时的直接人工成本，就可得到各期预计的直接人工成本。由于人工工资每期都需用现金支付，所以，不需另外再计算各期的现金支出，各期人工总成本的金额，可直接参加现金预算的汇总。计算中通常假定期初、期末在产品数量没有变动，各期需用的直接人工工时直接按当期预计的产成品生产量计算。

例 3.8 假定 *A* 公司生产中直接人工的工种只有一种，生产单位产品需用直接人工小时为 3h，每小时的直接人工成本为 5 元。*A* 公司 2007 年度的直接人工预算如表 3.18 所示。

表 3.18 直接人工预算

季 度	一	二	三	四	合 计
预计生产量（件）	510	810	800	596	2 716
单位产品直接人工工时（工时）	3	3	3	3	3
各期用直接人工的总工时（工时）	1 530	2 430	2 400	1 788	8 148
单位工时工资率（元/工时）	5	5	5	5	5
预计直接人工成本总额（元）	7 650	12 150	12 000	8 940	40 740

5. 制造费用预算

生产成本中不属于直接材料和直接人工的部分，都计入制造费用。制造费用按其性态通常可划分为变动性制造费用和固定性制造费用两部分。变动制造费用预算可以根据预计生产量和预计的变动制造费用分配率来计算。

固定制造费用需要逐项进行预计，通常与本期产量无关，按每季实际需要的支付预计，然后求出全年数。为了便于编制现金预算，需要预计各期的现金支出。制造费用中，除折旧费以外都需支付现金，所以，根据每个季度制造费用数额扣除折旧费后，即可得出需以现金支付的费用。*A* 公司的制造费用预算如表 3.19 所示。

表 3.19 制造费用预算

季 度	一	二	三	四	合 计
预计生产量（件）	510	810	800	596	2 716
变动制造费用					
间接人工	765	1 215	1 200	894	4 074
间接材料	765	1 215	1 200	894	4 074
水电费	1 530	2 430	2 400	1 788	8 148

续上表

季　度	一	二	三	四	合　计
小计	3 060	4 860	4 800	3 576	16 296
固定制造费用					
修理费	400	400	400	400	1 600
折旧费	3 000	3 000	3 000	3 000	12 000
管理人员工资	500	500	500	500	2 000
保险费	600	600	600	600	2 400
小计	4 500	4 500	4 500	4 500	18 000
合计	7 560	9 360	9 300	8 076	34 296
减：折旧	3 000	3 000	3 000	3 000	12 000
现金支出合计	4 560	6 360	6 300	5 076	22 296

6. 产品成本预算

产品成本预算是生产预算、直接材料预算、直接人工预算、制造费用预算的汇总。其主要内容为产品的单位成本和总成本。有关数据主要来自前述三个预算，该企业的单位产品成本预算如表 3.20 所示。

表 3.20　单位产品成本预算

项　目	用　量	单位成本	合　计
直接材料	5kg	10 元/kg	50 元
直接人工	3 工时	5 元/工时	15 元
变动制造费用	3 工时	2 元/工时	6 元
单位产品分配的固定制造费用	3 工时	2.21 元/工时	6.63 元
单位产品成本			77.63 元

7. 销售及管理费用预算

销售费用预算，是指为了实现销售预算所需支付的各项费用预算。管理费用预算，是指企业为进行管理而发生必要的费用预算。在编制销售及管理费用预算时，要分析企业的业务成绩和一般经济状况，务必做到费用合理化。销售及管理费用预算一般以过去的实际开支为基础，按预算期的可预见的变化来调整。重要的是，必须充分考察每种费用是否必要，以便提高费用效率。该企业 2007 年度的销售及管理费用预算如表 3.21 所示。

表 3.21　销售及管理费用预算

项　目	一季度	二季度	三季度	四季度	全　年
销售费用：					
变动费用部分					
销售佣金（销售收入的 5%）	2 500	4 000	4 250	3 000	13 750
其他费用（销售收入的 1%）	500	800	850	600	2 750
固定费用部分					
销售人员工资	1 000	1 000	1 000	1 000	4 000

续上表

项 目	一季度	二季度	三季度	四季度	全 年
广告费	500	500	500	500	2000
包装、运输费	500	500	500	500	2000
销售费用合计	5000	6800	7100	5600	24500
管理费用:					
管理人员工资	1000	1000	1000	1000	4000
办公费	800	800	800	800	3200
折旧费	1000	1000	1000	1000	4000
管理费用合计	2800	2800	2800	2800	11200
现金支出合计	6800	8600	8900	7400	31700

8. 现金预算

完整的现金预算,一般包括以下四个组成部分:现金收入;现金支出;现金多余或不足;资金的筹集与运用。

它可以分开编成短期现金收支预算和短期信贷预算两个预算,也可以合在一起编成一个预算。现金收入部分包括期初的现金余额和预算期现金收入。产品销售收入是企业取得现金收入的主要来源。现金支出部分包括预算期预计的各项支出,主要是指材料、工资和费用方面预计的支出,还包括上交所得税、购置设备、支付股利等方面的支出。

现金的多余或不足部分列示现金收入合计与现金支出合计之间的差额,差额为正说明现金有多余,可用于偿还过去向银行取得的借款,或用于购买短期证券;差额为负,说明现金不足要向银行取得新的借款。资金的筹集与运用部分提供预算期内预计向银行借款和偿还借款以及有关利息支出的详细资料。现金预算实际上是其他预算有关现金收支部分的汇总,以及收支差额平衡措施的具体计划。它的编制,要以其他各项预算为基础,或者说其他预算在编制时要为现金预算做好数据准备。

现金预算的编制,以各项营业预算和资本预算为基础。它反映各预算期的收入款项和支出款项,并作对比说明。其目的在于资金不足时筹措资金,资金多余时及时处理现金余额,并且提供现金收支的控制限额,可以发挥现金管理作用。

例 3.9 *A* 公司预算年度的现金收支情况见上述各预算表。假定 2007 年二季度支付现金股利 10000 元,同时用现金购买设备价值 10000 元。企业需保留现金余额为 10000 元,银行借款利率 10%,每笔借款期初借入,现金多余时季末偿还。每季度预付所得税 2000 元。*A* 公司 2007 年分季度现金预算见表 3.22。

表 3.22 现金预算表

季 度	一	二	三	四	全 年
期初现金余额	12000	11890	10140	12904	12000
加:销货现金收入	50000	71000	83500	67500	272000
可供使用现金	62000	82890	93640	80404	284000
现金需要量:					
购买材料	29100	35640	38936	33328	137004

续上表

季　度	一	二	三	四	全　年
支付直接工资	7650	12150	12000	8940	40740
支付制造费用	4560	6360	6300	5076	22296
销售与管理费用	6800	8600	8900	7400	31700
购买设备		10000			10000
所得税	2000	2000	2000	2000	8000
支付现金股利		10000			10000
现金支付合计	50110	84750	68136	56744	259740
期末最佳现金余额	10000	10000	10000	10000	10000
现金需要量合计	60110	94750	70356	66744	269740
现金多余或不足	1890	(11860)	15504	13660	14260
向银行借款		12000			12000
偿还银行借款和利息			12600		12600
期末现金余额	11890	10140	12904	23660	23660

表中数据来源：购买材料来自表3.17；支付直接工资来自表3.18；支付制造费用来自表3.19；销售与管理费用来自表3.21。

9. 预计财务报表的编制

预计的财务报表是财务管理的重要工具，包括预计的损益表、预计的资产负债表和预计的财务状况变动表。预计的财务报表能为企业财务管理服务，是控制企业资金、成本和利润总量的重要手段。

(1)预计损益表

预计损益表是以货币形式综合反映预算期内企业经营活动成果（包括利润总额、净利润）计划水平的财务预算。

根据以上预算资料，汇总编制A公司2007年度的预计损益表如表3.23所示。预计收益表与实际收益表的内容、格式相同，只不过数字是面向预算期的，它是汇总销售、成本、销售及管理费用等预算的基础上加以编制的。其中所得税项目，是在利润规划时估计的，并已列入现金预算，它通常不是根据利润和所得税税率计算出来的，因为有诸多纳税调整事项存在。

表3.23　公司2007年预计损益表

项目	金额
销售收入	275000
减：销售成本	213482.5
销售毛利	61517.5
减：销售及管理费用	35700
利息费用	600
利润总额	25217.5
所得税（估计）	8000
税后利润	17217.5

通过编制预计的损益表，可以了解企业预算期的赢利水平。如果预算利润与企业的目标利润有较大的不一致，就需要调整有关部门预算，设法达到目标，或者经企业领导同意后修改目标利润。

(2)预计资产负债表

预计资产负债表总体反映企业预算期末财务状况。

为编制某年末的预计资产负债表，必须利用本期期初即上年末的资产负债表的资料，并根据销售、生产、资本等预算的有关数据加以调整编制。A公司的预计资产负债表如表3.24所示。

项目的数据来源如下：应收账款年末数来自表3.15；材料存货年初数和年末数根据表

3.17 直接材料预算的第一季度初材料存量和第四季度末材料存量，分别乘以材料单价而得到；产成品年初数和年末数是根据表 3.16 生产预算的第一季度初产成品存货量和第四季度末产成品存量分别乘以单位产品成本（表 3.20）而得到。应付账款年末数是根据表 3.17 直接材料预算中第四季度共采购材料 30 240 元，减去当季支付现金 18 144 元，在年末作为应付账款，待下一年度的一季度再行付现。有些项目本年度没有发生变化。

编制预计资产负债表的目的，在于判断预算所反映的财务状况的稳定性和流动性。如果通过预计资产负债表的分析，发现某些财务比率不佳，必要时可修改有关预算，以改善财务状况。

表 3.24 预计资产负债表

资 产	年初数	年末数	负债及所有者权益	年初数	年末数
流动资产：			流动负债：		
现金	12 000	23 660	应付账款	12 000	12 096
应收账款	15 000	18 000	长期借款	20 000	20 000
存货	16 744.5	15 398	负债合计	32 000	32 096
流动资产合计	43 744.5	57 058	所有者权益：		
固定资产：			普通股	150 000	150 000
固定资产原值	200 000	210 000	留存收益	11 744.5	18 962
减：累计折旧	50 000	66 000	所有者权益合计：	161 744.5	168 962
资产合计	193 744.5	201 058	负债及所有者权益	193 744.5	201 058

留存收益 = 期初数 + 本期税后利润 - 本期支付股利 = 11 744.5 + 17 217.5 - 10 000 = 18 962（元）

存货期末数 = 材料存货 + 产成品存货 = 640 × 10 + 116 × 77.63 = 15 398（元）

3.4 资金使用计划的编制

施工阶段资金使用计划的编制对于施工阶段成本控制具有重要作用，主要体现在以下几个方面：

（1）通过编制资金使用计划，合理确定工程造价施工阶段目标值，使工程造价的控制有所依据，并为资金的筹集与协调打下基础；如果没有明确的造价控制目标，就无法把工程项目的实际支出额与之进行比较，也就不能找出偏差，从而使控制措施缺乏针对性。

（2）通过资金使用计划的科学编制，可以对未来工程项目的资金使用和进度控制有所预测，消除不必要的资金浪费和进度失控，也能够避免在今后工程项目中由于缺乏依据而进行轻率判断造成的损失，减少了盲目性，使现有资金充分发挥作用。

（3）在建设项目的进行过程中，通过资金使用计划的严格执行，可以有效地控制工程造价的上升，最大限度地节约投资，提高投资效益。对脱离实际的工程造价目标值和资金使用计划，应在科学评估的前提下，允许修订和修改，使工程造价更趋于合理水平，从而保障发包人和承包人各自的合法权益。

资金使用计划编制过程中最重要的步骤是目标的分解。根据资金使用计划目标和要求的不同，该计划可分为按不同子项目、按时间进度分解编制两种类型。

3.4.1 按不同子项目编制资金使用计划

一个建设项目往往由多个单项工程组成，每个单项工程还可能由多个单位工程组成。而单位工程总是由若干个分部分项工程组成。按不同子项目划分资金的使用,进而做到合理分配。首先必须对工程项目进行合理划分,划分的粗细程度根据实际需要而定,如图 3.4 所示。

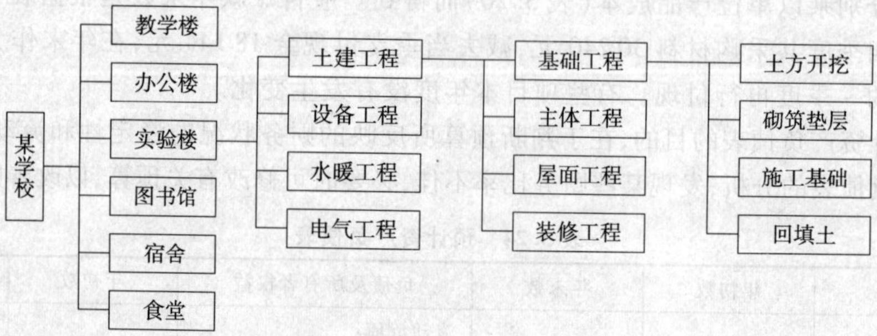

图 3.4　工程项目分解图

3.4.2　按时间进度分解的资金使用计划

建设项目的投资总是分阶段、分期支出的。资金应用是否合理与资金使用时间安排有密切关系。为了编制资金使用计划,并据此筹措资金,尽可能减少资金占用和利息支付,有必要将总目标按使用时间进行分解,确定分目标值。

编制按时间进度分解的资金使用计划,通常是利用控制项目进度的网络图或横道图经过进一步扩充而得。即在建立网络图或横道图时,一方面确定完成各项活动所需花费的时间,另一方面同时确定完成这一活动的合适的支出预算。

资金使用计划通常可采用 S 形曲线与香蕉图的形式,或者也可以用横道图和时标网络图表示。其对应数据的产生依据是施工网络计划图中的时间参数(工序最早开工时间,工序最早完工时间,工序最迟开工时间,工序最迟完成时间,关键工序,关键线路,计划工期)的计算结果与对应阶段资金使用要求。

利用确定的网络计划便可计算各项活动的最早及最迟开工时间,获得项目进度计划的横道图。在横道图的基础上便可编制按时间进度划分的投资支出预算,进而绘制时间－投资累计曲线(S 形曲线图)。时间—投资累计曲线的绘制步骤如下:

(1)确定工程进度计划,编制进度计划的横道图,如表 3.25 所示。

表 3.25　进度计划横道图

工程子项目	投资额(万元)	进度计划(月)									
		1	2	3	4	5	6	7	8	9	10
厂房土建	500	50	60	100	110	110	70				
厂房机械设备	200				30	50	70	50			
办公楼	150						30	60	60		
仓库	100							20	40	40	
零星	50									20	30
合计	1000	50	60	100	140	160	170	130	100	60	30
累计额	1000	50	110	210	350	510	680	810	910	970	1000
累计百分比	100%	5%	11%	21%	35%	51%	68%	81%	91%	97%	100%

(2)根据每单位时间内完成的实物工程量或投入的人力、物力和财力,计算单位时间(月或旬)的投资,如上表中的合计栏所列。

(3)计算规定时间 t 内计划累计完成的投资额,其计算方法为:各单位时间计划完成的投资额累加求和,可按下式计算:

$$Q_t = \sum_{n=1}^{t} q_n$$

式中 Q_t——某单位时间 t 内计划累计完成的投资额;

q_n——单位时间 n 的计划完成投资额;

t——规定的计划时间。

(4)按各规定时间的 Q_t 值,绘制S形曲线。每一条S形曲线都是对应某一特定的工程进度计划。进度计划的非关键线路中存在许多有时差的工序或工作,因而S曲线(投资计划值曲线)必然包括在由全部活动都按最早开工时间和全部活动都按最迟开工时间开始的曲线所组成的"香蕉图"内。建设单位可根据编制的投资支出预算来合理安排资金,同时建设单位也可以根据筹措的建设资金来调整S形曲线,即通过调整非关键线路上的工序项目的开工时间,力争将实际的投资支出控制在预算范围内。

一般而言,所有活动都按最迟时间开始,对节约建设资金贷款利息是有利的,但同时也降低了项目按期竣工的保证率,因此必须合理地确定投资支出预算,达到既节约投资支出又控制项目工期的目的。

3.5 案例 杭州钢铁集团公司全面预算管理

1. 公司概况

杭州钢铁集团公司(下称杭钢集团),是目前浙江省最大的工业企业,拥有全资、控股企业38家,总资产92亿元,净资产41亿元,以钢为主业,并涉足国内外贸易、机械制造、建筑安装、工业设计、房地产、电子信息、环保、旅游餐饮、教育等产业。2001年实现销售收入73.13亿元,实现利润4.8亿元,分别比2000年增长19.67%和19.17%。长期以来,公司坚持"企业管理以财务管理为中心,财务管理以资金管理为中心"的指导思想,紧紧抓住资金、成本两个管理中心环节,追求综合效益的最优化。近年来,通过对全面预算的不断探索和实践,保证了企业资金的有序控制,为企业持续发展提供了可靠保证,虽然规模在全国冶金行业中处于第28位,但实现利润连续四年名列前10位,吨钢利润名列前2位。

2. 全面预算管理的基本框架

(1)预算控制的组织体系

为了确保预算的权威性以及集团整体目标与局部目标的协调统一,由集团主要领导及各专业主管部门领导组成集团预算委员会,下设办公室;各二级单位根据集团的有关规定设立相应的组织机构,由集团赋予相应的权限和职责。

预算委员会办公室设在财务部,是预算委员会的日常办事机构。财务部成立了预算成本科,负责公司预算和经济责任制的编制、分解、分析和考核。这样,财务部在履行预算委员会赋予的管理职能时,可以按照公司预算控制的程序认真协调好各管理职能部门之间的业务关系。

(2)授权批准制度

集团全面预算管理制度强调,预算编制必须坚持从集团实际出发、实事求是、科学合理地确定各项技术经济指标；并对预算编制的原则、编制程序，审批权限、预算调整、控制及考核等做出了明确的规定。主要体现在：集团预算委员会由董事会领导，其成员由董事会任免；集团董事会授权预算委员会组织财务部编制公司全面预算方案，协调预算编制中出现的问题，并对方案进行平衡、审核后上报集团董事会审批；预算的最终审批权属于集团董事会，批准后的预算方案由预算委员会负责组织实施；预算的整个编制过程按照“自上而下，自下而上”、“谁花钱，谁编预算，谁控制，谁负责”等原则逐级编制上报；各专业主管部门只能在授权的职责范围内，对预算编制过程中或经批准实施的相关指标有权进行审核或做出批准；集团预算的调整必须按预算编制程序的规定逐级上报，除涉及集团重大经营方针、政策、技改及投资项目的调整由集团董事会批准外，其他项目的调整由董事会授权预算委员会审核批准。除上述授权批准以外，任何人、任何单位均无权对预算做出调整。

(3)预算管理的内容

杭钢集团全面预算管理的主要内容包括损益预算、现金流量预算和投资预算。

损益预算包括销售预算、生产预算、物资采购预算、人工费用预算、制造及期间费用预算及其他项目预算。损益预算以销售预算为起点，按集团确定的利润目标倒挤出产品销售成本，然后以经济责任制形式分解、落实，达到对生产经营活动全过程的控制，以保证集团总目标的实现。

现金流量预算的主要内容有现金流入、现金流出、现金多余或不足的计算，以及对现金不足的部分的筹措或多余部分的运用方案等。现金流量控制是集团预算管理的核心内容，资金集中管理为编制现金流量预算奠定了基础，“收支两条线、量入而出、确保重点、略有节余”是现金流量预算编制的原则。

投资预算是根据集团中长期发展规划的要求确定预算期投资项目所需的现金流出量。投资项目所需现金流量是集团整个现金流量预算的一部分，纳入集团预算综合平衡后最终确定。

(4)预算编制的程序

集团预算的编制一般安排在第四季度进行，具体操作程序如表 3.26 所示。在整个预算编制过程中，主要做好以下几方面的平衡工作：

1)销售预算与生产预算的综合平衡协调一致

表 3.26 集团预算的编制程序

时　间	管理要点	具　体　内　容
10月上旬	召开预算委员会专题会议	(1)分析当前市场及生产经营情况 (2)剖析预算管理中存在的问题 (3)预算委员会提出预算编制的重点和要求
10月中旬	销售及生产预算的编制与平衡，技术经济指标预算的编制	(1)公司营销部门编制销售数量及收入预算 (2)生产主管部门编制生产预算 (3)技术、质量部门编制技术及质量指标预算 (4)预算委员会或总经理专题会议协调平衡 (5)修订未达标预算
10月下旬	销售收入、成本及利润目标的预测	(1)财务部编制预计损益表，提出经营目标报预算委员审核 (2)预算委员会确定经营目标 (3)财务部修订未达标预算 (4)布置编制分项预算

续上表

时　间	管理要点	具　体　内　容
11月上中旬	汇总分项预算，编制总预算	(1)11月上旬各预算责任单位编制分项预算并报预算成本科 (2)11月中旬财务部审核、汇总编制总预算 (3)预算责任单位修订未达标分项预算 (4)财务部进一步平衡后，将总预算报预算委员会审核
11月下旬	预算委员会审核总预算	(1)审核后返回财务部进一步修订未达标预算，再报预算委员会审核 (2)预算委员会审核同意后报公司董事会审批
12月上旬	公司董事会审核批准	公司董事会召开预算管理专题会议讨论预算方案，做出批准或返回修改
12月中旬	预算指标分解落实	财务部将经公司董事会批准的预算方案，按指标分解程序分解落实到各预算责任意境

第一步：集团营销部门在对市场形势进行预测的前提下，通过分析集团生产经营的实际情况，以市场为导向对下一年度产品销售进行预测，编制集团销售预算（要求分品种、规格、数量、售价、销售额等）。

第二步：集团生产管理部门根据营销部门编制的销售预算，结合集团产品生产能力及资源的配置情况，对销售预算中的品种、规格、数量进行细致地分析，编制生产预算，并对目前集团产品实际生产能力与市场需求之间存在的矛盾提出解决的措施。

第三步：集团总经理召开办公会议对销售与生产之间存在的不一致进行协调、平衡，对解决矛盾的具体措施做出安排，保证生产适应市场的需求。

第四步：销售及生产主管部门根据集团总经理办公会议精神重新编制销售与生产预算，报财务部。

2）分项预算与总预算之间的平衡

平衡的重点是：集团生产预算确定的产品生产量、品种、规格与分项预算中的具体产品生产量、品种、规格之间的平衡；集团总预算的资源配置安排与分项预算中预计资源需要之间的平衡；总预算中的技术经济指标预算与分项预算中预计可达到的技术经济指标之间的平衡。具体平衡步骤是：

第一步：财务部以集团销售及生产预算为依据，按预计售价编制公司销售收入预算；再按产品成本的经济用途分类项目，依据预计的下年度物资采购价格、各项技术经济指标及费用控制目标对产品销售成本进行测算，同时编制物资采购及其他预算，并编制出集团下年度的预计损益表，提出集团预计经营目标及物资采购总量和所需采购资金及资源平衡等情况的初步方案，报预算委员会审核。

第二步：财务部根据预算委员会的审核意见修订未达标预算，并结合销售及生产预算制定集团预算编制的总体要求，以书面形式布置各预算责任单位编制下一年度分项预算。

第三步：各预算责任单位按集团预算编制要求，结合本部门实际编制分项预算，经所在单位预算管理机构批准后报财务部。

第四步：财务部汇总各预算责任单位上报的分项预算，根据集团经营总目标进行总体平衡后，编制集团下年度的全面预算方案报预算委员会审核；预算委员会审核后提出修改意见返回财务部；财务部将再次修改后的预算方案报预算委员会审核同意后，上报集团董事会审批。

第五步：则务部将经董事会批准的预算方案分解、落实到各预算责任单位。

通过上述平衡后，使各个分项预算与总预算之间协调一致，保证集团经营总目标的实现。

3）预算指标与经济责任制指标之间的综合平衡

杭钢集团实行产销分离的经营管理体制，即生产厂只负责产品的生产，不负责产品的销售，产品由集团营销部门集中销售。因此，在损益预算中预算指标与经济责任制指标之间的不平衡，主要是产品销售成本与目标成本之间的不平衡。

杭钢集团在实践中已把预算管理与经济责任制管理结合起来。预算管理强调综合经济效益最大化而采取全面控制手段；经济责任制则强调目标管理，其具体控制手段是采用责任会计的一整套技术方法。两者在责任预算编制中的最大区别主要是计价方式不同：预算管理中采用预计的实际价格计量；经济责任制中的目标成本则是根据产品生产流转的特点，为尽快反映成本信息而采用计划价格计量。两者要达到平衡，就要将目标成本按一定的方法调整为预算管理中的实际成本。若调整后未达到预算管理的要求，则需要认真分析产生差异的原因，然后与相关的预算责任单位进一步沟通，对目标成本指标做出调整，使预算指标与经济责任制指标达到相对平衡。

4）现金流量预算项目之间的综合平衡

现金流量预算各项目之间的平衡，主要是处理好现金流入总量与现金流出总量之间的平衡关系：

——现金流入总量的控制重点是产品销售收入货款回笼总额。由于公司坚持款到发货的营销策略，以有效地降低应收账款，保证贷款的及时回笼，因此公司要求营销部门销售货款回笼率达到100%来平衡现金流入总量，其计算公式如下：

$$销售回笼现金总额=产品销售收入总额\times(1+增值税率)$$

——当年现金流出总量与现金流入总量之间的平衡，采用“量入为出，确保重点，略有节余”的原则，主要解决物资采购所需资金与预计可支付现金总量之间的平衡、投资项目所需资金与预计可支付的现金总量之间的平衡、税金及职工工资福利预计需支付现金总量等。上述重点目的年度预计现金流出总量要根据公司年度预计现金流入总量进行综合平衡来确定，以保证公司对现金流量的统筹安排，有效控制。

5）控制手段和形式

杭钢集团根据浙江省人民政府规定，实施了资产授权经营，以资产产权结构为纽带对企业内部进行了深化改革，在经营的总体规模上逐渐形成了钢铁主业和非钢产业两大部分，在核算体制上有独立核算的子公司、分公司及非独立核算的生产厂、费用单位等内部经济实体。集团根据各自不同的组织结构和经营管理特点，以预算指标作为控制标准，与经济责任制、资产经营责任制、资金集中管理等日常管理有机结合，划分不同的控制主体，确定不同的管理手段。同时，集团还根据不同经营主体生产经营的特点选择了目标成本、现金流量、费用定额、销售收入、利润总额等作为预算指标的分解及控制的具体形式，从而对生产经营活动实行了有效的综合控制。各责任中心预算控制指标如表3.27所示。

表 3.27 各责任中心预算控制指标

企业类型 \ 指标形式		核算体制	预算指标分解落实形式	控制重点指标	管理要求及措施
钢铁主业	生产厂	非独立核算	经济责任制	目标成本	对标挖潜、降低成本
	营销部门	非独立核算	经济责任制	经营收入、营业费用、现金流量、产销率	货款回收纺及产销率达100%
	职能部门	非独立核算	经济责任制	费用总额	以现金流量控制费用支出
	投资部门	非独立核算	经济责任制	投资成本与现金流量	以现金流量控制工程成本
	物资分公司	独立核算	资产经营责任制与经济责任制结合	现金流量、采购成本、存货定额	采购方式创新,现金流量与降低采购成本及定额资金双向挂钩
	经营性子公司	独立核算	资产经营责任制与经济责任制结合	利润总额,现金流量	以经济责任制作为指标控制形式,加强目标管理,提高效益
	经营性公司	独立核算	资产经营责任制	利润总额、现金流量、资产保值增值率	加强内部管理,拓展市场,提高效益

6)指标控制保证体系

杭钢集团实行"统一领导,分级管理"的内部管理体制,预算管理与经济责任制的指标结合在一起,编制程序与指标分解程序也取得了一致。根据这一特点,对预算指标的分解落实分两步进行:

第一步:由集团预算委员会办公室将经董事会批准的预算目标,分解落实到各业务主管部门(或预算责任中心),再由各业务主管部门将指标分解落实到各预算责任中心;

第二步:由各预算责任中心把集团下达的预算责任指标结合本单位的实际情况,把指标再细分,进一步分解落实到各职能科室、车间、班组或个人。

为了规范指标分解程序,使各责任中心做到把经济责任制的分解体系与预算指标的分解体系保持一致,确保各责任中心能认真地把指标分解落实下去,财务部专门组织业务骨干采用先试点后全面推广的方式,帮助各预算责任中心规范指标分解落实体系。从而在公司内部形成了"厂部——职能科室——车间——班组(或个人)"的指标分解体系,并建立了"个人保班组,班组保车间,车间保厂部,厂部保公司"的自下而上、逐级的指标控制保证体系。这样,使集团全面预算指标实实在在地分解落实到生产经营全过程的各个部门、各个环节,并逐级建立起纵横交错、各负其责、环环相扣的责任控制体系,促使集团的整体目标与各责任中心的局部目标得到有机结合,协调一致,为确保集团总目标的实现提供了坚实的基础。

7)预算的调整

为不影响预算管理的严肃性和权威性,集团强调预算调整除严格执行预算管理制度的有关规定及自下而上逐级上报审批的程序外,原则上不对集团年度经营总目标做出调整,只对分项预算中不适应市场需求而影响集团总目标实现的部分进行调整。

8)现金流量的集中控制

杭钢集团实行全面预算管理后,资金集中管理模式已转化为以现金流量控制为核心的集中管理模式,促使资金管理的目标更加明确,措施更加有效,资金的调控能力更强。具体方法是:由全面预算确定现金流量年度控制总额,通过指标分解确定各责任中心的现金流量,实行年度总额控制；根据集团生产经营的实际情况，进行月度现金流量的总体平衡，核定各责任中心月度总额控制指标；将各责任中心的现金流量月度控制指标通过资金结算中心实行按日控制，对超过月度控制目标的，除影响公司产品质量、环保或生产经营而急需的技术改造等例外情况外，一律停止对外支付。

9）信息反馈系统和预算的动态控制

杭钢集团通过建立有效的信息反馈系统，将预算实施过程中的有关信息及时反馈传递到预算控制中心，及时掌握预算控制的态势，进而通过对信息的比较分析，判断差异产生的原因，采取有效的措施，纠正实际脱离预算的差异，实行预算的动态管理。通过及时反馈预算控制信息及掌握实际结果，使预算委员会集中精力分析研究重大经营决策及处理例外事项，促使预算管理方式和手段的不断创新。

预算信息的反馈是通过定期（或不定期）的业绩报告实行的。财务部通过对各责任中心预算执行结果的比较分析，根据集团制定的预算考核管理办法，按月对各责任中心实行考核。同时对预算执行的动态情况，每旬在集团早会上汇总通报销售收入、目标成本、销售货款回笼等主要指标的完成情况，并根据实际情况研究解决预算执行中存在的问题。

公司还建立和健全了以“公司、厂部、车间、班组”等控制体系为主体的预算指标执行结果月度分析例会制度，有效地完善了实施预算管理的监督控制体系。

10）预算管理的信息平台

杭钢集团近几年来十分重视信息化建设，集团已先后投入4000多万元建设信息化工程，目前主体工程已建成并验收通过。2003年年内还将完成*ERP*物流信息管理系统、财务管理信息系统、人力资源管理信息系统、质量管理信息系统、*OA*系统等配套工程，加上已经在运用的*CMIS*信息管理系统，组成杭钢集团计算机网络管理信息系统，实现管理手段的现代化。通过计算机网络的运用，经营管理过程各个模块的管理信息实行联机实时处理、资源共享，可以使预算管理体制得到进一步的完善和发展。

3. 全面预算管理的成效

杭钢集团通过推行全面预算管理，取得了以下方面的显著成效：

(1)全面预算管理促使经营管理观念的创新，提升了公司核心竞争力和整体管理水平；

(2)促使资金管理向纵深层次发展；

(3)全面预算管理与经济责任制有机结合，促进成本管理方式不断创新；

(4)全面预算管理促使财务管理环境的改善，拓展了财务管理的内涵。

思考讨论

1. 通过对杭州钢铁集团公司全面预算管理案例分析，如何认识全面预算管理的意义？
2. 通过本案例学习，你认为应如何构建全面预算管理体系？
3. 你认为实施全面预算管理应注意哪些问题？

复习思考题

1. 什么是财务预测？其定量方法有哪些？
2. 简述资金规划的内容。
3. 简述弹性预算、零基预算、滚动预算。
4. 财务预算包括哪些内容？怎样编制现金预算？

5. 简述全面预算体系。

6. 假定 A 公司计划期间第一季度某产品各月份的销售量根据销售预测分别为:1 000 件、1 500 件与 1 800 件;其销售单价为 50 元。若该公司商品销售货款销售当月收款 80%,次月收款 20%。假定计划期间的期初应收账款余额为 20 000 元。要求:编制该企业计划期间第一季度的分月销售预算(包括第一季度的预计现金收入计算表)。

7. 假定 A 公司根据销售预测,对某产品下季度的销售量作如下预计,见表 3.28。

表 3.28 A 公司季度销售量预测表

月　　份	4	5	6	7
预计销售量	7 000 件	8 000 件	6 000 件	9 000 件

按照该公司以往经验,每个月的期末存货量应为下一个月预计销售量 10% 较为恰当。若该公司三月份的期末存货量为 800 件。

要求:根据以上资料,编制该公司二季度各月份的生产预算。

8. 资金使用计划分为几种类型?

4　工程项目筹资管理

学习目标

- 了解项目资本金制度;掌握项目资金筹措的渠道与方式
- 掌握权益资本筹集方式及其优、缺点
- 掌握负债资金筹集方式及其优、缺点
- 理解工程项目融资的基本原则和依据;掌握工程项目融资的渠道方式
- 初步具备筹资决策的能力

4.1　项目资本金制度

4.1.1　项目资本金制度

投资项目资本金,是指在投资项目总投资中,由投资者认缴的出资额,对投资项目来说属于非债务性资金,项目法人不承担这部分资金的任何利息和债务。投资者可按其出资的比例依法享有所有者权益,也可转让其出资,但不得以任何方式抽回。《国务院关于固定资产投资项目试行资本金制度的通知》(国发〔1996〕35 号(以下简称《通知》))规定,各种经营性固定资产投资项目必须实行资本金制度。

1. 实行项目资本金制度的目的和作用

适应建立现代企业制度的要求;适应改革投资体制,建立投资风险约束机制的需要;实行投资项目资本金制度,有利于宏观调控,控制投资规模膨胀;有利于减轻企业债务负担,提高经济效益。

2. 项目资本金制度的实施范围

从《通知》发布开始,全社会各种经营性固定资产投资项目,包括国有单位的基本建设、技术改造、房地产项目和集体投资项目,所有项目要首先落实资本金,然后才能进行建设。需要注意的是:主要用财政预算内拨款投资建设的公益性项目不实行资本金制度。外商投资项目按现行有关法规执行。

实行资本金制度的投资项目,在可行性研究报告中要就资本金筹措情况做出详细说明,包括出资方、出资方式、资本金来源及数额、资本金认缴进度等有关内容。上报可行性研究报告时需附有各出资方承诺出资的文件,以实物、工业产权、非专利技术、土地使用权作价出资的,还需附有资产评估证明等有关材料。

计算资本金基数的总投资,是指投资项目的固定资产投资与铺底流动资金之和。投资项目资本金占总投资的比例,根据不同行业和项目的经济效益等因素确定,现行规定如下:

(1)钢铁项目,资本金比例为 40% 及以上;

(2)交通运输、煤炭、水泥、电解铝、铜冶炼、房地产开发(不含经济适用房)项目,资本金比例为35%及以上；

(3)邮电、化肥项目，资本金比例为25%及以上；

(4)电力、机电、建材、化工、石油加工、有色、轻工、纺织、商贸及其他行业的项目，资本金比例为20%及以上。

投资项目资本金的具体比例，由项目审批(或核准)单位根据投资项目的经济效益、社会效益、环境效益以及银行贷款意愿和评估意见等情况，在审批可行性研究报告(或核准项目申请报告)时核定。经国务院批准，对个别情况特殊的国家重点建设项目，可以适当降低资本金比例。

3. 项目资本金来源

项目资本金可以用货币出资，也可以用实物、工业产权、非专利技术、土地使用权、资源开采权作价出资，但除国家对采用高新技术成果有特别规定的外，以工业产权、非专利技术作价出资的比例不得超过投资项目资本金总额的20%。

投资者以货币方式缴的资本金，其资金来源有：

(1)各级人民政府的财政预算内资金、国家批准的各种专项建设基金、经营性基本建设基金回收的本息、土地批租收入、国有企业产权转让收入、地方人民政府按国家有关规定收取的各种规费及其他预算外资金；

(2)国家授权的投资机构及企业法人的所有者权益(包括资本金、资本公积金、盈余公积金和未分配利润、股票上市收益资金等)、企业折旧资金以及投资者按照国家规定从资金市场上筹措的资金；

(3)社会个人合法所有的资金；

(4)国家规定的其他可以用作投资项目资本金的资金。

对某些投资回报率稳定、收益可靠的基础设施、基础产业投资项目，以及经济效益好的竞争性投资项目，经国务院批准，可以试行通过可转换债券或组建股份制公司发行股票方式筹措资本金。

为扶持不发达地区的经济发展，国家主要通过在投资项目资本金中适当增加国家投资的比重，在信贷资金中适当增加政策性贷款比重以及适当延长政策性贷款的还款期等措施增强其投融资能力。

4.1.2　项目资金筹措的渠道与方式

1. 项目资金筹措的基本要求

(1)合理确定资金需要量，力求提高筹资效果

无论通过何渠道、采取何方式筹集资金，都应首先确定资金的需要量。资金不足会影响项目的生产经营和发展；资金过剩不仅是一种浪费，也会影响资金的使用效果。在实际工作中，必须采取科学的方法预测与确定未来资金的需要量，以便选择合适的渠道与方式，筹集所需资金。这样，可以防止筹资不足或筹资过剩，提高资金的使用效果。

(2)认真选择资金来源，力求降低资金成本

项目筹集资金的渠道和方式多种多样，不同渠道和方式筹资的难易程度、资金成本和风险各不一样。但任何渠道和方式的筹资都要付出一定的代价，包括资金占用费(利息等)和资金筹集费(发行费等)。因此，在筹资中，通常选择较经济方便的渠道和方式，以降低综合的资金成本。

(3)适时取得资金,保证资金投放需要

筹集资金也有时间上的安排,这取决于投资的时间。合理安排筹资与投资,使其在时间上互相衔接,避免取得资金过早而造成投放前的闲置或取得资金滞后而耽误投资的有利时机。

(4)适当维持自有资金比例,正确安排举债经营

所谓举债经营,是指项目通过借债开展生产经营活动。举债经营可以给项目带来一定的好处,因为借款利息可在所得税前列入成本费用,对项目净利润影响较小,能够提高自有资金的使用效果。但负债的多少必须与自有资金和偿债能力的要求相适应。如负债过多,会发生较大的财务风险,甚至会由于丧失偿债能力而面临破产。因此,项目法人既要利用举债经营的积极作用,又要避免可能产生的债务风险。

总的来看,项目的资金来源可分为投入资金和借入资金,前者形成项目的资本金,后者形成项目的负债。

2. 项目资本金

根据出资方的不同,项目资本金分为国家出资、法人出资和个人出资。根据国家法律、法规规定,建设项目可通过争取国家财政预算内投资、发行股票自筹投资和利用外资直接投资等多种方式来筹集资本金。

(1)国家预算内投资

国家预算内投资,简称“国家投资”,是指以国家预算资金为来源并列入国家计划的固定资产投资。目前包括:国家预算、地方财政、主管部门和国家专业投资拨给或委托银行贷给建设单位的基本建设拨款及中央基本建设基金,拨给企业单位的更新改造拨款,以及中央财政安排的专项拨款中用于基本建设的资金。国家预算内投资的资金一部分来源于国家税收,另一部分来自于国债收入。

国家预算内投资是能源、交通、原材料以及国防、科研、文教卫生、行政事业建设项目投资的主要来源,目前虽然占全社会固定资产总投资的比重较低,但它对于整个投资结构的调整起着主导性的作用。

(2)自筹资金

自筹资金是指建设单位报告期内收到的用于进行固定资产投资的上级主管部门、地方和单位、城乡个人自筹的资金。目前,自筹资金的投资已成为筹集建设项目资金的主要渠道。自筹资金必须纳入国家计划,并控制在国家确定的投资总规模以内。应上缴财政的各项资金和国家有指定用途的专款,以及银行贷款、信托投资、流动资金不可用于自筹投资。

(3)发行股票

股票是股份有限公司发放给股东作为已投资入股的证书和索取股息的凭证,是可作为买卖对象或质押品的有价证券。按股东承担风险和享有权益的大小,股票可分为普通股和优先股两大类。

(4)吸收国外资本直接投资

1)投资方式。吸收国外资本直接投资的方式主要包括与外商合资经营、合作经营、合作开发及外商独资经营等形式。国外资本直接投资方式的特点是:不发生债权债务关系,但要让出一部分管理权,并且要支付一部分利润。

①合资经营(股权式经营)。合资经营是外国公司、企业或个人经我国政府批准,同我国的公司在我国境内举办合营企业。合资经营企业由合营各方小资认股组成,各方出资额由双方协商确定,但外方出资不得低于一定比例。合资企业各方的出资方式可以是现金、实物,也

可以是工业产权和专有技术,但不能超出其出资额的一定比例,合营各方按照其出资比例对企业实施控制权、分享收益和承担风险。

②合作经营(契约式经营)。这种经营方式是一种无股权的契约式经济组织,一般情况下由中方提供土地、厂房、劳动力,由国外合作方提供资金、技术或设备而共同兴办的企业。合作经营企业的合作双方权利、责任、义务由双方协商并用协议或合同加以规定。

③合作开发。主要指对海上石油和其他资源的合作勘探开发,合作方式与合作经营类似。合作勘探开发,双方应按合同规定分享产品或利润。

④外资独营。外资独营是由外国投资者独资投资和经营的企业形式。按我国规定,外国投资者可以在经济特区、开发区及其他经我国政府批准的地区开办独资企业,企业的产、供、销由外国投资者自行规定。外资独营企业的一切活动应遵守我国的法律、法规和我国政府的有关规定,并照章纳税。纳税后的利润,可通过中国银行按外汇管理条例汇往国外。

2)注册资本要求。按照现行规定,对于吸收外商直接投资的项目,其注册资本(资本金)的要求如下:

①投资总额在300万美元及以下的,其注册资本不得低于投资总额的70%;

②投资总额在300万美元以上至1000万美元(含1000万美元)的,其注册资本不得低于投资总额的50%,其中投资总额在420万美元以下的,注册资本不得低于210万美元;

③投资总额在1000万美元以上至3000万美元(含3000万美元)的,其注册资本不得低于投资总额的40%,其中投资总额在1250万美元以下的,注册资本不得低于500万美元;

④投资总额在3000万美元以上的,其注册资本不得低于投资总额的三分之一,其中投资总额在3600万美元以下的,注册资本不得低于1200万美元。

3. 负债筹资

项目的负债是指项目承担的能够以货币计量且需要以资产或者劳务偿还的债务。它是项目筹资的重要方式,一般包括银行贷款、发行债券、设备租赁和借入国外资金等筹资渠道。

(1)银行贷款

项目银行贷款是银行利用信贷资金所发放的投资性贷款。随着投资管理体制、财政体制和金融体制改革的推进,银行信贷资金已成为建设项目投资资金的重要组成部分。

负债融资的资金来源主要有:商业银行贷款、政策性银行贷款、出口信贷、外国政府贷款、国际金融机构贷款、银团贷款、发行债券、发行可转换债、融资租赁。

(2)发行债券

债券是借款单位为筹集资金而发行的一种信用凭证,它证明持券人有权按期取得固定利息并到期收回本金。我国发行的债券可分为国家债券、地方政府债券、企业债券和金融债券等。

一般来说,当企业预测未来市场销售情况良好、赢利稳定、并且未来物价上涨较快,企业负债比率不高时,可以考虑以发行债券的方式进行筹资。

(3)设备租赁

设备租赁是指出租人和承租人之间订立契约,由出租人应承租人的要求购买其所需的设备,在一定时期内供承租人使用,并按期收取租金。租赁期间设备的产权属出租人,承租人只有使用权,且不得中途解约。期满后,承租人所作的选择有:将所租设备退还出租人,延长租期,作价购进所租设备,要求出租人更新设备或另定租约。

设备租赁的方式可分为融资租赁、经营租赁和服务出租。

1)融资租赁。融资租赁是设备租赁的重要形式,它将贷款、贸易与出租三者有机地结合在一起,是一种融资与融物相结合的筹资方式。其出租过程有以下几个步骤:由承租人选定制造厂家,并就设备的型号、技术、价格、交货期等与制造厂家商定;再与租赁公司就租金、租期、租金支付方式等达成协议,签订租赁合同;然后由租赁公司通过向银行借款等方式筹措资金,按照承租人与制造厂家商定的条件将设备买下;最后根据合同出租给承租人。融资租赁有利于及时引进设备,加速技术改造,但融资租赁的成本相对较高。

2)经营租赁。即出租人将自己经营的出租设备进行反复出租,直至设备报废或淘汰为止的租赁业务。

3)服务出租。主要用于车辆的租赁,即租赁公司向用户出租车辆时,还提供保养、维修、验车、事故处理等业务。

(4)借用国外资金

借用国外资金包括以下几种方式:

1)外国政府贷款。它是指外国政府通过财政预算每年拨出一定款项,直接向我国政府提供的贷款。这种贷款的特点是利率较低(年利率一般为2% ~3%),期限较长(一般为20 ~30年),但数额有限。因此,这种贷款比较适用于建设周期较长、金额较大的工程建设项目,如发电站、港口、铁路及能源开发等项目。

2)国际金融组织贷款。主要是国际货币基金组织、世界银行、国际农业发展基金会、亚洲开发银行等组织提供的贷款。近年来,我国大量利用世界银行贷款进行项目建设,这类贷款由我国财政部负责谈判并签订协议。各种大型项目由世界银行直接贷款,各中小工业项目由中国投资银行负责转贷,各中小农业项目由中国农业银行负责转贷。

3)国外商业银行贷款。包括国外开发银行、投资银行、长期信用银行以及开发金融公司对我国提供的贷款。建设项目投资贷款主要是向国外银行筹措中长期资金。这种贷款的特点是可以较快筹集大额资金,借得资金可由借款人自由支配,但利息和费用负担较重。

4)国外金融市场上发行债券。债券的偿付期限较长,一般在7年以上;发行金额一次在1亿美元以上,筹得的款项可以自由使用。但债券发行手续比较繁琐,且发行费用较高,同时还要求发行人有较高的信誉,精通国际金融业务。由此可见,这种筹资方式适用于资金运用要求自由,投资回报率较高的项目。

5)吸收外国银行、企业和私人存款。吸收国外的存款主要是通过我国的金融机构,特别是设在经济特区、开发区和海外的金融机构,广泛吸收包括私人客户外汇存款、同业银行存款、企业外汇存款在内的各类外汇存款。这类存款的特点是分散、流动性大,但成本低、风险小。若安排得当,不失为利用外资的一种好方法。

6)利用出口信贷。出口信贷是西方国家政府为了鼓励资本和商品输出而设置的专门信贷。这种贷款的特点是利息率较低,期限一般为10 ~15年,借方所借款项只能用于购买出口信贷国设备。出口信贷可根据贷款对象的不同分为买方信贷和卖方信贷。买方信贷是指发放出口信贷的银行将贷款直接贷给国外进口者(即买方);卖方信贷是指发放出口信贷的银行将资金贷给本国的出口者(即卖方),以便卖方将产品赊卖给国外进口者(即买方),而不致发生资金周转困难。利用出口信贷方式获得贷款的使用条件是购买贷款国的设备。出口信贷利率通常要低于国际上商业银行的贷款利率,但需要支付一定的附加费用(管理费、承诺费、信贷保险费等)。

4.2 权益筹资

企业创立时,最初的资金主要来源于企业的所有者。企业初创时吸收所有者的直接投资,必须建立资本金制度。企业存续期间吸收所有者的直接投资,要调整企业的资本金的结构,从而改变企业的产权结构。

在阐述权益筹资之前,先考察一下资本金制度。设立企业必须拥有资本金,资本金是企业在工商行政管理部门登记的注册资金。我国《公司法》规定了不同经营类型公司的最低注册资本金数额,即法定资本金数额。《企业财务通则》规定了资本金的投资主体,分国家、法人、个人和外商。企业资本金经筹集、评估、验收后,经工商管理部门核实后才颁发《营业执照》,在经营期间,投资者除依法转让,不得以任何方式抽走。

4.2.1 吸收直接投资

吸收直接投资是指企业以协议等形式吸收国家、其他企业、个人和外商等直接投入资本,形成企业资本金的一种筹资方式。吸收直接投资不以股票为媒介,适用于非股份制企业筹集自有资本的一种基本方式。

1. 吸收直接投资的种类

企业采用吸收直接投资的方式来筹集资金,一般可分为如下的三类:吸收国家投资、吸收法人投资和吸收个人投资。

(1)吸收国家投资

国家投资是指有权代表国家投资的政府部门或者机构以国有资产投入企业,从而形成国有资本。吸收国家投资是国有企业筹集自有资金的主要方式。国家对企业注册形成的国有资本实行保全原则,企业在持续经营期间,对注册的国有资本除依法转让外,不得抽回,并且以出资额为限承担责任。吸收国家投资一般有如下特点:产权归国家所有;资金的运用和处置受国家约束较大;在国有企业中采用比较广泛。

(2)吸收法人投资

法人投资是指其他企业、事业等法人单位以其依法可以支配的资产投入企业,形成法人投资。吸收法人投资一般有如下特点:发生在法人单位之间;出资方式较为灵活;以参与企业的利润分配或经营管理为目的。

(3)吸收个人投资

个人投资是指社会个人或者本企业内部职工以其可以合法支配的财产投入企业,形成个人投资。此时形成的资本称为个人资本。吸收个人投资一般有如下特点:参加投资的人员较多;个人投资的数额相对较少;以参与企业的利润分配为目的。

2. 吸收直接投资的出资方式

企业在采用吸收直接投资的方式筹集资金时,投资者可以采用以现金出资、以实物出资、以工业产权出资和以土地使用权出资等方式。

(1)现金出资

现金出资是吸收投资中一种最重要的出资方式。通常,企业应尽可能采用现金方式来吸收投资。吸收投资中所需现金的数额,取决于除投入的实物、工业产权之外尚需多少资金来满足建厂和日常运转需要。西方国家公司法或者投资法中对现金投资占资本总额的多少一般都有规定，我国目前尚无这方面的规定。

(2)实物出资

实物出资是指投资者以厂房、建筑物、机器设备等固定资产和原材料、商品等流动资产的形式所进行的投资。企业吸收的实物一般为企业科研、生产、经营所需，应按国家有关规定作价，而且技术性能较好。实物投资应符合如下的条件：该实物确实是企业科研、生产、经营所必需的；该实物的技术性能比较好；该实物的作价较为公平合理。

(3)工业产权出资

工业产权出资是指投资者以专有技术、商标权、专利权等无形资产的形式所进行的投资。工业产权投资实际上是将有关技术的资本化；将技术的价值固定化，由于技术具有时效性，它的不断老化导致价值不断减少甚至完全丧失，因而投资风险较大。工业产权出资应符合如下的条件：能帮助企业研究开发出新的高科技产品；能帮助企业改进产品质量，提高生产效率；能帮助企业生产出适销对路的高科技产品；能帮助企业大幅度地降低成本；作价比较合理。

(4)土地使用权出资

土地使用权出资是指投资者以土地使用权来进行的出资。土地使用权是按照有关法规和合同的规定使用土地的权利。土地使用权出资应符合如下的条件；该土地使用权是企业科研、生产经营、销售活动所需要的；该土地使用权的交通、地理条件比较适宜；该土地使用权作价较为公平合理。

3. 吸收直接投资的程序

(1)确定吸收直接投资的数量

企业新建或扩大规模而吸收直接投资时，应当合理确定所需吸收直接投资的数量，以利于企业正确地筹集所需的资金。国有独资企业的增资须由国家授权投资的机构或部门决定；合资或合营企业的增资须由出资各方协商决定。企业吸收直接投资属于所有者权益，其份额达到一定规模时，就会对企业的经营控制权产生影响，对此企业应高度重视。

(2)选择吸收直接投资的具体出资形式

吸收直接投资一般以现金形式为主。企业要选择适合的筹资方式，使各种筹资方式能达到合理有效的搭配，一方面可以降低企业的筹资成本，另一方面能使生产经营所需各种资金形态达到合理的配置。

(3)签署决定、合同或协议

企业吸收直接投资，不论是为了新建还是为了发展，都应当由有关方面签署决定或协议等书面文件。如果是现金出资，通常要编制拨款计划，确定拨款用途、拨款期限、每期数量和划款方式。如果以实物投资、工业产权投资、土地使用权投资，一般而言，双方应按公平合理的原则协商定价。如果争议比较大，可聘请有关资产评估机构来评定。当出资数额、资产作价确定后，便可签署投资协议或合同，以明确双方的权利和责任。

(4)取得资金，共享投资利润

签署决定或投资协议后，企业应按规定取得相应的资金。吸收出资各方以实物资产和无形资产投资的，应进行资产评估，然后办理产权的转移手续，取得资产。投资人出资后，有权按照协议或合同规定从企业实现的利润中取得报酬。投资报酬是企业利润的一个分配去向，也是投资者利益的体现，企业应处理好与投资者之间的财务关系，以便企业顺利正常地运作。

4. 吸收直接投资的评价

(1)吸收直接投资的优点

1)吸收直接投资的资金属于自有资金。与借款人资本相比较,能增强企业的信誉和借款能力,对扩大企业经营规模和壮大实力具有重要的作用。

2)吸收直接投资可以直接接受实物和无形资产出资,实物可快速投入生产;同时,无形资产能使企业直接获取先进技术,满足生产经营的需要,尽快开拓产品市场。和各种证券融资方式相比,吸收直接投资便于尽快形成生产能力。

3)企业根据自己的经营状况支付投资报酬,可多可少,比较灵活,有利于降低财务风险。

(2)吸收直接投资的缺点

1)一般而言,采用吸收宜接投资方式筹集资金所需负担的资金成本较高,因为向投资者支付的报酬是根据其出资数量和企业税后利润的多少来计算的。

2)投资者一般要参与经营管理,当企业接受直接投资较多时,容易造成控制权的分散,有时甚至会失去对企业的控制权。

3)该融资方式没有以证券为媒介,产权关系有时不够明晰,也不便于产权交易。

4.2.2 股票筹资

股票是股份公司为筹集股权资本而发行的有价证券,是公司签发的证明股东所持股份的凭证,它代表了股东对股份公司的所有权。股票持有人即为公司股东。股东作为出资人按投入公司的资本額享有资产收益、公司重大决策和选择管理者等权利,并以其所持股份为限对公司承担责任。股票筹资是股份公司筹集资本的主要方法。

根据股东所承担的权利与义务的不同,股票可以分力普通股和优先股两种。

1. 普通股筹资

普通股是指股份公司依法发行的代表股东享有平等的权利和义务,不加特别限制,股利不固定的股票。发行普通股是股份有限公司筹集自有资金最常见的方法。

(1)普通股的种类

1)按股票有无记名,可分为记名股和不记名股。

记名股票是在股票上记载股东的姓名或名称并将其记入公司股东名册的一种股票。这种股票除了股票上所记载的股东外,其他人不得行使其股权,且股份的转让有严格的法律程序与手续,需办理过户。

无记名股票是指在股票票面上不记载股东的姓名或名称的股票。股东的姓名或名称不记入公司的股东名册,公司只记载股票数量、编号及发行日期。凡持有无记名股票,都可成为公司的股东。这类股票的持有人即股份的所有人,具有股东资格;股票的转让也比较自由、方便,无需办理过户手续。

2)按股票是否标明金额,可分为面值股票和无面值股票。

面值股票是在票面上标有一定金额的股票。票面金额是股东在有限公司中每股股票所负有限责任的最高限额。持有这种股票的股东,对公司享有的权利和承担的义务大小,依其所持有的股票票面金额占公司发行在外股票总面值的比例而定。

无面值股票是在票面上不标出金额,只载明所占公司股本总额的比例或股份数的股票。无面值股票的价值随公司财产的增减而变动,而股东对公司享有的权利和承担义务的大小,直接依股票标明的比例而定。目前,我国《公司法》规定不允许发行无面值股票,规定股票应记载股票的面额,并且其发行价格不低于票面金额。

3)股票按投资主体的不同,可分为国家股、法人股、个人股和外资股。

国家股是有权代表国家投资的部门或机构以国有资产向公司投入而形成的股份。国家股由国务院授权的部门或机构持有,并向公司委派股权代表。

法人股是指企业法人依法以其可支配的资产向公司投入而形成的股份,或具有法人资格的事业单位和社会团体以国家允许用于经营的资产向公司投入而形成的股份。

个人股为社会个人或本公司职工以个人合法财产投入公司而形成的股份。

外资股是指外国和我国港、澳、台地区投资者购买的人民币持种股票。

4)按发行对象和上市地区的不同分为A股、B股、H股、N股。

A股是供我国大陆地区个人或法人买卖的,以人民币标明票面金额并以人民币认购和交易的股票。

B股、H股、N股是以人民币标明票面金额但以外币认购和交易的股票。其中,B股是在我国内地以人民币标明票面金额,以外币认购和交易的股票。H股是在香港上市的股票。N股是在纽约上市的股票。

除上述分类外,目前在我国还可按发行公司的经营业绩,可分为绩优股、绩差股;按流通股数的大小,可分为大盘股和小盘股;按发生时间的先后,可分为始发股和新股。

(2)普通股股东的权利

普通股股票的持有人叫普通股股东。普通股股东一般具有如下权利:

1)公司管理权。普通股股东对公司的管理权主要体现为在董事会选举中有选举权和被选举权。通过选出的董事会代表所有股东对企业进行控制和管理。普通股股东的管理权具体表现为投票权、查账权等。投票权,即普通股股东对公司事务有最终的控制权。但实际上,这种权利一般通过投票选举并任命董事会成员来行使。股东可能在股东大会上行使投票权。如股东本人因故不能参加股东大会,还可以委托代理人来行使投票权。

2)分享盈余权。分享盈余权是指普通股股东有权从税后利润中分得股息和红利。企业盈余的分配方案由股东大会决定,每一个会计年度由董事会根据企业的赢利数额和财务状况来决定分发股利的多少,并经股东大会批准通过。在市场有效的前提下,普通股股东的收益高低与实际分发的股利的高低无关,而与公司税后利润的多少有关。

3)出让股份权。出让股份权是指普通股股东有权出售或转让所持的普通股。股东由于与管理当局意见不一致,或认为现有的股票报酬率低于期望报酬等原因都可能导致股东转让其股票。普通股股东的改变并不会影响公司的存在,对于上市公司的股票,股东可在证券市场上公开出售股票;而对于非上市公司的股票,股东不能在市场上公开转让股票,但可在法律允许的范围内私下进行转让。

4)优先认股权。优先认股权是指当公司增发普通股票时,原有股东有权按持有公司股票的比例,优先认购新股票。这主要是为了使现有股东保持其在公司股份中原来所占的百分比,以保证他们的控制权。在认购优先股权的股票时,公司董事会会限定股权登记日期。在这个日期前购买的股票附有优先认股的权利,称为附权股票;在此之后购买的股票,不再附有优先认股的权利,称为除权股票。

5)剩余财产要求权。剩余财产要求权是指当公司解散清算时,普通股股东对剩余财产有要求权。但是,公司破产清算时,财产的变价收入,首先要用来清偿债务,然后支付优先股股东,最后才能分配给普通股股东。所以,在破产清算时,普通股股东实际上很少分到剩余财产。

(3)股票的发行

股票的发行是指股份有限公司出售股票以筹集资本的过程。我国《公司法》明确规定只有股份有限公司才能发行股票,而有限责任公司是不能发行股票的。股票发行分为新设发行、改组发行、增资发行和定向募集发行四种形式。

1)股票的发行条件

股份公司发行股票必须符合《证券法》和《股票发行与交易管理暂行条例》等规定的发行条件,取得发行资格,办理规定的发行手续。

虽然股份公司和股票市场是当今经济发展中极为普遍的现象,而且也是商品经济发达程度的重要标志,但股份公司发行股票必须符合一定的条件。

①新设立的股份有限公司公开发行股票应符合的条件

发起人认缴和向社会公开募集的股本达到法定资本的最低限额;发起设立需由发起人认购公司应发行的全部股份;募集设立的,发起人认购的股份不得少于公司股本总额的35%,其余部分向社会公开募集;发起人应有5人以上,其中半数以上在中国境内有住所;发起人以工业产权,非专利技术作价出资的金额不得超过公司注册资本的20%;符合国务院证券管理部门规定的其他条件。

②原有企业改组设立股份有限公司公开发行股票应符合的条件

原有企业改组设立股份有限公司申请公司发行股票,除了要符合新设立股份有限公司申请公开发行股票的条件外,还要符合下列条件:必须采取募集方式;发行前一年末,净资产在总资产中所占比例不低于30%,无形资产在净资产中所占比例不高于20%,但证监会另有规定的除外;近三年连续赢利,预期的利润率超过银行同期存款利率;国有企业改组设立股份有限公司并发行股票的,由国务院或国务院授权的部门规定国家拥有的股本总额比例。

③股份有限公司增资申请发行股票应符合的列条件

股份有限公司增资中请公开发行股票,除了要满足前面所列的条件外,还要满足下列条件:前一次的股份已经募足,并间隔一年以上;公司在最近三年内连续赢利,并可向股东支付股利;公司在最近三年内财务会计文件无虚假记载;公司预期利润率可达到同期银行存款利率。

④定向募集公司公开发行股票应符合的列条件

定向募集股份有限公司申请公开发行股票除了要符合新设立和改组设立股份有限公司公开发行股票的条件外,还应符合下列条件:定向募集所得资金的使用同招股说明书所述内容相符,并且资金使用效益好;距最近一次定向募集股份的时间不少于12个月;从最后一次定向募集到本次公开发行期间没有重大违法行为;内部职工股权证按照规定发放,并且已交国家指定的证券机构集中托管;还要符合证监会规定的其他条件。

2)股票的发行程序

各国对股票的发行程序都有严格的法律规定,未经法定程序发行的股票无效。设立发行和增资发行在程序上有所不同。

①公司设立发行股票的基本程序

交付出资额;提出募集股份申请;公开招股说明书、制作认股书,签订承销协议和代收股款协议;招认股份,缴纳股款;召开创立大会,选举董事会、监理会;办理设立登记,交割股票。

②增资发行股票的基本程序

根据公司章程的规定由股东大会或董事会做出新股发行决议;提出发行新股的申请;制作新股招股说明书和财务会计报表及附属明细表,与证券经营机构签订承销合同;向国务院证券监督管理机构送募集股申请并经审核;公告新股发行招股说明书;招认股份,缴纳股款,交割股票;改选董事、监事,办理变更登记并公告。

3)股票发行的方式

股票发行方式是指公司通过何种途径发行股票。它可以按照不同的标准进行分类。

①按照股东是否需要出资分为:有偿增资发行、无偿增资发行和有偿无偿并行增资发行三种。

有偿增资发行是指投资者须按股票面额或溢价,用现金或实物购买股票。股票发行的目的主要是为了筹集资金。有偿增资通常有3种具体做法,即公募发行、股东优先认购、第三者分摊。

无偿增资发行是指公司不向股东收取现金或实物财产,而是无代价地将公司发行的股票交付给股东。这种做法的目的不在于筹资,而是为了调整公司所有者权益的内部结构,增强股东的信心,提高公司的社会影响。无偿配股通常有3种具体做法,即无偿交付、股票派息和股票分割。

有偿无偿并行增资方式是指股份公司发行新股交付股东时,股东只交付一部分股款,其余部分由公司公积金抵免。这种发行方式兼有筹集资金和调整所有者权益内部结构的作用。

②按照股票是否公开发行分为公开间接发行和不公开直接发行两种方式。

公开间接发行是指通过中介机构,公开向社会公众发行股票。我国股份有限公司采用募集设立方式向社会公开发行新股时,须由证券经营机构承销的做法就属于股票的公开间接发行。其优点是发行范围广、发行对象多、易于足额募集资本;股票的变现性强,流通性好;股票的公开发行还有助于提高发行公司的知名度和扩大其影响力。不足是手续繁杂,发行成本较高。

不公开直接发行是指不公开对外发行股票,只向少数特定的对象直接发行,因而不需经中介机构承销。我国股份有限公司采用发起设立方式和无偿增资发行股票等方式均属于股票的不公开直接发行。其优点是弹性较大,发行成本低;不足是发行范围小,股票变现性差。

4)股票销售方式

股票销售方式是指股份有限公司在发行股票时所采取的股票销售方法。一般可分为自销方式和承销方式两类。

①自销。它是指股份有限公司自行直接将股票出售给投资者,而不经过证券经营机构承销。自销方式可节约股票发行成本,但发行风险完全由发行公司自行承担。这种推销方式并不普遍采用,一般适用于发行数额不多,发行风险较小,知名度较高且有实力的大公司的股票发行。

②承销。承销是指发行公司将股票销售业务委托给证券承销机构代理。这种销售方式是发行股票所普遍采用的。我国《公司法》规定,公司向社会公开发行股票,不论是募集设立时首次发行股票还是设立后再次发行新股,均应当由依法设立的证券经营机构承销。承销包括包销和代销两种具体形式。

包销是指由发行公司与证券经营机构签订承销协议,全权委托证券承销机构代理股票的发售业务。采用这种办法,证券经营机构一次性全部购进发行公司公开募集的股份,然后以较高的价格出售给社会上的认购者。

代销是指由证券经营机构替发行公司代售股票,并收取一定的代销佣金。若实际募股份数达到发行股数,承销机构不负承购剩余股份的责任,而是将未售出的股份归还给发行公司,发行风险由发行公司自己承担。

5)股票的发行价格

股票的发行价格是股票发行时所使用的价格,也是投资者认购股票时所支付的价格。股票价格除了受内在价值影响外,还受股票的供求关系、政治及经济环境、资金供求关系和投资者心理等多种素的影响。

股票的发行价格通常有等价、时价和中间价几种。等价是指以股票的面额为发行价格,也称为平价发行或面值发行。时价是指以公司原发行同种股票的现行市场价格为基准来选择增发新股的发行价格,也称为市价发行。中间价是取股票市场价格与面值的中间值来作为股票的发行价格。以中间价和时价发行都有可能是溢价发行,也可能是折价发行。我国公司法规定,公司发行股票不准折价发行。

股票发行价格是由发行公司根据股票的面额、每股税后利润、市盈率的大小进行测算,与证券经营公司协商确定后,报国务院证券管理机构核准。在以募集设立方式设立公司首次发行股票时,由发起人决定;在公司成立以后再次增资发行新股时,由股东大会或董事会决定。公司发行股票的价格应当参考公司经营业绩、净资产、发展潜力等方面的因素。实际工作中,股票的发行定价方式主要有以下的几种:协商定价方式、一般的询价方式、累计投标询价方式和上网竞价方式等。无论采用何种方式,发行人和主承销商事光都要协商出一个发行底价或者发行价格的区间。这一发行底价或者发行价格的区间可以采用市盈率法、净资产倍率法、竞价确定法和现金流量折现法等方法来估计。

(4)股票上市

股票上市是指股份有限公司公开发行的股票经批准在证券交易所进行挂牌交易。经批准在交易所上市交易的股票则为上市股票。股票经批准在证券交易所进行上市交易的股份有限公司简称为上市公司。

1)股票上市的意义

股份有限公司申请股票上市,其基本目的是为了增强本公司股票的吸引力资金来源,在更大范围内筹集大量资金。股票上市对股份公司有很重要的意义。

①促进公司股权的社会化,防止股权过于集中,分散风险。

②提高公司所发行股票的流动性和变现能力,便于投资者认购、交易。

③便于筹措新资金,有利于公司改变财务状况。

④可提高公司的知名度,吸引更多顾客,扩大销售量。

⑤便于确定公司的价值,以利于促进公司实现财富最大化目标。

⑥有助于确定公司增发新股的发行价格。

⑦利用股票激励员工。

股票上市也有对公司不利的一面。主要表现在:公司将负担较高的信息披露费用;各种信息公开的要求可能会暴露公司商业秘密;股价有时会歪曲公司的实际状况,甚至丑化公司声誉;可能会分散公司的控制权,造成管理上的困难。因此,有些公司即使已符合上市条件,也宁愿放弃上市机会。

2)股票上市的条件

股票上市条件也称股票上市标准,是指对申请上市公司所作的规定或要求。按照国际惯例,股票上市的条件一般有开业时间、资产规模、股本总额、持续赢利能力、股权分散程度、股票市价等。《公司法》规定股份有限公司申请其股票上市必须符合下列条件:

①股票经国务院证券监督管理机构核准已向社会公开发行。

②公司股本总额不少于人民币3000万元。

③开业时间在3年以上,最近3年连续赢利。

④持有股票面值人民币1000元以上的股东人数不少于1000人,向社会公开发行的股份达到公司股份总数的25%以上,公司股本总额超过人民币4亿元的,其向社会公开发行股份的比例为10%以上。

⑤公司在最近3年无重大违法行为,财务会计报告无虚假记载。

⑥国务院规定的其他条件。

股票上市公司必须公布其上市报告,并将其申请文件存放在指定的地点供公众查阅。股票上市公司还必须定期公布其财务和经营情况,每年定期公布其财务会计报表。

3)股票上市的程序

获得国务院证券监督管理机构核准后,证券交易所应当自接到该股票发行人提交的规定文件之日起6个月内,安排该股票上市交易。上市公司应当在上市交易的5日前公告经核准的股票上市有关文件,并将该有关文件置备于指定场所供公众查阅。除此之外,还应当公告股票获准在证券交易场所交易的日期、持有公司股份最多的前10名股东的名单和持股份额、董事监事经理及有关高级管理人员的姓名与持有本公司股票债券的情况等。

4)股票上市的暂停、恢复与终止

股票上市公司有下列情形之一的,由国务院证券管理部门决定暂停其股票上市交易:

①公司股本总额、股权分布等发生变化不再具备上市的条件。

②公司不按规定公开其财务状况,或者对财务会计报告做虚假的记载,可能误导投资者。

③公司有重大的违法行为。

④公司最近3年连续亏损。

公司股票暂停上市后,在规定的期限内,符合上市条件时,可向证券交易所提出恢复上市申请,公司如获得核准,其股票恢复上市。

股票终止上市情形与暂停情形基本相同,只是程度和要求上有差异.其中有暂停情形第②和③项所列情形之一,经查实后果严重的,终止其股票上市;有暂停情形第①和④项所列情形之一,在限期内未能清除,不具备上市条件的,终止其股票上市。

(5)普通股筹资的评价

1)普通股筹资的优点

①普通股筹资没有固定的到期日。利用普通股筹集的是永久性的资金,除非公司清算才偿还。它对保证企业最低的资金需求、增强企业的负债能力具有重要意义。

②没有固定利息负担。普通股股利没有固定性,公司是否发放股利、发放多少股利取决于公司有盈余的多少和公司股利政策,没有固定的股利负担。如果公司赢利较多,并认为适合分配股利,就可以分给股东;公司盈余较少,或虽有盈余但资金短缺或有更有利的投资机会,就可少支付或不支付股利。

③筹资风险小。由于普通股没有固定的到期日,不用支付固定的利息,所以这种筹资方式不存在不能偿付的风险,是一种风险最小的筹资方式。

④发行普通股能增加公司的信誉。普通股股本和由此产生的资本公积金是公司借入债务的基础。有了较多的普通股股本,就可为债权人提供较大的损失保障。因此,普通股筹资有利于提高公司的信用价值,同时也为筹集债务资金提供了强有力的支持。

⑤筹资限制相对较少。利用优先股和债券筹资,资金使用通常有许多限制,这些限制往往会影响公司经营的灵活性,而利用普通股筹集的资金则没有这种限制。

2)普通股筹资的缺点

①资金成本较高。普通股筹资成本要大于负债资金筹资成本。主要是因为普通股东要比债权人承担较大的风险进而要求较高的投资报酬率,支付给普通股股东的股利要从税后净利润中支付,没有抵税效应,而负债资金的利息可在税前扣除。另外,普通股的发行费用比较高,主要包括股票承销费用、印刷费用、其他中介费用等。

②容易分散控制权。利用普通股筹资,发行新股,可能会引起原有股东持股比例的变动,扩大持股人范围,分散公司的控制权,因此,利用普通股筹资会受到很大的制约。

③新股东分享公司未发行新股前累积的盈余,会降低普通股的每股净收益从而可能引起股价的下跌,进而影响公司其他融资手段的使用。

2. 优先股筹资

优先股股票是指由股份有限公司发行的,在分配公司收益和剩余财产方面比普通股票具有优先权的股票。它是介于股票与债券之间的一种有价证券,属于混合证券。

发行优先股所筹集的资金也属于所有者权益资本,但从控制权角度看,优先股股东一般没有表决权,发行优先股一般不会稀释公司普通股股东的控制权。所以,发行优先股对于公司资本结构、股本结构的优化,提高公司的赢利水平,增强公司财务弹性等方面都具有十分重要的意义。

(1)优先股票的种类

1)按股利是否可以累积分为累积优先股票和非累积优先股票。

累积优先股票是指在任何营业年度内未支付的股利可累积起来,由以后营业年度的赢利一起支付的优先股股利。也就是说,当公司经营状况不好、无力支付优先股股利时,可把股利累积下来,当公司经营状况好转、盈余增多时,再补发这些股利。公司在分派股利时,无论是以前年度优先股股息的补付,还是当年的优先股股息的支付都优先在普通股红利之前支付。累积优先股发行比较广泛。

非累积优先股票是指仅按当年利润分配股利,而不予以累积补付股利的优先股票。如果本年度的赢利不足以支付全部优先股股利,对所积欠的部分,公司不予累积计算,优先股股东也不能要求公司在以后年度中予以补发。按照我国的有关法规规定,优先股股东无表决权,但公司连续三年不支付优先股股息时,优先股股东就享有普通股股东的权利。

2)按是否可以转换为普通股票分为可转换优先股票和不可转换优先股票。

可转换优先股票是指股东可在一定时期内按一定比例把优先股票转换成普通股票。转换的比例是事先确定的,其大小取决于优先股票与普通股票的现行价格。这种转换一般有利于优先股股东。

不可转换优先股票是指不能转换成普通股票的优先股票。不可转换优先股票只能获得固定的股利报酬,而不能获得转换收益。

3)按是否参加剩余利润的分配分为参加优先股票和不参加优先股票。

参加优先股票是指不仅能取得固定股利,还有权与普通股票一同参加利润分配的股票。根据参与利润分配的方式不同,可分为全部参加分配的优先股票和部分参加分配的优先股票。部分参与优先股是指优先股股东除了按约定的固定股息获得股息收入外,还有权在一定额度内参与剩余利润的分配,超过规定额度部分的剩余利润,归普通股所有。

不参加优先股票是指不能参加剩余利润分配,只能取得固定股利的优先股票。其特点是对股份公司的税后利润,优先股票有权分得固定股利,对取得固定股利后的剩余利润,无权参加分配。

4)按是否可以赎回分为可赎回优先股票和不可赎回优先股票。

可赎回优先股票又称可收回优先股票,是指股份公司可以以一定价格收回的优先股票。在发行这种股票时,一般都附有收回性条款,在收回条款中规定了赎回该股票的价格。此价格一般略高于股票的面值。至于是否收回,在什么时候收回,则由发行股票的公司来决定。

不可赎回优先股票是指不能收回的优先股票。因为优先股票都有固定股利,所以,不可赎回优先股票一经发行,便会成为一项永久性的财务负担,实际工作中,股份公司很少发行不可赎回优先股。

(2)优先股股东的权利

1)优先分配股利权。优先股票通常规定有固定股利,一般按面值的一定百分比来计算。优先股票股利必须在支付普通股票股利之前予以优先支付,它受公司经营状况和赢利水平的影响较少。这是优先股票的最主要特征。对于累积优先股来说,这种优先权就更为突出。

2)优先分配剩余资产权。当公司解散、破产而进行清算时,优先股股东优先于普通股分配剩余资产。

3)部分管理权。在公司股东大会上,优先股股东一般没有表决权,通常也无权过问公司的经营管理,但是,当公司研究与优先股票有关的问题时有权参加表决。例如,如果讨论把一般优先股改为可转换优先股票或推迟优先股票股息的支付时,优先股股东都有权参加股东大会并有权表决。

(3)优先股票筹资的评价

1)优先股票筹资的优点

①没有固定到期日,不用偿还本金。利用优先股筹资,实际上相当于获得了一笔无限期的贷款,没有偿还本金的义务。大多数优先股为可赎回优先股,这就更使优先股筹集的资金具有弹性。

②股息支付既固定,又有一定弹性。一般而言,优先股票都采用固定股利,但固定股利的支付并不构成公司的法定义务。如果财务状况不佳,则可暂不支付优先股票股利。

③有利于增强公司信誉。从法律上讲,优先股所筹集的资金属于所有者权益资金,因此,发行优先必将提高所有者权益资金在公司资金总额中所占的比重,提高公司的偿债能力,增加公司的信誉,加强公司的借款能力。

④有利于维护普通股股东对公司的控制权。由于优先股股东无权过问公司的经营管理,不具有表决权,所以发行优先股一般不会影响公司普通股股东的控制权。

⑤可使普通股股东获得财务杠杆收益。当公司的权益资本收益率高于优先股票胜利率时,发行优先股票可以提高普通股资本收益率,普通股股东因此获得财务杠杆收益。

2)优先股票筹资的缺点

①筹资成本较高。优先股的股息不能作为应税收益的抵减项目,起不到抵税效应,虽然它的筹资成本一般要低于普通股,但往往要高于债券等筹资成本。

②筹资限制多。发行优先股票,通常有许多限制条款,如:公司不能连续三年拖欠股息,公司有盈余时必须先分给优先股股东,公司举债额度较大时应先征求优先股股东的意见等。

③财务负担重。优先股票尽管股利支付具有一定的弹性,但不能在税前扣除,所以,当利润下降时,优先股票股利会成为一项较重的财务负担,有时不得不延期支付。尤其是对于不可赎回优先股来说,公司不得不长期支付固定的股利,这成为公司的长期财务负担。

④可能产生财务杠杆副作用。当公司的权益资本收益率低于优先股股利率时,发行优先股票就会降低普通股资本收益率,普通股股东因此遭受财务杠杆损失。

4.3 负债筹资

企业在经营过程中,不仅依靠权益筹资获得权益资本,还常常利用负债筹资的方式获得一定数量的债务资金。负债筹资是指企业通过增加负债的方式筹集所需资金;负债筹资包括向银行借款、发行公司债券、融资租赁和利用商业信用等几种形式。按照所筹资金可使用时间的长短,负债筹资可分为长期负债筹资与短期负债筹资,本章着重介绍长期负债筹资。

4.3.1 银行借款筹资

银行借款筹资是指企业根据借款合同从有关银行或非银行金融机构借入所需资金的一种筹资方式。

1. 银行借款的分类

(1)按借款的期限分为短期借款和长期借款

短期借款是指借款期限在一年以内(含一年)的借款。如生产周转借款、临时借款、结算借款等。

长期借款是指借款期限在一年以上的借款。如固定资产投资借款、更新改造借款、科技开发和新产品试制借款等。

(2)按照借款的条件可分为信用借款、担保借款和票据贴现

信用借款是指以借款人的信誉为依据而获得的借款,它无需企业的财产做抵押。

担保借款是指以一定的财产做抵押或以一定的保证人做担保为条件所取得的借款。

票据贴现是指企业以持有的未到期的商业票据向银行贴付一定的利息而取得的借款。

(3)按提供贷款的机构可划分为政策性银行贷款、商业银行贷款和其他金融机构贷款

政策性银行贷款一般是指国家政策性银行向企业发放的贷款。如国家开发银行向承建国家重点建设项目的企业提供贷款;进出口信贷银行为大型设备的进出口提供买方或卖方信贷。

商业银行贷款。商业银行贷款是指由商业银行主要为满足企业生产经营的资金需要提供的贷款。

其他金融机构贷款是指除银行以外的金融机构向企业提供的贷款,主要包括企业向财务公司、信托投资公司、投资公司、保险公司等金融机构借入的款项。

2. 企业申请贷款的条件

我国金融机构对企业发放贷款的原则是:按计划发放,择优扶植,有物资担保,按期归还。企业申请贷款一般应具备的条件是:

(1)独立核算,自负盈亏,具有法人资格。

(2)经营方向和业务范围符合国家产业政策,借款用途属于银行贷款办法规定的范围。

(3)借款企业具有一定的物资和财产保证,担保单位具有相应的经济实力。

(4)具有偿还贷款的能力。

(5)财务管理和经济核算制度健全,资金使用效益及企业经济效益良好。

(6)在银行设有账户,办理结算。

3. 向银行借款的程序

(1)企业提出借款申请

企业向银行借入资金,必须向银行提出申请,填写包括借款金额、借款用途、偿还能力以及还款方式等主要内容的“借款申请书”,并按银行要求提供有关借款的相应资料。

(2)银行审批

银行收到企业的“借款申请书”及有关资料后,应根据贷款原则和贷款条件,对借款企业进行审查,并决定是否对企业提供贷款。银行要对借款人的信用等级进行评估以及对借款的合法性、安全性和赢利性等情况进行调查,核实抵押物、保证人情况,测定贷款的风险,并决定贷款审批。

(3)签订借款合同

借款申请被批准后,为了维护借贷双方的合法权益,保证资金的合理使用,双方应正式签订借款合同,以明确贷款的数额、利率、期限、约束性条款及双方的权利和义务等。

(4)企业取得借款

双方签订借款合同后,贷款银行要按合同的规定按期发放贷款,企业便可取得相应的资金。按借款合同的规定,贷款人不按合同约定按期发放贷款的,应偿付违约金。借款人不按合同的约定用款的,也应偿付违约金。

(5)企业还本付息

企业应按借款合同的规定按时足额归还借款本息。一般而言,贷款银行会在短期贷款到期一个星期之前,中长期贷款到期一个月之前,向借款的企业发送还本付息通知单。企业在接到还本付息通知单后,要及时筹备资金,按期还本付息。如果企业不能按期归还借款,应在借款到期之前,向银行申请贷款展期,但是否展期,由贷款银行根据具体情况决定。

4. 借款利息的支付方式

(1)利随本清

利随本清,又称收款法,是指在借款到期时向银行支付本利的方法。这种方法的实际利率等于名义利率,目前银行向工商企业贷款大多采用这种方法。

(2)贴现法

贴现法是指银行向企业发放贷款时,先从本金中扣除利息部分,到期时借款企业再偿还全部本金的一种计息方法。采用这种方法,企业可利用的贷款额只有本金扣除利息后的差额部分,因此,实际利率高于名义利率。计算公式为:

$$\text{贴现贷款实际利率} = \frac{\text{利息}}{\text{贷款金额} - \text{利息}} \times 100\%$$

$$= \frac{\text{名义利率}}{1 - \text{名义利率}} \times 100\%$$

(3)加息法

加息法是银行发放分期等领偿还贷款时采用的收取利息方法。具体做法是,银行将依据名义利率计算的利息加到本金上,计算出贷款的本利和,并要求贷款企业在贷款期内分期等额偿还本金和利息之和。由于贷款本息在贷款期内分期等额偿还,借款企业实际上只平均使用了半数资金,却支付了全部利息。这样,企业借款的实际利息率便高于名义利息率大约一倍。加息法贷款实际利率计算公式如下:

$$\text{加息贷款实际利率} = \frac{\text{利息额}}{\text{贷款额}/2} \times 100\%$$

$$= 贷款额 \times \frac{名义利率}{贷款额/2} \times 100\% = 名义利率 \times 2$$

5. 银行借款筹资的评价

(1)银行借款筹资的优点

1)筹资成本低。利用银行借款筹资,其利息可在税前支付,故可减少企业实际负担的利息费用,因此比股票筹资的成本要低;目前我国银行借款利率低于债券利率,而且利息可在税前支付,减轻企业实际负担的利息费用,另外,无须支付大量的发行费用。

2)筹资速度快。银行借款一般程序简单,不像发行股票、债券那样经过印刷、申报、审批等过程需要花费较长时间,它只需与银行等贷款机构达成协议即可。其程序相对简单,花费时间较短,企业可以迅速获得所需资金。

3)借款弹性好。在借款之前,企业可根据当时的资金需求与银行等贷款机构直接商定贷款的时间、数量和条件。在借款期间,若企业的财务状况发生某些变化,也可与银行等金融机构进行协商,修改借款数量、时间和条件,或提前偿还利息。借款到期后,如有正当理由,还可申请延期归还。因此具有较大的灵活性。

4)便于利用财务杠杆效应。由于借款利息一般是固定或相对固定的,这就为企业利用财务杠杆效应创造了条件。若企业的资本报酬率超过了贷款利率,就会增加普通股股东的每股收益,提高企业的净资产报酬率。

5)不改变企业的控制权。银行借款筹集的资金属于负债筹资,债权人无权管理企业,所以银行借款筹资不改变企业的控制权。

(2)银行借款筹资的缺点

1)财务风险较大。企业的长期借款必须定期还本付息,在经营不利的情况下,可能会产生不能偿付的风险,甚至会导致破产。

2)限制性条款较多。在借款合同中,对借款用途都有明确规定,企业不得改变借款用途,必须定期报送有关报表等,另外银行对企业资本支出额度、再融资等行为也有较严格的约束,这些条款可能会限制企业的经营活动。

3)筹资数额有限。银行一般不愿借出巨额的长期借款。因此,利用银行借款筹资都有一定的借款上限。

4.3.2 债券筹资

债券是债务人为筹集资金而发行的、约定在一定期限内还本付息的一种有价证券。在我国,非公司制企业发行的债券称为企业债券,股份有限公司和有限责任公司发行的债券称为公司债券。从性质上讲,债券与借款一样是企业的债务,发行债券一般不影响企业的控制权。发行企业无论赢利与否必须到期还本付息。

1. 债券的基本要素

(1)债券面值

债券面值包括两个方面内容:一是币种,二是票面金额。面值的币种可以采用本国货币,也可用外币。债券的票面金额是债券到期时偿还债务的金额。面额通常印在债券上,固定不变,到期必须足额偿还。

(2)债券期限

债券都有明确的到期日,债券从发行之日起,至到期日之间的时间,称为债券的期限。

(3)票面利率

债券上通常都载明利率,一般为固定利率,是年利率。在不计复利的情况下。面值与利率相乘就是年利息。

(4)发行价格

理论上,债券的面值就是它的发行价格,事实上并非如此。由于发行者的种种考虑或资本市场上的供求关系、利息率的变化,债券的市场价格常常脱离它的面值,有时高于面值,有时低于面值。

2. 债券的分类

(1)按是否记名,分为记名债券和无记名债券

记名债券是指在债券票面上注明债权人姓名或名称并在发行公司的债权人名册上进行登记的债券。对于这种债券发行方只对记名人凭身份证或其他有效证件偿本付息。在转让记名债券时,除要交付债券外,还要在债券上背书并在发行公司债权人名册上更换债权人姓名或名称。投资者须凭印鉴领取本息。

无记名债券是指债券票面不记载债权人姓名和名称,也不用在发行公司债权人名册上进行登记的债券。无记名债券在转让的同时限即生效,无须背书,因而比较方便。我国发行的债券一般是无记名债券。

(2)按有无抵押担保,分为信用债券、抵押债券和担保债券

信用债券是指单纯凭企业信誉或信托契约而发行的债券。信用债券又称无抵押担保债券。企业发行信用债券往往有许多限制条件,这些限制条件中最重要的是禁止企业将其财产抵押给其他债权人。由于这种债券没有具体的财产做抵押,通常由那些信誉较好、财务能力较强的企业发行。

抵押债券是指以发行企业的特定财产作为抵押品的债券。根据抵押品的不同,抵押债券又分为不动产抵押债券、动产抵押债券和信托抵押债券。其中,信托抵押债券是指债券发行企业以其持有的其他有价证券作为抵押品的债券。对于抵押债券,若发行企业不能按期偿还本息,持有人可以行使其抵押权,拍卖抵押品作为补偿。

担保债券是指由一定保证人作担保而发行的债券。这里的保证人应是符合《担保法》要求的企业法人。债券按有无担保可分为抵押债券和信用债券。

(3)按是否可以转换为股票,分为可转换债券和不可转换债券

可转换债券是指根据发行契约,允许债券持有者按预定的条件和转换率将债券转换为公司普通股票。对于可转换债券,公司应按照转换办法向债券持有人换发股票,但债券持有人对转换股票或者不转换股票有选择权。

不可转换债券是指不能转换为发行公司股票的债券。在我国大多数债券属于这种债券。

(4)按利率是否固定,分为固定利率债券和浮动利率债券。

固定利率债券是指债券发行时确定的券面利率在债券有效期内不能改变的债券。

浮动利率债券是指在债券发行时只规定一个利率最低水平,实际付息则根据将来市场利率的变动情况予以调整的债券。

(5)按还本方式不同分为定期偿还债券和随时偿还债券。

定期偿还债券是指债券在发行时就已经规定了本金归还时间的债券。

随时偿还债券是指在发行时对债券还本时间不作规定,而是根据将来的具体情况,由发行企业随时确定还本时间的债券。

(6)按是否可以提前赎回,分为可赎回债券和不可赎回债券

可赎回债券是发行公司按照发行时规定的条款,依一定的价格和条件在公司认为合适的时候收回的债券。

不可赎回债券没有赎回条款规定,一旦发行就不可以赎回,直到债券到期偿还本金。

除上述分类外,公司债券还可以按发行区域的不同分为国内债券和国际债券;按偿还方式式,分为一次偿还债券和分次偿还债券;按发行主体,分为政府债券、金融债券和企业债券;按期限长短,分为长期债券、中期债券和短期债券等等。

3. 公司债券的发行

(1)发行资格

按照《公司法》规定,只有股份有限公司、国有独资公司、两个以上的国有企业或者其他两个以上的国有投资主体设立的有限责任公司,为筹集生产经营资金,才可发行公司债券。

(2)发行条件

我国的《公司法》中明确规定,发行公司债券必须符合如下条件:

1)股份有限公司的净资产额不低于人民币3000万元,有限责任公司的净资产额不低于人民币6000万元。

2)累计债券总额不超过公司净资产的40%。

3)近三年平均可分配利润足以支付公司债券一年的利息。

4)筹集资金的投向符合国家产业政策。

5)债券的利率不得超过国务院限定的利率水平。

6)国务院规定的其他条件。

(3)发行的基本程序

1)做出决议。公司在实际发行债券之前,必须由董事会做出发行债券的决议,以明确公司发行债券的总额、票面金额、发行价格、募集方法、偿还日期等内容。

2)提出申请。按照国际惯例,公司发行债券必须向国务院证券管理部门提出申请,未经批准,公司不得发行债券。我国规定,公司申请发行债券由国务院证券监督管理机构批准。公司申请应提交公司登记证明、公司章程、公司债券募集办法、资产评估报告和验资报告。

3)公告募集办法。发行公司债券的申请经批准后,公开向社会发行债券,应当向社会公告债券募集办法。根据我国公司法的规定,公司债券募集办法中应当载明本次发行债券总额和债券面额、债券利率、还本付息的期限与方式、债券发行的起止日期,公司净资产额,已发行而未到期的公司债券总额,债券的承销机构等事项。

4)委托证券机构发售。根据我国有关法律、法规的要求,发行公司可以选择代销或包销方式通过承销团向社会发售债券。

5)交付债券,收取债券款项,登记债券存根簿。

(4)债券的发行价格

债券的发行价格是发行公司在发行债券时使用的价格,也是投资者购买债券时实际支付的价格。实际工作中,公司债券主要按3种价格发行:等价发行、折价发行和溢价发行。在发行债券时已确定的票面利率与当时的市场利率一致时,以等价发行,按债券的面值出售。在不一致时,为了协调债券购销双方在债券利息上的利益,在等价发行的基础上,就衍生出调整发行价格的溢价、折价发行方法。当票面利率高于市场利率时,以溢价发行,按高于债券面值的价格出售;当票面利率低于市场利率时,以折价发行,以低于债券面值的价格出售。

债券的发行价格主要受四种因素综合影响。一是债券面额,它是决定债券发行价格的最基本因素。一般情况,面额越大,发行价格越高。二是票面利率,它是债券的名义利率。一般而言,债券的票面利率越高,发行价格也越高;反之亦然。三是市场利率,它是衡量债券票面利率高低的参照对象。一般来说,债券的市场利率越高,债券的发行价格越低;反之亦然。四是债券期限。债券期限越长,债权人的风险越大,要求的利息报酬就越高,债券的发行价格就可能越低。

在分期付息、到期一次还本,且不考虑发行费用的情况下,债券发行价格的计算公式为:

$$\text{债券发行价格} = \frac{\text{债券票面金额}}{(1+\text{市场利率})^n} + \sum_{t=1}^{n} \frac{\text{债券票面金额} \times \text{票面利率}}{(1+\text{市场利率})^n}$$

$$\text{或} = \text{债券票面金额} \times (P/F_1, i, n) + \text{债券票面金额} \times \text{票面利率} \times (P/A, i, n)$$

式中　n——债券期限;

i——市场利率。

从资金时间价值原理出发,按上述公式确定的债券发行价格是由两部分组成:一部分是债券到期;另一部分是债券各期利息(年金形式)的现值。

例 4.1　某股份有限公司拟发行面值为 100 元,债券票面利率为 10%,期限为 2 年,每年年末付息的债券。在公司决定发行债券时,认为 10% 的利率是合理的。如果到债券正式发行时,市场上的利率发生变化,那么就要调整债券的发行价格,现分如下 3 种情况来说明。

解:1. 资金市场的利率保持在 10%,该公司的债券利率为 10%,则债券可等价发行,其发行价格为:

市场利率为 10% 时,票面利率高于市场利率,则应采用溢价发行。

$$\text{发行价格} = 100 \times (P/F, 10\%, 2) + 100 \times 10\% \times (P/A, 10\%, 2)$$

$$= 100 \times 0.8264 + 10 \times 1.7355 \approx 100(\text{元})$$

也就是说,当债券利率等于市场利率时,按 100 元的价格出售此债券,投资者可以获得 10% 的报酬。

2. 资金市场上的利率上升到 12%,公司债券利率为 10%,低于资金市场利率,应采用折价发行,其发行价格为:

$$\text{发行价格} = 100 \times (P/F, 12\%, 2) + 100 \times 10\% \times (P/A, 12\%, 2)$$

$$= 100 \times 0.7972 + 10 \times 1.6901 = 96.62(\text{元})$$

也就是说,只有按 96.62 元的价格出售,投资者才会购买此债券,以获得与市场利率 12% 相等的报酬。

3. 资金市场上的利率下降到 8%,公司债券利率为 10%,则可采用溢价发行,其发行价格

$$\text{发行价格} = 100 \times (P/F, 8\%, 2) + 100 \times 10\% \times (P/A, 8\%, 2)$$

$$= 100 \times 0.8573 + 10 \times 1.7833 = 103.56(\text{元})$$

也就是说,投资者把 103.56 元的资金投资于该公司面值为 100 元的债券,只能获得与市场利率相同的 8% 的回报。

到期一次还本付息,且不考虑发行费用的情况下,债券发行价格的计算公式为:

$$\text{债券发行价格} = \frac{\text{债券票面金额} \times (1+\text{票面利率} \times n)}{(1+\text{市场利率})^n}$$

$$\text{或} = \text{票面金额} \times (1+\text{票面利率} \times n) \times (P/F, i, n)$$

例 4.2　仍按上题的资料为例。如果债券为到期一次性还本付息、不计复利债券。测算

债券发行价格。

解:发行价格 $=100\times(1+10\%\times2)\times(P/F,10\%,2)$

$=100\times1.2\times0.8264=98.95$(元)

4. 债券的偿还

(1)债券的偿还时间

债券的偿还时间按其实际发生与规定的到期日之间的关系,可分为到期偿还和提前偿还两类。到期偿还又包括一次偿还和分批偿还两种,其中常见的债券到期偿还的方式是到期一次全部偿还。提前偿还又称提前赎回或收回,是指在债券尚未到期之前就予以偿还。只有在企业发行债券的契约中明确规定了有关允许提前偿还的条款,企业才可以进行此项操作。

根据我国有关规定,面向社会公开发行的债券,在债券兑付起始日的15日前,发行人或代理兑付机构,应通过广播、电视、报纸等宣传工具向投资人公布债券的兑付办法,其主要内容有:兑付债券的发行人及债券名称;代理兑付机构的名称及地址;债券兑付的起止日期;逾期兑付债券的处理;兑付办法的公布单位及公章;其他需要公布的事项。

债券兑付起始日3日前,债券发行人应将兑付资金划入指定的账户,以便用于债券的偿还。

(2)债券的偿还形式

债券的偿还形式是指偿还债券时使用什么样的支付手段。

1)用现金偿还债券。现金是债券持有人最愿意接受的支付手段。如果发行债券的契约中明确规定用偿债基金偿还债务,企业就必须每年都提取偿债基金,且不得挪作他用,以保护债券持有者的利益。

2)以新债券换旧债券。以新债券换旧债券,简称换债,是以新发行的本公司债券为支付手段的偿还形式。它是当今企业运用较多的一种偿还形式。企业采用换债形式主要是因为:原有债券的契约中订有较多的限制性条件,不利于企业的发展,而更换新债券;把多次发行、尚未彻底清偿的债券进行合并,以减少管理费用;债券到期,但企业现金不足;实现节约利息费用和继续融资双重目的等。

3)用普通股筹债券。如果企业发行的是可转换债券,企业可提通过督促债券持有人把可转换债券换为本企业普通股的方式来偿还债券。一旦转换成功,原有债务就转变为企业股权资本,原有债权人则转变为股东。

5. 债券筹资的评价

(1)债券筹资的优点

1)资金成本低。利用债券筹资的成本要比股票筹资的成本低。这主要是因为债券的发行费用较低,债券利息在所得税税前支付,有一部分利息由政府负担了。

2)保障股东的控制权。长期债券持有人除获取固定利息以外,不参与公司的管理决策,不会分散股东对公司的控制权。

3)可以提高自有资金利润率。如果企业投资报酬率大于利息率,杠杆的作用,发行债券可提高股东投资报酬率。

4)便于调整资本结构。公司可通过发行可转换债券或提前赎回债券等方式主动地调整资本结构。

5)支出固定。不论企业将来赢利如何,它只需付给持券人固定的债券利息。

(2)债券筹资的缺点

1)财务风险高。长期债券有固定的到期日和固定的利息,有按期还本付息的义务。在发行企业不景气时,还本付息将成为企业严重的财务负担,甚至有可能会导致企业破产。

2)限制条件较多。发行债券往往会有一些严格的限制性的条款,从而限制了企业对债券筹资的使用,甚至有些会影响企业的正常发展和今后的再筹资活动。

3)筹资数额有限。长期债券融资一般受一定额度的限制,从法律方面看,我国公司发行债券总额不得超过企业净资产的40%。从市场方面看,当公司的负债比率超过了一定程度后,债券筹资的成本要迅速上升,有时甚至会发行不出去。

4.3.3 融资租赁

1. 融资租赁的含义及特点

(1)融资租赁的含义

租赁是出租人以收取租金为条件,在契约或合同规定的期限内,将资产租借给承租人使用的一种经济行为。租赁按性质可分为经营租赁和融资租赁两种。

经营租赁是指承租人为生产经营过程的临时性、季节性需要而向出租人短期租入资产的行为,它只是暂时取得出租人资产的使用权。经营租赁又称服务租赁、营业租赁、短期租赁。经营租赁的主要目的在于提供或获取租赁资产的使用权和出租人的专门技术服务,通常租赁期限较短,租赁协议可以撤销,租赁期内出租人提供设备保养、维修、保险等服务。

融资租赁又称为财务租赁,是指出租人按照承租人的要求融资购买设备,并在契约或合同规定的较长期限内提供给承租人使用的一种信用性租赁业务。它是一种转移了与资产所有权有关的全部风险和报酬的租赁。它最终可能转移资产所有权,也可能不转移。这种租赁的租期较长,一般为租赁资产经济寿命的75%以上,由于它可满足企业对资产的长期需要,以有时也称为资本租赁。融资租赁的主要目的是为了融通资金,即以获取资产的使用价值为手段而达到融资的目的。融资租赁是现代租赁的主要类型,也是区别于经营租赁的一种长期租赁形式。下文将做重点介绍。

(2)融资租赁的特点

1)一般由承租人向出租人提出正式申请,由出租人融通资金引进用户所需设备,然后再租给承租人使用。

2)租赁期限较长。出租方常常通过一次租赁就可以收回全部投资,并赚取相应的利润。所以租期大于资产寿命的50%,美国等国家甚至大于75%,各期租金的现值达到资产价值的90%以上。

3)租赁合同稳定。在规定的租期内非经双方同意,任何一方不得中途解约。

4)租金较高。租金总额一般要高出其设备价款的30%以上。

5)租赁资产一般为专用或金额较高的大型设备,很少进行二次对外租赁。

6)租赁期满的资产处置。租赁期满后,租赁资产的处置有三种方法可供选择:将设备作价转让给承租人;由出租人收回;延长租期续租。

7)在租赁期内,出租人一般不提供维修和保养设备方面的服务。由承租企业负责设备的维修保养和保险,但无权自行拆卸改装。

2. 融资租赁的形式

融资租赁可分为直接租赁,售后租回和杠杆租赁三种形式。

(1)直接租赁

直接租赁是指承租方直接向出租方提出承租方需要的资产,出租方按照承租方的要求选购或制造资产后，再出租给承租方。对于承租方来说，它类似于分期付款购入资产。这种形式既能满足承租方对资产的需求，又不需一次性地全额支付款项。直接租赁的出租人主要是制造厂商、租赁公司。除制造厂商外，其他出租人都是从制造厂商处购买资产出租给承租人。直接租赁是融资租赁的主要形式。

(2)售后租回

售后租回是指承租人由于资金短缺，根据协议将原属于自己且需继续使用的资产卖给出租人，再将其租回使用的租赁形式。这种形式一方面企业可以获得现金流入，缓解企业的资金需求，另一方面又能继续使用原资产，不影响企业的日常生产经营活动的持续进行。这种租赁形式对于承租人来说与直接租赁没有任何区别。售后租回的出租人一般为租赁公司、保险公司等金融机构。

(3)杠杆租赁

杠杆租赁是指租赁涉及的资产价值昂贵时，出租方自己只投入部分（一般为资产价值的20% ~40%）资金，其余资金以该资产作为担保向第三方（通常为银行）借入，然后将该资产租给承租方的一种租赁形式。由于出租方只用少量资金（资产价值的20% ~40%）就盘活了巨额的租赁业务，就如同杠杆原理一样，故称为杠杆租赁。杠杆租赁要涉及承租人、出租人和资金出借者三方当事人。从承租人的角度来看，这种租赁与其他租赁形式并无区别，同样是按合同的规定，在基本租赁期内定期支付定额租金，取得资产的使用权。但对出租人却不同，出租人只出购买资产所需的部分资金作为投资，另外资金以该资产作为担保向资金出借者借入。杠杆租赁一般适用于价值巨大、租赁期长的设备的租赁业务，如飞机、火车、船舶、输油管道、海上钻井设备和卫星系统等。

3. 融资租赁的程序

(1)选择租赁公司

企业决定采用融资租赁方式租入资产后，首先需了解各个租赁公司的经营范围、业务能力以及与其他金融机构的关系和资信情况，取得租赁公司的融资条件和租赁费率等资料，经过比较选出最佳租赁公司。

(2)办理租赁委托

企业选定租赁公司后，便可填写《租赁申请书》，说明所需设备的具体要求，同时提供企业的财务报表，以办理租赁委托手续。

(3)签订购货合同

如果是需要购入资产的租赁（一般为直接租赁或杠杆租赁），应由承租企业与租赁公司方或双方合作组织选定设备制造厂商，经过协商后，签订购货协议。

(4)签订租赁合同

租赁合同须由租赁双方共同签订，它是租赁业务的重要法律文件。

(5)办理验货与保险

租赁企业收到租赁设备，要进行验收。租赁公司可以向保险公司办理保险事宜。

(6)按期支付租金

(7)处理租赁期满的设备

租赁合同期满时，承租企业应按租赁合同的规定，实行返还、留购和优惠续租。

4. 融资租赁租金的计算

融资租赁租金的数额和支付方式对承租企业的未来财务状况具有直接的影响，也是租赁筹资决策的重要依据。

(1)融资租赁租金的构成

融资租赁的租金主要包括设备价款和租息,其中租息可分为融资成本和租赁手续费等。

1)设备价款。设备价款是指租赁公司取得资产所支付的代价,包括租赁资产的买价、运杂费和途中保险费等。它是租金的主要组成部分。

2)融资成本。融资成本是指租赁方为购买租赁资产所筹资金的成本,即资产租赁期间的利息。

3)租赁手续费。它包括租赁方承办资产租赁业务时的营业费用和一定的赢利。租赁手续费的高低一般无固定标准,可由承租企业与租赁公司协商确定。

(2)租金的支付方式

租金的支付方式可以按不同的标准进行分类。

1)按支付的时期的长短划分,可分为年付、半年付、季付和月付等几种。

2)按各支付时期的具体支付时间划分,可分为先付租金和后付租金两种。先付租金是指在期初支付;后付租金是指在期末支付。

3)按各支付时期支付的金额是否相等划分,可分为等额支付和不等额支付。

(3)租金的计算方法

融资租赁业务中计算租金的方法有平均分摊法、等额年金法。

1)平均分摊法。平均分摊法是指按事先确定的利息率和手续费率计算租期间的利息和手续费总额,然后连同设备成本按支付次数进行平均。这种方法计算简单,但没有考虑资金的时间价值。其计算公式如下:

$$每期租金 = \frac{购置成本 - 预计残值 + 利息费用 + 手续费}{租金支付次数}$$

2)等额年金法。等额年金法是将利息率和手续费率综合而成的综合费用率作为贴现率,利用年资本回收额的计算公式计算每期支付租金的方法。承租人与租赁公司商定的租金支付方式,大多为后付等额租金,多数情况下设备残值归承租人所有。其计算公式如下:

$$每期租金 = \frac{购置成本现值}{年金现值系数} = \frac{P}{(P/A,i,n)}$$

式中　i——贴现率;

n——支付租金次数;

P——购置成本现值。

例4.3　某企业采用融资租赁方式,从一租赁公司租入一套设备,该设备价款为100万元,租期为6年,到期后设备预计残值为20万元,租期年利息率为10%,租赁手续费为设备价值的5%。租金每年年末支付一次。要求计算:

1. 如果企业租期满后,设备残值归还给租赁公司,按平均分摊法计算每年年末支付的租金。

2. 如果企业租期满后,设备残值归承租企业所有,按等额年金法计算每年年末支付的租金。

解:计算过程如下:

1. 每年年末支付的租金额为:

$$每期租金 = \frac{(100 - 20) + [100 \times (1 + 10\%)^6 - 100] + 100 \times 5\%}{6}$$

$=27.03$（万元）

2. 贴现率为 10% +5% =13%，每年年末支付的租金为：

$$A=100/(P/A,15\%,6)=100/3.7845=26.42（万元）$$

5. 融资租赁筹资的评价

(1)融资租赁筹资的优点

1)筹资速度快。租赁往往比借款购置设备更迅速、更灵活，因为租赁是筹资与设备购置同时进行，可以缩短设备的购进与安装时间，使企业尽快形成生产能力，有利于企业尽快占领市场，打开销路。

2)资金限制条件少。企业运用股票、债券、长期借款等筹款方式，都受到很多资格条件的限制，而融资租赁的限制条件很少。

3)设备陈旧过时的风险小。随着科学技术的不断进步，资产陈旧过时的风险很高，在融资租赁中，租赁合同明确规定这种风险由出租人承担。

4)税收负担轻。租金可在税前扣除，具有抵减所得税的效用，可获得财务杠杆收益，减轻税收负担。

5)财务风险小。全部租金通常在整个租期内分期支付，不用到期归还大量资金，从而把一次性不能偿付的风险在整个租期内分解，减小了不能偿付的风险。

(2)融资租赁筹资的缺点

1)资金成本较高。一般来说，融资租赁要比银行借款和发行债券负担多，租金总额一般高于该资产的购置成本的30%，而且租赁的支付期固定，易造成企业的财务负担。

2)资产处置权有限。融资租赁合同中规定未经出租人允许，承租人不得擅自对租赁资产进行改良，因而不能根据自身的要求自行处置租赁资产。

4.4　工程项目融资管理

4.4.1　工程项目融资概述

1. 工程项目融资的涵义及其分类

(1)工程项目融资的涵义

项目融资是国际上20世纪70年代末80年代初兴起的一种新的融资方式。由于项目融资方式与传统的筹贷方式相比，能更有效地解决大型基础设施建设项目的资金问题，因此，它被世界上越来越多的国家所应用。我国最早采用项目融资方式进行建设是在20世纪80年代。

工程项目融资作为一个学术用语，迄今为止还没有一个公认的定义。被广为接受的是美国银行家皮特·内维特在其著作《项目融资》中做出的定义：项目融资是"为一个特定经济实体所安排的融资，其贷款人在最初考虑安排贷款时，满足于使用该经济实体的现金流量和收益作为偿还贷款的资金来源，并且满足于使用该经济实体的资产作为贷款的安全保障。"

进一步理解，项目融资具有以下内涵：

1)以特定项目为对象安排融资；

2)融资并不是主要依赖于项目发起人的信贷，而是依赖于该项目本身的资产价值和预期效益；

3）用来保证贷款偿还的来源被限制在项目本身的经济强度之中，以及项目资产和现金流量这一范围内，贷款人对借款人没有完全追索权；

4）当项目经济强度不足以支撑项目贷款的偿还，则贷款人有可能要求借款人以担保的形式为项目提供信用保证；

5）项目各参与方之间对项目做出一定承诺或保证，从而进行有效的风险分配。

总之，可以对项目融资给出一个简明的定义：以特定项目的资产和现金流量为基础，加上借款人和其他参与方所做的保证，所进行的有限追索或无追索融资。

(2)工程项目融资的分类

1）按资金追索权大小程度分为无追索性的工程项目融资和有限追索性工程项目融资。

无追索性的工程项目融资是指贷款人对项目发起人无任何追索权，只能依靠项目所产生的收益作为还本付息的唯一资金来源。由于这种融资方式操作十分复杂和低效，因而，在项目融资实务中较少使用。

有限追索性工程项目融资是指项目发起人只承担有限的债务和义务。主要表现在：①时间上的有限性。一般在项目的建设开发阶段，贷款人有权对项目发起人进行追索，而通过完工验收后，项目进入正常营运阶段时，贷款人可能就变成无追索权了。②金额上的有限性。在项目经营阶段，若不能生产足额的现金流量，其差额部分就向项目发起人追索，因此，是在金额上有限追索的。③追索对象上的有限性。如果是通过单一目的项目公司进行的融资，则贷款人只能追索到项目公司，而不能对项目发起人追索，除了发起人为项目公司提供的担保外。在大多数项目融资中都是有限追索的。

2）按资金使用期限的长短不同分为短期资金与长期资金。

短期资金一般是指供一年以内使用的资金。短期资金主要投资于现金、应收账款、存货等，一般在短期内可收回。短期资金常采取利用商业信用和取得银行流动资金借款等方式来筹集。

长期资金一般是指供一年以上使用的资金。长期资金主要投资于新产品的开发和推广、生产规模的扩大、厂房和设备的更新，一般需几年甚至十几年才能收回。长期资金通常采用吸收投资、发行股票、发行公司债券、取得长期借款、融资租赁和内部积累等方式来筹集。

3）按资金的来源渠道不同分为所有者权益和负债两大类。

所有者权益是指投资人对包括投资者投入企业的资本及持续经营中形成的经营积累，如资本公积金、盈余公积金和未分配利润等企业净资产的所有权。资本是各种投资者以实现赢利和社会效益为目，用以进行生产经营、承担民事责任而投入的资金。负债是企业所承担的能以货币计量，需以资产或劳务偿付的债务。

企业通过发行股票、吸收直接投资、内部积累等方式筹集的资金都属于企业的所有者权益。所有者权益一般不用还本，因而称之为企业的自有资金、主权资金或权益资金。企业采用吸收自有资金的方式筹集资金，财务风险小，但付出的资金成本相对较高。

企业通过发行债券、向银行借款、融资租赁等方式筹集的资金属于企业的负债，到期要归还本金和利息，因而又称之为企业的借入资金或负债资金。企业采用借入资金的方式筹集资金，一般承担较大风险，但相对而言，付出的资金成本较低。

2. 工程项目融资的依据

工程项目融资应以国家的有关政策、法规和工程项目的财务预算为依据。如《基本建设拨款暂行条例》、《基本建设贷款办法》等规章制度。具体依据的内容论述如下：

(1)批准的设计任务书和设计文件

设计任务书是确定工程建设项目的建设地点、内容、方向、规模、投资额等内容的文件。有了批准的工程项目的设计任务书,才能委托设计单位进行设计,并据以编制概算(预算),确定项目造价,并为制定投资计划提供依据。

(2)批准的工程项目年度建设计划和年度建设工程项目表

工程项目年度建设计划是确定年度投资规模、投资方向、投资结构和建设速度等内容的文件。工程项目表是工程项目的费用项目及其投资额等具体内容的计划,是编制工程项目施工图预算的基本依据。

(3)施工图预算

施工图预算是确定工程项目建筑安装工程造价、签订施工合同、结算工程价款,实行工程包干和考核工程成本的依据,也是进行资金管理的直接依据之一。

3. 工程项目融资的基本原则

工程项目融资是一项系统性、复杂性和重要性的工作,为了有效地筹集工程项目所需资金,必须遵循以下基本原则:

(1)规模适当原则

不同时期企业的资金需求量并不是一个常数,企业财务人员要认真分析科研、生产、经营状况,采用一定的方法,预测资金的需要数量,合理确定筹资规模。这样,既能避免因资金筹集不足,影响生产经营的正常进行,又可防止资金筹集过多,造成资金闲置。

(2)筹措及时原则

企业财务人员在筹集资金时必须熟知资金时间价值的原理和计算方法,以便根据资金需求的具体情况,合理安排资金的筹集时间,适时获取所需资金。这样,既能避免过早筹集资金形成资金投放前的闲置,又能防止取得资金的时间滞后,错过资金投放的最佳时间。

(3)来源合理原则

资金的来源渠道和资金市场为企业提供了资金的源泉和筹资场所,它反映资金的分布和供求关系,决定着筹资的难易程度。不同来源的资金,对企业的收益和成本有不同影响,因此,企业应认真研究资金来源渠道和资金市场,合理选择资金来源。

(4)方式经济原则

在确定筹资数量、筹资时间、资金来源的基础上,企业在筹资时还必须认真研究各种筹资方式。企业筹集资金必然要付出一定的代价,不同筹资方式条件下的资金成本有高有低。为此,就需要对各种筹资方式进行分析、对比,选择经济、可行的筹资方式。与筹资方式相联系的问题是资金结构问题,企业应确定合理的资金结构,以便降低成本,减少风险。

4. 工程项目融资的适用范围

(1)资源开发项目。如石油、天然气、煤炭、铀等能源资源,铜、铁、铝、钒土等金属矿资源以及金刚石开采业等均可成为项目融资的对象。

(2)基础设施项目。从全世界范围看,无论是发达国家,还是发展中国家,项目融资应用最多的是基础设施项目。如电力、电信、排污、铁路、公路大坝、港口、机场、城市地铁等。国际上已经成功运作的项目大多集中在电力、公路、海底隧道等项目。基础设施项目实行商业化经营后可以得到很好的收益。

(3)大型制造业项目。如大型轮船、飞机。

(4)石油管道、炼油厂项目。铺设新的石油管道也成功地使用过工程项目融资这种融资技术。

(5)收费公路项目。在收费公路项目,以公路营运的收费收入为基础也能安排成为有限追索的工程项目融资。

(6)通信设施项目。在信息时代,无论在发达国家还是发展中国家,都会对通信设施提供大量的需求,工程项目融资这种新的融资方式也不会放弃这一巨大市场。

(7)污水处理项目。对于居民生活产生的污水及工业生产产生的污水的处理,都可以工程项目融资的方式筹集资金。因为,在污水处理过程中,通过向制造污水单位收取一定的污水处理费能构成工程项目稳定的现金流量。

4.4.2　工程项目融资的渠道及方式

1. 工程项目融资的渠道

融资渠道也称筹资渠道,是指客观存在的筹措资金的来源方向与通道。认识和了解各筹资渠道及其特点,有助于企业充分拓宽和正确利用筹资渠道。我国目前筹资渠道主要包括:

(1)国家财政资金。国家对工程项目的直接投资是一种最主要的资金来源渠道,特别是国有独资企业,其资本全部由国家投资形成。现有国有企业的资金来源中,其资本部分大多是由国家财政以直接拨款方式形成的,除此以外,还有些是国家对企业"税前还贷"或减免各种税款而形成的。不管是何种形式的,从产权关系上看,它们都属于国家投入的资金,产权归国家所有。

(2)银行信贷资金。各类银行对工程项目及其公司的贷款,是我国目前各类工程项目最为重要的资金来源。我国银行分为商业性银行和政策性银行两种。商业银行是以赢利为目的、从事信贷资金投放的金融机构,它主要为企业提供各种商业贷款。政策性银行是为特定企业提供政策性贷款。

(3)非银行金融机构资金。非银行金融机构主要指信托投资公司、保险公司、租赁公司、证券公司、企业集团所属的财务公司等。它们所提供的各种金融服务,既包括信贷资金投放,也包括物资的融通,还包括为企业承销证券等金融服务。

(4)其他企业资金。企业在生产经营过程中,往往形成部分暂时的闲置的资金,并为一定的目的而进行相互投资;另外,企业间的购销业务可以通过商业信用方式来完成,从而形成企业间的债权债务关系,形成债务人对债权人的短期信用资金占用。企业间的相互投资和商业信用的存在,使其他企业资金也成为企业资金的重要来源。

(5)居民个人资金。企业职工和居民个人的结余货币,作为"游离"于银行及非银行金融机构等之外的个人资金,可用于对工程项目及其企业进行投资,形成民间资金来源渠道,从而为工程项目及其企业所用。

(6)企业自留资金。它是指工程项目公司或企业内部形成的资金,也称企业内部资金,主要包括提取公积金和未分配利润等。这些资金的重要特征之一是,它们无需企业通过一定的方式去筹集,而直接由企业内部自动生成或转移。

2. 项目融资的方式

项日融资可以用很多方式,如产品支付、远期购买以及融资租赁等比较常见的方式。经过近几年的发展,除了 BOT 方式逐渐成熟与丰富之外,还同时诞生了几种不同的融资方式,并且伴随着不同的融资方式有不同的融资结构和融资过程。

(1)BOT 方式

BOT即英文Build(建设)、Operate(经营)和Transfer(移交)三个单词的缩写,代表着一个完整的项目融资的概念。在BOT方式中,通常由项目东道国政府或其所属机构与项目公司签署协议,把项目建设及经营的特许权授予项目公司。项目公司在项目经营特许期内,利用项目收益偿还投资及营运支出,并获得利润。特许期满后,项目移交给东道国政府或其下属机构。对于为全社会提供产品和劳务的公共工程,例如交通和能源项目,BOT方式是非常适宜的项目融资结构。

BOT方式的优点有:扩大资金来源,政府能在资金缺乏的情况下利用外部资金建设一些基础设施项目;提高项目管理的效率,增加国有企业人员对外交往的经验及提高管理水平;发展中国家可吸收外国投资,引进国外先进技术。

BOT三种具体形式,分别是:

1)标准BOT(Build-Operate-Transfer),即建设—经营—移交。私人财团或国外财团愿意自己融资,建设某项基础设施,并在东道国政府授予的特许期内经营该公共设施,以经营收入抵偿建设投资,并获得一定收益,经营期满后将此设施移交给东道国政府。

2)BOOT(Build-Own-Operate-Transfer),即建设—拥有—经营—移交。BOOT在特许期内既拥有经营权,又拥有所有权。此外,BOOT的特许期要比如BOT的长一些。

3)BOO(Build-Own-Operate),即建设—拥有—经营。该方式特许承包商根据政府的特许权建设并拥有某项基础设施,但最终不将该基础设施移交东道国政府。

(2)ABS方式

ABS是一种以资产为支持发行债券的融资方式。它是以目标项目所拥有的资产为基础,以该项目资产的未来收益为保证,通过在国际资本市场上发行债券筹集资金的一种项目融资方式。

ABS方式的特点有是:通过证券市场发行债券筹集资金,这是ABS区别于其他融资方式的一个显著特征;清偿债券本息的资金仅与项目资产的未来的现金收入有关;避免了原始权益人资产质量的限制,可将项目资产的未来现金流量包装成高质量的证券投资对象;可在二级市场进行转让,变现能力强,投资分险小;利息率低,资金来源渠道多样化。

(3)TOT方式

TOT(Transfer-Operater-Transfer)即移交—经营—移交,是项目融资的一种新兴方式。它是指通过出售现有投产项目在一定期限内的现金流量,从而获得资金来建设新项目的一种融资方式。具体说来,是东道国把已经投产运营的项目在一定期限内移交给外资经营,以项目在该期限内的现金流量为标的,一次性从外商那融得一笔资金,用于建设新的项目;外资经营期满后,再把原来项目移交回东道国。

TOT方式的特点有:有利于引进先进的管理方式;项目引资成功的可能性大;使建设项目的建设和营运时间提前;融资对象更为广泛;具有很强的可操作性。

与BOT方式相比,TOT不以需要融资的项目的经济强度为保证,不依赖这个项目,而是依赖所获特许经营权项目的一定时期的未来收益。

(4)PFI方式

PFI(Private-Finance-Initiative)即"私人主动融资",是指有私人企业进行项目的建设与运营,从政府方或接受服务方收取费用以收回成本。该方式是政府与私人部门合作,由私营部门承担部分政府公共物品的生产或提供公共服务,政府购买私营部门提供的产品或服务,或给予私营部门收费特许权,或政府与私营部门以合伙方式共同营运等方式,来实现政府公共物品产出中的资源配置最优化、效率和产出的最大化。

PFI 方式的特点有:使用范围广泛;缓解了政府公共项目建设的资金压力,同时提高了政府公共物品的产出水平;吸引私人部门的知识、技术和管理方法,提高公共项目的效率和降低产出成本,使社会资源配置更加合理化;是政府公共项目投融资和建设管理方式的重要制度创新。

4.4.3 工程项目融资的阶段和步骤

工程融资项目一般要经过五个阶段与步骤:

1. 投资决策分析阶段

工程项目发起人在做出决策之前,通过对宏观经济形式的判断、工业部门的发展态势以及该工程项目在工业部门中的竞争性的分析、项目的可行性研究等基本资料的了解,来初步决定项目的投资结构。

2. 融资决策分析阶段

在这个阶段,项目投资者将决定采用何种融资方式为项目开发筹集资金。主要通过成本与效益的分析,对各种可能的融资方案进行取舍。如果决定选择采用项目融资作为筹资手段,投资者就要选择和任命融资顾问,并借助融资顾问对项目的融资能力以及可能的融资方案的分析比较,在获得了一定的信息反馈的基础上,做出项目的融资方案决策。

3. 融资结构分析阶段

这一阶段的主要任务,是完成对工程项目风险的分析和评估,设计出项目的融资结构和资金结构,并对项目的投资结构进行修正和完善。如何设计项目融资结构的关键点之一是要求项目融资顾问和项目投资者一起对与项目有关的风险因素进行全面的分析和判断,确定项目的债务承受能力和风险,设计出融资方案和资金结构,对项目的投资结构进行完善。项目融资结构以及相应的资金结构的设计和选择必须全面反映出投资者的融资战略要求和考虑。

4. 融资谈判阶段

在初步确定了项目融资的方案之后,融资顾问将有选择的向商业银行或其他一些金融机构发出参加项目融资的建议书,组织贷款银团,着手起草项目融资的有关协议。这一阶段往往会反复多次,此时,融资顾问、法律顾问和税务顾问的作用是十分重要的。强有力的融资顾问和法律顾问可以帮助加强项目投资者的谈判地位,保护投资者的利益,并在谈判陷入僵局时,及时地、灵活地找出适当的变通办法,绕过难点解决问题。

5. 工程项目融资的执行阶段

在正式签署工程项目融资的法律文件之后,融资的组织安排工作就结束了,工程项目融资就进入了执行阶段。在传统的融资方式中,一旦进入贷款的执行阶段,借贷双方的关系就变得相对简单明了,借款人只要求按照贷款协议的规定提款和偿还贷款的利息和本金。然而,在工程项目融资中,贷款银团通过其经理人(一般由工程项目融资顾问担任)将会经常性地监督工程项目的进展,根据融资文件的规定,参与部分工程项目的决策和管理。

4.5 案例 普通股筹资分析

1. 案例目的

通过本案例分析,了解普通股筹资的特点、权利义务、发行条件、发行价格等方面的具体内容及普通股筹资的利弊，重点理解企业在进行普通股筹资决策时需要考虑哪些方面的问题。

2. 案例资料

2001 年 2 月，青岛啤酒股份有限公司向社会公开发行了人民币普通股 1 亿股，每股发行价 7.87 元，募集资金净额为 7.59 亿元，增发新股所占股本比例约为 8.89%。增发 A 股的比例为 H 股的 25% 左右，已经超过了原来规定不超过 H 股 20% 的限制。从青岛啤酒公司增发 A 股募集资金的使用情况来看，主要是用于收购部分异地中外合资啤酒生产企业的外方投资者股权，并对公司全资厂和控股子公司实施技术改造等，由此可以大大增强该公司的赢利能力。青岛啤酒公司预测，增发后的赢利预测为 2001 年每股 0.171 元，比 2000 年增长 80%。

2001 年 6 月，青岛啤酒公司召开股东会，做出了关于授权公司董事会最多可购回公司发行在外的境外上市外资股的 10% 的特别决议。如果公司董事会实际行使该授权，减少 10% 的 H 股，将使总股本减少 3.46%，导致公司注册资本的减少。计划回购的 10% 的 H 股（股份数为 3468.5 万股），若按每股净资产值 2.36 元计算，公司仅支出 8185.66 万元，却可以缩减股本比例 3.46%。若此次回购能成功实施，不仅可以缩减股本，而且可以在原来预测的基础上进一步增加每股赢利。

青岛啤酒公司之所以在增发 A 股后，想进行 H 股的回购，根本原因在于香港股市与内地股市之间存在着套利空间。与香港股市相比，内地股市的平均市盈率较高，青岛啤酒公司在内地筹资不仅可以获得更多的筹资额，而且还可以降低筹资成本。

通过增发 A 股回购 H 股，股本仅扩张 5.43% 左右，但募集的资金却将近 7 亿元。利用香港与内地两地股市之间的市场跨度与套利空间，青岛啤酒公司筹措到了有利于企业生产经营与资本经营发展所需的更多资金，但同时股本扩张并不大。

分析要求：结合案例总结普通股筹资的特点，了解我国企业目前可以发行的股票种类及其发行条件。企业在选择普通股筹资方案时应考虑哪些问题？

分析重点：(1) 企业增发新股的动因。(2) 企业回购股份的作用。(3) 联合式筹资策略的优势。

具体分析：

1. 企业增发新股的动因

(1) 筹集资金，保障企业的可持续发展。

企业为了持续发展，必须开辟新的利润增长点，项目投资需要有大量的资金支持。但由于历史遗留和股票计划额度管理的原因，我国现行上市公司的股本结构普遍存在着国有股、国有法人股占绝对地位的现象。上市公司通过配股筹资面临着困境，其主要原因是拥有绝大多数股份的国有股持有者普遍资金匮乏，无货币资金参与配股，难以满足上市公司（特别是大股东）筹资的要求；再加上国有股和国有法人股不能上市流通，缺乏一个畅通的转让渠道，其参与配股的积极性不高。如果放弃配股，又会使国有法人处于不利的投资地位，甚至造成国有资产流失。

(2) 完善上市公司的股权结构。

目前，我国大多数上市公司股权结构不合理，普遍存在着国有股比例过大、社会公众股比例偏小的现象。据统计，在 2000 年申报沪深两市 A 股公司中，国有股、国有法人股占总股本的比例超过 50% 的公司有 498 家，占上市公司总数（1 040 家）的 47.88%；超过 75% 的公司有 406 家，占上市公司总数的 39.04%；有的公司国有股、国有法人股占总股本的本例甚至达到 93% 以上，形成事实上的“一股独占”或“一股独大”。增发新股由于全部为社会公众股，相对提高了其比重,有利于发挥社会股东的监督和决策作用,有利于建立健全完善的公司治理结构。但增发新股也有明显的负面效应,首先,增发新股削弱了原公司股东的控制权,再者会增加上市公司的总股本,增大对每股收益增长的压力,进而对股票价格产生影响,使企业价值相对下降。国内增发新股的公司,增发新股的消息一经披露,公司股价便应声而落,大部分公司的股票价格跌至发行价以下,降低了企业的价值,损害了投资者的利益,影响了企业的声誉。为解决上述问题,股票在不同的、被分割的交易所上市的公司,可进行股份回购以实现公司不同股票价格的平稳和上扬,实现公司价值最大化的目标。

2. 企业回购股份的作用

(1)有助于实现企业的经营目标。

企业的经营目标是实现企业价值最大化及股东财富最大化。对于资金大量闲置、一时又没有投资项目可投入的公司来说,与其闲置资金而增加企业的资产增值压力,不如用来回购部分股票,以减轻公司未来的分红压力,同时提升股票的内在品质,为股价的上涨创造空间。股票回购不仅使分配过剩资金的方式具有灵活性,而且使分配时间具有弹性。这一点对公司非常有利,可以等到股票价值被低估时进行回购。内部管理者与股东之间的信息不对称也可能导致股票定价错位,如果管理者认为股票的价值已被低估,那么公司回购股票就意味着对市场传递其要回购定价错位股票的信息暗示。反之,如果股票在不同的、被分割的交易所进行交易且存在较大的价差时,公司进行股票回购还可以实现在不同市场间的套利,从而提高了公司的市场价值。

(2)完善上市公司法人的治理结构,使之符合《公司法》和《股份有限公司国有股股东行使股权行为规范意见》中对绝对控制企业(股权比例底线为50%)、相对控制企业(股权比例底线为30%)的规范意见。

通过回购并注销国有股,能迅速有效地降低国有法人股的比重,改善股权结构。

(3)优化上市公司的资本结构,提升上市公司的赢利能力。

通过股份回购可以适当提高资产负债率,更充分地发挥"财务杠杆"效应,增强公司的未来赢利能力,从而提升公司股价,使股东财富最大化,给公司股东更高的回报,同时增大其他公司对本公司收购的难度。

(4)培育上市公司的持续筹资能力。

从资本运营的角度出发,上市公司为了今后的可持续发展,必须培育公司的持续筹资能力,重视证券市场的再筹资能力。

3. 联合式筹资策略的优势

联合式筹资策略,会给上市公司带来较好的财务效果,主要表现在以下几个方面。

(1)取得生产经营及规模扩张所需要的资金。

上市公司股权筹资具有筹资量大、财务风险小、筹集资金质量高等优点。在市盈率较高的资本市场发行股票,既解决了公司筹集大量资金的问题,又没有增加公司的分红压力,可以说是一举多得。

(2)调整公司的股权结构。

我国上市公司股权结构设计极不合理,非流通股份占绝对控制地位,通过增发社会公众股和回购非流通股,可以大大降低国有股东的持股比例,同时又满足国家对绝对控制企业和相对控制企业的规范意见,有利于建立健全完善的公司治理结构。

(3)提高公司的筹资效率。

上市公司增发新股大多采用上网定价发行方式,该方式发行费用高,筹资速度快,并且在我国基本没有发行失败的可能。通过股份回购,可优化公司的资本结构,使公司的筹资成本最小化,这两方面都对提高公司的筹资效率起到了积极的作用。

(4)提高公司的每股收益,提升公司的市场价值。

股份公司的每股盈余是衡量公司管理者经营业绩的重要标准。通过筹资组合,扩大了企业的经营规模,培育了利润增长点,提高了赢利能力。通过股份回购,缩减了公司的股本总额。这两方面都对增加每股盈余起到了积极的促进作用,其结果大大增加了每股收益,吸引市场投资者做出积极的反映,推动股价的大幅上扬,在投资者中树立了良好的市场形象,公司的发展前景也被投资者所认同。

(5)优化财务杠杆,提高了企业的竞争能力,增大了其他公司收购的成本,进而有效防止了被其他公司兼并或收购。

(6)从纳税的角度考虑,股利应征收20%的个人所得税,而资本利所得税的税率远低于股利所得税税率,将股份回购看做是一种替代现金股利的股利分配形式,无疑会受到投资者的青睐。

复习思考题

1. 项目资本金的来源有哪些?
2. 项目资金筹措的基本要求有哪些?
3. 按照现行规定,对于吸收外商直接投资的项目,其注册资本(资本金)的要求如何?
4. 设备租赁的概念是什么?租赁的方式有哪些?
5. 借用国外资金包括哪几种方式:
6. 吸收直接投资的出资方式有哪些?
7. 什么是普通股及优先股?它们有哪几种?如何评价?
8. 股票发行的条件和方式有哪些?
9. 股票上市的意义是什么?
10. 公司债券的发行条件有哪几种?
11. 如何计算债券的发行价格?
12. 如何计算融资租赁的租金?
13. 工程项目融资的渠道有哪些?
14. 工程项目融资的方式有哪些?
15. 某建筑股份有限公司拟发行6年期公司债券10万张,每张面值100元,票面利率10%发行时市场利率12%。试分别计算以下情况的每张债券发行价格:

①每半年付息一次,到期一次还本;

②每年付息一次,到期一次还本;

③到期一次还本付息。

16. 某设备的价款与租息为10万元,市场利率为10%,租期8年,试计算下列情况每次应付的租金:

①分5年支付,每年初付租金;

②分5年支付,每年末付租金;

③分3年支付,每年末付租金,第一年付50%,第二年付30%,第三年付20%。

5 项目投资管理

学习目标

- 掌握项目投资的相关概念；掌握净现金流量的定义及计算方法
- 熟悉各种非贴现指标的含义、特点及计算方法
- 掌握各种贴现指标的含义、特点及计算方法
- 能够运用投资决策评价指标进行项目投资决策分析
- 掌握项目投资风险分析方法

5.1 项目投资管理概述

5.1.1 项目投资的概念

项目投资是对特定项目所进行的一种长期投资行为(或企业对回收期长于一年的投资项目进行的选择过程)。企业对这类需投入大量资金,并在较长时间内对企业有持续影响的投资决策要编制资本预算。在做好可行性分析基础上编制这类预算,企业通常有许多投资项目,资本预算的恰当与否将会直接影响企业的价值。为了实现企业价值最大化目标,企业在进行资本预算决策时,必须选择那些收益大于或等于企业资本成本的投资项目。

5.1.2 项目投资的特点

一般来说,项目投资具有以下几个特点:

(1)投资规模较大,投资回收时间较长。项目投资,尤其是新建项目投资的规模往往较大,因而投资的回收时间少则几年,多则几十年,所以它是一种长期投资行为。

(2)投资风险较大。项目投资的风险较大,一方面是由于项目投资的规模大、投资回收期长;另一方面是由于项目投资中的固定资产具有“专用性”,一旦市场发生没有意料到的变化,往往会给企业带来较大的损失。

(3)项目投资次数较少。营运资金的投入是经常性的,而项目投资由于具有以上特点,往往不会过于频繁,企业必须量力而行。

(4)项目投资时,尤其是其中的新建项目投资,有大量的现金流出;固定资产投资的结果,或改善原有生产能力,或形成新的生产能力,对企业收益有决定性的影响。因此,投资决策的正确与失误,对企业今后较长一段时间会产生很大的影响。

5.1.3 项目投资资金的确定及投入方式

原始总投资是反映项目所需现实资金的价值指标。从项目投资的角度看,原始总投资等于企业为使投资项目完全达到设计生产能力而投入的全部现实资金(包括固定资产投资、流

动资产投资、开办费投资及无形资产投资等)。

投资总额是反映项目投资总体规模的价值指标,它等于原始总投资与建设期资本化利息之和。其中建设期资本化利息是指在建设期应计入投资项目价值的有关借款利息。

项目投资的资金投入方式可分为一次投入和分次投入两种。一次投入方式是指投资行为集中一次发生或资金集中在某一个时点上投入。如果投资行为涉及两个或两个以上的时点,则属于分次投入方式。

5.2 项目评价的基本方法

5.2.1 现金流量的概念

现金流量是指投资项目在其计算期内(即从项目投资建设开始到最终清理结束整个过程的全部时间)引起企业现金或与现金等价物的流入和流出的数量。我们用 CI(Cash Inflows)表示现金的流入,用 CO(Cash Outflows)表示现金的流出,用(CI-CO)表示净现金流量,称为 NCF(Net Cash Flow)。

5.2.2 现金流量的构成

一个投资项目在其计算期内的现金流量,我们可以从两个角度对其构成进行分析。

1. 根据项目投资的阶段划分

(1)初始现金流量。

初始现金流量是指在项目投资建设期内发生的现金流量,这类现金流量的特点通常表现为只有现金流出量而无现金流入量,因此,这个时期的净现金流量通常为负值。

构成初始投资现金流量主要有以下几项内容:固定资产购置或建造费用,它是初始投资现金流量的最主要构成部分;相应的流动资金投入;更新固定资产净残值收入(只有固定资产更新的项目才有该项现金流量)。

(2)营业现金流量。

营业现金流量是指项目建成投产后,在其使用周期内由于生产经营所带来的现金流入和流出的数量。营业现金净流量是指一定期间现金流人量和现金流出量的差额。

假定:企业产销平衡,销售产品取得营业收入均在当年能收回现金。企业通过该项目投资当年获得的现金流入就等于其全年营业收入。企业为取得营业收入而发生的成本中,当年实际支付现金的部分称之为付现成本。另外,企业根据应税收益向国家缴纳的所得税也构成项目的一项现金流出。据此,项目的年营业现金净流量可用以下公式来计算:

$$\text{年营业现金净流量} = \text{营业收入} - \text{付现成本} - \text{所得税} \tag{5-1}$$

企业为取得收入而付出的代价即营业成本中,除了当年需实际支付现金的付现成本外,其余部分是不需支付现金的,这部分成本主要由固定资产折旧构成。为简化计算,通常将营业成本中的非付现成本用折旧来近似地代替,于是有下式:

$$\text{付现成本} = \text{营业成本} - \text{折旧}$$

这样年营业现金净流量可进一步推导为:

$$\begin{aligned}\text{年营业现金净流量} &= \text{营业收入} - (\text{营业成本} - \text{折旧}) - \text{所得税}\\ &= (\text{营业收入} - \text{营业成本}) \times (1 - \text{所得税税率}) + \text{折旧}\end{aligned}$$

= 利润总额 ×(1 - 所得税税率)+ 折旧

= 净利润 + 折旧 (5 - 2)

可见,项目的年营业现金净流量实际上由两部分组成,一部分是企业销售产品所赚取的利润引起的企业现金流量的增加;另一部分则是企业以现金方式收回的折旧额。

使用上述两式计算项目的年营业现金净流量时,往往受到一些局限,因此我们从项目投资评估实用的角度出发,在上两式的基础上推导出下面公式:

年营业现金净流量 = 净利润 + 折旧

=(营业收入 - 营业成本)×(1 - 所得税税率)+ 折旧

=(营业收入 - 付现成本 - 折旧)×(1 - 所得税利率)+ 折旧

= 营业收入 ×(1 - 所得税税率)- 付现成本 ×(1 - 所得税税率)- 折旧 ×(1 - 所得税税率)+ 折旧

= 营业收入 ×(1 - 所得税税率)- 付现成本 ×(1 - 所得税税率)+ 折旧 × 所得税税率

= 税后收入 - 税后成本 + 税负减少 (5 - 3)

在对投资项目进行财务评估时,我们可以对投资项目预期的营业收入、付现成本做出预测,年折旧额也可以通过计算取得,这样可以很方便地利用上式确定投资项目的年营业现金净流量;而且往往在不知道利润的情况下式(5 - 1)、式(5 - 2)不能直接使用,这使式(5 - 3)在投资项目的财务可行性评价中具有重要的作用。

(3)终结现金流量。终结现金流量是指投资项目在清理报废或变卖时所发生的现金流入和流出增加的数量,通常由以下几部分构成:

1)固定资产残值的变价收入;

2)收回垫支的营运资金;

3)其他与项目清理有关的资金收回。

2. 根据现金流量的流向划分

(1)现金流入量。一个投资项目的现金流入量是指投资项目所引起的企业现金流入增加的数量,如生产经营引起的营业现金流入、项目清理时的残值收入。

(2)现金流出量。现金流出量是指投资项目所引起的企业现金流出增加的数量。如项目建设期内为购建固定资产而发生的款项支出、项目投产前投入的垫支营运资金等。

(3)现金净流量。现金净流量是指一定期间项目引起的企业现金流入量与现金流出量之间的差额。这里所说的"一定期间"通常指一年内,有时指投资项目持续的整个年限内。

现代财务管理为了简化计算,通常将上述按期间预测的现金流入量和现金流出量这些时期指标转化为时点指标。一般假定各年的投资在年初发生,各年的营业现金净流量在各年年末一次发生,项目清理报废时的终结现金流量看做在最后一年年末发生。

5.2.3 现金流量的估算

预测投资项目的现金流量是项目投资评价中重要的一步,全面、准确地预测一个投资项目的预期现金流量是投资项日财务可行性评价必不可少的一环。

在确定投资方案的现金流量时,应遵循的最基本的原则是:只有增量现金流量才是与项目相关的现金流量。所谓增量现金流量,是指接受或拒绝某个项目投资方案后,企业总的现金流量会因此而发生变动。只有那些由于采纳某个项目引起的现金流出的增加额,才是该项目的现金流出;只有那些由于采纳某个项目引起的现金流人的增加额,才是该项目的现金流入。

为了正确地确定投资项目的现金流量,在对投资项目预期现金流量进行分析时,应特别关注以下几个方面:

1. 现金流量与投资项目之间的相关性

相关性指列入投资项目评价的现金流量必须是与项目投资有关的,是由项目投资所引起的,而且是在项目评价时必须要考虑的现金流入或现金流出。现金流量的相关性与投资项目的一次性有关,离开相关性来考虑现金流量,往往容易导致现金流量估计的不准确,对项目评估带来不良结果。

例如,房地产开发公司多年前计划利用公司已有的一块空地进行特种经营开发项目的评估,曾向有关部门支付项目前期费用10万元,后由于某种原因,项目被推迟进行,直至最后取消。五年后的今天,新任经理重新提及这块空地的开发利用,拟兴建商品房。在进行兴建商品房投资项目评估时,不应当把五年前已发生的项目前期费用考虑在内。因为该笔开支与本次项目评估不具相关性。本次项目投资与否,五年前的那笔开支都已成为沉没成本,与本次项目评估无关。

之所以强调现金流量的相关性,是因为如果在项目评估时,把不相关的现金流量纳入项目评估中,则可能会使一个有利的项目方案变得不利,反之,可能使一个不利的方案,从项目评估的结果来看,判定为一个在财务上可行的方案,最终误导决策。

2. 全面考虑机会成木

企业用于投资的资源是有限的,而一项资源在具体投资项目的使用上,只能用于一个项目,而不可能同时用于几个项目。在对资源的具体使用上,如果企业选择了某个项目投资,则必须放弃其他可能的投资机会。其他投资机会可能取得的收益,是实行本方案的一种代价,这一代价则称为本投资项目的机会成本。

例如,企业现有一台旧设备,原值50万元,已使用5年,已提折旧25力元,企业在考虑可否利用一台新设备来替换这台旧设备,需对继续使用的旧设备和启用新设备两方案的经济可行性进行了评价。单就旧设备继续使用而言,有两种选择,一种选择是放弃继续使用,可能获得变价收入20万元,同时可获得纳税上的好处1.65万元;另一种选择是继续使用旧设备,在考虑继续使用旧设备时,就必须放弃将其出售的机会,而放弃这一机会所可能取得的收益21.65万元,就是继续使用旧设备的机会成本,相对于出售旧设备而言,继续使用旧设备相当于企业投资21.65万元购置一台旧设备。

在全面考虑投资项目的机会成本时,应注意两点:第一,机会成本不是通常意义上理解的成本概念,它不是一种现实的支出,并没有实际发生,而是一种潜在的收益;第二,机会成本总是针对被放弃的具体方案而言的,这个具体方案是被放弃的所有方案中的最佳方案,该方案可能取得的收益才是我们所说的拟建项目的机会成本。

在项目投资评估中,之所以要全面考虑机会成本,旨在全面考虑可能采取的各种方案,以便为企业的既定资源找到最有利的使用途径。

3. 必须考虑拟建项目对本企业其他部门的影响

当我们采纳一个新的项目后,该项目可能对公司的其他部门造成有利或不利的影响。在对投资项目进行财务可行性评价时,必须考虑这种影响。

例如,若新建生产线生产的产品上市后,原有的其他产品的销路可能减少,而且公司的总销售额不增反降。因此,公司在进行投资分析时,不应将新生产线的销售收入作为增量收入来处理,而应扣除其他部门因此减少的销售收入。当然,也可能产生相反情况,新产品上市后将促进其他部门的销售增长。具体的影响要看新项目和原有部门之间是竞争关系还是互补关系。

企业在进行项目投资时,必须考虑这种影响,这有助于企业对拟建项目进行全面、有效地评估。

4. 项目需要垫支的营运资金也是项目投资的一部分

在一般情况下,当公司开办一项新业务并使销售额扩大后,对于存货和应收账款等流动资产的需求也会增加,公司必须筹措新的资金以满足这种额外的资金需求;另一方面,公司扩充的结果,应付账款与一些应付费用等流动负债也会同时增加,从而降低公司对营运资金的实际需要,其结果可能导致企业垫支一部分营运资金,其数额等于增加的流动资产与增加的流动负债之间的差额。

5.2.4 投资项目评估的一般方法

投资项目评估主要是通过一系列的评估指标来进行的。用于项目投资评估的评价指标是衡量和比较项目可行性,据此进行方案评估的量化标准和尺度,通常是由一系列综合反映项目投资效益、投入产出比的量化指标所构成。这些指标又根据计算时是否考虑时间价值因素,将其区分为两类:一类是贴现指标,即计算时考虑时间价值因素的指标,主要包括净现值、现值指数、内含报酬率等;另一类是非贴现指标,即没有考虑时间价值因素的指标,主要包括投资利润率、投资回收期等指标。根据分析指标的差别,投资项目评价的方法,也区分为贴现的分析评价方法和非贴现的分析评价方法两种。

1. 贴现的分析评价方法

(1)净现值法

所谓净现值,是指在项目计算期内,按一定贴现率计算的各年现金净流量的现值之和。按照定义,就是把所有未来现金流入和流出都要按预定折现率折算成现值,然后再计算它们的差额。

计算净现值的公式为:

$$NPV = \sum_{k=0}^{n} \frac{I_k}{(1+i)^k} - \sum_{k=0}^{n} \frac{O_k}{(1+i)^k} \tag{5-4}$$

式中 NPV——净现值;

n——投资涉及的年限;

I_k——第 k 年的现金流入量;

O_k——第 k 年的现金流出量;

i——预定的折现率,即资本成本或要求的必要报酬率。

例 5.1 现有三个投资项目,其各年的现金流量如表 5.1 所示。已知设定的折现率 $i=12\%$。计算三个方案的净现值。

表 5.1 某项目投资的现金流量图(元)

期 间	甲方案现金流量	乙方案现金流量	丙方案现金流量
0	-56 000	-28 000	-40 000
1	23 000	13 000	17 000
2	24 000	12 000	17 000
3	21 000	10 000	17 000
合 计	12 000	7 000	11 000

解：$NPV_{甲}=23\,000\times(P/F,12\%,1)+24\,000\times(P/F,12\%,2)+21\,000\times(P/F,12\%,3)-50\,000$

$=23\,000\times0.893+24\,000\times0.797+21\,000\times0.712-56\,000$

$=-1\,381$(元)

$NPV_{乙}=13\,000\times(P/F,12\%,1)+12\,000\times(P/F,12\%,2)+10\,000\times(P/F,12\%,3)-18\,000$

$=13\,000\times0.893+12\,000\times0.797+10\,000\times0.712-28\,000$

$=293$(元)

$NPV_{丙}=17\,000\times(P/A,12\%,3)-40\,000$

$=17\,000\times2.402-40\,000$

$=604$(元)

如果方案的净现值等于零，表示方案正好达到了预定的折现率的收益水平；如果方案的净现值大于零，表示方案除了达到了预定的折现率的收益水平，还能得打超过期望的收益；如果方案的净现值小于零，表示方案达不到了预定的折现率的收益水平。因此，净现值指标进行判别的标准是：当 $NPV\geq0$ 时，方案可行；当 $NPV<0$ 时，方案不可行。

上述方案中，乙、丙两项投资的净现值为正数，说明两方案的实际报酬率都超过12%。则这两个方案是有利的，因而是可以接受的；甲方案的净现值为负数，说明该方案的实际报酬率达不到12%，因而应予放弃。

应当指出的是，在项目评价中，折现率和净现值之间有着密切的关系，正确地选择折现率至关重要，它直接影响项目评价的结论。

图5.1给出了净现值和折现率的关系，此图是针对于常规现金流量(即在计算期内，开始时有支出而后才有收益，且方案的净现金流量序列的符号只改变一次的现金流量)投资的方案。

从图上我们可以看出，NPV 随着 i 的增大而减小。因此，基准收益率定的越高，方案被接受的可能性就越小；相反，如果选择的折现率过低，则会导致一些经济效益较差的项目得以通过，从而浪费了有限的社会资源。在实务中，一般按以下几种方法确定项目的折现率：

(1)以投资项目的资金成本作为折现率。

(2)以投资的机会成本作为折现率。

(3)根据不同阶段采用不同的折现率。在计算项目建设期现金流量的现值时，以贷款的实际利率作为折现率；在计算项目经营期现金流量现值时，以全社会资金的平均收益率作为折现率。

(4)以行业平均资金收益率作为项目的折现率。

(2)内含报酬率法

所谓内含报酬率，是指能够使未来现金流入量现值等于未来现金流出量现值的折现率，或者说是使投资方案净现值为零的折现率，用 IRR 表示，如图5.1所示。显然，内含报酬是使下式成立的折现率：

$$\sum_{k=0}^{n}\frac{I_k}{(1+IRR)^k}-\sum_{k=0}^{n}\frac{Q_k}{(1+IRR)^k}=0 \quad (5-5)$$

式中 n——投资涉及的年限；

I_k——第 k 年的现金流入量；

Q_k——第 k 年的现金流出量；

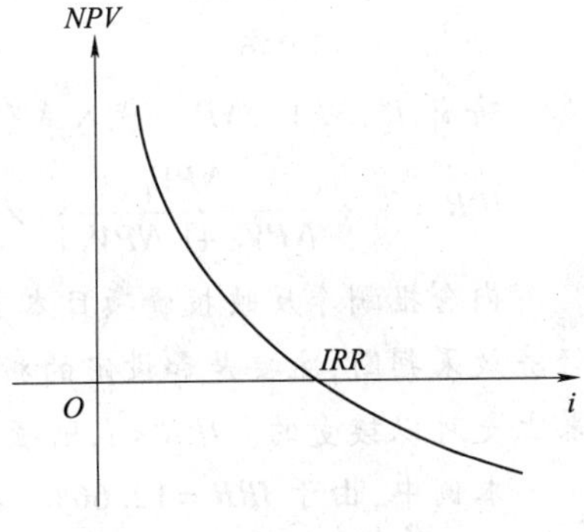

图5.1 净现值和折现率的关系

IRR——项目的内含报酬率。

根据定义计算项目的内含报酬率，很麻烦。通常内含报酬率的计算，需要借助“试算法”和“内插法”两种方法的配合使用才能计算出来。

计算过程如下：

1）首先，试用 i_1 计算 NPV_1（i_1 可以根据给出的基准收益率作为试算第一步的依据来确定）。

2）若得 $NPV_1=0$，则对应的 i_1 即为内部收益率，计算结束。若得 $NPV_1\neq 0$，则根据 NPV_1 和零做比较来设 i_2。

若 $NPV_1>0$，则设 $i_2>i_1$，计算 NPV_2 的值，若 $NPV_2=0$，则对应的 i_2 即为内部收益率，计算结束。若 $NPV_2>0$，则将 i_2 的值赋给 i_1，即 $i_1=i_2$，设下一个 $i_2>i_1$，直到计算得出 $NPV_1<0$ 为止。

若 $NPV_1<0$,，则设 $i_2<i_1$，计算 NPV_2 的值，和上述步骤类似，直到找到一个 $NPV_2>0$ 为止。

通过多次计算，得出 $NPV_1>0, NPV_2<0$ 或者 $NPV_1<0, NPV_2>0$，由图 5.2 可知，$NPV=0$ 所对应的 IRR 必然在 i_1 和 i_2 之间，将 i_1 和 i_2 对应的点用直线连起来，用其和横坐标的交点来近似表示 IRR。内插法求解 IRR 的公式：

$$IRR=i_1+\frac{NPV_1}{NPV_1+|NPV_2|}\times(i_2-i_1) \tag{5-6}$$

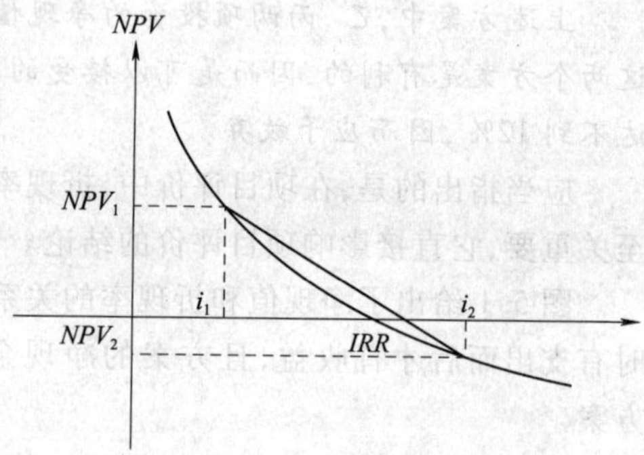

图 5.2　试算内插法求 IRR 图解

采用试算内插法计算 IRR 时，我们只需要选出一个 i_1 对应的 $NPV_1<0$，选出一个 i_2 对应的 $NPV_2>0$；或者选出一个 i_1 对应的 $NPV_1>0$，选出一个 i_2 对应的 $NPV_2<0$，带入公式（5－6）即可。但是要想所求解的近似值越接近于真实的 IRR 值，那么就要保证 $|i_2-i_1|$ 越小，即 i_2 和 i_1 越接近，这样计算出来的内含报酬率的精度就越高。因此 i_1 和 i_2 之间的差距一般控制在 5% 以内。

例 5.2　以例 5.1 资料为例，计算乙方案的内含报酬率。

解：令 $i_1=i=12\%$ 时，$NPV_1=293$

由于 $NPV_1>0$，故令 $i_2>i_1$，取 $i_2=15\%$，

$$\begin{aligned}NPV_2&=13\,000\times(P/F,15\%,1)+12\,000\times(P/F,15\%,2)+10\,000\times(P/F,15\%,3)-18\,000\\&=13\,000\times0.869\,6+12\,000\times0.756\,1+10\,000\times0.657\,6-28\,000\\&=-1\,046\end{aligned}$$

将 i_1, i_2, NPV_1, NPV_2 代入式（5－6）

$$IRR=i_1+\frac{NPV_1}{NPV_1+|NPV_2|}\times(i_2-i_1)=12\%+\frac{293}{293+|-1\,046|}\times(15\%-12\%)=12.66\%,$$

内含报酬率反映投资项目本身的收益能力，是其内在的实际收益率。用此指标进行方案经济效果判断，主要是和设定的折现率进行比较。其判别标准为：$IRR\geqslant i$，则项目是在经济效果上是可以接受的。$IRR<i$，则项目是在经济效果上应予以否定。

本例中，由于 $IRR=12.66\%>12\%$，故方案可以接受。

（3）现值指数法

所谓现值指数，是未来现金流入量的现值与现金流出量的现值的比率，亦称现值比率、获利指数、折现后收益—成本比率等，记作 PI。

计算现值指数的公式：

$$现值指数 = \sum_{k=0}^{n} \frac{I_k}{(1+i)^k} \Big/ \sum_{k=0}^{n} \frac{O_k}{(1+i)^k} \tag{5-7}$$

式中　n——投资涉及的年限；

I_k——第 k 年的现金流入量；

Q_k——第 k 年的现金流出量；

i——资金成本或要求的必要报酬率。

以例 5.1 资料为例，三个方案的现值指数如下：

现值指数(甲) = 54 619 ÷ 56 000 = 0.975

现值指数(乙) = 28 293 ÷ 28 000 = 1.010

现值指数(丙) = 40 604 ÷ 40 000 = 1.015

现值指数也是一个折现的相对量评价指标，利用这一指标进行投资项目评价的标准是：如果投资方案的现值指数小于 1，该方案为不可行方案。

乙、丙两项投资机会的现值指数均大于 1，说明其收益超过成本，即实际投资报酬超过预定的折现率。甲投资机会的现值指数小于 1，说明其实际报酬率没有达到预定的折现率。如果现值指数为 1，说明折现后现金流入等于现金流出，投资的实际报酬率与预定的折现率相同。

2. 非折现分析方法

(1)投资利润率法

投资利润率又称投资报酬率(记作 ROI)，是指达产期正常年度利润或年均利润占投总额的百分比。其公式为：

$$投资利润率 = \frac{年平均利润额}{投资总额} \times 100\% \tag{5-8}$$

或

$$ROI = \frac{P(或 P')}{I'} \times 100\% \tag{5-9}$$

式中　P——正常达产年份的利润总额；

P'——经营期内全部利润除以经营年数；

I'——投资总额。

投资利润率的决策标准是：投资项目的投资利润率越高越好，低于无风险投资利润率的方案为不可行方案。

(2)静态投资回收期法

静态投资回收期(P_t)，是指用项目产生的净现金流入回收全部初始投资所需要的时间。对投资者而言，投资期限越短越好。根据定义可以给出表达式：

$$\sum_{t=0}^{P_t} (CI - CO)_t = 0 \tag{5-10}$$

如果项目投产后每年的现金净流量相等，则使用以下公式计算：

$$P_t = \frac{投资额}{每年现金净流量} \tag{5-11}$$

如果项目投产后每年的现金净流量不相等，则使用以下公式计算：

$$P_t = \text{累计净现金流量开始出现正值的年份} - 1 + \frac{|\text{上年累计净现金流量}|}{\text{当年的净现金流量}} \quad (5-12)$$

静态投资回收期的决策标准是：方案的静态投资回收期小于等于标准投资回收期(P_c)，则方案可行，方案的静态投资回收期大于标准投资回收(P_c)期，则方案不可行。

例 5.3 某投资方案数据如表 5.2 所示，计算该方案的静态投资回收期。若给定标准投资回收期为 5 年，判断该方案是否可行。

表 5.2 投资方案现金流量表

单位：元

年 份	0	1	2	3	4	5
净现金流量	-400	80	90	100	100	100

解：首先列表计算出方案的累计净现金流量，然后代入公式计算。

表 5.3 投资方案累计净现金流量表

单位：元

年 份	0	1	2	3	4	5
净现金流量	-400	80	90	100	100	100
累计净现金流量	-400	-320	-230	-130	-30	70

由公式 $P_t = \text{累计净现金流量开始出现正值的年份} - 1 + \frac{|\text{上年累计净现金流量}|}{\text{当年的净现金流量}}$，

$$P_t = 5 - 1 + \frac{|-30|}{100} = 4.3(\text{年})$$

由于本方案的静态投资回收期为 4.3 年，小于标准投资回收期，故本方案可行。

在实际的项目投资评价中，以折现分析评价方法为主，而以非折现分析评价方法为辅。实践证明，两类分析评价方法结合使用可收到很好的评价效果。

5.3 项目投资分析评价方法应用

5.3.1 项目方案经济评价类型

对投资项目进行经济分析评价，除采用上述指标方法对单个方案进行评价外，往往需要在多个方案之间进行比选，多方案比选的方法与备选方案之间的关系有关。根据备选方案之间的不同关系，可将备选方案划分为不同的类型。

1. 互斥型方案

在若干备选方案中，各个方案之间具有排他性，即各方案当中只能选择一个。

2. 独立型方案

独立型方案指各个方案的现金流量是独立的，不具有相关性，且任一方案的采用与否都不影响其他方案的采用。

3. 混合型方案

在一组方案中，方案之间有些具有互斥关系，有些具有独立关系，则称这一组合方案为混合方案。混合方案在结构上又可组织成两种基本形式。

(1)第一种基本形式是在一组独立方案中，每个独立方案下又有若干个互斥方案的形式。

(2)第二种基本形式是在一组互斥方案中，每个互斥方案下又有若干个独立方案的形式。

4. 其他类型方案

(1)互补型方案

在多方案中,出现技术经济互补的方案称为互补型方案。互补方案之间往往存在相互依存的关系。

(2)现金流量相关型方案

现金流量相关型方案是指各方案的现金流量之间存在着相互影响。

5.3.2 单一方案经济评价

方案的经济效果是否达到预先确定的评价标准,具体的方法就是计算方案的经济效果指标,并按照指标的判别准则进行判断即可。如果指标通过,方案可行;反之,则不可行。

5.3.3 互斥方案经济评价

方案的互斥关系决定了我们只能在若干方案中选择一个方案作为最佳方案实施。这就需要进行比选,以确定一个最优的方案。该类型方案的经济效果评价包括绝对效果检验和相对效果检验。

绝对效果检验:考察备选方案中各方案自身的经济效果是否满足评价的要求。

相对效果检验:考察备选方案中哪个方案最优。

绝对效果检验实际上和上述的单一方案经济效果评价方法相同,而相对效果检验验是在绝对效果检验的基础上选择最优。两种检验的目的和作用不同,通常情况下缺一不可,以确保所选方案不但可行而且最优。

互斥方案比选的方法很多,这里主要介绍三种最常用的方法:净现值法、增量内含报酬率率法和净年值法。

1. 净现值法

净现值法进行互斥方案比选,首先进行方案绝对效果的检验,即分别计算各个方案的净现值,剔除 $NPV<0$ 的方案;然后对所有 $NPV>0$ 的方案比较其净现值,净现值最大的方案为最优方案。因此净现值法的判别标准是:净现值大于等于零且最大者为最优方案。

例 5.4 某建筑工程公司有一台旧设备,工程技术人员提出更新要求,建议用一台新的效率更高的设备来代替旧设备。旧设备原购置成本为 55 万元,已使用 4 年,预计还可以使用 5 年,已计提折旧 24 万元,如果现在出售可得变价收入 25 万元,使用该设备每年可获营业收入 50 万元,每年的付现成本为 40 万元,报废时的残值收入预计为 1 万元;购置新设备需支付购置成本 57 万元,预计可使用 5 年,设备投入使用需垫支营运资金 5 万元,期满残值收入 2 万元。使用新设备每年可获取收入 80 万元,每年的付现成本 55 万元。该公司的资本成本为 12%,所得税税率为 33%。旧设备采用直线法计提折旧,新设备采用年数总和法计提折旧。试对该公司继续使用旧设备和使用新设备两方案的财务可行性进行论证,并做出选择。

解: 1. 使用旧设备

(1)继续使用旧设备的机会成本由两部分构成:一部分为变价收入,另一部分则是清理设备可获得纳税上的好处,共计

$$25+[(55-24)-25]\times 33\% = 27(\text{万元})$$

(2)年营业现金净流量的计算

采用直线折旧法的计算公式:年折旧额 =(固定资产原值 - 预计净残值)÷折旧年限 (5-13)

$$年折旧额 = (55-1)/(5+4) = 6(万元)$$

$$年营业现金净流量 = 50\times(1-33\%) - 40\times(1-33\%) + 6\times 33\% = 9(万元)$$

(3)设备清理可得残值收入 1 万元

(4)整个使用期的现金流量分布如图 5.3 所示

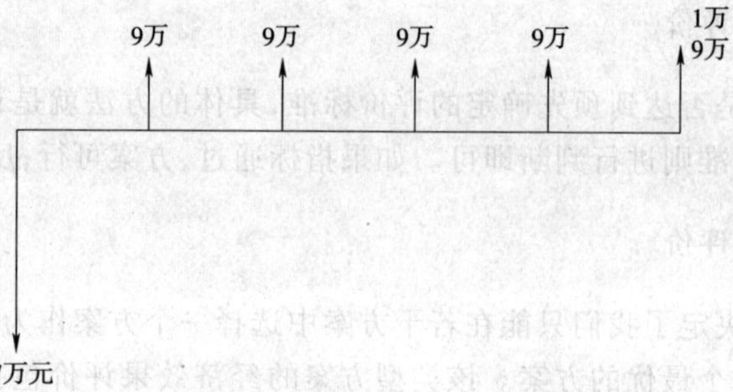

图 5.3 现金流量图

(5)净现值

$$NPV_{旧} = 9\times(P/A,12\%,5) + 1(P/F,12\%,5) - 27 = 9\times 3.605 + 1\times 0.567 - 27 = 6(万元)$$

2. 新设备年折旧情况

采用年数总和法的折旧计算公式:年折旧额 =(固定资产原值 - 预计净残值)×年折旧率 (5-14)

$$年折旧率 = \frac{折旧年限 - 已使用年数}{折旧年限\times(折旧年限+1)\div 2} \quad (5-15)$$

第 1 年的折旧额:(57-2)×5/15 = 18(万元)

第 2 年的折旧额:(57-2)×4/15 = 15(万元)

第 3 年的折旧额:(57-2)×3/15 = 11(万元)

第 4 年的折旧额:(57-2)×2/15 = 7(万元)

第 5 年的折旧额:(57-2) - 18 - 15 - 11 - 7 = 4(万元)

每年营业现金流量为:

第 1 年营业现金净流量为:(80-55)×(1-33%) + 18×33% = 23(万元)

第 2 年营业现金净流量为:(80-55)×(1-33%) + 15×33% = 22(万元)

第 3 年营业现金净流量为:(80-55)×(1-33%) + 11×33% = 20(万元)

第 4 年营业现金净流量为:(80-55)×(1-33%) + 7×33% = 19(万元)

第 5 年营业现金净流量为:(80-55)×(1-33%) + 4×33% = 18(万元)

终结现金流入量为:5 + 2 = 7(万元)

使用期各年的现金流量如图 5.4 所示

$$\begin{aligned} NPV_{新} &= 23\times(P/F,12\%,1) + 22\times(P/F,12\%,2) + 20\times(P/F,12\%,3) \\ &\quad + 19\times(P/F,12\%,4) + 25\times(P/F,12\%,5) - 62 \\ &= 23\times 0.893 + 22\times 0.797 + 20\times 0.712 + 19\times 0.636 + 25\times 0.567 - 62 \\ &= 17(万元) \end{aligned}$$

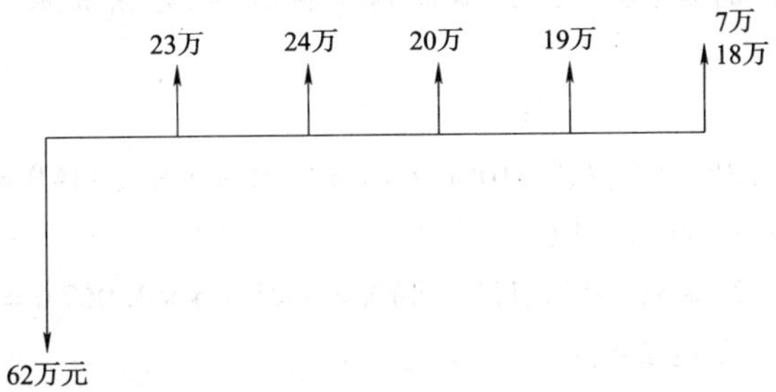

图 5.4　现金流量图

显然，$NPV_{旧} < NPV_{新}$，因而使用新设备在经济上更合适。

这里需要说明的是，在讨论这一问题时，应把继续使用旧设备和购置新设备看成是两个互斥的方案，而不是一个更换设备的特定方案。也就是说，要有正确的"局外观"，即从局外人角度来考虑：一个方案是用 27 万元购置旧设备，可使用 5 年；另一个方案是用 57 万元购置新设备，可使用 5 年。在此基础上比较各自的收益情况，最后做出项目的财务可行性评价，并从中选择最优方案，本题经常犯的错误就是忽略 27 万购置旧设备的成本。

2. 增量内含报酬率法

增量内含报酬率简单地说就是增量净现值等于零时的折现率。增量净现值根据两个方案的增量现金流量计算。设 A、B 为投资额不等的互斥方案，B 方案的投资额大于 A 方案。则增量内含报酬率法的计算表达式为：

$$\Delta NPV_{B-A} = \sum_{t=0}^{n} [(CI_B - CO_B)_t - (CI_A - CO_A)_t](1 + \Delta IRR)^{-t} \quad (5-16)$$

将上式变形得：

$$\sum_{t=0}^{n} [(CI_B - CO_B)_t (1 + \Delta IRR)^{-t} = \sum_{t=0}^{n} (CI_A - CO_A)_t](1 + \Delta IRR)^{-t} \quad (5-17)$$

即：

$$NPV_B(\Delta IRR) = NPV_A(\Delta IRR) \quad (5-18)$$

因此，增量内含报酬率法的另外一个表达式为：两个方案的净现值相等时的折现率。

用增量内含报酬率比选方案的判别标准是：$\Delta IRR \geqslant i$（设定的折现率）则增量投资部分达到了规定的要求，增加投资有利，故选投资大的方案为最优方案；$\Delta IRR < i$（设定的折现率）则增量投资部分达不到规定的要求，增加投资没有益处，故选投资小的方案为最优方案。

例 5.5　现有 A、B 两个互斥方案，寿命期均为 8 年，无残值，各年的现金流量如表 5.4 所示，设定折现率 $i = 10\%$，请用增量内含报酬率法评价选择方案。

表 5.4　A、B 两方案各年的现金流量表

年份	0 年	1 ~ 8 年	NPV	IRR
方案 A 的净现金流量	−40	10	13.35	18.7%
方案 B 的净现金流量	−65	15	15.03	16.1%
增量净现金流量($B-A$)	−25	5		

求解增量内含报酬率（$B-A$ 方案的内含报酬率）。

解：现在把增量投资（$B-A$）看成一个单独的方案，相当于投资 25 万元，1 ~ 8 年各年的收

益为5万元,现在要求解的是$(B-A)$方案的内含报酬率,求解出来的结果即为增量内含报酬率。

令$i_1=i=10\%$时

$$NPV_1=-25+5((P/A,10\%,8))=-25+5\times5.3349=1.6745$$

由于$NPV_1>0$,故令$i_2>i_1$,取$i_2=12\%$,

$$NPV_2=-25+5((P/A,12\%,8))=-25+5\times4.9676=-0.162$$

将i_1,i_2,NPV_1,NPV_2代入上述公式:

$$IRR_{B-A}=i_1+\frac{NPV_1}{NPV_1+|NPV_2|}\times(i_2-i_1)=10\%+\frac{1.6745}{1.6745+|-0.162|}\times(12\%-10\%)=11.8\%$$

根据判别准则:$IRR_{B-A}>10\%$,故应该选择投资大的方案,即B方案。

3. 净年值法

净年值法(NAV)就是用各方案的净年值的大小来选择最优的决策方案,这种方法适用于寿命期不等的互斥方案的评价。净年值的计算公式如下:

$$NAV=NPV(A/P,i,n) \tag{5-19}$$

用净年值法比选方案的评价标准:净年值最大且大于零的方案为最优方案。

例5.6 现有A、B两个互斥方案,各年的现金流量如表5.5所示。设定的折现率为10%,请用净年值法比选方案。

表5.5 A、B两个方案各年的现金流量表

方案	投资(万元)	年净现金流量(万元)	残值(万元)	寿命(年)
A	-20	6	2	6
B	-30	8	3	9

解:

$$NAV_A=-20(A/P,10\%,6)+2(A/F,10\%,6)+6=1.6672$$

$$NAV_B=-30(A/P,10\%,9)+3(A/F,10\%,9)+8=3.0128$$

因为$NAV_B>NAV_A$,故B方案比A方案优秀。

5.4 项目投资的风险分析

前面在讨论投资项目的财务评价时,避开了风险问题,均假定投资项目未来的现金流量是确是的;实际上,投资活动充满了不确定性。当项目投资面临的风险比较大,并足以影响到方案的选择时,因此在评价时应予以考虑。

有风险的情况下进行项目投资财务评价常用的方法有:按风险调整折现率法和按风险调整现金流量法两种。

5.4.1 按风险调整折现率法

投资项目风险分析的常用方法是按风险调整折现率法,这种方法的基本思想就是对于高风险的项目,采用较高的折现率去计算;对于低风险的项目,采要较低的折现率去计算。按风险调整折现率法的关键在于风险调整折现率的确定,通常有以下两种方法:

1. 按风险报酬率模型来调整折现率

在第二章中已经指出，一项投资的总报酬可分为无风险报酬率和风险报酬率两部分，公式如下：

$$K = R_F + bV \tag{5-20}$$

2. 用资本资产定价模型来调整折现率

在第二章中我们已经讲过了资本资产定价模型，其公式表示为：

$$K_j = R_F + \beta_j \times (R_m - R_F) \tag{5-21}$$

式中 K_j ——项目 j 按风险调整的折现率；

R_F ——无风险报酬率；

β_j ——项目 j 的不可分散风险的 β 系数；

R_m ——所有项目平均的折现率或必要报酬率。

资本资产定价模型是在有效的证券市场中建立的，实物资本市场不可能像证券市场那样有效，但其基本逻辑关系是一样的。我们可以借助这个模型将项目要求的收益率按项目风险的大小将其确定下来。

例 5.7 假定国库券的年利率为 6%，市场平均报酬率为 14%，甲项目的风险报酬系数为 2，乙项目风险报酬系数为 1.2，求甲乙项目的风险调整折现率。

解：甲项目的风险调整折现率为：6% +2×(14% −6%) =22%

乙项目的风险调整折现率为：6% +1.2×(14% −6%) =15.6%

按风险调整的折现率确定下来后，便可以结合具体投资项目预期的带有不确定性的现金流量，通过计算相应指标来对投资项目做出评价。

这种方法，对风险高的项目采用较高的折现率，对风险低的项目采用较低的折现率，简单明了，便于理解，因此被广泛采用。但这种方法把时间价值和风险报酬混在一起，并据此对现金流量进行折现，意味着风险随着时间推移而加大，这样就人为地假定风险一年比一年大，这显然是不合理的。

5.4.2 肯定当量法

为了克服上述方法的缺点，人们提出了肯定当量法。这种方法的基本思路是由于不确定性或风险的客观存在，使得投资项目各年的现金流量变得不确定，这时，可以按照一定方法将有风险情况下的现金流量调整为无风险情况下的现金流量，然后根据无风险折现率进行折现，计算有关的评价指标，进行财务评价。

使用肯定当量法，关键是利用肯定当量系数，将各年不肯定现金流量折算成肯定的现金流量。肯定当量系数通常用 d 表示。肯定当量系数受决策者人为因素的影响，为了防止因决策者的偏好不同而造成决策失误，有些企业根据标准离差率来确定肯定当量系数。标准离差率与肯定当量系数的经验对照关系详见表 5.6。

表 5.6 标准离差率与肯定当量系数的经验对照关系表

标准离差率	肯定当量系数	标准离差率	肯定当量系数
0.00～0.07	1	0.33～0.42	0.6
0.08～0.15	0.9	0.43～0.54	0.5
0.16～0.23	0.8	0.55～0.70	0.4
0.24～0.32	0.7		

例 5.8　某房地产开发企业拟进行一处商品房开发项目，建设期 3 年，商品房销售期为 2 年，各年的现金流量分布下表所示：已知无风险报酬率为 12%，用 d_i 表示第 i 年的肯定当量系数，$d_0=1.0$、$d_1=0.7$、$d_2=0.68$、$d_3=0.65$、$d_4=0.6$、$d_5=0.55$。试分析该项目在经济上的可行性。

表 5.7　某房地产开发企业各年的现金流量表

年　份	现金流量	年　份	现金流量	年　份	现金流量
0	-300	2	-150	4	600
1	-300	3	500		

解：根据以上资料，利用净现值法进行评价，计算如下：

$$NPV=600\times d_5\times(P/F,12\%,5)+500\times d_4\times(P/F,12\%,4)-150\times d_2\times(P/F,12\%,2)-300\times d_1\times(P/F,12\%,1)-300\times d_{20}$$

$$=600\times 0.55\times 0.567+500\times 0.6\times 0.636-150\times 0.68\times 0.797-300\times 0.7\times 0.893-300\times 1.0$$

$$=-190.91(\text{万元})$$

因为项目未来现金流量的净现值小于零，则说明如果实施该项目，企业会亏损 190.91 万元，因而在财务上是不可行的。

5.5　案例　红光照相机厂投资决策案例

红光照相机厂是生产照相机的中型企业，该厂生产的照相机质量优良、价格合理，长期以来供不应求。为了扩大生产能力，红光厂准备新建一条生产线。王禹是该厂助理会计师，主要负责筹资和投资工作。总会计师张力要求王禹搜集建设新生产线的有关资料，写出投资项目的财务评价报告，以供厂领导决策参考。

王禹经过十几天的调查研究，得到以下有关资料。该生产线的初始投资是 12.5 万元，分两年投入。第一年年初投入 10 万元，第二年年初投入 2.5 万元。第二年可完成建设并正式生产。投产后每年可生产照相机 1000 架，每架销售价格是 3000 元，每年可获销售收入 30 万元。投资项目可使用 5 年，5 年后残值可忽略不计。在投资项目经营期间要垫支流动资金 2.5 万元，这笔资金在项目结束时可如数收回。该项目生产的产品年总成本的构成情况如下：原材料费用 20 万元、工资费用 3 万元、管理费（扣除折旧）2 万元、折旧费 2 万元。

王禹又对红光厂的各种资金来源进行了分析研究，得出该厂加权平均的资金成本为 10%。王禹根据以上资料，计算出该投资项目的营业现金流量、现金流量、净现值（详见表 5.8，表 5.9，表 5.10），并把这些数据资料提供给全厂各方面领导参加的投资决策会议。

在厂领导会议上，王禹对他提供的有关数据作了必要的说明。他认为，建设新生产线有 3 385 元净现值，故这个项目是可行的。厂领导会仅对王禹提供的资料进行了分析研究，认为王禹在搜集资料方面作了很大努力，计算方法正确，但却忽略了物价变动问题，这便使得小王提供的信息失去了客观性和准确性。

总会计师张力认为，在项目投资和使用期间内，通货膨胀率为 10%。他要求各有关负责人认真研究通货膨胀对投资项目各有关方面的影响。基建处长李明认为，由于受物价变动的影响，初始投资将增加 10%，投资项目终结后，设备残值将增加到 37 500 元。生产处长赵芳认为，由于物价变动的影响，原材料费用每年将增加 14%，工资费用也将增加 10%。财务处长周定认为,扣除折旧以后的管理费用每年将增加4%,折旧费用每年仍为20 000元。销售处长吴宏认为,产品销售价格预计每年可增加10%。厂长郑达指出,除了考虑通货膨胀对现金流量的影响外,还要考虑通货膨胀对货币购买力的影响。他要求王禹根据以上各同志的意见,重新计算投资项目的现金流量和净现值,提交下次会议讨论。

分析:在考虑通货膨胀因素后,你认为该投资项目是否可行?

表 5.8 投资项目经营现金流量计算表

项目	第1年	第2年	第3年	第4年	第5年
销售收入	300 000	300 000	300 000	300 000	300 000
现付成本	250 000	250 000	250 000	250 000	250 000
其中:原材料	200 000	20 000	20 000	20 000	20 000
工资	30 000	30 000	30 000	30 000	30 000
管理费	20 000	20 000	20 000	20 000	20 000
折旧费	20 000	20 000	20 000	20 000	20 000
税前利润	30 000	30 000	30 000	30 000	30 000
所得税(33%)	15 000	15 000	15 000	15 000	15 000
税后利润	15 000	15 000	15 000	15 000	15 000
现金流量	35 000	35 000	35 000	35 000	35 000

表 5.9 投资项目现金流量计算表

项目	投资建设期		生产期				
	第1年	第2年	第1年	第2年	第3年	第4年	第5年
初始投资	-100 000						
流动资金垫支							
营业现金流量		-25 000	35 000	35 000	35 000	35 000	35 000
设备残值		-25 000					25 000
流动资金收回							25 000
现金流量合计	100 000	-50 000	35 000	35 000	35 000	35 000	8 500

表 5.10 投资项目净现值计算表

时间	现金流量	10%折现系数	现值
0	-100 000	1.000	-100 000
1	-50 000	0.909 1	-45 455
2	35 000	0.826 4	28 294
3	35 000	0.751 3	26 296
4	35 000	0.683 0	23 905
5	35 000	0.620 9	21 732
6	85 000	0.564 5	47 983
净现值			2 755

复习思考题

1. 贴现分析有哪些财务指标？如何进行计算？

2. 非贴现分析有哪些财务指标？如何进行计算？

3. 互斥方案的评价方法有哪些？那些方法可以应用于寿命不等的互斥方案的评价？

4. 为什么要确定风险贴现率？如何确定风险贴现率？

5. 某投资方案的现金流量如下表5.11所示，设定折现率为10%，请计算以下指标：(1)静态投资回收期；(2)净现值；(3)内部收益率。

表5.11 某投资方案的现金流量

年 份	0	1	2	3	4	5	6
现金流量	-500	100	100	120	130	110	100

6. 某房地产开发企业有一块5年前购置的地皮，将进行商品房项目开发，根据市

场分析，这块地现在出售可得价款100万元，现在进行开发，整个投资的建设期预计为两年，建设期每年年初需投资400万元用于工程建设，建成后两年可将房屋售完。每年可得价款700万元；据预测用于项目开发的原材料在5年后会大幅度下降，但是用于人力资源方面开支会有所增加。据测算，5年后开发原有的地皮销售可得价款140万元，建设期为两年。建设期每年年末需投资430万元，建成后房屋一年即可售完，可得全部房款1600万元。公司要求的必要报酬率为10%，试对以上商品房开发项目的开发时机做出选择。

7. 有*A*、*B*两个互斥方案，*A*方案的寿命期均为4年，*B*方案的寿命期均为6年，现金流量如下表5.12所示。设定折现率为10%，请评价选择方案。

表5.12 *A*、*B*两方案的现金流量表

年 份	0	1	2	3	4	5	6
A	-1250	750	750	750	750	—	—
B	-1000	500	500	500	500	500	500

8. 某公司准备引进一条生产线，有两个方案可供选择，有关数据见表5.13。

表5.13 某公司生产线方案表

年 份	甲方案		乙方案	
	净现金流量	概 率	净现金流量	概 率
0	-800	1.0	-900	1.0
1	600	0.1	1300	0.2
	800	0.8	800	0.6
	1000	0.1	300	0.2
2	400	0.2	500	0.3
	600	0.6	400	0.4
	800	0.2	300	0.3

假设无风险报酬率为10%，风险报酬系数为0.2。标准离差与肯定当量之间的经验对照关系表5.6，请用肯定当量法比较选择方案。

6 工程资产投资与管理

学习目标

- 了解营运资金含义及特点
- 掌握最佳现金持有量的计算方法
- 熟悉信用政策的内容,能够进行企业信用政策决策
- 熟悉存货成本构成,掌握存货经济批量的计算模型,理解 ABC 分类管理法的含义
- 熟悉固定资产的基本概念、特点及分类,固定资产的折旧及日常管理,能够结合企业实际情况进行折旧政策选择
- 掌握流动负债筹资的方式及优缺点,能够进行短期负债筹资决策

6.1 流动资产投资与管理

6.1.1 营运资金管理概述

营运资金是指企业生产经营活动中占用在流动资产上的资金,是企业维持正常经营活动所必须的对内投资。广义的营运资金是指占用在流动资产上的资金,狭义的营运资金又称净营运资金,是指流动资产减流动负债后的余额。流动负债是债权人的短期索求权,无法让企业在较长时间内自由运用,净营运资金是可供企业在较长时间内稳定使用的日常经营资金。营运资金的管理既包括流动资产的管理,也包括流动负债的管理。

1. 流动资产

流动资产是指可以在一年以内或超过一年的一个营业周期内变现或运用的资产,可以按不同的标准进行分类,主要的分类方法如下。

1)按流动资产的流动性的强弱,可分为速动资产和非速动资产

在整个流动资产中,变现能力最强的是现金,因为现金本身就是已经实现了的货币价值。其次是短期投资,由于短期有价证券不受具体使用价值的限制以及金融市场的开通与灵活性,决定了短期有价证券投资相对于其他实物形态资产较为容易向货币转化。各种结算资产已经完成销售,进入款项待收阶段,因此,其变现能力大于尚未进入销售过程的存货资产。在结算资产,应收票据不仅可以转让、贴现与抵押,而且由于其法律契约的性质,使之变现能力必然强于一般"记账信用"的应收账款等其他结算资产。企业决定以预付账款方式进行赊购时,通常是以商品的市场销路十分顺畅为前提,因此,预付账款的流动性或变现能力通常被视为强于存货资产。待摊费用与待处理流动资产损失本身并没有变现能力,其价值的补偿必须依附于其他资产价值的实现,它们的流动性弱于前述各项流动资产。1 年内将要到期或收回的长期投资,其流动性介于流动资产与非流动资产之间,列在流动资产的末尾。

因此,按资产流动性可分为两大类:速动资产与非速动资产。其中速动资产包括现金、短

期投资、应收票据、应收账款（扣除坏账损失）、其他应收款等。非速动资产包括存货、待摊费用、待处理流动资产损失、1 年内到期（或收回）的长期投资等。

2）按流动资产的赢利能力可分为收益性流动资产与非收益性流动资产

流动资产是企业价值补偿与价值增值实现的主体来源，但不同的构成项目对流动资产收益能力的形成具有不同的作用，大体上可分为收益性流动资产与非收益性流动资产。

收益性流动资产主要包括短期投资、商品产品、结算资产（预付账款、其他应收款除外）。其中应收票据、应收账款等结算资产本身既包括成本或原有垫支，也包括收益或毛利在内。当然，该类结算资产作为收益性资产的前提是其取得的收益，应当大于可能发生的管理成本及坏账损失等；存货及短期投资本身均按成本计价，其收益或毛利可以通过市场销售以增值或加成的方式取得。非收益性流动资产主要包括现金、预付账款、其他应收款、非商品产品生产、待摊费用、待处理流动资产损失等。现金通常只是企业收入实现的结果，因此，从现金中无法直接产生出增值，尽管银行存款可以取得一定的利息收入，但这种收入往往抵偿不了贷款的成本。预付账款及其他应收款由于暂时脱离企业而为他人无偿占用，因此，这些款项本身不仅不能为企业直接带来增值收益，相反，企业通常还要为此而付出各种成本，包括利息成本与机会成本等。非商品资产，如包装物、低值易耗品，尽管是企业收益实现不可缺少的重要条件，但从实际收益计算看，这些资产转移或摊销的价值则是收益性资产所取得的收益抵扣项目。待摊费用与待处理流动资产损失则纯粹是支出性资产，二者价值的摊销或补偿成为企业收益的抵减因素。

3）按流动资产的占用形态，流动资产可分为现金、短期投资、应收及预付款和存货

2. 流动负债

流动负债是指需要在一年或者超过一年的一个营业周期内偿还的债务。流动负债又称短期融资，具有成本低、偿还期短的特点。流动负债按不同标准可作不同分类。

（1）以应付金额是否确定为标准，可把流动负债分成应付金额确定的流动负债和应付金额不确定的流动负债。

1）应付金额确定的流动负债是指那些根据合同或法律规定，到期必须偿付，并有确定金额的流动负债。如短期借款、应付票据、应付账款、应付短期融资券等。

2）应付金额不确定的流动负债是指那些要根据企业生产经营状况，到一定时期才能确定的流动负债或应付金额需要估计的流动负债。如应交税金、应交利润、应付产品质量担保债务等。

（2）以流动负债的形成情况为标准，可以分成自然性流动负债和人为性流动负债

1）自然性流动负债是指不需要正式安排，由于结算程序的原因自然形成的那部分流动负债。在企业生产经营过程中，由于法定结算程序的原因，使一部分应付款项的支付时间晚于形成时间，这部分已形成但尚未支付的款项便成为企业的流动负债。因为它不需要作正规安排，是自然形成的，所以称之为自然性流动负债。

2）人为性流动负债是指由财务人员根据企业对短期资金的需求情况，通过人为安排所形成的流动负债。如银行短期借款、应付短期融资券等。

3. 营运资金投资的特点

为有效管理企业的营运资金，必须研究其投资的特点。营运资金投资的特点主要有：

1）营运资金的周转具有短期性

企业投资在流动资产上的资金，周转 1 次所需时间较短，通常会在 1 年或 1 个营业周期内收回，对企业影响的时间比较短。根据这一特点，流动资产投资中所需要的资金可用商业信

用、银行短期借款等短期筹资方式来加以解决。

2)营运资金的流动性强,变现能力强

流动资产,如短期投资、应收票据、应收账款、存货等的变现能力比较强,如果企业出现资金周转不灵．现金短缺情形,可以迅速地变卖这些资产,以获取现金。流动资产之所以具有较强的变现能力和较快的周转速度,是因为垫付在流动资产的价值,只要经过一次性的转移就可以全部转换为货币形态或得到价值补偿。这对企业应付临时性资金需求具有重要意义。相反,固定资产等非流动资产的价值则需要经过多次转移才能逐步得以收回或补偿。

3)流动资产投资的数量波动很大

流动资产的数量会随企业内外条件的变化而变化,时高时低,波动很大。季节性企业如此,非季节性企业也如此。随着流动资产数量的变动,流动负债的数量也会相应发生变动。

4)流动资产投资的占用形态经常变动

企业流动资产的占用形态是经常变化的,一般在现金、原材料、在产品、产成品、应收账款、现金之间顺序变化。同一时点上,货币、存货、应收账款等流动资产并存,并随生产经营过程而不断转换。采购阶段,一定数量的货币资产转换为存货资产;生产阶段,原材料存货转化为商品存货;销售阶段,商品存货转化为应收账款或货币资产。流动资产每循环一次都要经过采购、生产、销售过程,并表现为现金、原材料、在产品、产成品、应收账款等具体形态。各种不同形态的流动资产在空间上的并存性和时间上的继起性,要求企业在投资决策时合理配置资金数额,以促进资金周转顺利进行。

5)流动资产投资的发生次数比较频繁

企业财务人员经常面临流动资产投资问题,为了经营上的需要,在一个月内就可能需要多次追加对现金、应收账款和存货等方面的投资。

6)流动资产投资的获利能力高,投资风险较小

流动资产是企业的劳动对象,在生产企业和流通企业的总资产中都占有举足轻重的地位。企业各项经济活动(除比重相对较小的长期投资与非经常性的无形资产转让外)都是围绕着实现流动资产价值增值这一根本目的进行的。企业投入的活劳动,利用固定资产等劳动手段所创造的价值,最终均包含在流动资产的周转价值之中。因而,通过流动资产周转所实现的价值增值是企业最重要、最稳定的收益来源。

由于流动资产变现周期短,对未来市场走向的可预见性强,必然能够大大降低各种不确定性因素对企业的影响。另外,由于单项流动资产投资额相对较小,出现市场变化时比较容易收缩调整,可以避免固定资产“船大难调头”的风险损失。因此,流动资产的投资风险相对较小。

4. 营运资金管理的原则

营运资金因具有较强的流动性而成为企业日常生产经营活动的润滑剂和衡量企业短期偿债能力的重要指标。合理的营运资金占用水平能保证生产经营活动的顺利进行,可以降低企业日常经营的风险和成本,提高赢利水平。在管理时主要遵循以下原则。

1)认真分析,正确预测流动资产需要量

流动资产的需要量是指企业在一定时期内所需要的合理的流动资产占用量。流动资产需要量的大小受生产经营规模、流动资产的周转速度、物资与劳动消耗水平以及市场状况等因素的影响。在一定条件下,企业生产经营规模与流动资产需要量成正比。同时,企业财务管理水平越高,营运资金的需要量也越少。

2)合理配置,保持最优流动资产结构,确保短期债务偿还

流动资产结构指各类形态的流动资产占整个流动资产的比重。掌握企业流动资产的具体分布情况和各个周转阶段上的资产比例关系,可以在占用资金总量一定的情况下,通过合理调配、组织,使资产同时科学地并存于各种形态,提高资产的使用效率。同时可以确定其管理重点,提高流动资产使用效果。

流动资产、流动负债及二者间的关系能反映出企业短期债务的偿还能力。流动负债是在短期内需偿还的债务,流动资产是在短期内可以转化为现金的资产。一般,保持流动资产是流动负债的一倍是比较合理的。合理安排二者比例,既节约资金,又保证企业具有足够的短期债务偿还能力。

3)合理筹集,及时供应,控制流动资产的占用数量

企业在筹集和供应流动资产所需的资金时,应通过分析选择合适的筹资渠道和方式,计算所需花费的资金成本及其对损益的影响,要求以较小的代价取得更大的筹资效益。

在日常工作中,通过建立有效的管理和控制系统,在保证生产经营活动需要的前提下,科学地控制流动资产的占用数量,提高企业的经济效益。

4)加快流动资产周转,提高其使用效果

流动资产在周转使用过程中依次改变其资产占用形态,其循环周转是企业实现再生产和取得赢利的前提。在一定时期内,流动资产周转速度越快,企业经济效益越好。加速流动资产周转对企业经济效益提高具有重要作用。研究加速流动资产周转,必须保证资产投向的合理性和周转过程中各环节运动上的顺畅性。

5)正确处理赢利和风险的关系

企业流动资产与固定资产应保持一定的比例。一般情况,流动资产的获利能力往往较固定资产低,但流动资产多,到期偿还债务、支付利息的风险小;反之,如果一个企业的流动资产过少,虽然可以提高企业资产利润率,但到期偿还债务、支付利息的能力就会下降,企业风险就会提高。赢利与风险之间存在正比例关系。企业应根据自身的要求,以及不同时期经济发展状况和市场状况,确定流动资产占用数额,处理好赢利与风险的关系,在实现尽量多赢利的同时,使风险降到最低点。

6.1.2 现金投资与管理

1. 现金投资与管理的目的

(1)现金的定义

现金是指在生产过程中暂时停留在货币形态的资金,包括库存现金、银行存款、银行本票、银行汇票和有价证券。

库存现金,即各单位为应付日常零星开支可以留存一定限额的现金,而超过限额部分都必须于当天存入银行。现金的收入、支出和保管业务由出纳员负责办理。银行存款是指储存在银行的现金款项。每一企业除了按规定留存一定量现金以外,其他现金都必须存入银行,包括企业的本票存款和汇票存款。银行存款的收支业务由出纳员负责办理。有价证券是指能自由转让的公司股票、公司债券以及各级政府发行的公债。企业常利用正常经营中暂时多余的现金去购买可流通证券,其目的是为了作为短期投资,期望获取一定的利率差价权益,并不以取得长期投资收益为目的。因此,这种短期性质的有价证券实际是一种货币性资产,它可根据企业的需要,随时在金融市场上抛售和变现。

(2)企业持有现金的动机

企业持有现金的动机主要有以下三方面:

1)交易动机。指企业持有现金以便满足日常支付的需要,如用于购买材料、支付工资、交纳税款、支付股利等。支付所需要现金的数量,取决于企业销售水平。正常营业活动所产生的现金收入和支出以及它们的差额,一般同销售量呈正比例变化。其他现金的收支,如买卖有价证券、购入机器设备、偿还借款等,比较难预测,但随着销售数量的增加都有增加的倾向。

2)预防的动机。指企业为应付紧急情况而需要保持的现金支付能力。企业预计的现金需要量一般是正常情况下的需要量,但有许多意外事件会影响企业现金的收入和支出。例如,地震、水灾、火灾等自然灾害,生产事故;主要顾客未能及时付款等都会打破企业的现金收支计划,使现金收支出现不平衡。持有较多的现金,便可使企业更好地应付这些意外事件的发生。预防动机所需要现金的多少取决于以下几个因素:①现金收支预测的可靠程度;②企业临时借款能力;③企业愿意承担的风险程度。

3)投机的动机。指企业为抓住市场机会,获取较大利益而准备的现金余额,其持有量的大小往往与企业在金融市场的投资机会及企业对待风险的态度有关。如当预期利率上升、有价证券的价格将要下跌时,投机的动机就会鼓励企业暂时持有现金,直到利率停止上升为止;当预期利润要下降,有价证券的价格将要上升时,企业可能会将现金投资于有价证券,以便从有价证券价格的上升中得到收益。

(3)现金管理的目的及内容

现金作为变现能力最强的资产,是满足正常经营开支、清偿债务本息、履行纳税义务的重要保证。因此,企业能否保持足够的现金余额,对于降低或避免经营风险与财务风险具有十分重要的意义。但同时现金又是一种非赢利性资产,持有量过多,势必给企业造成较大的机会损失,降低资产的获利能力。因此,如何在现金的流动性与收益性之间做出合理的选择,即在保证企业正常业务经营及偿还债务和缴纳税款需要的同时,降低现金的占用量,并从暂时闲置的现金中获得最大的投资收益,就成为企业现金管理的基本目标和目的。具体来说现金管理的内容包括以下几方面:

1)编制现金收支计划,以便合理估计未来现金需求。

2)确定最佳现金余额,合理调整实际现金余缺。

3)科学合理地进行日常现金管理,控制收支。

2. 现金收支计划的编制

现金收支计划是预计未来一定时期企业现金收支状况,并进行现金平衡的计划。通过编制现金收支计划,来控制和规划企业未来现金的收支活动,提高现金收支的效率。

现金收支计划的编制方法很多,不同的方法采用不同的计划表格形式。现以现金全额收支法为例,例示现金收支计划的基本格式如表6.1。表中各项目说明如下:

(1)现金收入

现金收入包括营业现金收入和其他现金收入两部分。

1)营业现金收入主要指产品销售收入,其数据从销售计划中取得。销售计划是编制企业其他计划的基础,一般应最先编制。财务人员根据销售计划资料编制现金计划时,应注意以下两点:①必须把现销和赊销分开,并单独分析赊销的收款时间和金额;②必须考虑企业收账中可能出现的有关因素,如现金折扣、销货退回、坏账损失等。

表 6.1 现金收支计划表

项目	季度				
	1	2	3	4	全年
(一)现金收入					
(1)营业现金收入					
现销和当月应收账款的收回	600	400	700	300	2 000
以前月份应收账款的收回	600	700	500	600	2 400
营业现金收入合计	1 200	1 100	1 200	900	4 400
(2)其他现金收入					
固定资产变价收入	100	0	0	120	220
利息收入	80	90	30	70	270
租金收入	50	50	50	50	200
股利收入	70	70	30	60	230
其他现金收入合计	300	210	110	300	920
(3)现金收入合计(3)=(1)+(2)	1 500	1 310	1 310	1 200	5 320
(二)现金支出					
(4)营业现金支出					
材料采购支出	500	400	600	400	1 900
当月支付的采购材料支出	250	150	400	250	1 050
本月付款的以前月份采购材料支出	250	250	200	150	850
工资支出	100	80	120	130	430
管理费用支出	80	70	90	100	340
销售费用支出	80	60	100	100	340
财务费用支出	40	40	60	40	180
营业现金支出	800	650	970	770	3 190
(5)其他现金支出					
厂房、设备投资支出	200	150	250	150	750
税款支出	50	30	60	40	180
利息支出	50	50	50	50	200
归还债务	60	40	70	60	230
股利支出	100	100	80	100	380
证券投资	40	200	100	0	340
其他现金支出合计	500	570	610	400	2 080
(6)现金支出合计(6)=(4)+(5)	1 300	1 220	1 580	1 170	5 270
(三)净现金流量					
(7)现金收入减现金支出	200	90	-270	30	50
(四)现金余缺					
(8)期初现金余额	100	300	390	120	100
(9)净现金流量	200	90	-270	30	50
(10)期末现金余额(10)=(8)+(9) =(8)+(3)-(6)	300	390	120	150	150
(11)最佳现金余额	160	160	160	160	160
(12)现金多余或短缺(12)=(10)-(11)	140	230	-40	-10	-10

2)其他现金收入通常有设备租赁收入、证券投资的利息收入、股利收入等。

(2)现金支出

现金支出主要包括营业现金支出和其他现金支出。

1)营业现金支出主要有材料采购支出、工资支出和其他支出。

在确定材料采购支出时,必须注意以下几点:①要确定材料采购付款的金额和时间与销售收入的关系。材料采购的现金支出与销售量存在一定联系,但在不同企业、不同条件下这种关系并不相同,财务人员必须认真分析两者关系的规律性,以合理确定采购材料资金支出的数量和时间。②要分清现购和赊购,并单独分析赊购的付款时间和金额。③设法预测外界的影响,如价格变动、材料供应紧张程度等。④估计采购商品物资中可能发生的退货,可能享受的折扣等,以合理确定现金的支出数额。

直接人工的工资有可能随销售量和生产量的增长而增长,但在计时工资制下,工资的变动相对稳定,在生产稍有上升时,可能并不马上增加人员,只有当产量、销量大幅度变动或工资调整时,才会引起工资数额的大幅度变动。如果采用计件工资制,工资的数量将随生产同比例地变化。

另外,对销售费用和管理费用也必须做合理的预测和估计。

2)其他现金支出,主要包括固定资产投资支出、偿还债务的本金和利息支出、所得税支出、股利支出或上缴利润等。固定资产投资支出可以从有关规划中获得这方面数据。债务的本金和利息的支出情况可从有关筹资计划中获得。所得税的数量应以当年预计的利润为基础进行估算。股利支出或上缴利润数额可根据企业利润分配政策进行测算。

(3)净现金流量

净现金流量是指现金收入与现金支出的差额。可按下列公式计算:

净现金流量 = 现金收入 - 现金支出

= (营业现金收入 + 其他现金收入) - (营业现金支出 + 其他现金支出)

(4)现金余缺

现金余缺是指计划期现金期末余额与最佳现金余额(又称理想现金余额)相比后的差额。如果期末现金余额大于最佳现金余额,说明现金多余,应设法进行投资或归还债务;如果期末现金余额小于最佳现金余额,则说明现金短缺,应进行筹资予以补足。期末现金余额的计算公式为:

现金余缺额 = 期末现金余额 - 最佳现金余额

= (期初现金余额 + 现金收入 - 现金支出) - 最佳现金余额

= 期初现金余额 ± 净现金流量 - 最佳现金余额

3. 最佳现金持有量的确定

基于交易、预防、投机等动机需要,企业必须保持一定数量的现金余额。最佳现金持有量是能够最有效地实现现金管理目标的现金持有水平。确定最佳现金持有量的方法有很多,这里择要介绍几种主要的方法。

(1)现金周转模型

现金周转模型是在预测期现金需要量确定的情况下根据现金周转期确定现金持有量的方法。

现金周转期是指从现金投入生产经营开始,到最终转化为现金的过程。它大致包括如下三个方面:

1)存货周转期,指将原材料转化成产成品并出售所需要的时间。

2)应收账款周转期,指将应收账款转换为现金所需要的时间,即从产品销售到收回现金的期间。

3)应付账款周转期,指从收到尚未付款的材料开始到现金支出之间所用的时间。现金周转期可用下列算式表示:

$$现金周转期 = 存货周转期 + 应收账款周转期 - 应付账款周转期$$

现金周转期确定后,便可确定最佳现金持有量。其计算公式如下:

$$最佳现金持有量 = (企业年现金需求总额 \div 360) \times 现金周转期$$

例 6.1 某企业预计存货周转期为 90 天,应收账款周转期为 40 天,应付账款周转期为 30 天,预计全年需要现金 720 万元,求最佳现金持有量。

解:现金周转期 = 90 + 40 − 30 = 100(天)

最佳现金持有量 = (720 ÷ 360) × 100 = 200(万元)

现金周转模型方法计算简单,但它假设材料采购与产品销售产生的现金流量在数量上一致,企业的生产经营过程在一年中持续稳定地进行,即现金需要和现金供应不存在不确定的因素。如果以上假设条件不存在,则求得的最佳现金持有量将发生偏差。

(2)存货模式

存货模式是指将存货的最优经济批量分析模型应用于现金管理。存货的经济批量模型最早由美国经济学家 William. J. Baumol 于 1952 年提出,故又称 Baumol Model。

在存货模式中,假设收入是每隔一段时间发生的,而支出则是在一定时期内均匀发生的。在此期间,企业可通过销售有价证券获得现金。现用图 6.1 加以说明。

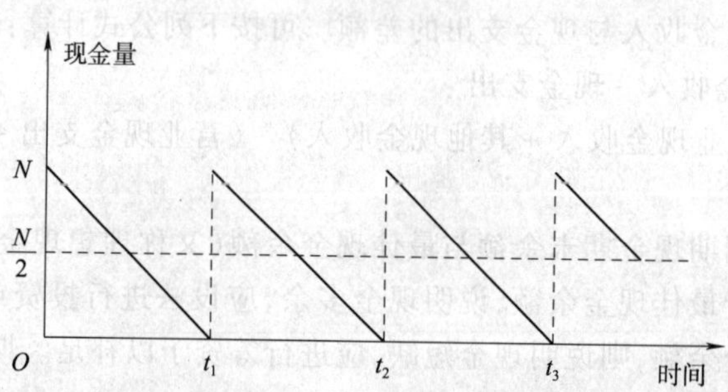

图 6.1　确定最佳现金余额的存货模式图

在图 6.1 中,假定公司的现金支出需要在某一时间(如一个月)内是稳定的。公司原有 N 元现金,当此笔现金在 t_1 时用掉后,出售 N 元有价证券补充现金;随后当这笔现金到 t_2 时又用掉后,再出售 N 元有价证券补偿现金。如此不断重复。存货模式的目的是要求出使总成本最小的 N 值。

现金持有的总成本包括两个方面:

1)现金持有成本。即持有现金所放弃的报酬,是持有现金的机会成本,这种成本通常为有价证券的利息率,它与现金持有量成正比例变化。

2)现金转换成本。即现金与有价证券转换的固定成本,如经纪人费用、捐税及其他管理成本,这种成本只与交易的次数有关,而与持有现金的数额无关。如果持有现金量大,则持有现金的机会成本高,但转换成本可减少。如果持有现金量小,则持有现金的机会成本低,但转换成本要上升。两种成本之和最低条件下的现金量即为最佳现金持有量。

$$TC = \frac{N}{2}i + \frac{T}{N}b \tag{6-1}$$

式中 TC——总成本；

b——现金与有价证券的转换成本；

T——特定时间内的现金需求总额；

N——理想的现金转换数量(最佳现金持有量)；

i——短期有价证券利息率。

年总成本、现金持有成本和转换成本的关系如图6.2所示。

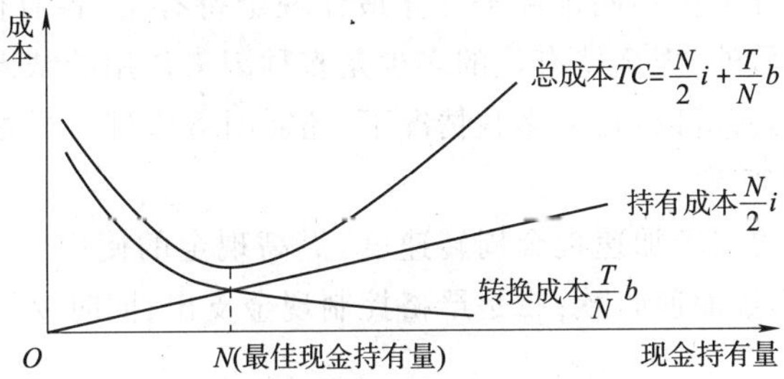

图6.2 最佳现金余额存货分析模型

图中，TC是一条凹形曲线，可用导数方法求出最小值。

$$TC' = \left(\frac{N}{2}i + \frac{T}{N}b\right)' = \frac{i}{2} - \frac{Tb}{N^2}$$

令 $TC' = 0$，则 $\frac{i}{2} = \frac{Tb}{N^2}$，$N^2 = \frac{2Tb}{i}$

所以，最佳现金持有量 $N = \sqrt{\frac{2Tb}{i}}$

例6.2 某企业预计全年需要现金6000元，现金与有价证券的转换成本为每次100元，有价证券的利息率为30%。求最佳现金持有量。

解：$N = \sqrt{\frac{2 \times 6000 \times 100}{30\%}} = 2000$（元）

最佳现金持有量为2000元，公司从有价证券转换为现金的次数为3次(6000/2000)。

存货模式以货币支出均匀发生、现金持有成本与转换成本易于预测为前提条件。它可以精确地计算出最佳现金持有量和变现次数，表述了现金管理中基本的成本结构，对加强企业的现金管理有一定作用。

(3)成本分析模型

成本分析模型，是根据企业持有现金的相关总成本进行现金持有方案决策的方法。该模型下企业持有现金的相关总成本包括机会成本和短缺成本。机会成本即因持有现金而丧失的再投资收益，与现金持有量成正比例变动关系。短缺成本，指企业因现金短缺而遭受的损失。如不能按时支付购料款而影响与供货单位的关系，造成停工待料；因透支银行存款而影响企业与银行的关系，造成申请贷款困难等。企业持有现金的短缺成本随持有现金量的增加而下降。

例6.3 某企业根据历史经验和市场资金供应情况测定其每期现金持有量可能为200000～500000元。现有以下四种现金持有量方案，企业有价证券投资收益率为8%，有关成本资料见表6.2。

表 6.2 现金持有量方案成本分析表

方 案	现金持有量	机会成本	短缺成本	相关总成本
A	200 000	16 000	21 000	37 000
B	300 000	24 000	12 000	36 000
C	400 000	32 000	5 000	37 000
D	500 000	40 000	2 000	42 000

比较各方案总成本，B 方案总成本最低，300 000 元为最佳现金持有量。

以上各种计算模式分别从不同角度来计算最佳现金持有量，各有优缺点，在实际工作中，可结合起来加以运用。另外，现金持有量的多少是多种因素作用的结果，数学模型并不能把各种因素的变化都考虑进去，所以，在大多数情况下，还需财务管理人员根据经验加以确定。

4. 现金收支的日常管理

现金收支管理的目的在于加速现金周转速度，提高现金的使用效率。提高现金使用效率主要有两个途径，一是尽量加速收款；二是严格控制现金支出，同时要尽量实现收支流量同步，才能达到这一目的。

(1)加速收款

加速收款主要是尽可能缩短从客户汇款或开出支票，到企业收到客户汇款或将其支票兑现的过程。实现这一过程，可借鉴西方企业常用的两种方法；

1)建立多个收款中心。这是指企业不仅在其总部所在地设立收款中心，同时还根据客户地理位置的分布情况以及收款额大小，设立多个收款中心。具体做法是：企业销售商品时．由各地分设的收款中心开出账单，当地客户收到销售企业的账单后，直接汇款或邮寄支票到当地的收款中心，收款中心收款后立即存入当地银行或委托当地银行办理支票兑现；当地银行在进行票据交换处理后立即转给企业总部所在地银行。

应用这种分散开单和分散收款的办法，与传统的集中开单和集中收款的办法相比，具有两个方面的优点：第一是缩短了账单和支票的往返邮寄时间。这是因为账单由客户所在地的收款中心开出，并寄给当地客户，所需的时间明显少于直接从企业所在地邮寄给客户的时间；同时，客户付款的支票邮寄到离他最近的收款中心的时间也比直接邮寄到企业所在地的时间短。第二是缩短支票兑现所需的时间。这是因为各地收款中心收到客户的支票并交当地银行，企业就可向各地区银行支取使用。采用此种方法也有其不足之处，按规定各收款中心在当地银行开设的账户应保持一定的存款余额，企业设立的收款中心越多，这部分“冻结资金”的机会成本也就越大。

2)设立专用信箱。这个方法通常称为“锁箱法”，是指企业可在各主要城市租用专用的邮政信箱。企业对客户开出发票、账单，通知客户将款项寄到当地专用的邮政信箱，并直接委托企业在当地的开户银行每日开启信箱，以便及时取出客户支票立即予以登记、办理票据交换手续并存入该企业账户。当地银行依约定期向企业划款并提供收款记录。采用由委托银行从邮政信箱直接收取支票并办理结算手续的办法，无疑会比前述企业设立多个收款中心的做法更能缩短企业的收款时间。但是采用这种方法后，企业除了在各地区银行保持一定的存款余额外，还须支付委托银行一定的服务费，通常收费是按委托银行收取支票的张数乘以一定的比率计算。显然，代为办理的支票面额越小，企业负担的成本就会越高。

综上所述，企业考虑采用哪种方法来加快收款速度较为合适。必须在现金管理的成本和收益之间进行权衡。只要加速收款所付出的代价不大于提前收回现金所取得的收益,企业就可以酌情采用其中的一种方法,进行有效的现金管理。

(2)控制现金支出

现金支出的控制包括金额和时间上的控制。企业通常可采用的方法有:

1)延缓应付款的支付

企业在不影响自身信誉的前提下,可以尽量推迟应付款的支付日期。例如企业在采购材料时,其付款条件为开票后 10 天内偿付,可享受现金折扣 2% ,30 天内则按发票金额付款。企业应安排在开票后第 10 天付款。这样既可最大限度地利用现金,又可享受现金折扣。倘若企业急需现金而放弃折扣的优惠,当然应该安排在信用条件规定的最后一天支付款项。

利用汇票这一结算方式企业也可以延缓现金支出的时间。因为汇票和支票不同,不能见票即付,还需由银行经购货单位承兑后方能付现,故企业的银行存款实际支付的时间迟于开出汇票的时间。

此外,改变工资支出模式,单独设立工资账户,也会节约公司现金支出。

2)使用现金浮游量

所谓浮游量,是指企业从银行存款账户上开出的支票总额超过其银行存款账户的余额。出现现金浮游的主要原因是以企业开出支票、收款人收到支票并将其送到银行,直到银行办理完款项的划转,通常需要一定的时间。因此,浮支量实际上就是企业与银行双方出账与入账的时间差造成的。也就是在这段时间里,虽然企业已开出支票却仍可动用银行存款账户上的这笔资金,以达到充分利用现金之目的。但是,企业使用现金浮支量应谨慎行事,要预先估计好这一差额并控制使用的时间,否则会发生银行存款的透支。

提高现金使用效率,不仅要求尽量做到加速收款、严格控制现金支出,还应力求使现金收入与支出在时间上同步,做好库存现金日清月结管理,严格遵守使用范围规定,做好各项银行存款的日常管理,这样才能最好发挥企业所持有的交易性现金余额的作用。

6.1.3 应收账款投资与管理

1. 应收账款及其管理目的

应收款项是指所有由各种会计事项所引起的企业对未来资产增加(大多数情况下表现为现金状态),具有某种要求权的那些款项。简单地讲是由于企业对外销售产品、提供劳务及其他原因,应向购货单位或接受劳务单位或其代垫资金单位收取的款项,一般包括应收账款、应收票据、其他应收款等。

应收款项形成原因主要有两方面:一是结算原因。如外销产品发货到收回款项的时间差导致的应收账款,或集团企业内部结算所引起的应收款项。二是促销原因。企业为吸引客户,促进销售,采取赊销方式以扩大产品销路。其规模可控制调节,并影响企业收益和成本水平,是应收账款管理的重点。应收账款的存在,主要产生于企业间商品交易过程中的商业信用。所谓商业信用,是指企业与企业之间所进行的赊销交易。由于赊销是一种先交货后收款的行为,作为销贷企业来说,在其产品(商品)售出后,必然要等待一段时间才能收回其全部贷款。应收账款虽然可以扩大企业产品销路,增加销售收入,但它却在一定程度上占用了企业的经营资金。因此,企业必须确定一个合理的应收账款占用水平,使之既能为增加企业销售收入服务,又不至于影响企业正常的资金周转,这就需要对应收账款进行管理。

如何借助于应收账款投资来促进销售、扩大销售收入、增强竞争能力,同时又希望尽快避免由于应收账款的存在而对企业资金周转造成的束缚及可能发生的坏账损失,便是企业应收账款管理的目的。对应收账款管理,是要制订科学合理的应收账款信用政策,并将这种信用政策所增加的销售赢利和采用这种政策预计要负担的成本进行权衡。只有当应收账款额商业信用所增加的销售赢利超过运用此政策所增加的成本时,才能实施和推行使用这种信用政策。同时,应收账款管理还包括对企业未来销售前景和市场情况的预测和判断．及时对应收账款安全性进行调查。如企业销售前景良好,应收账款安全性好的,则可进一步放宽其收款信用政策,扩大赊销量,获取更大利润。相反,则应相应严格其信用政策,或对不同客户的信用程度进行适当调整,确保企业在获取最大收入的情况下,使可能的损失降低到最低点。

2. 应收账款的成本

应收账款投资的成本包括所占用资金的资金成本、应收账款的管理成本和坏账损失成本。

实际情况表明,应收账款并不能保证百分之百的收回,总有一部分形成坏账,从而给企业带来经济损失。这一数量一般与应收账款的数量同方向变动。

1)占用资金的资金成本

也称之为应收账款的投资成本。指由企业信用政策引起的应收账款占用资金而需要的融资成本。应收账款所占用的资金若是企业的自有资金,则其占用资金的成本就相当于用其投资于有价证券的收益,因而它实际上是一种机会成本;若所占用的资金来源于银行借款,则其资金成本就等于借款利息与手续费之和。

2)管理成本

对应收账款进行日常管理,相关的费用主要有:①顾客信用状况调查费用。②收集各种信息的费用。③应收账款核算费用。④应收账款收款费用。是指企业向客户收回应收账款所花费的费用。如财务部门雇佣信用管理员及助手的费用;收集信用情报、分析潜在客户信用状况的费用;通讯费用、文具费用、簿记费用等等。⑤其他管理费用。如延期付款成本,即客户未能按期付款,企业需增加的与之相关的费用。如向客户发生贷款已到期的提示通知、法律诉讼、电话以及收回过期应收账款所做出的一切努力费用,企业将收款任务转交专门的收款机构所需支付的手续费。此外延期付款所占用资金的机会成本也属于延期付款成本的一部分。

3)坏账损失成本

由客户拒付货款使企业遭受的坏账损失。如企业已确信应收账款已被拒付或无法收回时,应将该项应收账款注销。

3. 信用政策

应收账款有扩大销售、增加企业利润的一面,又有增加企业成本的另一面。对应收账款的管理,就是在利润与成本之间做出权衡,最终达到增加企业利润的目的。对利润与成本权衡的操作,是通过制订有效的信用政策来实现的。

信用政策即应收账款管理政策,是企业为对应收账款投资进行规划与控制而确立的基本原则与行为规范,包括信用标准、信用条件和收账政策三部分内容。

(1)信用标准

信用标准,是客户获得企业商业信用所应具备的最低条件,通常以预期的坏账损失率表示。一个企业信用标准的制定是否合适,直接影响其应收账款数额大小和产品销售收入的高低。信用标准过于严格,企业的应收账款可能很小,但它却会丧失向信誉较好的客户销售产品的机会,其应收账款的机会成本(销售收入的增加额)也将较小;反之,如信用标准太松,虽然其增加销售收入的可能性增大,但也会因客户拒付而造成坏账损失的机会增多。因此,企业需针对不同情况确定合理的信用标准。

企业制定信用标准,应考虑同行业竞争对手情况、企业承担违约风险能力的强弱及客户的信用状况。客户资信程度高低常取决于5个方面,简称“5C”。“5C”主要指:

1)信用品质(Character)。指客户的信誉,即客户履行其偿还债务的可能性。企业必须对客户过去的付款记录进行详细地了解,以判断其是否能履行偿还义务。

2)偿付能力(Capacity)。偿付能力高低取决于客户流动资产的数量和质量以及流动负债的性质。如客户的流动资产越多,流动资产中的某些部分可能被转换成现金,支付债务的能力越强。此外,企业还应注意流动资产的质量,存货过多过少或变质都将影响企业的流动性,影响企业的支付能力。

3)资本(Capital)。资本的大小表明了客户的财务实力,可从客户的有关财务报表中取得,通过对客户资本的了解,可以测定其净资产的大小及其获利的能力。

4)抵押品(Collateral)是指客户拒付时能被用作抵押的资产。如对客户的信用状况有争议,但他能提供抵押品,企业也可向他提供信用,即使客户拒付,企业可变卖抵押品,以满足其债权。

5)经济状况(Condition)。是指可能影响客户目前付款能力的经济环境。企业必须了解客户在以前的经济衰退或通货紧缩时期的付款情况。

上述信用状况,可通过下列渠道获得:①商业代理机构或资信调查机构所提供的客户信用资料及信用等级标准资料;②委托往来银行信用部门向与客户有关联业务的银行索取信用资料;③与同一客户有信用关系的其他企业相互交换该客户的信用资料;④客户的财务报告资料;⑤企业自身的经验与其他可取得的资料。

通过分析决定给予某客户信用后,还应规定一个信用额度。信用额度是指该客户在任何时候可以赊欠的最大限额。只要这个客户的未付款保持在信用额度之下、就可由具体经办人员按规定办理,如果超过信用额度,则必须经有关负责人批准方能办理。信用额度实际上代表企业对该客户愿意承担的最高风险。由于风险是可以变化的,现在可以接受的风险,将来可能成为不可能接受的风险。因此,对于信用额度需建立定期检查制度,定期重新评估,以做必要的变动。

(2)信用条件

信用条件,是指对已达到信用标准的客户赊销时所确定的付款条件,它包括:信用期限和现金折扣条件。

1)信用期限。企业为客户规定的最长付款时间。如$n/30$表示这笔货款在30天内付清。期限越长,销量越大,利润越高,但应收账款占用的资金成本与坏账损失成本也增加。

2)折扣条件。也称现金折扣,指企业规定客户在信用期满前一定时间内付款可享受在产品(商品)价格上的优惠,如客户未能利用这种折扣,他需在信用期限的最后一天付清全部货款。如折扣条件“$2/10,n/30$”是指客户如在发货10天内付款可享受2%的折扣优惠,如客户不利用该折扣,他在第30天之前付清全部货款。折扣条件的确定,一般根据行业惯例,但企业也可根据自身情况加以制定,以提高其竞争能力。

信用条件对企业的销售收入、应收账款的机会成本、收账费用和坏账损失都会产生影响,因此在决策时要进行收益与成本的比较。

例6.4 某企业目前信用条件和拟采用的信用条件资料见表6.3,应收账款机会成本率8%,产品变动成本率60%。估计改变信用条件后,将会有80%的赊销收入会利用现金折扣,

20% 的赊销收入在折扣期后、信用期内收回。根据资料进行信用条件决策。

表 6.3 信用条件情况表

单位：万元

项　　目	目前信用条件（$n/30$）	拟采用信用标准（$2/10, n/50$）
年赊销额	3 600	4 800
应收账款收账期（天）	30	10 × 80% + 50 × 20% = 18
应收账款平均余额	3 600 ÷ 360 × 30 = 300	4 800 ÷ 360 × 18 = 240
维持赊销业务所需资金	300 × 60% = 180	240 × 60% = 144
坏账损失率	2%	1%
坏账损失	72	48
收账费用	10	4

解：根据资料进行信用条件决策见表 6.4。

表 6.4 信用条件决策计算表

单位：万元

方案 项目	目前信用条件（$n/30$）	拟采用信用条件（$2/10, n/50$）
年赊销收入	3 600	4 800
减：现金折扣	0	4 800 × 80% × 2% = 76.8
变动成本	2 160	2 880
信用成本前收益	1 440	1 843.2
信用成本：		
机会成本	180 × 8% = 14.4	144 × 8% = 11.52
坏账损失	72	48
收账费用	10	4
小计	96.4	63.52
信用成本后收益	1 343.6	1 779.68

经分析计算，采用新的信用条件可带来更多收益，应改变原信用条件。

（3）收账政策

亦称收账方针，是指当客户违反信用条件，拖欠甚至拒付账款时企业所采取的收账策略与措施。企业向客户提供商业信用时，必须考虑三个问题：其一，客户是否会拖欠或拒付账款，程度如何；其二，怎样最大限度地防止客户拖欠账款；其三，一旦账款遭到拖欠甚至拒付，企业应采取怎样的对策。一、二两个问题主要靠信用调查和严格信用审批制度；第三个问题则必须通过制定完善的收账方针，采取有效的收账措施予以解决。

企业收款政策过宽，可能促使客户更加拖欠贷款，使企业的应收账款投资成本更大；如果收款政策过严，又可能得罪无意拖欠的顾客，从而使未来的销售和利润受到损失。因此，企业采取的收款政策必须十分谨慎，既不能过严，也不能过宽。在制定收款政策时，应考虑以下几方面问题：①收款成本与坏账损失的关系；当企业的收款成本达到饱和点时，就不应再努力收款而增加费用开支。②收款成本与期望收回的应收账款的关系。只有当预期收回应收账款的收益大于企业所支付的收款成本时，企业才有必要下大力气收回应收账款。③当前的收款政策是否需改变。此时，企业应将改变收款政策所需追加的收款成本与收款政策改变后所节约的坏账损失和机会成本加以比较,若前者大于后者,则不应改变当前的收款政策,若前者小于后者,则需调整当前的收款政策。

通常的步骤为:当账款被客户拖欠或拒付时,企业应当首先分析现有的信用标准及信用审批制度是否存在纰漏;然后重新对违约客户的资信等级进行调查、评价。对于信用记录一向正常的客户,在去电、去函的基础上,不妨派人与客户直接进行协商,彼此沟通意见,达成谅解妥协,既可密切相互间的关系,又有助于较为理想地解决账款拖欠问题,并且一旦将来彼此关系置换时,也有一个缓冲的余地。当然,如果双方无法取得谅解,也只能付诸法律进行最后裁决。对信用品质恶劣的客户应从信用名单中删除,对其所拖欠的款项可先通过信函、电讯或者派人前往等方式进行催收,态度可以渐加强硬,并提出警告。当这些措施无效时,最后通过法院来裁决。为了提高诉讼效果,可以与其他经常被该客户拖欠或拒付账款的企业联合向法院起诉,以增强该客户信用品质不佳的证据力。除上述收账政策外:有些国家还兴起了一种新的收账代理业务,即企业可以委托收账代理机构催收账款。但由于委托手续费往往较高,许多企业,尤其是那些资产较小、经济效益差的企业很难采用。

4. 应收账款的日常管理

为了加速应收账款周转速度、节约应收账款投资的资金占用,企业在日常业务工作中,必须搞好以下几方面的管理工作。

(1)做好基础记录,及时对应收账款追踪分析。基础记录工作包括企业对客户销售各种产品提供的信用条件、建立赊销关系的日期、客户付款的时间、目前尚欠贷款的余额,以及对客户评定的信用等级和以往客户的守信程度等等。企业财务部门和销售部门只有及时掌握这些信息,才能对信用政策的执行、客户的信用状况等进行卓有成效的分析,并就存在的问题提出对策。

进行账龄分析,密切关注应收账款的回收情况,是提高应收账款收现效率的重要环节。应收账款的账龄结构,反映各账龄应收账款的余额占应收账款总计余额的比重。一般逾期拖欠时间越长,账款催收的难度越大。通过账龄分析,企业对不同拖欠时间和不同信用品质的客户,可制定不同的收账政策和方案。

(2)建立考核应收账款的管理评价指标

从企业总体进行评价应收账款管理的指标,主要为应收账款周转率(或平均收款期)。

应收账款周转率 = 赊销收入净额 ÷ 平均应收账款

平均收款期 = 360 ÷ 应收账款周转率

该指标反映应收账款的流动程度,企业在一定时期内周转率越高,或平均收款期越短,即应收账款转为现金的次数越多,平均每次转为现金的时间越短,那么,收款效率越高;反之则相反。企业可通过该项指标与以往实际比较,与现计划比较,与同行业比较,来评价应收账款管理工作中的成绩与不足。

(3)建立应收账款坏账准备制度

应收账款的坏账损失无法避免,因此,遵循谨慎性原则,对坏账损失的可能性预先进行估计,并建立弥补坏账损失的准备制度。提取坏账准备金在应收账款日常管理中十分必要。

一般确定坏账损失的标准有:①债务人破产或死亡,以其破产财产清偿后,仍不能收回的应收款项;②债务人逾期未履行偿债义务,且有明显特征表明无法收回。企业的应收账款只要符合上述任何一个条件,均可作为坏账损失处理。需要注意的是,当企业的应收账款按照第二个条件已经作为坏账损失处理后,并非意味着企业放弃了对该项应收账款的索取权。实际上,企业仍然拥有继续收款的法定权力,企业与欠款人之间的债权债务关系不会因为企业已作坏账处理而解除。

6.1.4 存货投资与管理

存货是企业在生产经营过程中为生产或销售而储备的物资,主要包括原材料、在产品及产成品。存货投资占流动资产的比重很大,一般为40% ~60%。因此,加强存货的规划与控制,使其保持在最优水平,提高其利用水平,对企业财务的经营与效益十分重要。

1. 存货及其管理目的

存货按存储目的可分为生产或耗用存储的存货和为销售而储存的存货。前者有材料、燃料、外购零件及在产品,后者有库存商品和产成品。按存放地点不同分为库存存货、在途存货和委托加工与代销存货。

适量的材料存货在企业生产经营中的作用主要有防止停工待料、适应市场变化、降低进货成本和维持均衡生产等。企业在仓库储存一部分材料,以避免因购料未及时供应而延误生产造成的停工损失。同时,按照一定批量进行采购所形成的存货,虽会增加储存成本,却可减少采购次数,降低采购成本,并有可能享受批量折扣,降低购货成本。有了在产品的库存同样可确保企业各个部件配套装配或生产过程的连续进行,减少材料临时性短缺造成的不利影响。另外,储存产品主要是为了解决生产企业能把产品源源不断地供应给顾客,以避免不必要的存货短缺所带来的销售损失。

存货的投资必然要占用较多的资金,存货占用资金的机会成本、存货的储存与管理费用,都会影响企业获利能力的提高。因此,如何在存货的成本与收益之间进行利弊权衡,成为存货管理的基本目标,从而寻找企业最合理的存货储备,为企业带来最好的经济效益。

2. 存货的成本

企业储备存货的成本可分为以下三类。

(1)订货成本。指存货在进货环节所发生的成本,包括存货进价和进货费用两方面。存货进价购置成本,等于进货数量与单价的乘积。它通常是稳定的,与每次进货数量和进货次数没有直接关系,是存货决策中的无关成本。进货费用,又称订货成本,是企业组织存货采购而发生的诸如请购、订购、运输、收货、验查和入库等活动所发生的费用;如果存货属于企业自己生产的,则订货成本就是指与安排存货的生产而发生的生产调整准备费。该项成本一般只与订货次数(生产批次)有关,而与每次订货量(生产批量)无关。

设每年订货 N 次,每次订货成本为 F,则总订货成本 $TOC = NF$。

(2)储存成本。指存货储存过程中发生的成本,可分为三种:第一种是存货占用资金的资金成本;第二种是由于保管存货而发生的仓库费、保险费、保暖、照明、保管工人工资等;第三种是存货发生变质、损坏、陈旧和报废成本等。

储存成本与平均库存量成正比,而库存量又取决于订货次数(或者生产批次)。假设企业的年销售量为 S,如果每年等量订货 N 次,则每次的订货量为 S/N。若一年中存货是均匀流出的,在不考虑安全存量的情况下,企业平均的库存量 A = 每次订购量/2 = $S/N/2$。

假设每单位存货的采购成本为 P,则企业存货平均占用资金量就等于 AP。设 C 为每一元存货的储存成本,则企业的总储存成本等于 APC。

(3)缺货成本,指由于缺少存货而使生产中断或丧失销售机会而造成的损失,如停工损失;或临时高价采购材料而发生的额外支出;或不能按时交货而产生的信誉损失等。缺货成本不易计量,但也是一项重要因素。

3. 存货经济采购批量模型

(1)基本模型

存货经济批量是指能使一定时期存货相关总成本最低的采购批量或生产批量。其基本管理模型建立在以下假设基础上:①企业一定时期存货需要量是可准确预测的固定数;②存货价格稳定;③每次采购的存货可一次集中到货,并在下次进货前均衡使用;④市场供应充足,仓储条件及存货所需现金不受限制;⑤不存在缺货成本。存货数量变化见图6.3。

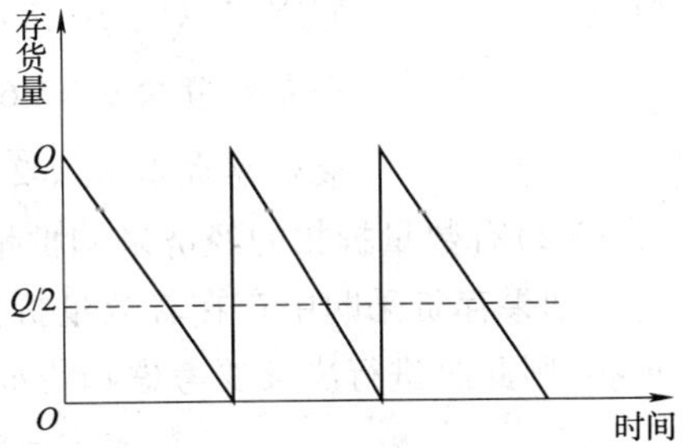

图6.3 存货数量变化图

存货总成本 TIC 等于储存成本 TCC 与订货成本 TOC 之和。

设每次订货量为 Q,则 $Q=S/N, A=Q/2$

$$TCC=CPA=CPQ/2$$

$$TOC=F\frac{S}{2A}=FS/Q$$

$$TIC=\frac{CPQ}{2}+\frac{FS}{Q}$$

可见,储存成本与每次订货量成正比,订货成本与每次订货量成反比。储存成本、订货成本与存货总成本的关系如图6.4,当 $TCC=TOC$ 时,TIC 最低,此时订货批量 $Q=\sqrt{\frac{2FS}{CP}}$ 即为存货总成本最小时的经济采购批量,用 EOQ 表示。

$$EOQ=\sqrt{\frac{2FS}{CP}} \tag{6-2}$$

式中 EOQ——经济批量;

F——每次订货成本;

S——年需要量;

C——每一元存货的平均储存成本;

P——进货单价。

$$经济批次=\frac{S}{EOQ}=\sqrt{\frac{CPS}{2F}}$$

$$最低总成本=\frac{CP}{2}\cdot EOQ+\frac{FS}{EOQ}=\sqrt{\frac{CPFS}{2}}+\sqrt{\frac{CPFS}{2}}=\sqrt{2CPFS}$$

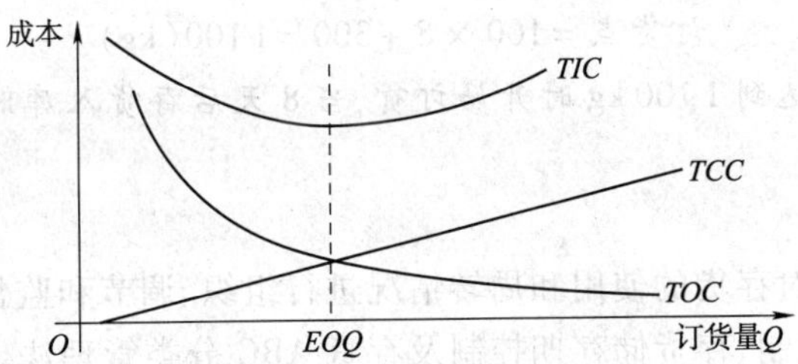

图6.4 存货经济批量模型

例 6.5 某建材企业经销某种材料,预计全年销量 26 000 件,每件进货单价 4.92 元。每次的订货成本为 1 000 元,每元存货的平均储存成本为 0.25 元。求最优经济采购批量。

解:

$$EOQ = \sqrt{\frac{2FS}{CP}} = \sqrt{\frac{2 \times 1\,000 \times 26\,000}{0.25 \times 4.92}} = 6\,500\ (\text{件})$$

全年订货次数 = 26 000/6 500 = 4(次)

$$最低总成本 = \sqrt{2 \times 0.25 \times 4.92 \times 1\,000 \times 26\,000} = 8\,000\ (\text{元})$$

(2)有数量折扣的经济采购批量模型

如果存货采购中存在着数量折扣,即每次购买数量达到一定数量就可享受到一定的价格折扣,则此时进行决策要考虑购货成本。

总成本 = 购货成本 + 订货成本 + 储存成本

使此总成本最低的采购批量为有数量折扣下的经济采购批量。

例 6.6 某企业全年需要耗用甲材料 1600 t,单价 10 元/kg,单位储存成本是单价的 10%,每次订货成本为 2 000 元。如每次采购量达到 100 t,可享受 2% 数量折扣。试对企业采购甲材料进行经济采购批量决策。

解:如按基本经济采购批量模型采购,采购批量为:

$$EOQ = \sqrt{\frac{2 \times 1\,600\,000 \times 2\,000}{1}} = 25\,298\ (\text{kg})$$

年总成本 $TC = 1\,600\,000 \times 10 + 1\,600\,000 \div 25\,298 \times 2\,000 + 25\,298 \div 2 \times 1 \times 10$

$= 16\,252\,982$(元)

如果按照 100 000 kg 的折扣批量采购,其相关总成本为:

$TC = 1\,600\,000 \times 10 \times (1 - 2\%) + 1\,600\,000 \div 100\,000 \times 2\,000 + 100\,000 \div 2 \times 1 \times 10$

$= 16\,212\,000$(元)

比较两者的总成本,应该按照 100 000 kg 的批量进行采购。

(3)存货订货点的确定

订货点是指订购下一批存货时,本批存货还剩下的储存量。由于组织订货到货物入库需要一定的时间,因此,企业不可能等全部存货使用完毕才开始订货,通常要有一个提前期,这就要确定存货订货点。

如企业耗用均匀,且交货期(从订货到入库的时间)也稳定,则有:

订货点 = 交货期 × 平均耗用量

实际经营过程中,耗用量往往波动,交货期也可能延迟,考虑这些因素,企业通常要保持一定的安全储备量。其订货点计算:

订货点 = 交货期 × 平均耗用量 + 安全存量

例 6.7 甲存货的平均每日需要量为 100 kg,订货期为 8 天,安全储备量为 300 kg,则:

订货点 = 100 × 8 + 300 = 1 100(kg)

即当甲存货的库存达到 1 100 kg 时开始订货,当 8 天后存货入库时,此时的库存正好等于安全存量 300 kg。

4. 存货的日常管理

存货管理主要是指对存货的使用和周转情况进行组织、调节和监督。主要方法有:存货定额控制、存货供应时点控制、存货储存期控制及存货 ABC 分类管理法。这里重点介绍 ABC 分类管理法。

存货品种繁多,对大型企业来说,常有成千上万种存货项目。不同种类的存货差别也很大,有的品种少,但金额巨大,有的品种数量繁多,但价格十分便宜。ABC 控制法分类管理就是按照一定的标准,将企业存货划分为 A、B、C 三类,分别实行分品种重点管理、分类别一般控制和按总额灵活掌握的存货管理方法。一般可分为如下几个步骤:

①计算每一种存货在一定时间内(一般为一年)的资金占用额;

②计算每一种存货资金占用额占全部资金占用额的百分比,并按大小顺序排列,编成表格;

③根据事先测定好的标准,把最重要的存货划为 A 类,把一般存货划为 B 类,把不重要的存货划为 C 类,并画图表示出来;

④对 A 类存货进行重点规划和控制,对 B 类存货进行次重点管理,对 C 类存货只进行一般管理。

例 6.8 某企业共 20 种材料,共占用资金 100 000 元,按占用资金多少的顺序排列后,根据上述原则划分成 A、B、C 三类,见表 6.5。

表 6.5 ABC 分类计算表

材料品种(用编号代替)	占用资金数额(元)	类别	各类存货所占的		各类存货占用资金的	
			种数(种)	比重(%)	数额(元)	比重(%)
1	50 000	A	2	10	75 000	75
2	25 000					
3	10 000					
4	5 000					
5	2 500	B	5	25	20 000	20
6	1 500					
7	1 000					
8	900					
9	800					
10	700					
11	600	C	13	65	5 000	5
12	500					
13	400					
14	300					
15	200					
16	190					
17	180					
18	170					
19	50					
20	10					
合计	100 000		20	100	100 000	100

表中的各类材料资金占用情况,如图 6.5 所示。存货划分为 A、B、C 三大类,目的是对存

货占用资金进行有效的管理。A类存货种类最少，在本例中仅2种，但占用的资金多达75 000元，比重很大占75%，故应集中力量进行管理，对其经济批量要进行认真规划，对收入、发出要进行严格控制；C类存货虽然种类繁多，在本例中有13种，但占用的资金不多为5 000元，比重很小仅5%，故不必耗费大量人力、物力、财力去管理，这类存货的经济批量可凭经验确定，不必花费大量时间和精力去进行规划和控制；B类存货介于A类和C类之间，也应给予相应的重视，但不必像A类那样进行非常严格的控制。

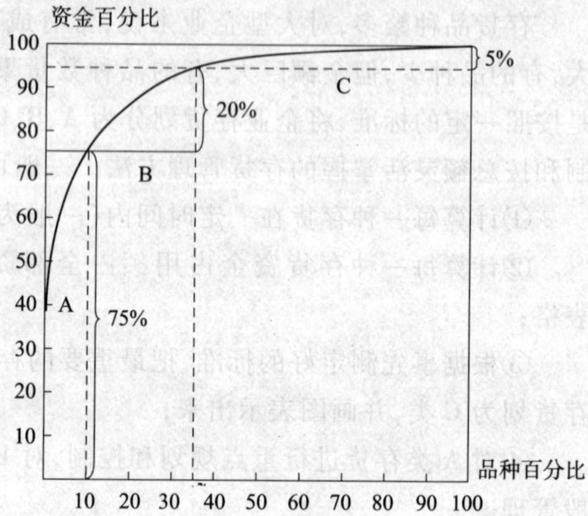

图6.5　存货ABC管理图

6.2　固定资产投资与管理

6.2.1　固定资产概念及投资特点

1. 固定资产概念及分类

固定资产是指使用年限在一年以上，单位价值在2 000元以上，并且在使用过程中保持原有物质形态的资产。如房屋、建筑物、机械、有关设备及器具等。企业固定资产投资能够反映企业生产经营规模及技术水平高低，提高固定资产投资使用效率，对企业生产及获利能力的提高十分重要。

企业的固定资产种类繁多，根据不同的分类标准，可进行以下分类。

(1)按固定资产的使用情况分类，可以分为使用中固定资产、未使用固定资产和不需用固定资产

使用中固定资产是指投入生产经营和服务活动中，正在使用的固定资产，包括生产用、销售用、服务用、科研开发用和生产福利用的固定资产。未使用固定资产是指尚未投入生产经营和服务中的新增固定资产或因某种原因停用的固定资产。不需用固定资产是指企业的生产经营和服务活动不再需要使用而应处理的固定资产。如企业改变生产经营和服务方向所致。

企业要提高固定资产的使用效率，必须首先将固定资产全部投入使用，不得闲置。固定资产一旦闲置，必然使得闲置固定资产的折旧由使用中的固定资产所带来的收入分摊，从而使企业净收入下降。

(2)按固定资产的运行效率分类，可以分为满负荷运行的固定资产和运行不足(或开工不足)的固定资产

满负荷运行的固定资产指投入生产经营和服务中使用的固定资产，完全按照设计能力进行营运，其生产经营和服务能力达到最大的固定资产。运行不足的固定资产是指投入生产经营和服务中使用的固定资产，未按照设计能力进行营运，其生产经营和服务能力没有达到最大的固定资产。

企业要提高固定资产的使用效率，不仅要使固定资产全部投入使用，而且必须使投入使用的固定资产能充分发挥效力，达到最佳运行状态。

(3)按固定资产的用途分类,可以分成生产经营和服务用固定资产、非生产经营和服务用固定资产

生产经营和服务用固定资产是指直接用于生产经营、科研开发和服务活动,能提供产品、科研成果和劳务从而能带来直接和间接收入的固定资产。增加这类固定资产的数量,就会提高生产经营、科研和服务能力,结果不仅会引起折旧成本增加,也会带来收入增加。

非生产经营和服务用固定资产是指用于职工生活福利包括职工文化教育、医疗、卫生等方面,只发生直接成本,而不带来直接收入的固定资产。

2. 固定资产投资的特点

固定资产投资具有以下特点:

(1)固定资产投资数额大,回收期长,投资次数相对较少。

固定资产投资决策一旦做出,便会长时间影响企业经营。其价值回收是采取在使用寿命期分期收回的方式进行的,通常一项固定资产投资至少需要数年才能收回,这要求固定资产的使用必须在较长时间内都能取得稳定的投资收益。企业固定资产投资发生次数较流动资产大大减少,特别是大规模的固定资产投资,一般要几年甚至几十年才发生一次。

(2)固定资产投资的变现能力较差。

固定资产主要是厂房和机器设备等,这些资产不易改变用途,出售困难,变现能力差。若想改变用途,不是无法实现,就是代价太大。所以,固定资产投资具有不可逆转性。

(3)固定资产使用成本是一种非付现成本。

固定资产使用成本以折旧形式提取,并通过销售抵扣而进入货币准备金形态,以备固定资产更新投资使用。由于固定资产折旧是分期提取的,而固定资产的实物更新则是在若干年以后才进行的,因此,在提取折旧时并不需要支付现金从而成为非付现成本。企业则可以在固定资产更新之前,利用折旧的货币准备金进行其他投资。

(4)固定资产的资金占用量相对稳定,而实物营运能力取决于企业的利用程度。

固定资产投资一经完成,在资金占用数上就保持相对稳定,而不像流动资产投资那样经常变动。同时,其实物营运能力也被确定。即在相关业务范围内,实际固定资产营运能力的增加,并不需要增加固定资产的投资,通过挖掘潜力,提高效率可以使现有固定资产完成增加的业务量。

(5)固定资产投资的实物形态与价值形态可以分离。

固定资产使用过程中,随着其实物资产的磨损,固定资产价值便有一部分脱离其实物形态,转化为货币准备金,而其余部分仍存在于实物形态中。在使用年限内,保留在固定资产实物形态上的价值逐年减少,而脱离实物形态转化为货币准备金的价值却逐渐增加。直到固定资产报废,其价值才得到全部补偿,实物也得到更新。这样,固定资产的价值与其实物形态又重新统一起来。

3. 固定资产管理的原则

固定资产管理的核心是使用效率。使用效率的高低,直接影响固定资产投资的风险大小和收益多少。企业对固定资产进行管理应遵循以下基本原则:

(1)充分使用原则

企业应将固定资产全部投入使用,不能出现闲置不用的固定资产。具体有:注意在新增固定资产购建计划中衔接好生产经营和提供服务的时间,做好投入生产经营和服务营运的准备工作。对于季节性闲置不用的固定资产,尽可能开发利用其多用途功能,进行其他生产经营和

服务业务。减少和避免资产转产闲置。对于不用的固定资产,则应尽早将固定资产清理变卖。

(2)满负荷运行原则

企业所使用的固定资产应都能按照设计能力高效率运转,使固定资产的营运能力不致闲置。在不受市场限制情况下,固定资产应以其相关业务量范围的最高点作为营运目标,这时,单位业务量的固定成本最低,从而其单位成本也最低,如果单位收入不变,则单位业务量所提供的利润最大。如果市场需求受限,固定资产的生产能力应以最后提供的单位业务所带来的边际收入等于边际成本时总业务量为限,这时固定资产的获利水平最高。如确因市场需求所限而导致营运能力过剩,企业必须通过该固定资产的使用用途的拓展,充分利用其过剩营运能力。

(3)生产最大可能性原则

生产最大可能性原则指固定资产应尽可能多地用于生产经营和服务领域,使直接创造收入或提供收入的固定资产所占比重最大。

(4)实物负责原则

它是指固定资产实行分级归口管理,具体内容见 6. 2. 2。

(5)更新年限的经济性原则

固定资产更新是指对固定资产的整体补偿,也就是以新的固定资产来更换需要报废的固定资产。固定资产更新可按原样进行,也可在先进技术基础上进行更新;可在使用期满后更新,也可在此之前更新。选用何种更新形式,必须根据经济合理的原则,以哪种方式所提供的整体经济效益最大为标准进行选择。

6. 2. 2 固定资产日常管理

1. 固定资产需要量的预测

固定资产需要量,是指以企业的生产方向和生产任务为依据,计算确定的对各类固定资产正常的、合理的占用数量。正确确定固定资产的需要量,是合理进行固定资产投资,提高固定资产利用效果的首要环节。只有正确确定固定资产的需要量,才能使企业生产的各个环节合理地配备固定资产,以保证生产对固定资产的正常需要。否则,就会造成固定资产的积压浪费或固定资产配备不足而影响生产的顺利进行。

固定资产需要量预测就是根据企业的生产经营发展方向,企业确定的生产任务和企业现有的生产能力等因素,来对企业在计划期内正常的生产经营条件下所需要的固定资产数量进行预测。预测的主要原则有:①以预测期内企业生产任务为依据;②以企业现有的固定资产为基础;③与挖潜、革新、改造和采用新技术结合起来;④与改进经营管理相结合。

预测生产设备需要量的基本方法,是将生产设备的生产能力和企业的生产任务进行比较,在此基础上平衡生产设备的需要量。并在此基础上,根据增加或减少的固定资产的价值,编制固定资产需要量计划。固定资产需要量计划主要包括计划期末固定资产总值、计划期末固定资产净值总额和计划期固定资产平均总值等指标。

2. 固定资产折旧的概念

固定资产折旧是指固定资产因磨损或损耗而转移到产品和服务中去的那部分价值,这是从固定资产价值的角度对折旧所作的定义。由于固定资产价值的双重存在,一部分价值仍然保留在固定资产上,在会计上称为固定资产净值或剩余价值,另一部分价值转移到产品或劳务中,通过产品或劳务的出售而收回,称为转移价值或折旧价值。

固定资产折旧计入生产成本,即随着固定资产价值的转移,以折旧形式在销售收入中得到补偿,并转化为货币资金。折旧作为成本影响企业的收益,作为一种非付现成本会影响企业的现金流转。折旧影响收益是指,固定资产折旧是包括在产品或劳务成本中由固定资产磨损而转移的固定成本部分,折旧数额越大,固定成本越多,产品或劳务成本也越高、其他因素不变时,企业利润必然下降。折旧影响现金流转是指,固定资产折旧是以成本形式从收入中提取的用于补偿固定资产损耗的价值,用以进行固定资产更新的现金准备额,或称固定资产更新准备金。折旧越多,企业处于更新推备状态的现金越多,企业可用现金越多。

固定资产由于使用而发生的机械磨损,以及由于自然力的作用所引起的自然损耗,称为固定资产有形损耗。固定资产自全新投入使用起,直到完全报废为止的使用年限就称为固定资产物理使用年限。固定资产物理使用年限的长短取决于固定资产本身的质量和使用条件。正确确定固定资产物理使用年限,是正确计算折旧的前提。除了有形损耗外,固定资产还存在着无形损耗。无形损耗是在劳动生产率不断提高和科学技术进步条件下而引起的固定资产的价值损失。具体有两种原因: 是由于劳动生产率不断提高,成本降低,更便宜的同样功能的机械设备被生产出来,使得原有的机械设备价值相应降低所造成的损失。二是由于科学技术应用发展,新的、效率更高的先进设备出现,使原有落后的机械设备的继续使用成为不经济,因而必须淘汰,以致提前报废所造成的损失。考虑固定资产无形损耗而确定的使用年限,称为固定资产的经济使用年限。在存在固定资产无形损耗的情况下,确定其平均使用年限既要考虑物理使用年限,又要考虑经济使用年限。显然,经济使用年限必然比物理使用年限短。

3. 固定资产折旧的方法

固定资产折旧方法包括平均年限法、工作量法、年数总和法和双倍余额递减法。

(1)平均年限法

又称直线法,是将固定资产的折旧均衡地分摊到各期的方法。计算公式:

$$年折旧率 = \frac{1-预计净残值率}{预计使用年限} \times 100\%$$

该方法计算的每期折旧额相等,月折旧额 = 固定资产原价 × 月折旧率,月折旧率 = 年折旧率/12。该方法计算简单,但与固定资产使用的实际情况并不一致,一般情况固定资产使用前期效率高,后期逐渐下降,维修费用会随使用时间延长而增大。

(2)工作量法

工作量法考虑固定资产使用中的强度,是根据实际工作量来计算折旧的方法。

$$每工作量折旧额 = \frac{固定资产原价 \times (1-预计净残值率)}{预计总工作量}$$

某项固定资产月折旧额 = 该项固定资产当月工作量 × 每工作量折旧额

(3)加速折旧法

又称快速折旧法,特点是在固定资产有效使用年限前期多提折旧,后期少提折旧,从而加快折旧速度,使固定资产在有效使用年限内加快得到补偿。常用方法有:

1)双倍余额递减法

双倍余额递减法是在不考虑固定资产残值的情况下,以平均年限法确定的折旧率的双倍乘以固定资产在每一会计期间的期初账面净值来计算当期折旧的方法。

年折旧额 = 固定资产净值 × 年折旧率,

$$年折旧率 = \frac{2}{预计使用年限} \times 100\%$$

此法在固定资产到期前的两年,将净值扣除残值后的净额平均摊销计算折旧。

2)年数总和法

年数总和法是以固定资产原值扣除预计净残值后的余额作为计提折旧的基础,按照逐年递减的折旧率计提折旧的方法。其折旧率每年不同。

$$\text{年折旧率} = \frac{\text{折旧年限} - \text{已使用年数}}{\text{折旧年限} \times (\text{折旧年限} + 1) \div 2} \times 100\%$$

$$\text{年折旧费} = (\text{固定资产原值} - \text{预计净残值}) \times \text{年折旧率}$$

4. 企业固定资产折旧政策选择

固定资产折旧政策包括国家折旧政策和企业折旧政策。国家折旧政策是税法中有关对计提固定资产折旧的固定资产范围、固定资产的折旧分类,以及固定资产折旧的方法和年限的规定。企业折旧政策是企业根据自身的财务状况及其变动趋势,就固定资产折旧方法和折旧年限所做出的选择。

企业制定折旧政策要考虑的因素有:

(1)固定资产的磨损状况

固定资产折旧反映了固定资产的磨损价值,包括有形损耗和无形损耗两种价值。在选择折旧政策时,必须首先考虑这两项影响因素,它们从根本上决定了固定资产的折旧年限和折旧方法的选择。在这两项因素中,尤其是无形损耗快的固定资产,应采取快速折旧的方法,在较短的时间里进行折旧。所以,在折旧政策的选择时,应充分考虑科学技术进步。

(2)企业一定时期的现金流量状况

企业一定时期的现金流入可能大于现金流出,出现现金盈余;也可能出现现金流入小于现金流出,出现现金短缺或拮据,以致财务支付困难。从理论上分析,出现现金盈余转多时,可以选择直线折旧、折旧年限较长的折旧政策;当现金短缺时,应选择快速折旧、折旧年限较短的折旧政策。

(3)纳税考虑

是指在国家折旧政策的弹性范围内,由企业做出一种有限选择。企业通过折旧政策的选择,以延期纳税,从中获得资金时间价值带来的好处。

(4)企业市场价值高低

一定时期企业市场价值的高低与企业的利润分配水平密切相关。通过选择合适的折旧政策,可以减小市场波动给企业带来的利润波动。当需要提高赢利水平时,可以采用直线法和长年限折旧。这样,企业赢利水平相对稳定,可以增强投资者的投资信心。企业的风险偏好也会影响折旧政策,偏好风险者,并不害怕未来市场变动对固定资产价值收回的影响,可能选择直线折旧和较长期折旧的政策;相反,风险厌恶者,担心未来市场变动时固定资产价值收回的影响,可能选择快速折旧和较短期折旧的政策。

企业折旧政策的选择,既不能使企业市价降低,也应该尽可能地实现企业特定时期的理财目标。当企业赢利水平不断提高时,可以选择长时间慢速折旧和长时间平均折旧。当企业赢利水平出现下降时,只有当快速折旧和短时间折旧(或长时间折旧)政策的采用会有助于企业未来赢利水平提高时,这种折旧政策的选用才是合埋的。

5. 固定资产日常使用管理

(1)编制固定资产目录,建立账目及卡片

企业应根据国家财务制度的规定,编制固定资产目录,反映固定资产分布;财务部门和使用单位应建立固定资产账目以便掌握其增减变化和使用、转移情况。建立固定资产卡片详细登记每项固定资产类别、编号、名称、规格、预计使用年限、原值及修理、转移、停用情况，开展固定资产登记管理。

(2)实行归口分级管理

固定资产归口分级管理是将管理权限和责任具体落实到有关部门和使用单位，建立实物管理责任制。如将各类固定资产分别交由企业内部各级单位（车间、班组等基层单位）掌握使用，建立起使用单位的保管使用责任制度。

(3)定期检查盘点

企业定期进行固定资产的检查、盘点，查明盈亏和使用状况，改进管理，保证账、卡、物三者相符。对盘亏、毁损的资产，应查明原因，做出书面报告，经批准后及时账务处理。

(4)做好更新改造管理

更新是以新的固定资产对现有的固定资产进行替换，它是固定资产简单再生产的主要形式。固定资产更新包括整体更新和局部更新（即大修理或改造）。固定资产整体更新有两种形式，一种是在原有技术基础上的更新，即以同样类型和同样技术水平的新设备替换旧的设备，实现固定资产实物的简单再生产，使固定资产年轻化；另一种处在新的技术基础上的更新，即用先进的、效率更高的机器设备替换技术落后需要提前报废的设备。这种形式的更新不仅使固定资产年轻化，而且可以促进技术现代化。

企业应制订分阶段固定资产更新改造的规划，提出合理的固定资产更新的资金预算，做好固定资产更新改造决策，同时正确估计配套流动资金的需要量。

6.3 流动负债投资与管理

流动负债是可供企业使用的偿还期限不超过1年的债务资金，按照筹集方式可分为：短期借款、商业信用、商业票据、应付项目款等。合理运用短期资金筹集方式是企业处理营运资金需求量的重要渠道，以下分别介绍各类流动负债筹集资金的方式及特点。

6.3.1 短期借款

短期借款是企业从银行或其他金融机构借入的在一年以内还本付息的款项。短期借款按目的和用途可分为生产周转借款、临时借款、结算借款等；按偿还方式不同分为一次性偿还借款和分次偿还借款；按有无担保分为信用借款、抵押借款和担保借款；按利息支付方法不同分为收款法借款、贴现法借款和加息法借款。短期借款主要是由商业银行向需贷款企业放贷，故短期借款多指短期银行借款。

1. 短期借款的信用条件

(1)信用额度

信用额度亦即贷款限额，是借款企业与银行在协议中规定的，允许企业从银行取得的最高贷款数额。通常在信用额度内，企业可以随时按需要取得借款；如企业超过限额向银行借款，银行则停止办理。此外，如果企业信用恶化，即使银行曾经同意按信用限额提供贷款，企业也可能得不到借款，银行不承担相应法律责任。

(2)周转信贷协定

周转信用协议是银行从法律上承诺向企业提供不超过某一最高限额的贷款协定。在协定的有效期内，只要企业借款总额未超过最高限额，银行必须满足企业任何时候提出的借款要求。企业享用周转信用协定，通常要对贷款限额的未使用部分支付给银行一笔承诺费。

例 6.9　某企业与银行商定的周转信贷额为 2000 万元，承诺费率 0.5%，借款企业年度内使用了 1400 万元，余额为 600 万元。则该企业应向银行支付承诺费多少？

解：承诺费用 600 × 0.5% = 3（万元）

周转信用协议与信用额度的区别为：

1）法律效力。一般信用额度不具有法律约束力，而周转信用协定具有法律约束力，银行有义务向借款人贷款直至协议规定的授信额度。

2）有限期限。一般信贷额度的期限多为 1 年，而周转信贷协议期限通常超过 1 年。

3）支付费用。与一般信用额度不同，周转信用协议下企业除了要对其已使用的信用额度支付利息费用外，还要对其未使用的信贷额度支付承诺费，这类费用一般在 0.25% ~ 0.50% 之间。

（3）补偿性余额

补偿性余额是银行要求借款人在银行中保持按贷款限额或实际借用额的一定百分比（通常为 10% – 20%）计算的最低存款余额。补偿性余额的数量随信贷市场的竞争情况而变化，也随借贷双方的具体协定而不同。其目的是为了降低银行的贷款风险，提高贷款的实际利率。

例 6.10　某企业按年利率 6% 向银行借款 100 万元，银行要求维持贷款限额 10% 的补偿性余额，则该借款的实际利率为：

$$\text{补偿性余额借款的实际利率} = \frac{\text{名义利率}}{1 - \text{补偿性余额比率}} \times 100\%$$

$$= \frac{6\%}{1 - 10\%} \times 100\% = 6.67\%$$

（4）借款抵押

银行向信用不好、财务状况较差的企业提供贷款时，会要求企业提供抵押品以减少损失风险。如以借款企业房产做抵押。

（5）偿还条件

银行会规定各种借款的还款期限，贷款到期无力偿还的，银行加收逾期罚息。

（6）以实际交易为贷款条件

当企业发生临时资金需求，申请借款，银行以企业将进行的实际交易为贷款基础，单独立项、审批，最后再做出决定并确定贷款的相应条件和信用保证，如结算借款。

2. 短期借款利息支付方式

短期借款利率包括优惠利率、浮动优惠利率和非优惠利率。优惠利率是银行向资信好的企业贷款时收取的名义利率，为贷款利率的最低限；浮动优惠利率是一种随市场利率而随时调整的优惠利率；非优惠利率是银行贷款给一般企业时收取的高于优惠利率的利率。借款企业向银行支付利息有三种方式。

（1）收款法

收款法是指借款期内不支付利息，借款到期时连本带利一并偿还的利息支付方式。

（2）贴现法

贴现法是指银行向企业发放贷款时，先从本金中扣除利息部分，而到期时借款企业只需偿还贷款本金的一种计息方法。采用这种方法,企业实际使用的资金少于借款本金,企业借款的实际利率高于名义利率。

$$实际利率 = \frac{利息}{借款本息 - 利息} \times 100\% = \frac{名义利率}{1 - 名义利率} \times 100\%$$

例 6.11 某企业向银行借款 1000 万,名义利率 10%,借款期限 1 年,银行要求按贴现法付息,计算企业借款的实际利率?

$$实际利率 = \frac{10\%}{1 - 10\%} \times 100\% = 11.11\%$$

(3)加息法

加息法是银行要求企业分期等额偿还本金但仍按照借款总额计算利息的一种付息方式。在分期等额偿还贷款本金的情况下,银行要依据名义利率计算的利息加到贷款本金上,计算出贷款的本利和,并要求借款企业在贷款期内分期偿还本息之和。由于贷款本息分期等额偿还,借款企业实际上只平均使用了半数借款本金,却支付了全部利息。因而企业所负担的实际利率便高于名义利率大约一倍。

计算公式为:
$$实际利率 = \frac{借款金额 \times 名义利率}{借款金额 \div 2} \times 100\%$$

例 6.12 某企业从银行借款 500 万,年利率 8%,分 12 个月等额偿还本金,计算企业借款的实际利率?

$$实际利率 = \frac{500 \times 8\%}{500 \div 2} \times 100\% = 16\%$$

3. 短期借款筹资评价

(1)短期借款筹资的优点

1)筹资速度快、效率高。银行资金充足,能快捷地为企业提供所需的数额较大的短期贷款。企业短期借款较之长期借款会更容易取得。对季节性和临时性的企业经营资金需求,短期借款对企业显得更为有利,且取得方便。

2)具有较好的灵活性。企业可根据经营状况对资金需求量的变化,随时调整借款额。在资金需要增加时借入,在资金需要减少时还款。

(2)短期借款筹资的缺点

1)筹资风险大。短期借款偿还期短,若数额较大,企业资金调度不周,会导致无力按期偿还,甚至被迫破产。

2)资金成本较高。由于补偿性余额以及利息负担或其他条款的牵制,会增大短期借款的实际利率,加大资金成本。抵押贷款所需支付的管理、服务费用,也提高了资金成本。

3)限制条件较多。银行在决定提供贷款前对提出借款申请的企业的经营、财务状况将仔细考虑。如把流动比率、负债比率作为对企业经营状况监控的指标,要求该指标维持在一定范围内。这些一定程度上限制了企业的经营自主权和灵活性。

6.3.2 商业信用

商业信用指商品交易中的延期付款或延期交货所形成的借贷关系,是企业之间的一种直接信用关系,属于自然性融资。商业信用已成为企业短期资金的最大来源形式,约占非金融性公司的流动负债的1/3。

1. 商业信用的形式

(1)应付账款

由赊购商品而形成的欠款,即卖方允许买方延期付款的一种形式。实际上,卖方以应付账款的形式向买方提供了一笔短期贷款。对买方而言,形成其短期资金来源。应付账款应保持与未来销售量及付款能力相一致的额度,过度的应付账款会对企业造成偿还负担,影响企业的声誉。

(2)应付票据

单位之间根据购销合同进行延期付款的商品交易时,开出的反映债权债务关系的票据。根据承兑人的不同,由卖方开出的并经有关承兑人承兑的商业汇票又可分为商业承兑汇票和银行承兑汇票。由于应付票据与应付账款相比是一种正式法律凭据的赊账方式,销货方更愿采用应付票据的商业信用形式。

(3)预收货款

卖方先向买方收取货款,但延期到一定时期以后交货,这是卖方从买方借入一笔资金。这种信用形式通常用于购买紧俏商品,以及那些生产周期长、成本售价较高的货物。

2. 商业信用条件

信用条件是指销货人对付款时间和现金折扣所作的具体规定。

(1)预付货款

买方在卖方发出货物之前支付货款。这种情况下,销货单位可以得到暂时的资金来源,购货单位需预先垫支一笔资金。常用于销售生产周期长的产品或卖方已知买方信用欠佳的情况下。

(2)延期付款,但不提供现金折扣

卖方允许买方在交易发生后一定时期内按发票面额支付货款。信用条件表示为“n 天数”,如:“n45”或“N45”,表示在 45 天内按发票金额付款。

通常这种条件下信用期间规定为 30 ~ 60 天。某些季节性生产企业可提供更长的信用期间。在这种条件下买方也可因延期付款取得资金来源。

(3)延期付款,但早付款有现金折扣

在这种条件下,买方若提前付款,卖方可给予一定的现金折扣,如买方不享受现金折扣,则必须在一定时期内付清账款。买方若在折扣期内付款,则可获得短期的资金来源,并能得到现金折扣,若放弃现金折扣,则可在稍长时间内占用卖方的资金。运用这种条件对于卖方可加速账款回收。现金折扣一般为发票面额的 1% ~5% 。信用条件表示为(2/10、n/30),指在 10 天之内付款,可享受 2% 的现金折扣,若不享受现金折扣,货款应在 30 天内付清。

若不享受现金折扣,买方会付出较高的机会成本,具体按下式计算:

$$\text{资金成本} = \frac{\text{现金折扣的百分比}}{1 - \text{现金折扣的百分比}} \times \frac{360}{N}$$,式中 N 为失去现金折扣后延期付款天数。

3. 商业信用的成本

商业信用成本是企业利用商业信用形式筹资时需付出的相应代价。

1)免费信用

免费信用指买方企业在规定的折扣期限内享受折扣而获得的信用,这部分信用的融资是免费的。

2)附有现金折扣的融资成本

当提供了现金折扣,而公司没有获得折扣则对于公司意味着机会成本的潜在的损失。

3）展期成本

展期指企业超出规定的信用期限延迟付款，一般供应商允许买方有一定时间的付款宽限期。在宽限期内，买方付清价款则不需承担任何后果，如果超出宽限期，则买方必须付出一定代价，如规定超期每拖延一天加收一定比例利息，买方信用受损，供应商停止供货，甚至于引起法律诉讼或法律赔偿。

4. 商业信用融资的评价

（1）商业信用的优点

1）商业信用方便易行，是一种自然性融资。商业信用与商品交易伴随而生，随商业经营活动的持续而存在。商业信用不用做非常正规的安排。通过商业信用融通短期资金已成为公司经常性融资的组成部分。

2）商业信用筹资成本低。如果信用条件中没有现金折扣，或企业不放弃现金折扣，或使用不付息的应付票据则利用商业信用筹资没有实际成本或成本较低。

3）利用商业信用融资限制少。商业信用一般只对还款期限做出规定，不包含其他限制性条款。因此企业经营的影响较小，不会影响公司的决策，另一方面适度的商业信用不会对公司今后的融资产生障碍，不至于影响企业在市场上的信用和声誉。

4）商业信用融资弹性高。一方面，买方企业享有商业信用时间上的灵活性。买方企业可根据本企业需求，决定商业信用的取得时间、偿还时间，方式简便。另一方面，对于买卖双方来说，商业信用的规模和数量随商品交易活动而相应变动。因此，商业信用方式形成的筹资在资金规模上没有固定约束限制。

（2）商业信用筹资的缺点

1）商业信用期限较短，只能作为短期资金的运用，如果公司要享受现金折扣则可利用资金的时间更短。

2）在提供现金折扣的信用条件中，如果公司放弃现金折扣则会形成较高的机会成本，使融资成本较高。

6.3.3 短期融资券

短期融资券又称商业票据、短期债券，是由大型工商企业或金融企业发行的短期无担保本票，是一种新兴的筹集短期资金方式。

短期融资券源于商业票据。商业票据产生于18世纪，最初是随商品和劳务交易而签发的一种债务凭证。如一笔交易采用票据方式结算，买方按合同约定开出远期付款票据，卖方持有，到期获取现金。后来，一些大公司凭借自己的信誉，开始脱离商品交易签发商业票据，以筹集短期资金。商业票据成为在开放的资本市场上出售的短期的债务性证券。规模大、信誉好的公司可通过出售商业票据借入短期资金。

商业票据在西方各国资金市场上广泛使用，成为优良的金融工具。商业票据的购买者有银行、保险公司、养老金基金、资金富余的公司及其他类型的金融机构。规模大、信誉好的公司如通用汽车公司一般定期发行金额相当大的商业票据，把它们直接卖给前述各类投资者。而信誉一般的大多数公司发行商业票据的金额和频率都要少，一般是把商业票据卖给经纪人，经纪人再把这些商业票据卖给投资者。商业票据的期限从几天到9个月不等。美国公司通常不发行超过9个月的商业票据，如果超过9个月期限，公司应向美国证券交易委员会备案所发行的商业票据。美国公司发行商业票据金额可高达数百万美元，通常以十万美元的倍数出售，通常做到使发行商业票据的期限和金额适合投资者的要求。

6.3.4 应计项目

应计项目指企业在生产经营和利润分配过程中已经计提,但尚未以货币支付的各种项目,如应付工资、预提费用、应付福利费、应交税金、应付股利或应付利润等。它在生产经营过程中被分离出来,企业可在某一规定期内短时间占用,因此,应计项目也构成了企业的短期资金的来源,同样是一种"自发性"融资。企业对"应计项目"类短期资金的使用方便,对该项资金来源无需支付代价。但企业对应计项目无绝对的控制权,且不可能长期占用。法律、规章及财务制度对于应计项目的偿付期、偿付方式都有一些相应规定,企业可依规定合理、充分地利用这些短期资金。

企业以应计项目取得短期资金的数额,取决于应计项目发生额和企业可占用该款项的天数,应计项目发生额与企业生产经营的规模成正比。

$$应计项目融资金额 = 各项应计项目平均日发生额 \times 可利用天数$$

1)应交税金

应交税金是可靠的短期资金来源,依法纳税是每个企业的义务,应交税金形成于企业的生产、销售及利润分配环节。企业在当期期末计提应交税金,在之后规定的时间向国家税务机关缴纳税款。在此期间,企业可无偿使用该笔资金。企业应计税金种类有:增值税、消费税、营业税、所得税、资源税、土地增值税、城市维护建设税、固定资产投资方向调节税、房产税、土地使用税、车船使用税等。

2)应付股利(利润)

应付股利可视为企业的一项流动负债,形成于利润分配中,从企业经董事会或股东大会决议确定分配现金股利并宣告之日起,到企业以现金股利向股东实际支付的期间,企业可利用这笔短期资金。

3)应付工资

应付工资是企业较稳定的应计项目。由于企业支付职工工资的日期与资产负债表的编制日期不一致而形成应付工资项目,企业本期工资在下期期初支付,应付工资发生与支付的间隔时间正常情况下最多不超过一个月。

4)应付福利费

以职工工资总额为基数,按比例提取,用于职工福利方面的资金。应付福利费的提取由国家政策规定,实际支付使用的时间和金额由企业根据具体情况而定。因此,企业对应付福利费项目的控制力较强。

6.4 案例 某企业集团资金管理模式

深圳华强集团有限公司(以下简称"华强集团")是一家省级国有企业,拥有26家子公司,40多家分公司,两家上市公司。1998年,总资产规模达到人民币43亿元,净资产20亿元,利润4.8亿元,出口创汇5亿美元。"华强集团"拥有深圳集团总部、深圳梅林、深圳坂田、东莞塘夏、广东肇庆五大生产基地,形成了信息、家电、啤酒、房地产业四大支柱产业。"华强集团"以资产经营为主,建立了资产运营中心、投资决策中心和资金调控中心。子公司以生产经营为主,成为经营利润中心,子公司下设专业生产厂,实现生产专业化、规模化,由此形成了集团总公司——子公司——专业生产厂三个层次的组织结构。

“华强集团”长期以来采取资金分散管理的模式。二级企业各自为政,单独对外筹资,向银行举债,自行使用支配资金。这样做的后果是;集团整体的资本成本过高,不利于集团对子公司资金使用情况的监控,带来较大的财务风险;为此,“华强集团”逐步建立起资金集中管理的新模式。一是成立资金管理委员会,负责集团整体的筹资决策、投资决策和二级企业经营绩效考评。委员会由集团财务主管总体负责,吸收财务、企管、投资等各部门的负责人参加,提高了财务决策的重要性和权威性,加强了资金控制的力度和时效。二是成立财务结算中心,负责集团整体资金的统一筹集和调配。三是建立起集团营运资金管理机制,对二级企业的原材料采购、应收账款和存货管理明确管理制度,由集团公司财务审计部和企业管理部每月跟踪分析各单位这三方面的情况,上报资金管理委员会处理。同时,“华强集团”加强了财务资金循环的监控工作。

通过几年的实践,“华强集团”的资金管理大有起色,资金的安全与完整得到保障,每年降低资金成本3000多万元,集中有限资金支持重点产业发展,以资金为纽带加强了母子公司的联系。

复习思考题

1. 什么是营运资金?其特点有哪些?
2. 简述现金金管理的目的。
3. 如何做好现金的日常管理?
4. 应收账款的信用政策包括哪些内容。
5. 某企业预计全年需要现金60000元,现金与有价证券的转换成本为每次1000元,有价证券的利息率为20%。求最佳现金余额。
6. 什么是存货?存货的成本有哪些?
7. 简述存货管理的ABC分类法。
8. 短期借款的信用条件有哪几种?
9. 商业信用有哪几种?
10. 某企业全年材料需求量预计为7200 kg,单价为8元/kg,一次订货成本为20元,储存成本为存货成本的20%,要求计算经济采购批量的总成本。
11. 某企业全年耗用铝材300 t,每次定货成本500元,单位存货年储存成本80元,铝材的价格为4500元/t。若企业一次订货50 t,可享受3%的折扣,一次订货100 t,可享受8%的折扣,一次订货200 t,可享受15%的折扣,试求该企业的最佳定货批量。
12. 固定资产如何分类,其投资有哪些特点?
13. 固定资产管理的原则有哪些?如何进行固定资产的日常管理?
14. 解释固定资产折旧及经济使用年限的含义?
15. 固定资产折旧的方法有哪些,企业如何进行折旧政策选择?
16. 简述流动负债筹资的具体方式及优缺点。

7 工程成本费用与财务控制

学习目标

- 了解工程成本的定义和种类
- 掌握目标成本的预测、计划、控制、核算、分析和考核
- 熟悉财务控制的概念、种类和基础
- 掌握责任中心的概念及考核指标；业绩考核的定义和内容

7.1 工程项目成本与费用概述

7.1.1 工程项目成本与费用的概念

1. 成本、费用与支出的概念

成本、费用与支出是关系极为密切的三个概念，它们之间既有联系，又存在着一定的区别。

(1)成本

中国成本协会(CCA)发布的CCA2101:2005《成本管理体系 术语》标准中第2.1.2条中对成本术语的定义是：为过程增值和结果有效已付出或应付出的资源代价。美国会计学会(AAA)所属的“成本与标准委员会”对成本的定义是：为了达到特定目的而发生或未发生的价值牺牲，它可用货币单位加以衡量。总之，成本是为某项生产、经营活动所发生的必需耗费，亦即成本是一种对象化的费用。

(2)费用

费用是指企业在生产经营过程中发生的各项耗费，即指与商品或劳务提供相联系的耗费，凡是同提供商品或劳务给客户的过程无关的耗费就不是费用。费用按经济用途分可分为制造成本和期间费用两大类。制造成本(也称生产成本)是企业为生产商品和提供劳务等发生的各项直接支出，包括直接材料、直接工资、制造费用等；期间费用指企业为组织和管理生产经营、销售以及筹集资金而发生的各项费用。期间费用又可分为管理费用、营业费用和财务费用。管理费用企业行政管理部门组织和管理生产经营活动而发生的各项费用，如工会经费、职工教育费等费用；营业费用是指企业在销售产品、自制半成品和提供劳务过程中发生的各项费用以及专设机构的各项经费，如差旅费、办公费等费用；财务费用指企业为筹集资金而发生的各项费用，如企业的利息支出、汇兑净损失等费用。

(3)支出

支出是指在企业的经济活动中发生的一切开支，包括收益性支出、资本性支出、所得税支出、营业外支出和利润分配性支出五类。收益性支出是指支出的效益仅限于本年度(或一个营业周期)的支出，如企业支付的工人工资、动力费用；资本性支出是指支出的效益及于几个会计年度(或几个营业周期)的支出，如企业购置设备、修建厂房的开支；所得税支出是指企业

在取得经营所得或其他所得时按税法规定向国家缴纳的所得税支出,它也是企业的一项费用,应直接冲减当期损益;营业外支出是与企业的生产经营活动没有直接联系的开支,如支付的罚款、非常损失等,也应作为当期损益的扣减项目;利润分配性支出是企业在利润分配环节发生的开支,如支付利润(或股利)等。

综上所述,成本是形成费用的基础,费用是企业支出的组成部分,因而它们之间存在密切的关系。同理,建筑企业的工程成本是形成企业费用的基础,建筑企业的费用也是企业支出的重要组成部分。

2. 工程成本与期间费用的概念

(1)工程成本

工程成本是指建筑安装企业在工程施工过程中发生的,按一定的成本核算对象归集的生产费用总和,如人工费、材料费、机械使用费和其他直接费、临时设施费、施工单位管理人员的薪酬、行政管理用固定资产的折旧及修理费、物料消耗、低值易耗品摊销、水电费、办公费、差旅费、保险费、工程保修费、劳动保护费等费用。

(2)期间费用

期间费用是指与具体工程没有直接联系,不应计入工程成本,而应直接计入建筑安装企业当期损益的各项费用,包括管理费用、财务费用和营业费用。

建筑安装企业在生产经营过程中,必然要发生各种各样的资金耗费,如领用材料、支付工资和其他生产费用、发生固定资产损耗等。施工企业在一定时期内从事工程施工、提供劳务等经营活动发生的各种耗费称为生产费用,将这些生产费用按一定的对象进行分配和归集,就形成了成本。生产费用是形成产品成本的基础,生产费用的发生过程就是成本的形成过程,没有费用发生,就不存在成本计算。

7.1.2 工程成本的种类

1. 按建筑安装工程的特点和成本管理的要求分

按建筑安装工程的特点和成本管理的要求,可把建筑安装企业的工程成本分为:工程预算成本、工程计划成本和工程实际成本。

(1)工程预算成本

工程预算成本是建筑安装企业根据施工图、预算定额(或企业定额)、工程量清单计价规范、预算单价以及有关取费标准,通过编制施工图预算确定的工程成本,它反映的是工程成本的社会平均水平,是建筑安装企业确定投标报价的基础,是控制成本支出、考核成本节超的依据。

(2)工程计划成本

工程计划成本是建筑安装企业根据确定的降低成本指标,以工程预算成本为基础,结合实际情况确定的工程成本。它反映建筑安装企业在计划期内应达到的成本水平,是成本支出的标准。计划成本与预算成本的差额,是企业降低成本的奋斗目标。

(3)工程实际成本

工程实际成本是建筑安装企业按照确定的成本核算对象归集的实际施工生产费用,反映的是某一建筑安装企业的生产耗费水平。工程实际成本包括工程直接费和间接费,把工程实际成本与计划成本比较,可以考核成本计划的完成情况,与预算成本比较,可以确定工程成本降低额(或超支额),反映建筑安装企业的经营管理水平。

2. 按计入成本的方式分

按计入成本核算对象的方式不同,可把建筑安装企业的工程成本分为直接成本和间接成本。直接成本是指可以直接计入到各工程项目成本中去的资金耗费,即能明确区分为某一工程项目耗用的材料、工资和施工机械使用费等;间接成本是指不能明确计入某一工程项目耗用,而需要先行归集,然后按规定的标准分配计入到各工程成本中去的资金耗费,如施工间接费用。

凡是直接成本都应按费用开支的原始凭证直接计入成本核算对象,间接成本要选择合理的分配标准分配计入成本核算对象。

3. 按与工程量的关系分

按成本与工程量的关系,可把建筑安装企业的工程成本分为变动成本与固定成本。

这种分类对于成本控制,分析成本升降原因,以及做出某些成本决策都是十分必要的。因为要降低变动成本,就需要从降低消耗着手;要降低固定成本则要从节约开支、减少耗费着手。

4. 按成本形成的时间分

按成本形成的时间,可把建筑安装企业的工程成本分为会计期成本和工程期成本。

按会计期计算成本,可以将实际成本与预算成本进行对比,有利于各个时期的成本分析和考核,可以及时总结工程施工与管理的经验教训。按工程周期计算成本,有利于分析某一工程项目在施工过程中的经验和教训,从而为进一步加强工程施工管理提供依据。

7.2 目标成本管理

建筑安装企业目标成本管理就是要在保证工期和质量满足要求的情况下,利用组织措施、经济措施、技术措施、合同措施把成本控制在计划范围内,并进一步寻求最大程度的成本节约。成本管理的内容包括成本预测、成本计划、成本控制、成本核算、成本分析和成本考核,这些内容相辅相成,构成了一个完整的成本管理体系。

7.2.1 成本预测

建筑安装企业成本预测是对选定的成本预测对象,以成本的过去和现状为出发点,在调查研究、掌握成本资料和有关数据的基础上,分析研究生产计划、工艺技术等各种因素与成本的依存关系、运用定性和定量分析方法,对未来建筑安装企业成本的发展趋势及成本降低的可能性和保证程度,做出预测与判断,为建筑安装企业择优决策,确定成本降低目标,编制成本计划奠定基础。

1. 成本预测的一般程序

(1)确定成本预测目的。成本预测目的将决定成本预测对象、内容、时间以及预测方法的选择。

(2)搜集整理成本资料。积累的成本核算资料是过去经济活动的记录,它是进行成本预测工作的基础。把与成本预测有关的过去和现在的资料尽量搜集齐全,然后对这些资料进行系统的分析与整理,进行合理的综合。

(3)建立数学模型进行预测。充分利用统计、会计和业务核算资料,建立数学模型,进行成本预测。

(4)分析预测误差,验证建立的数学模型的正确性。一般可采用两种方法,一种是数学方法,即利用数学原理分析模型的可靠性和预测精度;另一种是事后检验法、也称为“内插法”。

即把过去的资料代入建立的数学模型中，分析预测误差。

(5)修正成本预测结果。用修正完善的数学模型，修正预测结果。

2. 成本预测的方法

成本预测的方法有很多，可以归纳为定量预测方法和定性预测方法两大类。

(1)定量预测方法

这种方法是依据较充分的统计资料，采用一定的数学方法对数据进行加工计算得出预测结果或预测对象的变化规律。定量预测方法主要包括趋势预测法、因果预测法和高低点法。

1)趋势预测法

趋势预测法也称时间序列预测法，它是把同一经济变量(如成本)的实际数据按时间顺序排列，应用数学方法加以分析，从中找出变化趋势，将某一指标过去的变化趋势作为预测的依据，加以延伸，用以确定未来的预测值，如移动平均法、指数平滑法、加权平均法和简单平均法，下面介绍用移动平均法和指数平滑法预测成本。

①一次移动平均法

利用过去实际发生的数据，在时间上逐点后移，分段平均，作为对下一期的预测值。该法一般适用于短期预测。包括一次移动平均法、二次移动平均法、加权移动平均法、趋势修正移动平均法，由于篇幅所限，此处仅介绍一次移动平均法，其计算公式为：

$$M_t=\frac{X_{t-1}+X_{t-2}+\cdots+X_{t-N}}{N} \tag{7-1}$$

式中 t——期数；

N——分段数据点数；

X_{t-N}——第 $t-N$ 期的实际值；

M_t——第 t 期的一次移动平均预测值。

一次移动平均法的递推公式：

$$M_t=M_{t-1}+\frac{X_{t-1}-X_{t-(N+1)}}{N} \tag{7-2}$$

例 7.1 某建筑工程公司过去 19 个月的实际成本如下表。分别取 $N=5$，$N=10$，用一次移动平均法预测第 20 个月的成本。

表 7.1 某建筑工程公司过去 19 个月的实际成本表

月 数	成本 X_i(万元)	$M_t(N=5)$	$M_t(N=10)$	月 数	成本 X_i(万元)	$M_t(N=5)$	$M_t(N=10)$
1	20			11	26		
2	15			12	37		
3	30			13	29		
4	22			14	32		
5	15			15	34		
6	21			16	31		
7	30			17	32		
8	13			18	33		
9	27			19	42		
10	10			20			

解:将以上数据代入式(7-1),分别求出 $N=5$ 和 $N=10$ 时的 M_t 值,见表7.2。

表7.2　某建筑工程公司第20个月的实际成本预测表

月　数	成本 X_i(万元)	$M_t(N=5)$	$M_t(N=10)$	月　数	成本 X_i(万元)	$M_t(N=5)$	$M_t(N=10)$
1	20	—	—	11	26	20.2	20.3
2	15	—	—	12	37	21.2	20.9
3	30	—	—	13	29	22.6	23.1
4	22	—	—	14	32	25.8	23
5	15	—	—	15	34	26.8	24
6	21	20.4	—	16	31	31.6	25.9
7	30	206	—	17	32	32.6	26.9
8	13	23.6	—	18	33	31.6	27.1
9	27	20.2	—	19	42	32.4	29.1
10	10	21.2	—	20		34.4	30.6

根据表7.2中实际值与预测值的进行对比分析,可知若时间序列有周期性波动时,取其周期为 N。当数据点数多时,N 取大些;当数据点数少时,N 取小些。

②指数平滑法

指数平滑法也称指数修正法,指通过导入平滑系数对本期实际成本和本期的预测成本进行加权平均,并将其作为下期的预测成本的方法。该方法能较多地反映最新观察值的信息,同时也能反映大量历史资料的信息,计算量较少,需要储存的历史数据也不多,其计算公式为:

$$F_{t+1}=\alpha X_t+(1-\alpha)F_t \tag{7-3}$$

式中　α——平滑系数,$0\leqslant\alpha\leqslant1$;

X_t——t 时期的实际成本值;

F_t——t 时期的成本预测值,也是 $t-1$ 时期的指数平滑值。

可见,指数平滑法在预测时,以 α、$(1-\alpha)$ 对过去各期的预测数和实际数进行了加权。α 的大小直接影响平滑值得计算结果,α 小代表了长期的趋势,α 大则反映最新变化资料。

例7.2　用例7.1的数据,采用一次指数平滑法预测第20个月的成本。(分别取 $\alpha=0.1$,$\alpha=0.5$,$\alpha=0.9$ 计算)

解:在计算式中 $X_1,X_2,\cdots,X_{19}$ 分别代表1,2,…,19月份的实际成本,$F_0=X_1=20$。

当 $\alpha=0.1$ 时,$F_2=\alpha X_1+(1-\alpha)F_0=0.1\times20+(1-0.1)\times20=20$

$$F_3=\alpha X_2+(1-\alpha)F_2=0.1\times15+(1-0.1)\times20=19.5$$

……

$$F_{20}=\alpha X_{19}+(1-\alpha)F_{18}=0.1\times42+(1-0.1)\times26.7\approx28.2$$

同理,可计算 $\alpha=0.5$,$\alpha=0.9$ 时的 F_{20} 值,表7.3列出 $\alpha=0.1$ 和 $\alpha=0.9$ 时 F_{20} 值的计算过程。

表7.3　某建筑工程公司第20个月的成本预测表(指数平滑法)

月　数	成本 X_i(万元)	$\alpha=0.5$　F_t	$\alpha=0.9$　F_t	月　数	成本 X_i(万元)	$\alpha=0.5$　F_t	$\alpha=0.9$　F_t
1	20			11	26	20	11.6
2	15	20	20	12	37	20.6	24.6

续上表

月　数	成本 X_i（万元）	$\alpha=0.5$　F_t	$\alpha=0.9$　F_t	月　数	成本 X_i（万元）	$\alpha=0.5$　F_t	$\alpha=0.9$　F_t
3	30	19.5	15.5	13	29	22.2	35.8
4	22	20.6	28.6	14	32	22.9	29.7
5	15	20.7	22.7	15	34	23.8	31.8
6	21	20.1	15.8	16	31	24.8	33.8
7	30	20.2	20.5	17	32	25.4	31.3
8	13	21.2	29.1	18	33	26.1	31.9
9	27	20.4	14.6	19	42	26.7	32.9
10	10	21.1	25.8	20		28.2	41.1

2）因果预测法

因果预测法不是孤立地从一个指标本身进行预测，而是根据所要预测的指标与它相关的指标之间的因果关系进行分解，一般是以一个指标变化的因，来预测另一个指标变化的果，如一元线性回归分析法、多元线性回归分析法及非线性回归分析。

（2）定性预测方法

这种方法是当定量数据不足时或对主要因素不易进行定量分析时采用的预测方法。定性分析还可用于对定量预测的结果进行评价并依据定量分析中没有考虑到的重要因素，对预测结果进行修正。定性预测方法有多种，最常用的有德尔菲法、专家会议法和因素分析法。

1）德尔菲法

例 7.3　某建筑工程公司成立预测领导小组，采用德尔菲法对 2008－2009 年两年内建筑材料市场价格的年平均增长率做出预测。

解：用德尔菲法的求解过程如下：

1. 成立领导小组。

2. 选择专家，12 人。

3. 预测内容：今后两年建材价格的年平均增长率，并向专家提供有关资料，如近 5 年的建材市价、物价指数、建材供求情况等。

4. 采用四轮函询进行预测。

经过四轮函询，整理归纳，意见集中在：2%（3 人）、2.5%（2 人）、3%（4 人）、3.5%（2 人）、4%（1 人）。

采用加权平均值：$r=(2\%\times3+2.5\%\times2+3\%\times4+3.5\%\times2+4\%\times1)\div12=2.84\%$。

2）专家会议法

组织成本管理有关方面的专家，运用专业知识和经验，针对预测对象，通过直观归纳，交换意见，预测工程成本。专家会议法可能会出现与会各专家给出的预测值有较大的差异，一般可采用预测值的平均值或加权平均值作为预测结果。

例 7.4　某建安公司承包一栋砼框架结构的多层住宅楼，建筑面积 6 000 m^2，6 层，工期 2008 年 5 月 1 日至 2009 年 5 月 31 日。公司目前正在进行该工程的成本预测工作。现采用专家会议法预测单位成本。公司召开由本公司 9 位专家的预测会议，各位专家的预测意见分别为：985、1 000、1 015、980、1 395、1 010、1 005、990、985（单位：元/m^2）。

由于预测值相差较大，经过反复讨论，意见集中为985（4人）、1 000（3人）、1 010（2人）公司采用加权平均法确定单位成本预测值（Y）为：

$$Y=(985\times4+1\,000\times3+1\,010\times2)\div9=996(元/m^2)$$

3）因素分析法

因素分析法又叫分析判断法，是通过分析研究与成本变动有关的各项因素及相关措施的影响，根据有关经济指标的内在联系，由一个或几个因素的变动来测算预测指标数值的方法。该方法适用于编制成本计划以前的试算工作。

7.2.2 成本计划

成本计划，是指根据成本预测的资料和数据、以货币形式预先规定计划期内施工生产的耗费和成本所要达到的水平，并且确定各个成本项目比上期预计要达到的降低额和降低率。成本计划是成本管理的重要环节，是建筑安装企业编制财务计划的重要组成部分。

1. 成本计划的作用

（1）成本计划是成本预测的具体化

成本预测仅提出预测方案和目标，而成本计划则为预测方案目标的实现提出了详细的具体的实施计。成本计划既能对成本预测起到保证作用，又能为成本控制提供依据。

（2）成本计划是实现成本降低的重要措施

建筑安装企业在保证社会效益的前提下，不断地提高企业的经济效益；通过编制成本计划，规定企业成本管理应达到的目标，这是提高企业经济效益的重要措施。

（3）成本计划是贯彻成本责任制的保证

通过编制成本计划，可以明确成本管理中心和企业内部的经济责任，促进建筑安装企业成本管理工作水平的提高。

（4）成本计划是衡量企业经营活动和经济效果的尺度

通过对成本计划的层层分解、分级归口管理，进行有效的控制，可以保证建筑安装企业成本计划的实现，并且建筑安装企业可以把成本计划作为检查、分析、考核、奖惩的依据。

2. 成本计划的内容

建筑安装企业成本计划的内容包括直接成本计划、间接成本计划和项目成本计划表。

（1）直接成本计划

主要反映施工项目直接工程成本的预算成本、计划降低额及计划降低率。该成本计划包括的内容有：总则；成本目标及核算原则；降低成本计划总表或控制方案；对施工项目成本计划支出数估算过程说明；计划降低成本的来源分析等。

（2）间接成本计划

主要反映施工现场管理费用的计划数、预算收入数及降低额。

（3）项目成本计划表

1）项目成本计划任务表

主要反映工程项目预算成本、计划成本、计划成本降低额、计划成本降低率的文件。如表7.4所示。

表 7.4 项目成本计划任务表

项　　目	预算成本	计划成本	计划成本降低额	计划成本降低率
1. 直接成本				
人工费				
材料费				
机械使用费				
其他直接费				
2. 间接成本				
施工管理费				
合　　计				

2)组织技术措施表(表 7.5)

根据预测项目计划期内施工工程成本各项直接成本计划降低额的依据,提出各项节约措施并确定各项措施的经济效益。编织组织技术措施表的目的,是为了在不断采用新工艺、新技术的基础上提高施工技术水平,改善施工工艺过程,通过采纳合理化建议达到降低成本的目的。

表 7.5 组织技术措施表

工程名称：　　　　单位：

项目经理：　　　　编制日期：

措施项目	措施内容	涉及对象	降低成本来源	成本降低额

3)降低成本计划表(表 7.6)

根据企业下达给施工项目的降低成本任务和项目经理部自己确定的降低成本指标而制定出的项目成本降低计划。由项目经理部有关管理人员和技术人员共同协商编制的,编制依据是项目的总包和分包合同、项目中的各有关部门提供降低成本资料及组织技术措施计划表。

表 7.6 降低成本计划表

工程名称：　　　　单位：

项目经理：　　　　编制日期：

<table>
<tr><td rowspan="3">分项工程名称</td><td colspan="6">成本降低额</td></tr>
<tr><td colspan="5">直接成本</td><td rowspan="2">间接成本</td></tr>
<tr><td>人工费</td><td>材料费</td><td>机械使用费</td><td>其他直接费</td><td>合　计</td></tr>
<tr><td></td><td></td><td></td><td></td><td></td><td></td><td></td></tr>
<tr><td></td><td></td><td></td><td></td><td></td><td></td><td></td></tr>
</table>

4)施工现场管理费计划表(表 7.7)

主要反映施工项目间接成本中有关施工现场管理费用的计划数及降低额。

表 7.7　施工现场管理费计划表

工程名称：　　　　　　　　　　　　　　　　　　　　　　　　　　　单位：
项目经理：　　　　　　　　　　　　　　　　　　　　　　　　　　　编制日期：

名　　称	预算收入	计划数	计划降低额	计划降低率
管理人员工资				
管理人员奖金				
工资附加费				
固定资产折旧、修理费				
办公费				
低值易耗品摊销				
差旅交通费				
劳动保护费				
取暖费、水电费				
财产保险费				
检验试验费				
工程保修费				
排污费				
其他				
合　　计				

3. 成本计划的类型

对于一个工程项目而言，不同阶段形成深度和作用不同的成本计划，按其作用可分为三类。

(1)竞争性成本计划

即工程项目投标及签订合同阶段的估算成本计划。这类成本计划是以招标文件中的合同条件、投标者须知、技术规程、设计图纸或工程量清单等为依据，以有关价格条件说明为基础，结合调研和现场考察获得的情况，根据本企业的工料消耗标准、水平、价格资料和费用指标，对本企业完成招标工程所需要支出的全部费用的估算。

(2)指导性成本计划

即选派项目经理阶段的预算成本计划，是项目经理的责任成本目标。它是以合同标书为依据，按照企业的预算定额标准制定的设计预算成本计划，且一般情况下只是确定责任总成本指标。

(3)实施性成本计划

即项目施工准备阶段的施工预算成本计划，它以项目实施方案为依据，落实项目经理责任目标为出发点，采用企业的施工定额通过施工预算的编制而形成的实施性施工成本计划。

4. 成本计划的编制方法

施工项目成本计划工作主要是在项目经理负责下，在成本预测的基础上进行，编制成本计划的关键是合理确定目标成本，这是成本计划的核心，是成本管理所要达到的目的。成本目标通常以项目成本总降低额和降低率表示。项目成本目标的方向性、综合性和预测性，决定了必须选择科学的确定目标的方法。

(1)定额估算法

在预算编制力量较强、企业定额比较完备的情况下，特别是施工图预算编制经验比较丰富的建筑安装企业，工程项目的成本目标可由定额估算法产生。定额估算法的步骤为：

①根据已有的投标、预算资料，确定中标合同价与施工预算（施工预算是施工单位项目经理部根据企业定额编制的，作为施工单位内部经济核算的依据）的总价格差。

②根据组织技术措施计划表，确定组织技术措施带来的项目节约数。

③对施工预算未包括的项目，包括与施工有关的项目管理费，可参照估算。

④对实际成本可能明显超出或低于定额的主要子项，按实际支出水平估算出其实际值与定额水平之差。

⑤充分考虑不可预见因素、工期制约因素以及风险因素、市场价格波动因素，加以试算调整。

⑥综合计算整个项目的目标成本降低额及降低率。

（2）施工图预算法

施工预算法，是指以施工图中的工程实物量，套工料机消耗定额，计算工料机消耗量，并进行工料汇总，然后统一以货币形式反映施工生产耗费水平。以工料机消耗定额所计算的施工生产耗费水平，基本是一个不变的常数。一个施工项目要实现较高的经济效益（即提高降低成本的水平），就必须在这个常数基础上采取技术节约措施，以降低消耗定额的单位消耗量和降低价格等措施，来达到成本计划的目标成本水平。因此，采用施工图预算法编制成本计划时，必须考虑结合技术节约措施计划，以进一步降低施工生产耗费水平。

例 7.5　某施工项目按照施工图预算的工程实际量，套工料机消耗定额后，所计算消耗费用为 512.59 万元，技术节约措施计划节约额为 16.5 万元。计算计划成本。

解：计划成本 = 512.59 − 16.5 = 496.09（万元）

（3）成本习性法

成本习性法，是按照成本习性，将成本分成固定成本和变动成本两类，具体划分可采用费用分解法：

1）人工费：在计时工资形式下，生产工人工资属于固定成本。因为不管生产任务完成与否，工资照发，与产量增减无直接联系。如果采用计件超额工资形式，其计件工资部分属工变动成本，奖金、效益工资和浮动工资部分，亦应计入变动成本。

2）材料费：与产量有直接联系，属于变动成本。

3）机械使用费：随产量增减而变动的费用，如燃料、动力费，属变动成本；不随产量变动的费用，如机械折旧费、大修理费、操作工人的工资等，属于固定成本；机械的场外运输费和机械组装拆卸、替换配件、润滑擦拭等经常修理费，由于不直接用于生产，也不随产量增减而变动，而是在生产能力得到充分利用，产量增长时，所分摊的费用就少些，在产量下降时，所分摊的费用就要大一些，所以这部分费用为介于固定成本和变动成本之间的半变动成本；可按一定比例划归固定成本与变动成本。

4）其他直接费：水、电、风、汽等费用以及现场发生的材料二次搬运费，多数与产量发生联系，属于变动成本。

5）施工管理费：其中大部分在一定产量范围内与产量的增减没有直接联系，如工作人员工资，生产工人辅助工资，工资附加费、办公费、差旅交通费、固定资产使用费、职工教育经费、上级管理费等，属于固定成本；检验试验费与产量增减有直接联系，则属于变动成本范围；此外，劳动保护费、技术安全措施费、工具用具使用费，属于固定成本范围。

例 7.6 某施工项目，经过分部分项测算，测得其变动成本总额为 423.56 万元，固定成本总额 86.78 万元。计算计划成本。

解：计划成本 = 423.56 + 86.78 = 510.34 万元

5. 工程项目成本计划的编制方式

(1) 按施工成本组成编制施工成本计划

施工成本可以按成本组成分解为人工费、材料费、施工机械使用费、措施费和间接费，编制按施工成本组成分解的施工成本计划。

(2) 按项目组成编制施工成本计划

大中型工程项目通常是由若干单项工程构成的，而每个单项工程包括了多个单位工程，每个单位工程又是由若干个分部分项工程所构成。因此，首先要把项目，总施工成本分解到单项工程和单位工程中，再进一步分解为分部工程和分项工程。

(3) 按工程进度编制施工成本计划。

按工程进度编制施工成本计划时，通常利用网络图扩充后得到，具体有以下两种方式：

1) 在双代号时标网络图上编制成本计划；

2) 利用时间—成本曲线（S 形曲线）编制成本计划。S 形曲线必然包络在由全部工作都按最早开始时间开始和全部工作都按最迟必须开始时间开始的曲线所组成的“香蕉图”内。

以上三种编制施工成本计划的方式不是相互独立的，在实践中，往往将几种方式结合起来使用，从而可以取得扬长避短的效果。

7.2.3 成本控制

成本控制是成本管理的一个环节，可理解为执行决策，运用信息反馈、采取对策，以实现计划的目标。工程成本控制是指为实现工程成本管理的目标，对形成成本的各项耗费进行指导、监督、调节和限制，及时控制与纠正即将发生和已经发生的偏差，把各项费用控制在规定的范围内。

成本控制是成本管理的一个重要环节，成本预测中所选定的预测方案和要达到的目标成本是通过编制成本计划来贯彻的，而成本计划的完成则需要通过有效的控制来组织实现，因此，成本控制对成本计划的实现，具有十分重要的意义。

1. 成本控制的内容

工程成本控制的内容包括人工成本的控制、材料成本的控制、机械使用成本的控制和施工管理成本的控制等方面。

(1) 人工成本的控制

人工成本的控制包括人工单价控制和用工数控制两个方面。

人工单价控制主要通过项目经理与施工班组的劳务承包合同来控制，即根据企业内部人工计划价格，结合工程具体情况协商确定。

人工用工数控制通过项目经理与工长签订合同，按照企业定额计算出定额人工工日，并将安全生产、文明施工及零星用工按定额工日的一定比例包给项目工长，由工长掌握实际用工数。同时，项目劳资人员还要对工长开出的任务单进行审核，并累计实际总用工数，与计划用工数进行对比，确定差异，以避免乱开工日、多开工日的现象发生。

此外，企业还可以从项目成员的动态管理、提高劳动生产率、控制工资含量等方面，促进项目定编定员，节约用工，从而控制人工成本开支。

(2)材料成本的控制

材料成本的控制包括料用量的控制和材料价格的控制两方面内容。

1)材料用量的控制

材料用量主要由项目经理部在施工过程中通过限额领料等方法进行控制，包括以下几种情况：

①定额控制：对于有消耗定额的材料，以消耗定额为依据，实行限额领料制度。各工长只能在规定限额内分期分批领用工程材料。需要超过限额领用的材料必须办理必要的审批手续。

②指标控制：对于没有消耗定额的材料，实行按指标控制的办法。即根据上期该材料的实际耗用情况，结合本期具体情况和节约要求，制定领用材料指标，控制该材料的发料。

③包干控制：对于一些零星用料，采用包干的方法进行控制。即根据需要完成的工程量计算出所需材料，然后折算成现金，按月发放给施工班组，一次包死。班组需要用料时，从材料员处购买，节约资金归班组所有，超支资金由班组自负。

2)材料价格的控制

材料价格主要从购买价、运费、损耗等方面进行控制。

①购买价的控制：购买价的变动主要是由于市场因素引起的。采购材料时，首先应选择质量合格的供应商，在保质保量的前提下，争取最低购买价。其次，应按照各种材料的经济采购批量采购材料，以降低成本。

②运费的控制：采取就近购买、合理组织材料运输、选用最经济的运输方式等手段，以降低材料的运费和运输损耗。

③损耗的控制：要求现场材料验收人员严格办理验收手续，准确计量，把好进料关，防止将损耗或短缺材料计入材料成本。

(3)机械使用成本的控制

机械使用成本控制主要从以下几方面入手：

1)合理安排施工生产，加强设备使用的管理，减少因安排不当引起的设备闲置。

2)做好机械设备的调度工作，尽量避免窝工损失，提高现场设备利用率。

3)加强现场设备的维修保养，防止因使用不当发生机械停置。

4)做好机械操作人员与辅助人员的协调与配合工作，提高机械台班产量。

(4)施工管理成本的控制

施工管理成本的控制主要从以下几方面抓起：

1)根据各工程项目的具体情况，分别确定施工管理费开支权限。

2)制定各项目施工管理费开支指标，促使项目经理按指标控制使用。

3)经常检查，及时纠正。财务部门对各项目施工管理费的开支情况应经常进行检查，及时发现问题，及时采取措施。

2. 成本控制的依据

(1)工程承包合同

工程成本控制要以工程承包合同为依据，围绕降低工程成本这个目标，从预算收入和实际成本两方面，努力挖掘增收节支潜力，以求获得最大的经济效益。

(2)成本计划

成本计划是根据项目的具体情况制定的成本控制方案，既包括预定的具体成本控制目标，又包括实现控制目标的措施和规划，是成本控制的指导性文件。

(3)进度报告

进度报告提供了每一时刻工程实际完成量,工程成本实际支付情况等重要信息。工程成本控制工作正是通过实际情况与成本计划相比较,找出二者之间的差别,分析偏差产生的原因,从而采取措施改进以后的工作。

(4)工程变更

在项目的实施过程中,由于各方面的原因,工程变更是很难避免的。工程变更一般包括设计变更、进度计划变更、施工条件变更、技术规范与标准变更、施工次序变更、工程数量变更等。一旦出现变更,工程量、工期、成本都必将发生变化,从而使得工程成本控制工作变得更加复杂和困难。因此,工程成本管理人员就应当通过对变更中各类数据的计算、分析,随时掌握变更情况,包括已发生工程量、将要发生工程量、工期是否拖延、支付情况等重要信息,判断变更以及变更可能带来的索赔额等。

3. 成本控制的程序

开展成本控制,应按照一定的程序进行,成本控制的基本程序一般分为以下四个步骤:

(1)制定控制标准

成本的控制标准是控制成本费用的重要依据,成本控制标准根据成本形成的不同阶段和不同的对象确定。有的建筑安装企业采用标准成本作为成本控制的依据,有的建筑安装企业以定额成本或责任成本或目标成本作为控制的依据,有的建筑安装企业以计划成本、施工图预算作为成本控制的依据。

(2)实施过程控制

在成本的形成过程中根据成本形成过程的不同特点和不同的标准实行成本控制,掌握实际成本的发生情况,努力将实际成本在规定的标准之内。

(3)找出成本差异

成本的控制标准制定后要与实际费用相比较,在比较的基础上,对比较的结果进行分析,以确定偏差的严重性及偏差产生的原因。这一步是工程成本控制工作的核心,其主要目的在于找出产生偏差的原因,从而采取有针对性的措施,减少或避免相同原因的再次发生或减少由此造成的损失。

(4)实施纠偏

当工程项目的实际施工成本出现了偏差,应当根据工程的具体情况、偏差分析和预测的结果,采取适当的措施,以期达到使工程成本偏差尽可能小的目的。纠偏是工程成本控制中最具实质性的一步。只有通过纠偏,才能最终达到有效控制工程成本的目的。

对偏差原因进行分析的目的是为了有针对性地采取纠偏措施,从而实现成本的动态控制和主动控制。纠偏首先要确定纠偏的主要对象,偏差原因有些是无法避免和控制的,如客观原因,充其量只能对其中少数原因做到防患于未然,力求减少该因素所产生的经济损失。在确定了纠偏的主要对象之后,就需要采取有针对性的纠偏措施。

7.2.4　成本核算

工程成本核算是对发生的施工费用进行确认、计量,并按照成本核算对象进行归集和分配,从而计算出工程实际成本的会计处理工作。

1. 成本核算的对象

工程成本核算对象,是在成本核算时所选择的归集施工费用的目标。对成本核算对象的正确认识,是进行工程成本核算的前提。

一般情况下,建筑安装企业应以每一单位工程为对象来归集生产费用,计算工程成本。这是因为施工图预算是按单位工程编制的,所以按单位工程核算的实际成本,便于与工程预算成本比较,以检查工程预算的执行情况,分析和考核成本节超的原因。但是多数建筑安装企业通常要承建多个工程项目,每项工程项目的具体情况又各不相同。因此,建筑安装企业应按照与施工图预算相适应的原则,并结合承包工程的具体情况和本企业施工组织的特点以及成本管理的要求,合理确定成本核算对象。

成本核算对象一旦确定后,在成本核算过程中就不能任意变更。所有原始记录都必须按照确定的成本核算对象填写清楚,以便于归集和分配各种费用。

2. 成本核算的程序

工程成本核算的程序,是指进行工程成本核算一般应采用的步骤。建筑安装企业对施工过程中发生的各项费用,应按其用途和发生地点进行归集。对不能分清受益对象的费用,还需要采用合理的方法分配计人各工程成本核算对象。为了核算和监督各项施工费用的发生和分配情况,正确计算工程成本,施工企业应设置工程施工账户、辅助施工账户、机械作业账户等财务账户。上述成本费用账户,在工程成本核算中起着不同的作用。根据它们的核算内容和使用方法,可以将工程成本核算的基本程序概述如下:

(1)归集各项生产费用

即将本期发生的各项生产费用,按其用途和发生地点,归集到有关成本费用账户中。

(2)分配辅助施工费用

工程期末,将归集在辅助施工账户的费用向各受益对象分配,记入机械作业账户和工程施工账户。

(3)分配机械作业费用

工程期末,将归集在机械作业账户的费用向各受益对象分配,记入工程施工各有关明细账户。

(4)分配施工间接费用

工程期末,将归集在工程施工——间接费用账户的费用向各工程分配,记入工程施工各有关明细账户。

(5)计算和结转工程成本

工程期末,计算本期已完工程或竣工工程的实际成本,并将竣工工程的实际成本从工程施工账户转出,与工程结算账户的余额对冲;对于尚未竣工工程的实际成本仍然保留在工程施工账户,不予结转。

3. 成本核算的方法

(1)表格核算法

表格核算法是根据建筑安装企业内部各项成本核算资料,各要素部门和核算单位定期采集信息填制相应的表格,并通过一系列的表格,形成项目施工成本核算体系,作为项目施工成本核算平台的方法。该成本核算方法的优点是简明、直观易懂、易于操作且实时性好,缺点是覆盖范围较窄,较难实现科学的,严密的审核制度且精度较差。

(2)会计核算法

会计核算法是指建立在会计核算基础上,利用会计核算所独有的借贷记账法和收支全面核算的综合特点,按项目施工成本内容和收支范围,组织项目施工成本核算的方法。该方法的优点是核算精确、逻辑性强、人为调节的可能因素较小、核算范围较大,缺点是对专业人员的专业水平要求较高。

7.2.5 成本分析

工程成本分析是在成本核算的基础上,对成本的形成过程和影响成本升降的因素进行分析,以寻求进一步降低成本的途径,包括有利偏差的挖掘和不利偏差的纠正。工程成本分析贯穿于成本管理的全过程,其是在成本的形成过程中,主要利用项目的成本核算资料(成本信息),与目标成本、预算成本以及类似的工程项目的实际成本等进行比较,了解成本的变动情况,同时也要分析主要技术经济指标对成本的影响,系统地研究成本变动的因素,检查成本计划的合理性。通过成本分析,深入揭示成本变动的规律,寻找降低项目成本的途径,以便有效地进行成本控制。

成本分析主要是通过应用各种方法,找出成本偏差并分析偏差产生的原因。成本偏差分为局部成本偏差和累计成本偏差。局部成本偏差包括项目的月度(或周、天等)核算成本偏差、专业核算成本偏差以及分部分项作业成本偏差等;累计成本偏差是指已完工程在某一时间点上实际总成本与相应的计划总成本的差异。对成本分析,可采用的方法有挣得值法、比较法、因素分析法、差额计算法、比率法等基本方法。

(1)挣得值法

挣得值法(Earned Value),又称赢得值法,是综合了成本、进度和资源,对项目成本进行综合分析,对项目成本偏差进行计算的一种有效方法。它主要通过三个基本参数(拟完工程计划成本、已完工程实际成本、已完工程计划成本)的计算,求出工程项目的成本偏差和进度偏差。

1)基本参数的定义

①拟完工程计划成本(Budgeted Cost for Work Scheduled,BCWS)

指项目实施过程中,某阶段计划完成的工程量所需的计划成本,其计算公式为:

$$\text{拟完工程计划成本}=\text{计划工程量}\times\text{计划单位成本} \tag{7-4}$$

②已完工程实际成本(Actual Cost for Work Performed,ACWP)

指项目实际施工过程中,某阶段实际完成的工程量所消耗的成本,*ACWP* 主要是反映项目执行的实际消耗指标,其计算公式为:

$$\text{已完工程实际成本}=\text{已完工程量}\times\text{实际单位成本} \tag{7-5}$$

③已完工程计划成本(Budgeted Cost for Work Performed,BCWP)

指项目实际施工过程中,某阶段按实际完成工程量及按计划单位成本计算出来的费用,其计算公式为:

$$\text{已完工程计划成本}=\text{已完工作量}\times\text{计划单位成本} \tag{7-6}$$

2)偏差计算

在成本控制中,成本偏差(Cost Variance,CV)的计算公式为:

$$\begin{aligned}\text{成本偏差 } CV &=\text{已完工程实际成本}-\text{已完工程计划成本}\\ &=\text{已完工程量}\times(\text{实际单位成本}-\text{计划单位成本})\end{aligned} \tag{7-7}$$

若计算结果为正表示工程成本超支,结果为负表示工程成本节约。在实际工程中,进度偏差对成本偏差分析的结果有重要影响,如果不加考虑就不能正确反映工程成本偏差的实际情况。如:某一阶段的施工成本超支,可能是由于进度超前导致的,也可能由于物价上涨导致。

所以,必须引入进度偏差(Schedule Variance,SV)的概念,其计算公式为:

$$进度偏差\ SV(\text{Ⅰ}) = 已完工程实际时间 - 已完工程计划时间 \quad (7-8)$$

为了与工程成本偏差联系起来,进度偏差也可表示为:

$$\begin{aligned}进度偏差\ SV(\text{Ⅱ}) &= 拟完工程计划成本 - 已完工程计划成本 \\ &= (计划工程量 - 已完工作量) \times 计划单位成本 \end{aligned} \quad (7-9)$$

若计算结果为正值,表示工期拖延,结果为负值表示工期提前。

例 7.7　某项目组计划用两天的时间把房间的墙面刷一遍新漆,进度安排为每天完成 50% 的工作量,需粉刷的墙面面积为 800 m^2,计划单位成本为 500 元/ m^2。一天后,项目组的实际完成工作量为 40%,实际发生的单位成本为 360 元/ m^2,请用挣得值法计算这一天的成本偏差。

解:根据已知条件及式(7-4)~(7-9),计算如下:

拟完工程计划成本 $BCWS = 800 \times 50\% \times 500 = 200\,000$(元) = 20(万元)

已完工程计划成本 $BCWP = 800 \times 40\% \times 500 = 160\,000$(元) = 16(万元)

已完工程实际成本 $ACWP = 800 \times 40\% \times 360 = 115\,200$(元) = 11.52(万元)

成本偏差 $CV = ACWP - BCWP = 11.52 - 16 = -4.48$(万元)

进度偏差 $SV = BCWS - BCWP = 20 - 16 = 4$(万元)

成本偏差为负,表示该工程成本节约;进度偏差为正,表示该工程工期拖延。

(2)比较法

比较法,又称"指标对比分析法",就是通过技术经济指标的对比,检查目标的完成情况,分析产生差异的原因,进而挖掘内部潜力的方法。这种方法,具有通俗易懂、简单易行、便于掌握的特点,因而得到了广泛的应用,但在应用时必须注意各技术经济指标的可比性。比较法的应用,通常有下列指标比较形式:

1)实际指标与目标指标对比

通过实际指标与目标指标的对比,检查目标完成情况,分析影响目标完成的积极因素和消极因素,以便及时采取措施,保证成本目标的实现。在进行实际指标与目标指标对比时,还应注意目标本身有无问题。如果目标本身出现问题,则应调整目标,重新正确评价实际工作的成绩。

2)本期实际指标与上期实际指标对比

通过这种对比,可以看出各项技术经济指标的变动情况,反映建筑安装企业管理水平的提高程度。

3)与本行业平均水平、先进水平对比

通过这种对比,可以反映本项目的技术管理和经济管理水平与行业的平均水平和先进水平的差距,进而采取措施赶超先进水平。

(3)因素分析法

因素分析法又称连环置换法或连锁置换法。这种方法可用来分析各种因素对成本的影响程度。在进行分析时,首先要假定众多因素中的一个因素发生了变化,而其他因素则不变,然后逐个替换,分别比较其计算结果,以确定各个因素的变化对成本的影响程度。因素分析法的计算步骤如下:

1)确定分析对象,并计算出实际数与目标数的差异;

2)确定该指标是由哪几个因素组成的,并按其相互关系进行排序;

3)以目标数为基础,将各因素的目标数相乘,作为分析替代的基数;

4)将各个因素的实际值按照上面的排列顺序进行替换计算,并将替换后的实际值保留下来;

5)将每次替换计算所得的结果,与前一次的计算结果相比较,两者的差异即为该因素对成本的影响程度;

6)各个因素的影响程度之和,应与分析对象的总差异相等。

例 7.8 某工程浇筑一层结构商品混凝土相关数据见表 7.8,根据资料用因素分析法分析该工程成本增加的原因。

表 7.8 某工程商品混凝土相关资料

项 目	计划成本	实际成本	差 额
产量(m^3)	600	620	+20
单价(元)	800	820	+20
损耗率(%)	1.04	1.025	-1.5
成本(元)	499 200	521 110	21 910

解:1. 分析对象:浇筑一层结构商品混凝土成本,实际成本与目标成本差额 21 910 元。

2. 该指标影响因素:产量、单价和损耗率。

3. 分析替代的基础:目标数 $600\times800\times1.04=499\,200$(元)

4. 替换:第一次替换:产量因素 $620\times800\times1.04=515\,840$(元)

第二次替换:单价因素 $620\times820\times1.04=528\,736$(元)

第三次替换:损耗率因素 $620\times820\times1.025=521\,110$(元)

5. 计算差额:

第一次替换与目标数的差额 $=515\,840-499\,200=16\,640$(元)

第二次替换与第一次替换的差额 $=528\,736-515\,840=12\,896$(元)

第三次替换与第二次替换的差额 $=521\,110-528\,736=-7\,626$(元)

则:产量增加使成本增加了 16 640 元

单价提高使成本增加了 128 966 元

而损耗率下降使成本减少了 7 626 元

6. 各因素影响程度之和 $=16\,640+12\,896-7\,626=21\,910$(元)

与实际成本和目标成本总差额相等。

(4)差额计算法

差额计算法是因素分析法的一种简化形式,它利用各个因素的目标值与实际值的差额来计算其对成本的影响程度。

(5)比率法

比率法是指用两个以上的指标的比例进行分析的方法。它的基本特点是先把对比分析的数值变成相对数,再观察其相互之间的关系,常用的比率法有以下几种。

1)相关比率法

由于项目经济活动的各个方面是相互联系,相互依存,又相互影响的,因而可以将两个性质不同而又相关的指标加以对比,求出比率,并以此来考察经营成果的好坏。例如:产值和工资是两个不同的概念,但它们的关系又是投入与产出的关系。一般情况下,人们都希望以最少的工资支出完成最大的产值。

2)构成比率法

构成比率法又称比重分析法或结构对比分析法。通过构成比率,可以考察成本总量的构成情况及各成本项目占成本总量的比重,同时也可看出量、本、利的比例关系(即预算成本、实际成本和降低成本的比例关系),从而为寻求降低成本的途径指明方向。

3)动态比率法

动态比率法,就是将同类指标不同时期的数值进行对比,求出比率,以分析该项指标的发展方向和发展速度。动态比率的计算,通常采用基期指数和环比指数两种方法。

7.2.6 成本考核

工程成本考核是指在项目完成后,对工程项目成本形成中的各责任者,按项目成本目标责任制的有关规定,将成本的实际指标与计划、定额、预算进行对比和考核,评定项目成本计划的完成情况和各责任者的业绩,并以此给予相应的奖励和处罚。通过成本考核,做到有奖有惩,赏罚分明,才能有效地调动每一位员工在各自施工岗位上努力完成目标成本的积极性,为降低工程项目成本和增加企业的积累,做出自己的贡献。工程成本考核是衡量成本降低的实际成果,也是对成本指标完成情况的总结和评价。成本考核制度包括考核的目的、时间、范围、对象、方式、依据、指标、组织领导、评价与奖惩原则等内容。

7.3 财务控制

财务控制是指企业内的各级管理机构和管理人员,采用特定的财务方法和措施,对企业的财务收支活动进行约束、监督和调节,使企业的财务收支活动能按照事先确定的范围发生,以实现企业经营目标的一种管理活动。

7.3.1 财务控制的种类

财务控制可以从不同的角度加以考察,从而做出以下几种不同的分类:

1. 按控制的时间分

财务控制按控制的时间分类,分为事前财务控制、事中财务控制和事后财务控制三种。事前财务控制是指在财务收支活动尚未发生之前,对财务收支活动所进行的控制,如财务收支活动发生之前的申报审批制度等。事中财务控制是指在财务收支活动发生过程中,对财务收支活动所进行的控制,如按财务预算要求监督预算的执行过程、对各项收入的去向和支出的用途进行监督、对产品生产过程中发生的成本进行约束等。事后财务控制是指在财务收支活动发生后,对财务收支活动的结果所进行的考核及其相应的奖罚,如按财务预算的要求对各责任中心财务收支结果进行评价,并以此作为实施奖罚的标准;在成本形成之后进行综合分析与考核,以确定各类责任中心和企业的成本责任。

2. 按控制的对象分

财务控制按控制的对象分为收支控制和现金控制两种。

收支控制是指对公司和各责任中心的财务收入活动和财务支出活动所进行的控制。控制财务收入活动,旨在达到收入的目标;控制财务支出活动,旨在降低成本、减少支出。

现金控制是指对公司和各责任中心的现金流入和现金流出活动所进行的控制。由于公司财务会计采取权责发生制，导致利润与现金净流入不相等，所以，对现金有必要进行单独控制；并且由于日常财务活动主要是现金流动，所以，现金控制十分重要。现金控制应力求实现现金流入和流出的基本平衡，既要防止因现金短缺而可能出现的支付危机，也要防止因现金沉淀而可能出现的机会成本增加。

3. 按控制的手段分

财务控制按控制的手段分为绝对控制和相对控制两种。

绝对控制是指对企业和各责任中心的财务指标采用绝对额进行控制。通常对激励性指标采用绝对额控制最低限度，对约束性指标采用绝对额控制最高限度；相对控制是指对企业和各责任中心的财务指标采用相对比率进行相对控制，通常相对控制具有反映投入与产出对比、开源与节流并重的特征。比较而言，绝对控制没有弹性，相对控制具有弹性。

4. 按控制的主体分

财务控制按控制的主体不同分为所有者财务控制、经营者财务控制和财务部门财务控制三种。所有者财务控制是指资本所有者对经营者的财务收支活动进行的控制，其目的是为了实现其资本保全和资本增值，如对成本开支范围及其标准的规定等。经营者财务控制是企业管理者对企业的财务收支活动进行的控制，其目的是为了实现财务预算目标，更好地控制企业的日常生产和经营，如企业的筹资、投资、资产运用、成本支出决策及其执行等。财务部门财务控制是对企业日常财务收支活动所进行的控制，其目的是保证企业现金的供给，如对各项货币资金用途的审查等。通常认为，所有者的财务控制是一种外部控制，而经营者和财务部门的财务控制是一种内部控制。

7.3.2 财务控制的特征

财务控制是财务管理的重要环节。财务控制具有以下特征：

1. 财务控制以现金流量为控制目的

建筑安装企业的日常财务活动通常表现为营业现金的流动，日常财务控制关注的重点自然是现金的流入和流出。现金流转的方向、数量、速度、结构等是日常财务管理和控制的实质内容，作为财务预算中心的现金预算，是日常财务控制的主要依据。

2. 财务控制是一种价值控制

财务控制是一种价值控制，这是财务控制区别于其他管理控制的本质特征。财务控制的主要依据是财务管理目标、财务预算等，这些都可以或必须以价值形式表达。从财务控制的对象看，无论是资金、成本还是利润，均以价值形式体现。这就决定了财务控制是利用财务信息、依据价值标准、运用价值手段、针对价值对象的一种重要的管理控制。

3. 财务控制是一种全面控制

作为一种实现财务目标、财务预算和贯彻建筑安装企业总体经营意图的有利手段，财务控制所关注的重点，既不是某项具体财务活动，也不是某项实物的具体流动，而是整个企业财务成果的扩大和总体财务状况优化目标的实现，以及对各种责任中心的经营活动及互相关系调控。财务控制，是借助货币手段对生产经营活动所实施的控制，具有连续性和全面性，它在企业经营控制系统中处于 种特殊地位，起着保证、促进、监督和协调等重要作用。

7.3.3 财务控制的基础

财务控制的基础，是指进行财务控制所具备的基本条件，主要包括以下几个方面：

1. 组织基础

控制活动必然涉及控制主体和被控制对象。首先要确立控制主体,即建立财务控制的组织体系。通常是按照分权管理原则,根据企业的具体情况和内部管理的实际需要,合理划分责任中心,明确各责任中心的经营和应完成的成本、利润等指标。同时赋予各责任中心与其经营管理相适应的决策权,并将其实际利益与业绩挂钩。

2. 制度基础

财务控制要有一系列的制度予以保证。建筑安装企业应建立健全内部控制制度、内部结算制度、内部经济仲裁制度、考核奖惩制度等,以促使财务控制工作高效、有序地进行。

3. 预算目标

财务控制必须明确应该实现的目标。财务控制应以建立健全的财务预算为依据。财务预算应分解落实到各责任中心,分解形成与总目标协调一致的一系列责任预算,为企业及各责任中心的财务控制指明方向。

4. 会计信息

任何控制都离不开信息,特别是真实、准确的信息。财务控制必须以会计信息为前提。这样才能了解分析企业财务预算总目标的执行情况、存在的差异及其原因,提出相应的纠偏措施;了解分析各责任中心改进工作的依据和考核它们工作业绩的依据。因此,应建立按责任中心设置的会计核算体系。

5. 奖励制度

财务控制的最终效率取决于是否有切实、可行的奖惩制度,以及是否严格执行奖惩制度。奖惩制度必须体现公平、公正、有效的原则,并建立严格的考评机制,把过程考核与结果考核结合起来。

7.4 责任中心与业绩考核

企业为了能够进行有效的控制及内部协调,通常按统一领导、分级管理的原则,在其内部合理划分责任单位,也称责任中心。明确各责任单位承担的经济责任、享有的权利和利益,从而使责任单位各尽其职、各负其责。责任预算是“总预算”的落实和具体化,它使各责任中心明确其应负的责任和应控制的事项,而责任预算的执行情况,则通过“责任会计”来进行计量、考核,即对实际发生的成本、取得的收入和利润,要按责任中心进行归集、核算。在预算期末,还应编制业绩报告,比较预算和实际的差异,分析差异产生的原因和责任归属。根据建筑安装企业内部责任单位的权限范围及业务活动的特点不同,责任单位可以分为成本中心、利润中心、投资中心三大类。

7.4.1 成本中心

一个责任单位,如果不形成或不考核其收入,而着重考核其所发生的成本和费用,这类责任中心则称为成本中心。成本中心一般包括负责工程的项目部及给予一定费用指标的管理部门。

成本中心的范围广泛,从一般意义出发,企业内部凡有成本发生,需要对成本负责,并能实施成本控制的单位,都可以确定为成本中心。成本中心的规模不一,各个较小的成本中心共同组成一个较大的成本中心,各个较大的成本中心又共同构成一个更大的成本中心。从而,在企业形成一个逐级控制并层层负责的成本中心体系。

1. 成本中心的类型

成本中心的类型有两种:标准成本中心和费用中心。

标准成本中心,是指已经知道单位工程所需投入量的责任中心。通常,标准成本中心的典型代表是班组。这类责任中心每道工序都有明确的原材料、人工费用及各种间接费用的数量标准和价格标准。

费用中心是指产出物不能用财务指标来衡量或投入和产出之间没有密切关系的责任单位。这些单位包括管理部门及其他非生产部门等。费用中心所发生的费用主要是为公司提供一定的专业服务,通常采用预算总额审批的控制方法,是一种以直接控制经营管理费用总量为主的成本中心。

2. 成本中心的特征

(1)仅考核成本费用而不考评收益

成本中心没有经营权和销售权,其经济活动的结果不会形成可以用货币量化的收入。有的成本中心可能有少量的收入,但整体上讲,其产出与投入之间不存在密切的对应关系,因而。这些收入不作为主要的考核内容,也不计算这些货币收入。概括地说,成本中心只以货币形式计量投入,不以货币形式计量产出。

(2)仅对可控成本负责

成本中心能够控制的各种耗费,称为可控成本,不能控制的称为不可控成本。成本可控与否是相对而言的,它与成本中心所处的层次、权限的大小及控制范围直接相关。例如,从一个公司来看,几乎所有的成本都可称为可控成本;而对公司内部各部门来说,则既有可控成本,也有不可控成本。

(3)仅对责任成本进行控制和考核

责任成本是以具体的责任单位为对象,以其承担的责任为范围所归集的成本,也就是责任中心的全部可控成本。对成本中心工作业绩的考核,主要是将实际责任成本与预算责任成本进行比较,正确评价该中心的工作业绩。

3. 成本中心的考核指标

成本中心的考核主要是将责任中心发生的实际责任成本同预算责任成本进行比较,从而判断成本中心业绩的好坏。考核指标主要包括成本(费用)降低额和降低率。计算公式为:

$$\text{成本(费用)降低额} = \text{预算责任成本(费用)} - \text{实际责任成本(费用)} \tag{7-10}$$

$$\text{成本(费用)降低率} = \text{成本(费用)降低额} \div \text{预算责任成本(费用)} \tag{7-11}$$

例 7.9 某预制构件厂生产甲产品,预算产量为4 000件,单价成本为 60 元:实际产量为4 600件,单位成本为 58 元。求成本中心的成本降低额和成本降低率。

解: 成本降低额 $= 4\,600 \times 58 - 4\,600 \times 60 = -9\,200$(元)

成本降低率 $= -9\,200 \div (4\,600 \times 60) = -3.33\%$

结果表明,该成本中心的成本降低额为 9 200 元,降低率为 3.33%。

7.4.2 利润中心

一个责任中心,如果能同时控制生产和销售,既要对成本负责又要对收入负责,但没有责任或权力决定该中心的资产投资水平,就可以根据其利润的多少来评价该中心的业绩,这类中心就可以称为利润中心。这类责任中心一般是指有产品或劳务生产经营决策权的企业内部部门。

1. 利润中心的类型

利润中心可以分为自然利润中心和人为利润中心两种。

自然利润中心可以直接向公司外部销售产品,在市场上进行购销业务。它是公司内部的一个部门,其功能和独立公司类似,能独立地控制成本,取得收入。

人为利润中心可以在公司内部按照内部转移价格出售产品,从而取得内部销售收入。人为利润中心一般具有独立经营权,与其他责任中心一起确定合理的转移价格,以实现利润中心的功能与责任。

2. 利润中心的考核指标

在评价利润中心的业绩时,有四种利润考核指标供选择:边际贡献、部门可控边际贡献、部门边际贡献和税前部门利润,计算公式为:

$$\text{边际贡献} = \text{部门销售收入} - \text{部门变动成本} \tag{7-12}$$

$$\text{部门可控边际贡献} = \text{边际贡献} - \text{可控固定成本} \tag{7-13}$$

$$\text{部门边际贡献} = \text{部门可控边际贡献} - \text{部门不可控固定成本} \tag{7-14}$$

$$\text{部门税前利润} = \text{部门边际贡献} - \text{公司管理费用} \tag{7-15}$$

例 7.10 某企业的销售部门实现销售收入 20 000 元,已销商品变动成本和变动销售费用 8 000 元,部门可控固定间接费用 1 000 元,部门不可控固定间接费用 1 000 元,分配的工资管理费用 500 元。计算用于评价利润中心的各指标。

解: 边际贡献 = 20 000 − 8 000 = 12 000(元)

部门可控边际贡献 = 12 000 − 1 000 = 11 000(元)

部门边际贡献 = 11 000 − 1 000 = 10 000(元)

部门税前利润 = 10 000 − 500 = 9 500(元)

通过以上例题分析,可以看出以边际贡献作为考核指标不够全面,可能导致部门管理尽可能多地支出固定成本以减少变动成本的支出,这样虽然边际贡献变大,但会增加总成本;以部门可控边际贡献来评价业绩可能是最好的,它反映了部门经理在其权限和控制范围内有效地使用权力的能力;以部门边际贡献评价业绩,更适合评价该部门对公司利润和管理费用的贡献,但不适合于对部门经理的评价,因为有一部分固定成本是部门经理很难改变的;以税前部门利润来评价业绩通常是不合适的,因为企业的管理费用是部门经理无法控制的。

7.4.3 投资中心

如果一个责任中心,既要对成本和利润负责,又要对投资效果负责,则该责任中心为投资中心。由于投资的目的是获得利润,因而投资中心同时也是利润中心,但投资中心与利润中心又有所不同。投资中心有决策权,处于责任中心的最高层次,具有最大决策权,同时也承担最大的责任。投资中心的考核指标有投资报酬率和剩余收益。

(1)投资利润率

投资利润率是指投资中心所获得的利润与投资额之间的比例。计算式:

$$\text{投资报酬率} = \frac{\text{利润}}{\text{投资额}} \times 100\% \tag{7-16}$$

(2)剩余收益

剩余收益是投资中心获得的利润扣减其最低投资收益后的余额。最低投资收益是投资中心投资额按规定的投资报酬率计算的收益，规定投资报酬率一般指企业各投资中心的平均投资投资报酬率或预期的最低报酬率。计算式：

$$剩余收益 = 利润 - 投资额 \times 规定的投资报酬率 \quad (7-17)$$

例 7.11　某公司下属甲、乙两个分公司，均为投资中心，该公司平均投资报酬率为10%，两投资中心的投资额、利润；追加投资等有关资料如表7.9所示。

表 7.9　投资中心指标计算

项　目		平均投资	利　润	投资报酬率	剩余收益
追加投资前	甲	30	4.8	16%	4.8 - 30 × 10% = +1.8
	乙	20	1.2	6%	1.2 - 20 × 10% = -0.8
	合计	50	6	12%	6 - 50 × 10% = +1
甲投资中心追加投资30	甲	60	9	15%	9 - 60 × 10% = +3
	乙	20	1.2	6%	1.2 - 20 × 10% = -0.8
	合计	80	10.2	12.75%	10.2 - 80 × 10% = +2.2
乙投资中心追加投资20	甲	30	4.8	16%	4.8 - 30 × 10% = +1.8
	乙	40	2.9	7.25%	2.9 - 40 × 10% = -1.1
	合计	70	7.7	11%	7.7 - 70 × 10% = +0.7

根据表中各指标计算可知：如果以投资报酬率作为考核指标，追加投资后甲的投资报酬率由16%下降到15%，乙的投资报酬率由6%上升到7.25%，则向乙投资比向甲投资好；但以剩余收益作为考核指标，追加投资后甲的剩余收益由1.8万元增加到3万元，乙的剩余收益由-0.8万元下降到-1.1万元，应当向甲投资。

如果从整个公司进行评价，甲追加投资后使公司总投资报酬率由12%上升到12.75%，剩余收益由1万元上升到2.2万元；乙追加投资后使公司总投资报酬率由12%下降到11%，剩余收益由1万元下降到0.7万元，应向甲投资，这与剩余收益指标评价各投资中心的业绩的结果一致。

可见，利用剩余收益指标评价和考核各投资中心的经营业绩，可以使各投资中心的局部目标与企业的整体目标趋于一致。

7.4.4　业绩考核

业绩考核是责任会计的重要过程。它通常是以责任报告为依据，分析、评价各责任中心责任预算的实际执行情况，查明原因，找出差距，借以考核各责任中心的工作成果，并根据业绩考核结果进行经济和其他方式的奖惩，促进各责任中心及时纠正行为偏差，完成自己所负的责任。

1. 对成本中心的业绩考核

由于成本中心没有收入来源，只对成本负责，故对成本中心的业绩考核应以责任成本为重点对象。成本中心的业绩考核，以责任报告为依据，将其责任成本的实际数与预算数进行对比，看是否存在差异，进而分析差异的性质、数额及产生的原因，并根据差异分析的结果，或对成本差异进行调节、控制，或修订、调整预算，在年终则通常据以实施奖惩，以督促成本中心努力降低成本。

2. 对利润中心的业绩考核

利润中心既对成本负责，又对收入及利润负责，在对其进行业绩考核时，应以销售收入、息税前利润为重点进行分析评价。利润中心的业绩考核,以业绩报告为依据,将考核指标的实际成本与预算成本进行比较,揭示差异原因,明确经济责任,正确评价利润中心的经营得失和有关人员的是非功过,做到责任明确、奖惩分明。在考核利润中心业绩时,应注意权责范围的界定,只宜将利润中心权责范围内(或可控范围内)的收入和成本的差额作为考核对象。凡不属于利润中心权力范围内的收入和成本,尽管已由该利润中心实际收进或支付,仍予以剔除,不能作为该利润中心的考核依据。

3. 对投资中心的业绩考核

由于投资中心不仅要对成本、收入和利润负责,而且还应对投资效果或资产使用效果承担责任。因此,对投资中心的业绩考核,除考核收入、成本、利润等指标外,考核的重点应放在投资报酬率和剩余利润这两项指标上。投资中心是最高一级的责任中心,业绩考核的内容或指标涉及的各个方面,是一种较为全面的考核。考核时通过将实际成本与预算成本进行比较,揭示差异的原因和性质,并据以进行奖惩。

7.5 案例 某筑路工程公司的成本管理与控制

辽河石油勘探局筑路工程公司有一套适合自身发展需要的成本管理模式,从实施工程开工前的预算、施工过程中的成本控制、完工后成本的审核、分析总结,到统一内部单价、工程完工结算单审核签认制度等一系列的精细成本管理,有效地控制了工程的成本。

1. 施工成本管理的主要步骤

辽河石油勘探局筑路工程公司依据工程进展情况分五个阶段进行成本控制。

(1)投标报价时的成本估算

投标报价时的成本估算主要是依据市场环境、招标文件、工程概况和竞争对手的情况综合确定适合本企业施工管理水平和施工能力的成本价格。在投标报价前,要对工程项目进行详细分析,对工程所在地的人工、材料及机械市场价格进行周密调查,根据企业自身的管理水平对成本进行分析和科学估算,在投标时就针对该工程项目进行成本目标和利润目标分析,克服投标报价的盲目性,提高工程成本控制的预见性,并在此基础上确定投标报价。

(2)工程开工前的成本预算

在工程开工的施工准备阶段,依据项目部与劳务队伍、材料供应商、机械租赁方所签订的合同和项目部自身的成本管理水平,对工程成本进行详细的预算。项目成本预算是指导项目部成本控制的一个指令性指标,是建立目标成本的依据。要求项目部在工程实施过程中对工程项目的人工、材料、机械单价和数量均控制在预算范围之内,对于超出预算范围的单价和数量要详述原因,并上报工程科据实增补预算计划。

(3)工程实施过程中的成本控制

工程实施过程中的成本控制是在施工过程中,对影响项目成本的各种因素加强管理,并采取各种有效措施,将施工中实际发生的各种消耗和支出严格控制在成本预算范围之内。平时工程实施过程中,则分阶段、分时间对预决算成本进行汇总对比分析,严格审查各项费用是否符合预算要求,计算实际施工成本与预算成本的差异,并进行比较分析,找出原因,采取措施,消除超出预算成本的现象。

(4)工程完工后的成本汇总、审核、分析

工程完工后,对实际发生成本进行汇总和分类,计算出施工费用的实际发生额、施工项目的总成本和单位成本，并与相应预算成本进行比较分析。施工成本以一个工程项目作为成本核算的对象，依据单位工程和分项工程划分进行成本核算。在成本汇总、分类、比较的基础上，对成本的形成过程和影响成本升降的因素进行分析，总结经验和教训。

(5)项目成本控制的总结及评价

项目成本审核分析完成后，对项目成本进行总体评价，以评价具体工程项目成本控制的情况，如人工、材料、机械、管理费成本是否超标，总结经验教训，取长补短，明确以后成本控制的重点和注意事项，不断完善成本控制的管理理念，同时对项目管理人员的成本管理水平进行比较考核。

2. 施工成本控制的具体方法

(1)完善的岗位责任制度和成本管理制度

施工成本控制是项目全员管理的工作，落实责任制度，建立成本管理的组织机构和人员，明确各级施工人员、管理人员的任务、岗位责任，及各自在工作中的工作方法、方式，使其能够不断检验自己的工作。在建立和完善各项成本管理制度方面，主要对材料采购价格、进货渠道、劳动力价格、机械台班价格进行管理，完善材料保管与使用、劳动力、机械台班、工程数量的计量管理制度，避免材料的损失、浪费、积压。同时通过制度和监控减少各项不必要的费用开支。

(2)采用先进的施工方法和施工方案，降低工程成本

在施工中采取各种技术措施，进行技术经济分析，以确定最佳施工方案。对材料使用进行比较与选择，通过代用、改变配合比、使用添加剂、采用新技术、新方法降低材料消耗费用；配置最合适经济的施工机械和设备；加强材料管理，降低材料的库存成本和运输成本，以降低整个工程项目成本。

(3)加强合同管理，降低工程成本

项目施工涉及施工单位与业主签订的施工合同及施工单位内部与劳务队伍、材料供应商、机械供应商之间签订的劳务合用、材料供应合同、机械租赁合同等。辽河石油勘探局筑路工程公司通过对合同的严格管理，减小工程风险，降低工程成本。在与业主签订施工合同时，选用的合同结构，要考虑一切影响工程效益的因素，加强合同风险的识别和分析，采取必要的风险对策；对材料供应商合同、劳务合同、机械租赁合同通过分析研究，明确各自在合同履行过程的责任和义务，注重选用信誉好的合作伙伴。

3. 施工成本控制的四大技巧

辽河石油勘探局筑路工程公司在日常工作中，着重抓好施工成本控制的四大要点，并探索出了一些有价值的技巧。

(1)单价控制

对于通常项目，人工、机械单价可以采用内部指令性价格进行控制，公司内部每年制定出内部指导价，供各项目部参考执行。对于随市场价格波动大和不常用的一些项目价格，采用网上查询、市场调查、多家竞价、择优选择的方法定价，大致摸索出一个基本市场价，然后选择几家单位同时竞价或者多家单位分别谈价，最后确定一家质优价低的单位，同时尽量将风险进行转移和分担。

(2)数量控制

工程费用主要由单价和数量构成，控制人工、材料和机械使用数量，就打下了工程成本控制的基础。工程数量的控制在工程开工前，依据设计图纸和合同工程量清单将工程项目进行

分解,计算出人工、材料和机械的成本预算数量,在工程实施的过程中,对照成本预算数量进行控制。对于人工和机械的数量,可以依据设计图纸和定额消耗一次性将数量包干使用。对于材料数量可采用按图纸和定额消耗将数量包干,也可采用加强验收计量控制,安排责任心强的专人进行验收计量、控制数量。同时加强质量验收,避免因材料不合格或规格不符合要求造成的成本增加。

(3)技术控制

低价中标已成为国内建筑市场的一种趋势,要在低价的同时保障工程利润就必须加强工程内部管理,改进技术,降低成本。对于既定的单价数量,项目部组织技术人员进行技术论证,在保障工程质量、安全的前提下,尽量选用合理先进的生产工艺和技术方法,通过推广新方案、新产品、新技术、新结构、新材料、新机械及其他技术革新措施,制定降低成本的施工组织措施,提高经济效益,同时加强施工过程的技术质量检验,提高质量,避免返工,降低成本。如在某工地路肩施工过程中,采用 20 *cm* 厚 10#混凝土取代 30 *cm* 厚 7.5#浆砌片石,路肩就节约了 1/3 的成本,内在质量也有进一步提高。

(4)加强施工组织调配,加快工程进度,降低工程成本

工程实施过程中,成本和进度息息相关,工程进度慢,工程成本就高。在工程中合理组织人工、机械和材料供应,以保障施工顺利进行;加强人工和机械的合理调配管理,优化配置,以提高生产效率,加快工程进度。选择正确的施工方案,合理布置施工现场,采用先进的施工方法、工艺组织均衡生产,做好现场调度和协作配合,重视竣工收尾,也是加快工程进度,缩短工期,降低项目成本的关键。

(作者:刘桂珍　出处:《中国总会计师》杂志　单位:辽河石油勘探局筑路工程公司)

复习思考题

1. 成本、费用、支出的定义和区别是什么?
2. 成本预测的方法有哪些?这些方法的特点是什么?
3. 成本计划的内容是什么?
4. 成本控制的内容有哪些?
5. 成本核算的程序是什么?
6. 成本分析的方法有哪些?ACWP、BCWP、BCWS 的含义是什么?
7. 财务控制的分类有哪些?
8. 财务控制的基础是什么?
9. 什么是责任中心?包括哪几种?
10. 利润中心的考核指标有哪些?
11. 某企业 *A* 车间为成本中心,生产 *A* 产品,预算产量为 10 万件,单位成本 200 元;实际产量 11 万件,单位成本 210 元。求:(1)计算该成本中心的成本降低额;(2)计算该成本中心的成本降低率。
12. 某企业的 *A* 部门为利润中心,利润中心销售收入 110 万元,利润中心销售产品变动成本和变动销售费用 50 万元:利润中心负责人可控固定成本 20 万元,利润中心负责人不可控而应由该中心负担的固定成本 2 万元。求:(1)计算该利润中心的边际贡献总额;(2)计算该利润中心负责人可控利润总额;(3)计算该利润中心可控利润总额。

13. B 公司设有甲、乙两个分公司，均为投资中心，其中乙分公司 2008 年利润 52 万元，经营资产平均占用额为 200 万元．总公司决定 2009 年投资 100 万元扩充乙分公司的经营规模，预计乙分公司 2009 年全年可增加利润 25 万元，总公司规定的最低投资报酬率为 18%。要求：

(1)计算乙分公司 2008 年的投资报酬率和剩余收益。

(2)计算乙分公司 2009 年的投资报酬率和剩余收益。

(3)若以投资报酬率考核乙分公司 2009 年的经营业绩，乙分公司是否乐意接受新的投资？若改为用剩余收益指标考核呢？请说明理由。

8　收入、利润及利润分配管理

学习目标

- 熟悉工程结算的方式和工程结算的调整、工程收入的构成、工程收入的确认方法
- 掌握利润的构成和工程相关税金种类，了解工程收入和所得税的核算、利润分配的核算
- 熟悉税后利润分配的顺序，制定利润分配政策的影响因素，掌握股利分配的政策及其特点，熟悉股利分配的具体方式

8.1　工程结算与收入管理

8.1.1　工程结算

1. 工程结算的方式

工程价款的主要结算方式有以下四种：

(1)按月结算

即每月终，按已完成部分项工程结算工程价款。按月结算工程价款的，可实行旬末和月中预支工程进度款，月终结算。跨年施工的工程在年终进行工程盘点，办理年度结算。施工企业与发包单位进行工程合同价款结算时，确认为收入实现，实现的收入额为承发包双方结算的合同价款总额。

(2)竣工后一次结算

即在单项工程或建筑项目全部竣工后结算工程价款。建筑项目或单项工程全部建筑安装工程建设期在12个月以内，或者工程承包合同价值在100万元以下的，可以实行工程价款每月月终预支工程进度款，竣工后一次结算的办法。实行旬末或月中预支、月终结算、竣工后清算办法的工程合同，应分期确认合同价款收入的实现，即各月终，与发包单位进行已完工程价款结算时，确认承包合同已完工部分的工程收入实现，本期收入额为月终结算的已完工程价款金额。

(3)分段结算

即按工程进度划分的不同阶段(部分)结算工程价款。当年开工，当年不能竣工的单项工程或单位工程，按照工程进度，划分不同阶段进行结算。分段结算可以按月预支工程进度款。实行按工程形象进度划分不同阶段，分段结算工程价款办法的工程合同，应按合同规定的形象进度分次确认已完阶段工程收入的实现。即应于完成合同规定的工程形象进度或工程阶段，与发包单位进行工程价款结算时，确认为工程收入的实现。本期实现的收入额，为本期已结算的分段工程价款金额。

(4)结算双方约定的其他结算方式

实行其他结算方式的工程合同，其合同收入按合同规定的结算方式和结算时间，与发包单

位结算工程价款时确认为收入一次或分次实现。本期实现的收入额，为本期结算的已完工程价款或竣工一次结算的全部合同价款。

2. 工程预付款

工程预付款是建设工程施工合同订立后由发包人按照合同约定，在正式开工前预先支付给承包人的工程款。它是施工准备和所需要材料、结构件等流动资金的主要来源，国内习惯上又称为预付备料款。

(1)《建设工程施工合同(示范文本)》对工程预付款的规定

工程预付款的具体事宜由承发包双方根据建设行政主管部门的规定，结合工程款、建设工期和包工包料情况在合同中约定。在《建设工程施工合同(示范文本)》中，对有关工程预付款作了如下约定：实行工程预付款的，双方应当在专用条款内约定发包人向承包人预付工程款的时间和数额，开工后按约定的时间和比例逐次扣回。预付时间应不迟于约定的开工日期前7天。发包人不按约定预付，承包人在约定预付时间7天后向发包人发出要求预付的通知，发包人收到通知后仍不能按要求预付，承包人可在发出通知后7天停止施工，发包人应从约定应付之日起向承包人支付应付款的贷款利息，并承担违约责任。

(2)工程预付款的计算

工程预付款额度，各地区、各部门的规定不完全相同，主要是保证施工所需材料和构件的正常储备。一般是根据施工工期、建安工作量、主要材料和构件费用占建安工作量的比例以及材料储备周期等因素经测算来确定。发包人根据工程的特点、工期长短、市场行情、供求规律等因素，招标时在合同条件中约定工程预付款的百分比。可用公式法计算预付备料款额度，其计算公式为：

$$备料款限额=\frac{年度承包工程总值\times 主要材料所占比重}{年度施工日历天数}\times 材料储备天数 \tag{8-1}$$

式中，年度施工日历天数按365天日历天计算；材料储备定额天数由当地材料供应的在途天数、加工天数、整理天数、供应间隔天数、保险天数等因素综合决定。

(3)工程预付款的扣回

发包人支付给承包人的工程预付款其性质是预支的，随着工程进度的推进，拨付的工程进度款数额不断增加，工程所需主要材料、构件的用量逐渐减少，原已支付的预付款应以抵扣的方式予以陆续扣回。扣款的方法由发包人和承包人通过洽商用合同的形式予以确定，可采用以下的扣回方法：

1)由发包人和承包人通过洽商用合同的形式予以确定，采用等比率或等额扣款的方式。

2)从未施工工程尚需的主要材料及构件的价值相当于工程预付款数额时扣起，从每次中间结算工程款中，按材料及构件比重扣抵工程价款，至竣工之前全部扣清。因此，确定起扣点是工程预付款起扣的关键，确定起扣点的依据是未完施工工程所需主要材料和构件的费用，等于工程预付款的数额。

工程预付款起扣点可按下式计算：

$$T=P-M\div N \tag{8-2}$$

式中 T——起扣点，即工程预付款开始扣回的累计完成工程金额；

P——承包工程合同总额；

M——工程预付款数额；

N——主要材料、构件所占比重。

例 8.1　某工程合同总额 250 万元，工程预付款为 40 万，主要材料、构件所占比重为 80%，问：起扣点为多少万元？

解：工程预付款起扣点可按下式计算：

$$T = P - M \div N = 250 - 40 \div 80\% = 200(\text{万元})$$

则当工程完成 200 万元时，本项工程预付款开始起扣。

3. 工程进度款

(1)工程进度款的计算

工程进度款的计算，主要涉及两个方面：工程量的计量和单价的计算方法。

工程量的计量可按照《建设工程工程量清单计价规范》的规定进行计算；单价的计算方法，主要根据由发包人和承包人事先约定的工程价格的计价方法决定。

我国工程价格的计价方法可以分为可调工料单价法和固定综合单价法两种。可调工料单价法，将人工、材料、机械再配上预算价作为直接成本单价，其他直接成本、间接成本、利润、税金分别计算；因为价格是可调的，其人工、材料等费用在竣工结算时按工程造价管理机构公布的竣工调价系数或按主材计算差价或主材用抽料法计算，次要材料按系数计算差价而进行调整；固定综合单价法是包含了风险费用在内的全费用单价，故不受时间价值的影响。由于两种计价方法的不同，因此工程进度款的计算方法也不同。

按可调工料单价法计算工程进度款时，在确定已完工程量后，可按以下步骤计算工程进度款：

1)根据已完工程量的项目名称、分项编号、单价得出合价；

2)将本月所完全部项目合价相加，得出直接工程费小计；

3)按规定计算措施费、间接费、利润；

4)按规定计算主材差价或差价系数；

5)按规定计算税金；

6)累计本月应收工程进度款。

用固定综合单价法计算工程进度款比用可调工料单价法更方便、省事，工程量得到确认后，只要将工程量与综合单价相乘得出合价，再累加即可完成本月工程进度款的计算工作。

(2)工程进度款的支付

工程进度款的支付，一般按当月实际完成工程量进行结算，工程竣工后办理竣工结算。在工程竣工前，承包人得到的工程预付款和进度款的总额的 95%，其余 5% 的尾款在工程竣工结算时，除保修金外一并清算。工程进度款的支付步骤，见图 8.1。

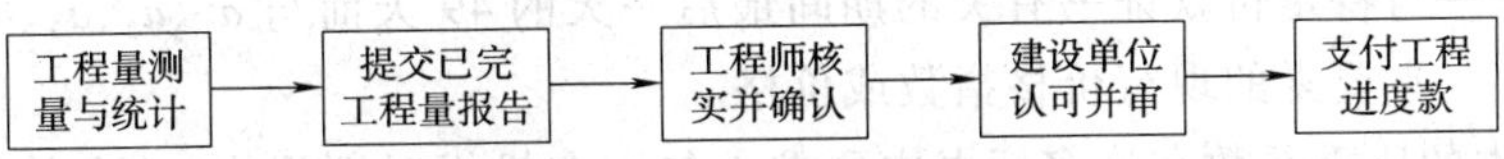

图 8.1　工程进度款支付步骤

4. 竣工结算

工程竣工验收报告经发包人认可后 28 天内，承包人向发包人递交竣工结算报告及完整的结算资料，双方按照协议书约定的合同价款及专用条款约定的合同价款调整内容，进行工程竣工结算。专业监理工程师审核承包人报送的竣工结算报表并与发包人、承包人协商一致后，签发竣工结算文件和最终的工程款支付证书。

(1)建安工程价款的动态结算

建安工程价款的动态结算就是要把各种动态因素渗透到结算过程中,使结算大体能反映实际的消耗费用。下面介绍几种常用的动态结算办法。

1)按实际价格结算法

2)按主材计算价差

发包人在招标文件中列出需要调整价差的主要材料表及其基期价格(一般采用当时当地工程造价管理机构公布的信息价或结算价),工程竣工结算时,按竣工时当地工程造价管理机构公布的材料信息价或结算价,与招标文件中列出的基期价比较计算材料差价。

3)竣工调价系数法

按工程价格管理机构公布的竣工调价系数及调价计算方法计算差价。

4)调值公式法(又称动态结算公式法)

即在发包方和承包方签订的合同中明确规定了调值公式。调值公式法的计算程序是:

首先,确定计算物价指数的品种,一般品种不宜太多,只确立那些对项目投资影响较大的因素,如设备、水泥、钢材、木材和工资等。

其次,要明确以下两个问题:一是合同价格条款中,应写明经双方商定的调整因素,在签订合同时要写明考核几种物价波动到何种程度才进行调整。一般都在 ±10% 左右。二是明确地点和时点:地点一般在工程所在地,或指定的某地市场价格;时点指的是某月某日的市场价格。这里要确定两个时点价格,即基准日期的市场价格(基础价格)和与特定付款证书有关的期间最后一天的 49 天前的时点价格,这两个时点就是计算调值的依据。

第三,确定各成本要素的系数和固定系数,各成本要素的系数要根据各成本要素对总造价的影响程度而定,各成本要素系数之和加上固定系数应该等于 1。

建筑安装工程费用价格调值公式包括固定部分、材料费部分和人工费部分三项。典型的材料成本要素有钢筋、水泥、木材、钢构件、沥青制品等,人工可包括普通工和技术工,调值公式为:

$$P = P_0(a_0 + a_1 \times A \div A_0 + a_2 \times B \div B_0 + a_3 \times C \div C_0 + a_4 \times D \div D_0) \tag{8-3}$$

式中 P——调值后合同价款或工程实际结算款;

P_0——合同价款中工程预算进度款;

a_0——固定要素,代表合同支付中不能调整的部分;

a_1、a_2、a_3、a_4——代表有关成本要素(如:人工费用、钢材费用、水泥费用、运输费等)在合同总价中所占的比重 $a_0 + a_1 + a_2 + a_3 + a_4 = 1$;

A_0、B_0、C_0、D_0——基准日期与 a_1、a_2、a_3、a_4 对应的各项费用的基期价格指数或价格;

A、B、C、D——与特定付款证书有关的期间最后一天的 49 天前与 a_1、a_2、a_3、a_4 对应的各成本要素的现行价格指数或价格。

各部分成本的比重系数在许多标书中要求承包方在投标时即提出,并在价格分析中予以论证。但也有的是由发包方在标书中规定一个允许范围,由投标人在此范围内选定。

例 8.2 某工程项目合同价为 1 800 万元,该工程签订的合同为可调值合同。合同报价日期为 2008 年 3 月,合同工期为 12 个月,每季度结算 1 次。工程开工日期为 2008 年 4 月 1 日。施工单位 2008 年第四季度完成产值是 1 000 万元。工程人工费、材料费构成比例以及相关季度造价指数见表 8.1 所示。问题:计算该工程 2008 年第 4 季度确定的工程结算款。

解: $P = P_0(a_0 + a_1 \times A \div A_0 + a_2 \times B \div B_0 + a_3 \times C \div C_0 + a_4 \times D \div D_0)$

$= 1\,000 \times (0.15 + 0.28 \times 116.8 \div 100.0 + 0.18 \times 100.6 \div 100.8 + 0.13 \times 110.5 \div$

$102.0+0.07\times95.6\div93.6+0.09\times98.9\div100.0+0.04\times93.7\div95.4+0.06\times95.5\div93.4)$

$=1\,000\times1.058\,8=1\,058.8$(万元)

表 8.1　价格指数表

费用名称		比例(%)	2008 年第 1 季度造价指数	2008 年第 4 季度造价指数
人工费		28	100	116.8
材料费	钢材	18	100.8	100.6
	水泥	13	102.0	110.5
	集料	7	93.6	95.6
	砖	9	100.02	98.9
	砂	4	95.4	93.7
	木材	6	93.4	95.5
不可调费用		15		

8.1.2　工程收入管理

工程收入是指建筑安装企业在日常活动中形成的，会导致所有者权益增加的、与所有者投入资本无关的经济利益的总流入。所谓“日常活动”，是指建筑安装企业为完成其经营目标所从事的经常性活动以及与之相关的活动。只有日常活动形成的经济利益的流入才能作为收入核算，日常活动以外的经济活动形成的经济利益的流入，如固定资产盘盈收益、处置固定资产净收益、出售无形资产收益、罚没收入等，属于建筑安装企业的营业外收入，不属于收入核算的范围。收入不包括为第三方或业主代收的款项。

1. 工程收入的构成

按照建筑安装企业经营业务的主次不同，可把工程收入分为主营业务收入和其他业务收入。

主营业务收入也称基本业务收入，是指企业从事主要营业活动所取得的收入，可以根据企业营业执照上注明的主营业务范围来确定。建筑安装企业主要是从事建筑安装工程施工的企业，因此，企业的主营业务收入是承包合同收入。

其他业务收入也称附营业务收入，是指企业非经常性的、兼营的业务所产生的收入。它具有每笔业务金额一般较小，不经常发生，在企业的收入总额中所占比重较低等特点。具体包括：销售产品或材料的收入、提供作业或劳务的收入和出租固定资产或无形资产的收入等。

2. 主营业务收入的核算

对于建筑安装企业而言，主营业务收入的核算是指承包合同收入的核算。

(1)承包合同收入的组成

承包合同收入包括合同中规定的初始收入和因合同变更、索赔、奖励等形成的追加收入。

1)合同中规定的初始收入

合同中规定的初始收入是指建筑安装企业与业主在双方签订的合同中最初商定的总金额，它构成承包合同收入的基本内容。

2)合同的追加收入

合同的追加收入是指在合同执行过程中由于合同变更、索赔、奖励等原因而形成的收入，企业不能随意确认这部分收入，只有在符合规定条件时才能确认。

合同变更是指业主对合同规定的作业内容而进行的改变。例如，某建筑安装企业与业主签订了建造一栋住宅楼的合同。合同执行到一半时，业主提出改变部分户型设计，并同意增加变更收入 200 万元，这 200 万元即为合同变更收入。

索赔收入是指因业主或第三方的原因造成的，由建筑安装企业向业主或第三方收取的，用于补偿不包括在合同造价中的成本的款项。比如，某建筑安装企业与业主签订了一份金额为 4 000 万元的电站建设合同。合同规定的建设期为 2007 年 12 月 1 日至 2009 年 12 月 1 日。同时，合同还规定，发电机由业主采购，于 2009 年 9 月 1 日前交付建筑安装企业安装。合同执行过程中，业主未能在规定的时间内将发电机交付建筑安装企业。2009 年 10 月，建筑安装企业要求业主支付延误工期款 180 万元，且业主已同意，这 180 万元即为索赔收入。

奖励收入是指工程达到或超过规定的标准时，业主同意支付给建筑安装企业的额外款项。比如，某建筑安装企业与业主签订了一项金额为 9 000 万元的建设跨海大桥的合同。合同规定的建设期为 2007 年 12 月 20 日至 2009 年 12 月 20 日。2009 年 9 月，工程完工，工程质量符合设计标准，业主同意向建筑安装企业支付提前竣工奖 200 万元，这 200 万元即为奖励收入。

(2)承包合同收入的确认原则

在一个会计年度内完成的施工承包合同，应当在完成时确认承包合同收入和合同费用。

如果施工承包合同的结果能够可靠地估计，企业应当根据完工百分比法在资产负债表日确认承包合同收入和费用。固定造价合同的结果能够可靠地估计，应同时具备以下条件：①合同总收入能够可靠地计量；②与合同相关的经济利益能够流入企业；③在资产负债表日合同完工进度和为完成合同尚需发生的成本能够可靠地确定；④为完成合同已经发生的合同成本能够清楚地区分和可靠地计量，以便实际合同成本能够与以前的预计成本相比较。成本加酬金合同的结果能够可靠地估计，应同时具备以下条件：①与合同相关的经济利益能够流入企业；②实际发生的合同成本能够清楚地区分并且能够可靠地计量。

如果施工承包合同的结果不能可靠地估计，应当区别以下情况处理：①如果合同成本能够收回的，承包合同收入根据能够收回的实际合同成本加以确认，合同成本在其发生的当期作为费用；②如果合同成本不能收回的，应当在发生时立即作为费用，不确认收入。

(3)承包合同收入的确认方法

建筑安装企业事先与买方签订不可撤销合同，根据合同要求进行施工生产，并依据施工承包承包合同收入确认的原则，采用完工百分比法确认合同收入。

完工百分比法是根据合同完工进度确认承包合同收入的方法，该方法需先确定合同的完工进度，然后根据完工进度确定承包合同收入。

1)合同完工进度的确定

①投入衡量法

即根据累计实际发生的合同成本占合同预计总成本的比例确定合同完工进度，这是确定完工进度较常用的方法。其计算公式为：

$$\text{合同完工进度} = \frac{\text{累计实际发生的合同成本}}{\text{合同预计总成本}} \times 100\% \qquad (8-4)$$

上式中的“合同预计总成本”并非最初预计的总成本，而是根据累计实际发生的合同成本和预计为完成合同尚需发生的成本计算确定的。因此，各年确定的“合同预计总成本”不一定相同。

例 8.3 某建筑公司与业主签订了一项总金额为 2 000 万元的建造合同,合同规定的建设期为三年。2007 年实际发生合同成本 800 万元,年末预计为完成合同尚需发生成本 1 000 万元;2008 年实际发生合同成本 680 万元,年末预计为完成合同尚需发生成本 320 万元,求第一年和第二年的合同完工进度。

解:第一年的合同完工进度 $=\dfrac{800}{800+1\,000}=44.4\%$

第二年的合同完工进度 $=\dfrac{800+680}{800+680+320}=82.2\%$

需要注意的是,采用上述方法确定合同完工进度时,累计实际发生的合同成本不包括与合同未来活动相关的成本(如已领未用材料的成本等)以及在分包工程完工前预付给分包单位的款项。

②产出衡量法

即根据已完成的合同工程量占合同预计工程量的比例确定完工进度。适用于合同工程量容易确定的建设合同,如道路工程、土石方工程、砌筑工程等。其计算公式为:

$$合同完工进度=\frac{已完成的合同工程量}{合同预计工程量}\times 100\% \qquad (8-5)$$

例 8.4 某道桥公司与交通局签订了一项修理一条 500 km 公路的建造合同,合同总金额为 5 000 万元,工期为三年。第一年修建了 150 km,第二年修建了 120 km,求第一年和第二年的合同完工进度。

解:第一年的合同完工进度 $=\dfrac{150}{500}=30\%$

第二年的合同完工进度 $=\dfrac{150+120}{500}=54\%$

③实地测量法

该方法是在无法根据上述两种方法确定完工进度时采用的一种技术测量方法。采用该方法并非由建筑安装企业自行随意测定,而是由专业人员到现场进行科学测定。

2)合同收入的确定

确定了建造合同的完工进度后,企业可用下列公式计算各期的承包合同收入。

$$当期确认的承包合同收入=(合同总收入\times 完工进度)-以前会计年度累计已确认的收入 \qquad (8-6)$$

$$当期确认的合同毛利=(合同总收入-合同预计总成本)\times 完工进度-以前会计年度累计已确认毛利 \qquad (8-7)$$

$$当期确认的合同费用=当期确认的合同总收入-当期确认的合同毛利-以前会计年度预计损失准备 \qquad (8-8)$$

需要注意的是:公式中的完工进度实际上是累计完工进度。因此,在应用上述公式计算当期承包合同收入和费用时,应分别按以下不同情况进行处理:

①对当年开工当年未完工的工程,“以前会计年度累计已确认的收入”和“以前会计年度累计已确认的毛利”均为零;

②对以前年度开工本年仍未完工的工程,企业可直接运用上述公式计量和确认当期收入和费用;

③对以前年度开工本年完工的工程，当期确认的承包合同收入等于合同总收入扣除以前会计年度累计已确认的收入后的余额，当期确认的合同毛利等于合同总收入扣除实际合同总成本减以前会计年度累计已确认的毛利后的余额；

④对当年开工当年完工的建造合同，当期确认的承包合同收入，等于该项合同的总收入，当期确认的合同费用，等于该项合同的实际总成本。

例 8.5 接例 8.3，假设该工程 2009 年为完成合同又发生成本 320 万元，年末合同完工，各年合同费用确认如下：

第一年：应确认的承包合同收入 $=2\,000\times44.4\%=888$（万元）

应确认的合同毛利 $=(2\,000-800-1\,000)\times44.4\%=88.8$ 万元

应确认的合同费用 $=888-88.8=799.29$（万元）

第二年：应确认的承包合同收入 $=2\,000\times82.2\%-888=756$（万元）

应确认的合同毛利 $=(2\,000-800-680-320)\times82.2\%-88.8=75.6$（万元）

应确认的合同费用 $=756-75.6=680$（万元）

第三年：应确认的承包合同收入 $=2\,000-888-756=356$（万元）

应确认的合同毛利 $=(2\,000-800-680-320)-88.8-75.6=35.6$（万元）

应确认的合同费用 $=356-35.6=320.4$（万元）

(4) 承包合同收入采用完工百分比法的核算

1) 当合同预计总收入大于预计总成本时的核算

例 8.6 根据例 8.5 的计算结果，作各年确认收入和费用的会计处理如下：

解：1. 第一年的会计分录为：

借：主营业务成本 8 000 000

工程施工——毛利 888 000

贷：主营业务收入 8 888 000

2. 第二年的会计分录为：

借：主营业务成本 6 800 000

工程施工——毛利 756 000

贷：主营业务收入 7 556 000

3. 第三年的会计分录为：

借：主营业务成本 3 200 000

工程施工——毛利 356 000

贷：主营业务收入 3 556 000

4. 工程竣工后，结清"工程施工"和"工程结算"账户的记录，做会计分录如下：

借：工程结算 20 000 000

贷：工程施工 20 000 000

应当注意的是，各年的承包合同收入是按完工进度确认的，与实际结算的工程价款不一致。

2) 当合同预计总收入小于预计总成本时的核算

企业会计制度规定，如果合同预计总成本超过合同预计总收入当期费用，应将预计损失确认为当期费用。把预计损失确认为当期费用时，应将预计损失总额分为两部分核算。一部分为已施工的工程应负担的损失，确认时借记"主营业务成本"账户，贷记"工程施工——合同毛利"账户；一部分未施工的工程应负担的损失确认时，借记"资产减值损失"账户，贷记"存货跌

价准备”账户。

“资产减值损失”账户属于损益类账户，用以核算建筑安装企业当期确认的合同预计损失。其借方登记当期确认的未来预计损失，贷方登记期末转入“本年利润”账户的金额，本账户结转后应无余额。

“存货跌价准备”账户属于资产账户的备抵账户，用以核算合同计提的损失准备。其贷方登记在建项目计提的损失准备，借方登记在建项目完工后冲减“主营业务成本”的金额，期末贷方余额反映在建项目累计计提的损失准备。

例 8.7 某建筑公司与甲方签订了一项预计总造价为 680 万元的建设合同，预计总成本为 650 万元，于 2007 年初开工，工期两年。开工后，由于材料价格上涨幅度较大，遂将预计总成本调整为 700 万元，预计损失总额为 20 万元。若 2007 年完工进度为 45%，求各年的会计处理。

解：会计处理如下：

2007 年应确认的承包合同收入 = 680 × 45% = 306（万元）

2007 年应确认的合同毛利 = (680 − 700) × 45% = −9（万元）

2007 年应确认的合同费用 = 306 − (−9) = 315（万元）

借：主营业务成本　　3 150 000
　贷：主营业务收入　　3 060 000
　　工程施工——合同毛利　　90 000

未施工部分应负担的损失 = 预计损失总额 − 已施工部分确认的损失 = 20 − 9 = 11（万元）

借：资产减值损失——合同预计损失　　110 000
　贷：存货跌价准备——合同预计损失准备　　110 000

2008 年末工程竣工，累计实际发生成本 696 万元。则会计处理如下：

应确认的承包合同收入 = 680 − 306 = 374（万元）

应确认的合同毛利 = (680 − 696) − (−9) = −7（万元）

应确认的合同费用 = 374 − (−7) = 381（万元）

借：主营业务成本　　3 810 000
　贷：主营业务收入　　3 740 000
　　工程施工——合同毛利　　70 000

借：存货跌价准备——合同预计损失准备　　110 000
　贷：主营业务成本　　110 000

3. 其他业务收入的核算

建筑安装企业除从事建筑安装工程施工外，往往还从事一些其他经营活动，由此取得的经营收入属于其他业务收入。建筑安装企业的其他业务收入可以分为销售商品取得的收入、提供劳务取得的收入、让渡资产使用权取得的收入等三部分。建筑安装企业应设置以下会计账户，进行其他业务收入的核算：

“其他业务收入”账户，核算企业从事工程施工以外的其他业务取得的收入。其贷方登记取得的各项收入，借方登记期末转入“本年利润”账户的收入总额，期末结转后应无余额。本账户应按其他业务的种类设置明细账进行明细核算。“其他业务成本”账户，核算企业发生的与其他业务收入相关的成本和费用。其借方登记实际发生的各项支出，贷方登记期末转入“本年利润”账户的支出总额，期末结转后应无余额。本账户应按其他业务的种类设置明细账进行明细核算。

(1)商品销售收入的核算

商品销售收入是指建筑安装企业销售产品、材料等取得的收入。企业销售商品时,首先要判断该项销售业务是否符合销售收入确认的条件。符合条件的,应及时确认收入,并结转相关的成本、税金及附加。对商品已经发出,但不符合收入确认条件的,应将发出商品的成本,通过"发出商品"账户核算。

1)商品销售收入的确认条件

销售商品的收入,应当在下列条件均能满足时予以确认:

①企业已将商品所有权的主要风险和报酬转移给购货方

商品所有权上的主要风险是指商品所有者承担该商品价值发生损失的可能性,如商品发生减值、毁损的可能性;商品所有权上的报酬是指商品所有者预期可获得的商品中包括的未来经济利益,如商品价值的增加以及商品的使用所形成的经济利益等。商品所有权上的风险和报酬转移给购货方,是指风险和报酬均转移给购货方。当一项商品发生的任何损失均不需要销货方承担,带来的经济利益也不归销货方所有,这意味着该商品所有权上的风险和报酬已移出该销货方。

②企业既没有保留通常与所有权相联系的继续管理权,也没有对已售出的商品实施控制

对售出商品实施继续管理,既可能源于仍拥有商品的所有权,也可能与商品的所有权没有关系。如果商品售出后,企业仍保留有与该商品的所有权相联系的继续管理权,则说明此项销售商品交易没有完成,销售不能成立,不能确认收入。同样,如果商品售出后,企业仍对售出的商品实施控制,也说明此项销售没有完成,不能确认收入。

③与交易相关的经济利益很可能流入企业

在销售商品的交易中,与交易相关的经济利益主要表现为销售商品的价款。销售商品的价款能否收回,是收入确认的一个重要条件。企业在销售商品时,如果估计价款收回的可能性不大,即使收入确认的其他条件均已满足,也不应当确认收入。

通常情况下,"很可能"是指发生的概率超过50%的可能性。销售商品的价款能否收回,主要根据企业以前和买方交往的直接经验,或从其他方面取得的信息,或政府的有关政策等进行判断。

实践中,企业售出的商品符合合同或协议规定的要求,并已将发票账单交付买方,买方也承诺付款,即表明销售商品的价款能够收回。如果企业估计价款不能收回的,不能确认收入,并应提供可靠的证据;已经收回部分价款的,只将收回的部分确认收入。

④相关的收入和成本能够可靠地计量

收入能否可靠地计量,是确认收入的基本前提,收入不能可靠计量,则无法确认收入。企业在销售商品时,售价通常已经确定,但在销售过程中,由于某种不确定因素,也有可能出现售价变动的情况,则新的售价未确定前不应确认收入。

根据收入和费用配比原则,与同一项销售有关的收入和成本应在同一会计期间予以确认。因此,如果成本不能可靠计量,即使其他条件均已满足,相关的收入也不能确认。

2)含增值税的销售收入确认

企业销售商品,应按规定计算和交纳增值税。增值税是对在我国境内销售货物或者提供加工、修理修配劳务以及进口货物的单位和个人,就其取得的货物或应税劳务销售额,以及进口货物的金额计算并征收的一种流转税。增值税是一种价外税。建筑企业只要生产和销售商品、进口货物、提供加工和修理修配劳务,就应依法交纳增值税。

按照经营规模及会计核算健全与否,增值税的纳税人分为一般纳税人和小规模纳税人两种,分别采用不同的税率和计税方法。建筑企业因为不经常发生增值税的应税行为,通常被核定为小规模纳税人,适用6%的增值税征收率。

小规模纳税人会计核算的特点为:

①计入有关货物及劳务的成本

购进货物或接受应税劳务时支付的增值税,不论是否取得增值税专用发票,都必须与相应购货款一起计入有关货物及劳务的成本,不得从应纳税额中抵扣。

②不得开具增值税专用发票

销售货物时,一般不得开具增值税专用发票,所开发票上的销售额为含税销售额,在计算应交增值税时,需换算为不含增值税销售额,其计算公式为:

$$\text{不含税增值税销售额}=\frac{\text{含增值税的销售额}}{1+\text{增值税的税率}} \tag{8-9}$$

③"应交税金——应交增值税"账户采用三栏式

例8.8 某企业所属的预制构件厂向某建筑公司销售窗台板100 m^3,销售价款95 400元(含6%的增值税),货物已发出,款项已收存银行。该批窗台板的成本为80 000元。企业的会计处理为:

1. 确认销售收入时,作如下会计分录:

借:银行存款 95 400

贷:其他业务收入 90 000(95 400 ÷ 1.06 = 90 000)

应交税费——应交增值税 5 400

2. 结转商品成本时,作如下会计分录:

借:其他业务成本 80 000

贷:库存商品 80 000

如果企业已确认收入的售出产品被买方退回,应冲减退回当期的销售收入和销售成本,而不管退回的产品是何时售出的。企业发生销售退回时,如按规定允许扣减当期增值税的,应同时用红字冲减"应交税费——应交增值税"账户的记录。

例8.9 假设上例中的产品因质量严重不合格被退回。企业应当作如下会计处理:

1. 冲减销售收入

借:其他业务收入 90 000

应交税费——应交增值税 5 400

贷:银行存款 95 400

2. 冲销已结转的销售成本,

借:库存商品 80 000

贷:其他业务成本 80 000

销售退回业务中,由本企业负担的运杂费计入"销售费用"账户

(2)提供劳务收入的核算

目前,建筑安装企业广泛开展多种经营,提供劳务的内容很多,如运输、餐饮、咨询、培训等。依据提供劳务的结果能否可靠估计,企业可分别采用以下方法确认劳务收入:

(3)提供劳务收入的确认

提供劳务收入的确认包括不跨年度劳务收入的确认、跨年度提供劳务且交易结果能可靠

估计的劳务收入的确认以及跨年度提供劳务且交易结果不能可靠估计的劳务收入的确认。

1)提供劳务的结果能够可靠估计的情形

如果劳务的开始和完成分属于不同的会计年度,在提供劳务交易的结果能够可靠估计的情况下,应当在资产负债表日按完工百分比法确认相关的劳务收入。即企业应当在资产负债表日按照提供劳务的收入总额乘以完工进度扣除以前会计期间累计已经确认的劳务收入后的金额,确认当期提供劳务的收入;同时,按照提供劳务的估计总成本乘以完工进度扣除以前会计期间累计已经确认的劳务成本后的金额,确认当期提供劳务的成本,用公式表示如下:

到期确认的劳务收入 =(提供劳务的收入总额 × 完工进度) − 以前会计期间累计已经确认的劳务收入　　(8 − 10)

到期确认的劳务成本 =(提供劳务的预计总成本 × 完工进度) − 以前会计期间累计已经确认的劳务成本　　(8 − 11)

在采用完工百分比法确认提供劳务收入的情况下,企业应按计算确定的劳务收入金额,借记"应收账款"等账户,贷记"其他业务收入"账户;结转提供劳务成本时,借记"其他业务成本"账户,贷记"劳务成本"账户。

例 8.10　某建筑公司于 2008 年 9 月 1 日与某软件企业签订合同。由该软件企业为该建筑公司开发一套项目管理软件,期限为 5 个月,总收入 80 万元。2008 年 9 月 1 日,向建筑公司预收 30 万元存入银行。2008 年末,开发该软件累计发生成本 56 万元(假定均为开发人员薪酬),预计还将发生成本 10 万元。经测定,2008 年末该软件的完工进度为 60%,不考虑其他因素。有关账务处理如下:

1. 预收劳务款项:

借:银行存款　　300 000

　贷:预收账款　　300 000

2. 实际发生劳务成本:

借:劳务成本　　560 000

　贷:应付职工薪酬　　560 000

3. 年末确认劳务收入和成本:

应确认的提供劳务收入 = 80 × 60% − 0 = 48(万元)

应确认的提供劳务成本;(56 + 10) × 60% − 0 = 39.6(万元)

借:预收账款　　300 000

　贷:其他业务收入　　300 000

借:其他业务成本　　204 000

　贷:劳务成本　　396 000

2)提供劳务的结果不能可靠估计的情形

企业在资产负债表日,如果不能可靠地估计所提供劳务的交易结果,则应正确预计已经收回或将要收回的款项能弥补多少已经发生的成本,并分别以下情况进行处理:

①已经发生的劳务成本预计能够得到补偿的,应按已经发生的劳务成本金额确认收入;同时,按相同的金额结转成本,不确认利润。

例 8.11　某培训中心与某建筑公司签订了一项金额为 20 万元的人才培训合同,第一年实际发生成本 10 万元,且双方均能履行合同规定的义务。年末确认收入时,该培训中心应作的会计分录为:

借:应收账款 100 000

贷:其他业务收入 100 000

同时:

借:其他业务成本 100 000

贷:劳务成本 100 000

②已经发生的劳务成本预计全部不能得到补偿的,不应确认收入,但应将已经发生的劳务成本确认为当期损失。

例 8.12 接例 8.11,假设该建筑公司因经营困难,无法支付培训费。企业已经发生的培训成本可能收不回来。该培训中心应作会计分录如下:

借:主营业务成本 100 000

贷:劳务成本 100 000

③已经发生的劳务成本预计只能部分地得到补偿的,应按能够得到补偿的劳务成本金额确认收入,并按已经发生的劳务成本结转成本。确认的收入金额小于已经发生的劳务成本的金额,确认为损失;

例 8.13 接例 8.11,假设该培训中心第一年仅收到培训款 9 万元,其他款项收回无望,该培训中心应作如下会计分录:

借:银行存款 90 000

贷:其他业务收入 90 000

同时:

借:其他业务成本 100 000

贷:劳务成本 100 000

(4)让渡资产使用权收入的核算

让渡资产使用权而发生的收入包括利息收入和使用费收入。其中,利息收入主要是指金融企业存、贷款形成的利息收入及同行业之间发生往来形成的利息收入等;使用费收入是指转让无形资产(如商标权、专利权、专营权、软件、版权)等资产的使用权而形成的使用费收入。利息收入和使用费收入应按以下原则进行确认:①与交易相关的经济利益很可能流入企业。②收入的确认能够可靠地计量。

让渡资产使用权的收入,应当按照有关合同或协议约定的收费时间和方法计算确认。一次性收取使用费且不提供后续服务的,应当视同销售该项资产一次性确认收入。需要提供后续服务的,应在合同或协议规定的有效期内分期确认收入。如果合同或协议约定分期收取使用费的。应按合同或协议规定的收款时间和金额分期确认收入。

例 8.14 某建筑公司将一项专利施工技术的使用权转让给 A 施工企业,转让期 3 年,每年收取使用费 100 000 元。同时,派出一名技术人员进行技术指导,共支付费用 8 000 元。该建筑公司的会计处理为:

①取得收入时,作会计分录如下:

借:银行存款 100 000

贷:其他业务收入 100 000

②发生费用时,作会计分录如下

借:其他业务成本 8 000

贷:银行存款 8 000

8.2 利润形成及税金

8.2.1 利润的形成

利润是建筑安装企业在一定时期内生产经营活动的最终财务成果，是企业生产经营活动的效率和效益的最终体现。它不仅是反映企业经营状况的一个基本指标，也是考核、衡量企业经营成果与经济效益的重要的标准。企业生产经营活动的主要目的就是要不断提高企业的赢利水平，增强获利能力。企业只有最大限度地获取利润．才能在激烈的市场竞争中生存、发展。因此，建筑安装企业利润水平的高低不仅反映企业的赢利水平，而且反映企业在市场中的生存和竞争能力及企业为社会所做的贡献。利润的构成包括利润总额和净利润的两部分。

1. 利润总额的构成

建筑安装企业的利润总额是企业在一定会计期间的经营成果，它是由营业利润、投资净收益、补贴收入、营业外收支净额和以前年度损益调整五部分组成，用公式表示为：

利润总额 = 营业利润 + 投资净收益 + 补贴收入 + 营业外收支净额 + 以前年度损益调整　(8 - 12)

(1)营业利润

营业利润是建筑安装企业利润的主要来源，建筑安装企业的营业利润是指企业一定时期内从事施工生产经营活动实现的利润，包括工程结算利润、产品销售利润、劳务作业利润、材料销售利润、多种经营利润和其他(包括技术转让利润，联合承包节省投资分成收入，提前竣工投产利润分成收入等)利润。

建筑安装企业营业利润按经营业务的主次可以划分为主营业务利润和其他业务利润，用公式表示为：

营业利润 = 主营业务利润 + 其他业务利润 - 管理费用 - 财务费用 - 营业费用　(8 - 13)

1)主营业务利润

主营业务利润是指建筑安装企业从事工程施工业务所实现的利润。它在数量上等于主营业务收入净额减占主营业务成本和主营业务应负担的流转税后的余额，通常称为毛利。其计算公式如下：

主营业务利润 = 主营业务收入 - 主营业务成本 - 主营业务税金及附加　(8 - 14)

2)其他业务利润

其他业务利润是指建筑安装企业因从事工程施工任务以外的其他业务经营而实现的利润。企业的其他业务收入减去其他业务支出后的差额，即为其他业务利润。其他业务支出包括其他业务所发生的成本以及应由其他业务负担的流转税。其计算公式为：

其他业务利润 = 其他业务收入 - 其他业务支出　(8 - 15)

3)管理费用

管理费用是指建筑安装企业行政管理部门为管理和组织经营活动而发生的各项费用，包括公司经费、工会经费、职工教育经费、劳动保险费、待业保险费、董事会费、咨询费、审计费、诉讼费、排污费、绿化费、税金、土地使用费(海域使用费)、土地损失补偿费、技术转让费、技术开发费、无形资产摊销、业务招待费，坏账损失、存货盘亏、毁损和报废(减盘盈)以及其他管理费用。公司经费包括总部管理人员工资、职工福利费、差旅费、办公费、折旧费、修理费、物料消耗、低值易耗品摊销以及其他公司经费。

4)财务费用

财务费用是指企业为筹集资金而发生的各项费用,包括企业生产经营期间发生的利息支出(减利息收入)、汇兑净损失、金融机构的手续费以及筹资发生的其他财务费用。

5)营业费用

营业费用是指建筑安装企业在销售产品和提供劳务等过程中发生的各项费用,包括应由企业负担的运输费、装卸费、包装费、保险费、广告费、租赁费(不包括融资租赁费)、展览费、销售人员的工资、低值易耗品摊销及其他经费。

(2)投资净收益

投资净收益是指建筑安装企业对外投资取得的投资收益减去投资损失后的净额。

投资收益包括对外投资应享受的利润、股利、债券利息、投资到期收回或中途转让、出售取得款项高于账面价值的差额,以及按照权益法核算的股权投资在被投资单位增加的净资产中所拥有的数额等。

投资损失包括对外投资分担的亏损,投资到期收回或者中途转让取得款项低于账面价值的差额,以及按照权益法核算的股权投资在被投资单位减少的净资产中所分担的数额等。

$$投资净收益 = 投资收益 - 投资损失 \tag{8-16}$$

(3)补贴收入

补贴收入是指建筑安装企业由于政策性亏损或减免增值税等而收到的各种补贴收入,根据国家规定,企业由于政策性原因而造成的损失、亏损,国家财政将给予一定比例的弥补,企业收到国家拨入的亏损补贴,应作为补贴收入,要缴纳所得税;企业的增值税若按国家规定采取即征即退、先征后退、先征税后返还等形式,收到税务部门退回的增值税减免款,应作为补贴收入,应缴纳所得税。

(4)营业外收支净额

营业外收支净额是指与企业生产经营无直接关系的收入与支出的差额,用公式表示为:

$$营业外收支净额 = 营业外收入 - 营业外支出 \tag{8-17}$$

1)营业外收入

营业外收入是指与企业生产经营无直接联系的各项收入,包括固定资产盘盈净收入、出售固定资产净收益、对方违约的罚款收入、教育费附加返还款,以及因债权人原因确实无法支付的应付款项等。

2)营业外支出

营业外支出是指与企业生产经营无直接联系的各项支出,包括固定资产盘亏、报废、毁损和出售的净损失,非季节性和非大修理期间的停工损失,职工子弟学校和技工学校经费,非常损失,公益救济性捐赠,赔偿金,违约金等。

(5)以前年度损益调整

以前年度损益调整是指企业在本期发现的,以前年度发生的少计成本费用、多计收益而应调整减少本期利润的数额,或由于以前年度多计成本费用,少计收益而应调整增加本期利润的数额。

例 8.15 某建筑公司 2008 年产品销售利润为 500 万元,其他销售利润 60 万元,投资净收益 10 万元,固定资产盘盈净收益 2 万元,支付技工学校经费 10 万元,收到税务部门返还的增值税减免款 20 万元,审计中发现应予调整的上年度多计提的固定资产折旧额 20 万元,管理费用 14 万元，财务费用 6 万元，则该公司 2008 年的利润总额为：

$$利润总额=(500+60-14-6)+10+20+2-10+20=582(万元)$$

2. 净利润的构成

净利润是利润计算的最终结果，也是企业当期的财务成果，也称为税后利润，是企业所有者权益的组成部分，也是企业进行利润分配的依据。其计算公式为：

$$净利润=利润总额-所得税 \tag{8-18}$$

式中的所得税额应根据企业"所得税"账户记录取得，其数额与同期税金——应交所得税额不一定相等。当存在时间性差异，且企业采用"纳税影响会计法"处理所得税时两者一般不相等。

8.2.2 税　　金

税金是建筑安装企业依照国家税收法律规定，上交国家财政的资金。纳税是企业履行法律社会责任与义务的体现，具有强制性和无偿性。建筑安装企业上交国家财政的税收主要包括企业所得税、增值税、消费税、营业税、资源税、城市维护建设税和教育费附加。

1. 企业所得税

企业所得税是国家对我国境内的企业(除外商投资企业和外国企业外)生产经营所得和其他所得征收的一种税。它是以纳税人在一个纳税年度(公历每年 1 月 1 日至 12 月 31 日)内来源于我国境内、境外的生产、经营所得和其他所得为征税对象，实行比例税率。企业所得税的税率有法定税率和优惠税率两种，法定税率为 33%，优惠税率是指对应纳税所得额在一定额度之下的企业给予低税率的照顾。2008 年 1 月 1 日起实行的新所得税法，企业所得税的税率为 25% 。计算公式为：

$$应纳所得税额=应税所得额\times适合的税率 \tag{8-19}$$

$$应纳税所得额=利润总领\pm应调整项目的金额 \tag{8-20}$$

利润总额又称税前会计利润，由于税前会计利润与税法确认的应纳税所得额并不完全一致，因此需要调整。

(1)应调整扣减的主要项目

包括购买国债的利息收入和分得的税后投资收益及抵补以前年度的经营亏损额。税法规定，纳税人在某一年度发生亏损(指主管税务机关按税法规定核定调整后的亏损额)，可以提出申请，按照规定的程序报批后，可以用下一纳税年度的税前利润弥补，下一纳税年度的税前利润不足弥补的，可以逐年延续弥补，但是延续弥补期最长不得超过五年。

(2)应调整增加的项目

主要是指税收规定不允许从收入中扣除．而已被企业列入成本费用、损失的项目。主要有：纳税人违反税收法规，被税务机关处以罚金和未按时纳税被加收的滞纳金，以及司法部门处以的罚款；违法经营的罚款和被没收的财产损失；因受自然灾害或意外事故损失可取得赔偿的部分；用于公益、救济性的捐赠支出，超过年度应纳税所得额 3% 以上的部分，和企业直接向受赠人捐赠的非公益救济性捐赠支出；各种非广告性质的赞助支出；各种超过税收规定标准列支或计提的成木、费用，如业务招待费，坏账准备金，非金融机构的贷款利息，超过计税工资总额的应付工资以及超过按计税工资总额规定比例提取的福利费、工会经费、职工教育费等。

例 8.16　某建筑安装公司 2009 年实现利润 4 000 000 元，有关资料如下：

①已列入营业外支出的部分项目：非公益性捐赠支出 20 000 元；支付合同违约金 2 000

元；因违法经营被处罚款和没收财产共17000元；未按期交纳税金，支付滞纳金8000元；赞助某高校测量大赛的支出5000元；

②已列入投资收益的部分项目：国库券利息收入5500元；收到股票投资的股利收入8500元；

⑤罚款收入3100元已列入营业外收入；

④2008年有尚未弥补的亏损50000元，弥补期限未满。

该公司所得税率25%，计算该企业2009年应交所得税额和净利润

应交所得税额 =（4000000 + 20000 + 17000 + 8000 + 5000 − 5500 − 8500 − 50000）× 25%

= 3986000 × 25% = 996500（元）

净利润 = 4000000 − 996500 = 3003500（元）

2. 增值税

增值税是以商品生产、流通和劳务各个环节的增值额为征税对象的一种流转税，是一种价外税。所谓增值额就是纳税人在一定时期内销售货物或提供劳务所取得的收入大于其购进货物或取得劳务时所支付金额的差额。它是企业生产经营过程中投入的有形资产所增加的价值。增值税的纳税人分为一般纳税人和小规模纳税人两种。

（1）一般纳税人增值税的计税

$$\text{应纳增值税额} = \text{当期销项税额} - \text{当期进项税额} \tag{8-21}$$

$$\text{期销项税额} = \text{当期销售额} \times \text{税率} \tag{8-22}$$

若当期销项税额小于当期进项税额不足抵扣时，其不足部分可以转结下期继续抵扣。

当期进项税额由三部分组成：①从销售方取得的增值税专用发票上注明的增值税额；②从海关取得的完税凭证上注明的增值税额；③购进免税农产品准予抵扣的进项税额。

进项税额的确定，必须以进货专用发票为依据，如果不能取得规定的增值税专用发票，或发票记载不明确，则不能作为进项税抵扣；如果购进的货物未能再出售，包括改变用途，发生非正常损失等，购进的增值税不能列作进项税额，已列入进项税额的要转出，作为货物成本或费用、损失处理，由企业自己负担。

例8.17 某建筑安装公司为一般纳税人，某月有关应交增值税资料如下：

该月销项税额50万元，进项税额转出5万元，进项税额20万元，则该月应交增值税额为：

$$\text{增值税额} = 50 + 5 - 20 = 35（\text{万元}）$$

（2）小规模纳税人的计税

小规模纳税人是指应税销售额在规定标准以下的纳税人。

$$\text{应纳税额} = \text{销售额} \times \text{征收率} \tag{8-23}$$

小规模纳税人的征收率为6%，但不得抵扣进项税额。

3. 消费税

消费税是对在我国境内从事生产、委托加工和进口应税消费品的单位和个人以其销售额或销售数量为课税对象，按差别税率和税额征收的一种流转税。我国的消费税是一种特定调节税，其主要由的是调节产品利润水平，调节消费结构，引导消费方向，因此它具有三个特点：选择少数消费品征税；实行产品差别税率；在生产制造环节，由生产者一次性缴纳消费税后，在批发、零售环节不再征收消费税。

消费税实行从价定率和从量定额两种方法计算应纳税额

（1）按从价定率计算，公式为：

$$消费税应纳税额 = 应税销售额 \times 适用税率 \quad (8-24)$$

(2)按从量定额计算,公式为:

$$消费税应纳税额 = 应税销售量 \times 每单位销售量的计税税额 \quad (8-25)$$

4. 营业税

营业税是对商业、服务性行业的营业收入征收的税种。营业税是对在我国境内提供应税劳务,转让无形资产或者销售不动产的单位和个人就其取得的营业额征收的一种流转税。营业税涉及的行业共有9个,即交通运输业、建筑业、金融保险业、邮电通信业、文化体育业、娱乐业、服务业、转让无形资产、销售不动产。营业税的征收范围大,税源广泛。它按行业设置税目,实行行业差别比例税率,对经营同一业务的纳税人适用同一税率,对经营不同业务的纳税人适用不同的税率。税率一般有3%和5%两挡。营业税的计税依据为纳税人实现的营业额。其计算公式为:

$$应纳营业税额 = 营业额 \times 适用税率 \quad (8-26)$$

5. 资源税

资源税是国家对在国内从事某些初级资源(如石油、天然气、煤炭、金属矿产品和其他非全属矿产品资源)开发的单位和个人征收的一种税,主要目的在于调节因资源条件差异而形成的级差收入;资源税的计税依据为销售量,包括销售、自用和捐赠的数量。其计算方法有从价定率和从量定额两种。计算公式:

(1)从价定率计算,公式为:

$$应纳资源税税额 = 应税产品销售收入 \times 单位税率 \quad (8-27)$$

(2)从量定额计算,公式为:

$$应纳税额 = 应税产品课税数量 \times 单位税额 \quad (8-28)$$

6. 城市维护建设税

城市维护建设税是指以生产、经营收入额为课税对象,其税款用于城市维护建设方面的一种具有特定目的的流转税。为了体现享用市政设施与纳税义务相对应的原则,改变现行不太合理的税率结构,城市维护建设税以销售收入为计税依据。凡在我国境内有生产、经营收入的单位和个人均为城市维护建设税的纳税人,城市维护建设税按纳税人所在地区实行差别税率,项目所在地为市区的,税率为7%;项目所在地为县城、镇的,税率为5%;项目所在地为乡村的,税率为1%。其计算公式为:

$$应纳税额 = (营业税 + 增值税 + 消费税)的实纳税额 \times 适用税率 \quad (8-29)$$

7. 教育费附加

教育费附加是国家为了发展我国教育事业,提高人民的文化素质而征收的一种费用。它根据企业应缴纳的增值税、消费税和营业税三税之和的为计算基础。其计算公式为:

$$应纳教育费附加 = (营业税 + 增值税 + 消费税)的实纳税额 \times 适用税率 \quad (8-30)$$

8.2.3 利润形成的核算

在净利润构成中,有关营业收入、营业成本的核算在前面相关章节中已述及,以下介绍营业外收支核算、期间费核算(包括管理费核算、财务费核算和营业费核算)、所得税核算及利润结转核算。

1. 营业外收支的核算

营业外收支业务应分别通过"营业外收入"账户和"营业外支出"账户核算。

(1)营业外收入核算

它是损益类科目,用来核算企业取得的与生产经营无直接关系的各项收入,其贷方登记企业取得的各项营业外收入;借方登记期末转入“本年利润”科目的营业外收入总额;期末结转后,本科目应无余额。本科目应按营业外收入项目设置明细账,进行明细分类核算。

(2)营业外收支的核算

它是损益类科目,用来核算企业发生的与生产经营无直接关系的各项支出。其借方登记企业发生的各项营业外支出;贷方登记期末转入“本年利润”科目的营业外支出总额;期末结转后,本科目应无余额。本科目应按营业外支出项目设置明细账,进行明细分类核算。

例 8.18 某建筑安装公司通过银行转账向贫困山区捐款 100 000 元。作会计分录如下:

借:营业外支出——捐赠支出 100 000

贷:银行存款 100 000

例 8.19 某建筑装饰公司本月发生与营业外收入有关的经济业务及账务处理如下:

(1)经批准,将盘盈固定资产的净值 20 万元转作营业外收入

借:待处理财产损益——待处理固定资产损益 200 000

贷:营业外收入——固定资产盘盈 200 000

(2)收到分公司交付的违约罚金 2 万元,存入银行

借:银行存款 20 000

贷:营业外收入——罚款收入 20 000

(3)月末,结转“营业外收入”科目余额

借:营业外收入 220 000

贷:本年利润 220 000

2. 期间费用的核算

期间费用是企业当期发生费用的重要组成部分,是指本期发生的、不能直接或间接归入某个项目成本的、应直接计入损益的各项费用。建筑安装企业的期间费用核算包括管理费用核算、财务费用核算和营业费用核算。

(1)管理费核算

建筑安装企业发生的管理费用,在“管理费用”科目核算,并在“管理费用”科目中按费用项目设置明细账,进行明细核算。期末,“管理费用”科目的余额结转“本年利润”科目后无余额。

(2)财务费核算

建筑安装企业发生的财务费用,在“财务费用”科目核算,并在“财务费用”科目中按费用项目设置明细账,进行明细核算。期末,“财务费用”科目的余额结转“本年利润”科目后无余额。

(3)营业费核算

由于建筑安装企业主要从事工程的施工生产活动,一般是先有买主(发包单位),后有产品(房屋、建筑物),企业一般不单独设置销售机构,发生的营业费用数额一般较少。因此,建筑安装企业通常不单独设置“营业费用”科目。在实际工作中,建筑安装企业发生的营业费用可并入“管理费用”科目中核算。如果建筑安装企业的附属企业,发生的营业费用数额较大,可以增设“营业费用”科目单独进行核算,其具体的核算方法与管理费用基本相同。

3. 所得税核算

(1)会计利润与应税所得之间的差异

由于财务会计和税收遵循的原则不同，服务的目的不同，它们对收益、费用、资产、负债等的确认时间和范围也就不同，从而导致按照财务会计的方法计算的税前会计利润与按照税法规定计算的应税所得之间存在着差异。应税所得又称“应税利润”、“应纳税所得”，时根据税法规定所确认的收入总额与准予扣除项目金额（即可扣除的费用）的差额。会计利润又称“税前会计利润”，是根据会计制度所确认的收入与费用的差额，会计利润与应税所得之间产生的差异按原因和性质不同，又分为永久性差异和时间性差异两种类型。

1）永久性差异

永久性差异是指某一会计期间，由于会计制度和税法在计算收益、费用或确认损失时采用的口径不同，所产生的税前会计利润与应纳税所得额之间的差异。这种差异在本期发生，不会在以后各期转回。永久性差异有以下几种类型：

①按会计制度规定核算时确认为费用或损失计入会计报表，在计算应税所得时则不允许扣减。如会计中确认为费用或损失，计入当期利润表，冲减当期利润的违法经营罚款、被没收财产损失，各项税收的滞纳金、罚金和罚款，非公益、救济性捐赠，各种赞助支出，与取得收入无关的其他各项支出，超过金融机构同类同期贷款利率计算部分的利息支出，超过地区规定计税工资标准部分的工资支出，超过国家规定根据计税工资总额按比例提取的工会经费、职工福利费和职工教育经费，超过国家规定提取的公益、救济性捐赠，超过限额规定的业务招待费部分等，在税法中均规定不得扣除应税收入，从而使应税所得大于会计利润。

②按会计制度规定核算时不作为收益计入会计报表，在计算应税所得时作为收益，需要交纳所得税。某些收益按照税法规定应计入应税所得，但按会计制度规定的原则不确认为收益，不计入利润表。如建筑安装企业自己预制的过梁用于工程项目，税法上规定应按该过梁的售价与成本的差额计入应税所得，但按会计制度规定则按成本转账，不产生利润，不计入当期损益。这样的差异使得应税所得大于会计利润。

③按会计制度规定核算时作为收益计入会计报表，在计算应税所得时不确认为收益。会计制度与税法对收益的确认标准不同，在某些情况下，会计制度将其作为收益计入利润表，但在计算应税所得时则不作为收益处理。如会计核算中企业购买的国债利息收入计入会计利润，但在税法中规定不列入应税所得，从而使应税所得小于会计利润。

④按会计制度规定核算时不确认为费用或损失，在计算应税所得时则允许扣减。按照会计制度要求，某些费用和损失不能计入利润表，但在计算应税所得时允许抵减。如对企业前5年内未弥补的亏损，税法规定可用当年利润弥补，从而使当年应税所得小于会计利润。

上述种种因税法规定与会计制度规定不一致而产生的应税所得与会计利润的差异，一旦发生，即永久存在，故称永久性差异。这种差异，只影响当期的应税所得，不会影响以后各期的所得税额，因而不必做账务调整。

2）时间性差异

时间性差异，指税法与会计制度在确认收益、费用或损失时的时间不同而产生的税前会计利润与应纳税所得额的差异。时间性差异发生于某一会计期间，但在以后一期或若干期内能够转回。时间性差异主要有以下几种类型：

①企业获得的某项收益，按照会计制度应当丁以后期间确认收益，但按照税法规定需计入当期应税所得。如某些收益按照税法规定在逾期一定时期后仍然未支付的，应确认为收益，计入应税所得，但按照会计制度的规定，可以视具体情况于以后期间确认收益，从而使应税所得大于会计利润。

②企业发生的某项费用或损失,按照会计制度应当于以后期间确认为费用或损失,但按照税法规定可以从当期应税所得中扣减。如计提固定资产折旧,按照税法规定可以采用加速折旧法,出于财务会计目的采用直线法,在固定资产使用初期,从应税所得中扣减的折旧金额会大于计入当期损益的折旧金额,从而使应税所得小于会计利润。

③企业获得的某项收益,按照会计制度应当确认为当期收益,但按照税法规定需待以后期间再确认为应税所得。如会计制度规定,对股票投资、其他股权投资采用权益法核算的企业,应在期末按被投资企业当期实现的净利润及其持股比例确认投资收益,计入会计利润,而按照税法规定,如果投资企业适用所得税税率大于被投资企业所得税税率,投资企业从被投资企业分得的利润要补交所得税,这部分投资收益补交的所得税要在实际收到股利或投资利润时才确认为应税所得,从而使当期应税所得小于会计利润。

④企业发生的某项费用或损失,按照会计制度应当确认为当期费用或损失,但按照税法规定需待以后期间从应税所得中扣减。如会计中对工程质量担保费用在工程点交时可预提作为费用,而税法规定要在以后各期实际发生时才作为费用扣除,从而使当期应税所得大于会计利润。

时间性差异的基本特征是某项收益或费用、损失均可同时记入税前会计利润和应税所得,但计入税前会计利润和应税所得的时间不同,从而使得各期应税所得与会计利润不相一致。时间性差异是可以前后各期相互抵减的,需要采用一定的方法进行账务调整。

(2)所得税核算科目设置

在进行所得税会计核算时,可根据需要设置所得税款和递延税款两个会计科目。

1)“所得税”科目

核算企业按规定从本期损益中扣除的所得税。其借方反映企业计入本期损益的所得税额,贷方反映转入“本年利润”科目的所得税额,期末结转本年利润后,“所得税”科目即无余额:

2)“递延税款”科目

采用纳税影响会计法的企业使用,核算企业由于时间性差异造成的税前会计利润与应纳税所得之间的差额所产生的影响纳税的金额,以及以后各期转销的数额。其借方反映企业本期税前会计利润小于纳税所得产生的时间性差异影响纳税的金额,以及本期转销已确认的时间性差异对纳税影响的贷方数额;其贷方反映企业本期税前会计利润大于纳税所得产生的时间性差异影响纳税的金额,及本期转销已确认的时间性差异对纳税影响的借方数额;期末贷方(或借方)余额,反映尚未转销的时间性差异影响纳税的金额。

(3)所得税的核算

由于会计制度与税法在收益、费用或损失的确认与计量原则方面的不同,而导致按照会计制度计算的税前会计利润与按照税法规定计算的应税所得之间的差异,在会计核算中可以采用两种不同的方法进行处理,即应付税法和影响会计法。

1)应付税法

应付税法是将本期税前会计利润与应纳所得税之间差异的影响所得税的金额直接计入当期损益,而不递延到以后各期的核算方法。这种核算方法的特点是:以各期应税所得计算的应交所得税作为当期所得税费用,计入损益表,时间性差异影响所得税的金额直接调整当期的所得税费用,不单独核算,计算公式为:

$$所得税=(税前会计利润 \pm 永久性差异 \pm 时间性差异)\times 所得税税率 \quad (8-31)$$

企业按税法规定，将税前会计利润调整为应纳所得税，借记“所得税”科目，贷记“应交税金——应交所得税”科目。上交所得税，借记“应交税金——应交所得税”科目，贷记“银行存款”科目。期末将“所得税”科目的借方余额转入“本年利润”科目。

例 8.20 某建筑公司核定的全年计税工资总额为 500 万元，2008 年实际发放的工资总额为 580 万元，公司会计核算采用直线法计提固定资产折旧，本年折旧额 300 万元，按照税法规定可采用双倍余额递减法计提折旧，本年折旧额 360 万元。公司当年税前会计利润 700 万元，适用所得税率 25%。公司对所得税采用应付税法核算：

本期应交所得税和所得税如下：

1. 税前会计利润	7 000 000
加：永久性差异	800 000
减：时间性差异	600 000
应税所得	7 200 000
所得税率	25%
本期应交所得税	1 800 000
本期所得税费用	1 800 000
2. 会计账务处理	
借：所得税	1 800 000
贷：应交税金——应交所得税	1 800 000
3. 实际上交所得税时	
借：应交税金——应交所得税	1 800 000
贷：银行存款	1 800 000

可见在此法下，本期发生的时间性差异不单独核算，与本期发生的永久性差异同样处理。也就是说，不管税前会计利润多少，在计算交纳所得税时均应按税法规定对税前会计利润进行调整为应税所得，在按应税所得计算出本期应交的所得税，作为本期所得税费用，即本期所得税费用等于本期应交所得税。目前，多数企业采用应付税款法核算所得税费用，因为其以当期应交所得税作为当期所得税费用入账，容易被人们所理解，且无跨期转销，账务处理比较简便。

2）影响会计法

影响会计法是将本期税前会计利润与应纳税所得额之间的时间性差异造成的影响所得税的金额，递延和分配到以后各期的核算方法。这种方法的特点是：计入损益表的所得税费用按税前会计利润调整永久性差异后计算，本期应交所得税按应税所得计算，两者的差额，即时间性差异影响所得税的金额，单独设置“递延税款”科目核算，不直接调整当期所得税费用，而是在以后期间转回。其计算公式为：

$$所得税费用=(税前会计利润 \pm 永久性差异)\times 所得税税率 \tag{8-32}$$

$$应交所得税=(税前会计利润 \pm 永久性差异 \pm 时间性差异)\times 所得税税率 \tag{8-33}$$

$$递延税款=应交所得税-所得税费用 \tag{8-34}$$

影响会计法与应付税法的主要区别是对时间性差异影响所得税的金额的账务处理不同：应付税法对时间性差异影响所得税的金额不单独核算，直接调整差异产生当期的所得税费用；影响会计法对时间性差异影响所得税的金额单独核算，不直接调整差异产生当期的所得税费用。影响会计法与应付税法的共同点，是两者对永久性差异影响所得税的金额的账务处理相同，均在发生的当期调整所得税费用。

从整个周期来看,一个周期内所得税费用之和总是等于应交所得税之和,递延税款的借方发生额之和正好等于其贷方发生额之和,所以,无论使用应付税法还是影响会计法,最终计算交纳的应交所得税总额是一致的。

在运用影响会计法核算时,有两种可供选择的方法,即递延法和债务法。

①递延法

递延法是把本期由于时间性差异产生的影响所得税的金额,递延和分配到以后各期,并同时转回以前已确认的时间性差异对本期所得税的影响金额,在税率变更或开征新税时,不调整"递延税款"的账面余额。采用递延法核算时,资产负债表反映的递延税款余额并不代表收款的权利或付款的义务。在税率变动或开征新税时,对递延税款的账面余额不作调整。本期发生的时间性差异影响所得税的金额,用现行税率计算,以前发生而在本期转回的各项时间性差异影响所得税的金额,用当初的税率计算。

例 8.21 某商品混凝土公司生产设备原值 200 万元,假定不考虑净残值因素,税法规定使用年限为 8 年,公司分 5 年计提折旧,即从第六年起不再计提该生产设备的折旧,此外,公司无其他纳税调整事项。公司前 5 年每年的税前利润为 1 000 万元,后 3 年每年为 1 200 万元,公司所得税率为 33%。

1. 第一年的有关账务处理如下:

按税法规定每年计提的折旧 = 200 ÷ 8 = 25(万元)

按公司规定每年计提的折旧 = 200 ÷ 5 = 40(万元)

时间性差异 = 40 - 25 = 15(万元)

按税前会计利润计算的应交所得税额 = 1 000 × 33% = 330(万元)

按应税所得计算的应交所得税额 = (1 000 + 15) × 33% = 334.95(万元)

时间性差异影响纳税的金额 = 334.95 - 330 = 4.95(万元)

做账务处理如下:

借:所得税　　3 300 000

　递延税款　　49 500

　贷:应交税金——应交所得税　　3 349 500

2. 第二、三、四、五年的账务处理与第一年相同。

3. 第六年按应税所得计算的应交纳所得税额 = (1 200 - 40) × 33% = 382.8(万元)

由于第六年公司不再计提折旧,会计折旧为 0,按税法规定折旧仍然为 40 万元,时间性差异发生了相反的变化,所以,从本年开始转销前期确认的递延税款金额、但仍按原发生时的税率 33% 计算。故本期转销的前期确认的递延税款金额 = (40 - 0) × 33% = 13.2(万元)

做账务处理如下:

借:所得税　　3 960 000

　贷:递延税款　　132 000

　　应交税金——应交所得税　　3 828 000

4. 第七年和第八年的账务处理与第六年相同。

②债务法

债务法是把本期由于时间性差异产生的影响所得税的金额,递延和分配到以后各期,并同时转回以前已确认的时间性差异对本期所得税的影响金额,在税率变动或开征新税时,需要调整"递延税款"的账面金额。

采用债务法核算,本期的时间性差异预计对未来所得税的影响金额,在资产负债表上作为未来应付税款的债务,或者作为代表预付未来税款的资产。本期发生及转回的时间性差异对所得税的影响金额均用现行税率计算确定。

4. 利润结转核算

为了核算本年度实现的利润或发生的亏损,企业应设置"本年利润"账户。它属于所有者权益类账户,贷方登记期末从"主营业务收入"、"其他业务收入"、"投资收益"、"营业外收入"等账户转入的增加本年利润的数额;借方登记期末从"主营业务成本"、"营业税费及附加"、"其他业务成本"、"管理费用"、"财务费用"、"销售费用"、"营业外支出"、"所得税费用"等账户转入的减少本年利润的数额,期末贷方余额反映累计实现的净利润,若为借方余额则表示发生的亏损。年度终了,应将本账户的余额全部转入"利润分配——未分配利润"账户。年终结转后,本账户应无余额。利润的结转核算,可以采用表结法,也可以采用账结法。

(1)表结法

表结法是在年终结算以外的月末、季末、年末计算利润和本年累计利润时,按"利润表"填制的要求,将全部损益类账户的余额填入利润表的各项中,在表中计算出本期利润和本年累计利润。在这种方法下,每月月末损益类账户的余额不必转入"本年利润"账户,各损益类账户的期末余额反映本月末累计余额。而"本年利润"账户 1 ~ 11 月份不作任何记录。

(2)账结法

账结法就是于每月末将各损益账户的余额转入"本年利润账户",通过"本年利润"账户结出各月的净利润或亏损,以及本年累计净利润或累计亏损的方法。采用账结法时,各损益类账户月末均无余额,"本年利润"账户的月末余额反映年度内的累计净利润(或亏损)。年终结算时,也应将"本年利润"账户的余额全部转入"利润——未分配利润"账户,结转后"本年利润"账户应无余额。

例 8.22　某建筑公司采用账结法计算利润。2008 年 12 月末各权益类账户结账前的余额如下:

会计账户	结账前余额
主营业务收入	1 000 000(贷方)
主营业务成本	600 000(借方)
营业税费及附加	9 900(借方)
其他业务收入	60 000(贷方)
其他业务成本	60 000(借方)
管理资用	30 000(借方)
财务费用	8 000(借方)
投资收益	150 000(贷方)
营业外收入	38 000(贷方)
营业外支出	17 100(借方)
所得税费用	180 240(借方)

期末,根据上述资料

1. 结转各种收入,作如下会计处理:

借:主营业务收入　　1 000 000

　　其他业务收入　　60 000

投资收益	150 000
营业外收入	3 800
贷:本年利润	1 248 000

2. 结转各种成本、费用及损失,作会计分录如下:

借:本年利润	880 840
贷:主营业务成本	600 000
营业税金及附加	9 900
其他业务成本	35 000
管理费用	30 000
财务费用	8 000
营业外支出	17 100
所得税费用	180 840

期末结转后,"本年利润"账户反映出的12月份净利润为367 160元。

8.3 利润分配管理

利润分配是利用价值的形式对企业劳动者所创造的社会剩余产品所进行的分配。生产决定分配,而分配对生产又起着积极的促进作用。通过利润分配能正确处理企业与各个方面的经济利益关系,调动各方面的积极性,促进生产经营的发展。

建筑安装企业实现了利润总额,取得了生产经营成果后,首先应履行纳税人的义务,按照国家税收法律规定计算并缴纳所得税。从这个角度来看,利润分配应该是指税后净利润的分配,它主要包括法定分配和企业自主分配两部分。如何合理确定所有者的资产收益和未分配给所有者的企业留存收益,涉及正确处理投资者与企业之间的经济利益关系,涉及正确处理投资者的近期利益与企业长远发展之间的关系。因此,建立适应社会主义市场经济的企业利润分配的激励机制与约束机制,并与企业筹资、投资决策相互协调,是实现建筑安装企业财务管理目标的重要保证。

8.3.1 企业亏损及亏损弥补规定

1. 企业亏损

企业亏损有两类,分别是政策性亏损和经营性亏损。政策性亏损,不是企业经营不善,而是由于国家采取某些政策所带来的亏损,这些企业可以由财政部门核定,采取定额补贴或亏损包干的办法弥补亏损,建筑安装企业的亏损不属于政策性亏损。

经营性亏损,不是由于国家采取某些政策带来的亏损,而是由于企业经营不善或其他原因造成的亏损。经营性亏损原则上应由企业自行解决。在市场经济中,经营风险大,影响因素多,建筑安装企业发生经营亏损是有可能的。

2. 亏损弥补

为了让亏损企业的生产经营活动能够持续下去,对其经营性亏损应及时弥补。《企业财务通则》规定,企业发生的年度亏损,可以用下一年度的税前利润弥补;下一年度利润不足弥补的,可以在5年内用税前利润延续弥补。延续5年未弥补的亏损,用缴纳所得税后的净利润弥补。经营性亏损弥补的来源:所得税前的弥补来源包括税前利润和筹建期间的汇兑净收益;

所得税后的弥补来源包括税后净利润和法定盈余公积金、任意盈余公积金等。

8.3.2　利润分配原则

利润分配是企业财务管理中十分重要的一项工作,它不仅影响企业的筹资和投资决策,而且涉及国家、企业、投资者、员工等多方面的利益关系;涉及企业长远利益与近期利益、整体利益与局部利益等关系的处理与协调。为合理组织建筑企业企业财务活动和正确处理财务关系,企业在进行利润分配时应遵循一定的原则:

1. 依法分配的原则

建筑安装企业的利润分配必须依法进行,这是正确处理各方面利益关系的前提。为规范企业的利润分配行为,国家制定和颁布了若干法规,主要包括企业制度方面和财务制度方面的法规。这些法规规定了企业利润分配的基本要求、程序和重大比例,企业应认真遵守,不得违反。

2. 投资与收益对等原则

建筑安装企业分配利润应当体现"谁投资谁受益"、收益大小与投资比例相适应,即投资与收益对等的原则,这是正确处理投资者利益关系的关键。这就要求企业在向投资者分配收益时,应本着平等一致的原则,按照各方出资的比例来进行,以保护投资者的利益。

3. 盈亏自负原则

盈亏自负,是市场经济制度的要求在企业利润分配原则上的体现。坚持这一原则,有利于调动建筑安装企业自身的积极性,使企业职工从根本上关心企业的生产经营成果,克服赢利归企业、亏损找国家的传统观念;同时,也有利于减轻国家财政负担,理顺企业与国家之间的利益关系。因此,建筑安装企业生产经营中发生的经营性亏损,应由企业用以后年度实现的利润进行弥补。

4. 兼顾各方面利益原则

利润分配是利用价值形式对社会产品进行的分配,直接关系到各有关方面的利益;因此,要坚持全局观念,兼顾各方面利益。国家作为社会的管理者,为行使其自身职能,必须有充分的资金保证。这就要求建筑安装企业以纳税的方式,无偿上缴一部分利润。这是每个企业应尽的义务,同时也是企业发展的保障。投资者作为资本投入者、企业所有者、依法享有利润分配权。企业的净利润归投资者所有,是企业的基本制度,也是企业所有者投资与企业的根本动力所在。但企业的利润离不开企业全体员工的辛勤工作,员工作为企业利润的直接创造者,除了获得工资及奖金等劳动报酬外,还要以适当的方式参与企业净利润的分配,提取公益金,用于员工集体福利设施的购买开支。可见,企业进行利润分配时,应统筹兼顾,合理安排。既要满足国家集中财力的需要,又要考虑企业自身发展的要求;既要维护投资者的合法权益,又要保障职工的切身利益。

5. 分配与积累并重原则

建筑安装企业进行利润分配,应正确处理长远与近期利益的辩证关系,将二者有机结合起来,坚持分配与积累并重。企业除按规定提取法定盈余公积金以外,可适当留存一部分利润作为积累。这部分留存收益虽暂时未予分配,但仍归企业所有者所有。而且,这部分积累不仅为企业扩大再生产筹措了资金．同时也增强了企业抗风险的能力,提高了企业经营的安全系数和稳定性,这也有利于增加所有者的回报。通过处理利润分配和积累的关系,留存一部分利润以供企业未来分配之需,稳定投资报酬率的效果。

8.3.3 利润分配的顺序

建筑安装企业实现的利润总额,按照国家规定作相应调整后,依法计算缴纳所得税。缴纳所得税后的净利润,应当按国家有关规定及投资者的决议进行分配。

1. 非股份制企业的净利润分配顺序

(1)被没收的财务损失,支付各项税收的滞纳金和罚款。

(2)弥补企业以前年度亏损(5年前)。按照税法的规定,企业作为纳税人,如果发生年度亏损的,可以用下一纳税年度的所得弥补,即用所得税前的利润弥补亏损;下一纳税年度的所得不足弥补的,可以逐年延续弥补,但是延续弥补最长不得超过5年。也就是说,企业当期实现的净利润首先应按照规定弥补以前年度亏损。

(3)提取法定盈余公积金。法定盈余公积金按照税后利润扣除前两项后的10%提取,盈余公积金已达注册资金的50%时可不再提取。

(4)提取法定公益金。法定公益金的提取比例一般为当年实现净利润的5%~10%。

(5)向投资者分配利润,企业以前年度未分配的利润,可以并入本年度向投资者分配。企业当年无利润不得向投资者分配利润。

2. 股份制企业的净利润分配顺序

股份制企业的利润,根据《股份有限公司规范意见》,净利润应按下列顺序分配:

(1)弥补亏损。按照国家税法规定,企业亏损在一定年限内可用税前利润抵补,超过规定的年限,就只能用税后利润抵补。

(2)提取法定盈余公积金。企业当年税后利润抵补亏损后一按其10%提取法定盈余公积金。当法定盈余公积金已达注册资金的50%,可不再提取。

(3)提取公益金。法定公益金的提取比例一般为当年实现净利润的5%~10%。

(4)支付优先股股利。按照企业发行的优先股股数、面值和规定的股利率计算支付。

(5)提取任意盈余公积金。按照公司章程或股东会决议提取。

(6)支付普通股股利。按照普通股股东投入企业的股份进行支付。

股份有限责任公司分配利润时应注意:公司当年无利润时,原则上不得分配股利,但公司为了维护股票信誉,在用盈余公积金弥补亏损后,经股东会特别决议,可以按照不超过股票面值6%的比率用盈余公积金分配股利。但分配股利后,企业法定盈余公积金不得低于注册资金的25%。

对于企业当年可供分配的利润,经董事会决议,可以全部分配,也可以部分分配,剩下未分配部分作为企业的未分配利润,可以结转下年度再行分配。

8.3.4 股份公司的股利分配政策

股份公司的股利分配政策是指股份公司决定分给股东多少利润,公司自留多少利润,即妥善处理好公司与股东的关系。由于公司自留利润是公司的一种内部筹资方式,故股利分配政策的选择也是公司内部筹资决策的选择。

1. 影响股利分配政策的主要因素

股利政策是企业财务管理的核心问题之一,直接关系到企业的生存和发展,所以一直格外地受到各方的密切关注。对于企业的经营管理者而言,在进行股利政策的决策时,必须充分考虑各方面的因素,如怎样协调股东的当前利益和公司的本来发展之间的关系,同时,还需要考虑怎样使公司的股票价值稳中有升,最终实现股东财富最大化的财务管理目标。具体来说,公

司管理层在选择股利政策时要考虑影响股利政策的各种因素,主要包括以下几个方面:

(1)国家宏观政策 任何一个企业,都是在国家宏观经济环境下生存和发展的,所以,宏观经济环境对企业的各方面都会产生决定性的影响,企业的股利政策的制定也不例外。这些因素包括经济发展状况、政府经济政策、市场竞争和技术变革等。

(2)相关法律因素,如资本保全、企业积累、净利润、超额累积利润等。

(3)股东因素,即股东从自身角度出发,对公司股利政策选择的影响,如股东利益偏好、避税、控制权的稀释等。

(4)企业自身因素,如企业盈余的稳定性,企业的发展规划和投资机会,企业的筹资能力,资金成本和资金结构,企业债务约束,资产流动性和现金支付能力,企业所处行业等。

从以上分析可知,当企业在制定股利政策时,需要考虑的因素是十分复杂的。具体针对某一个企业来说,要充分地考虑该企业的实际情况来进行。

2. 常用的股利分配政策

(1)剩余股利政策

剩余股利政策是将胜利的分配与公司的资本结构有机地联系起来,即根据公司的最佳资本结构测算出公司投资所需要的权益资本数额,先从盈余中留用,然后将剩余的盈余作为股利给所有者进行分配。

剩余股利政策的优点是能够充分利用筹资成本最低的资金来源,满足投资机会的需要,并能保持理想的资本结构,使加权平均资本成本最低。但是,这种股利政策往往导致股利支付不稳定,不能满足希望取得稳定收入股东的要求,也不利于树立良好的财务形象。

例 8.23 某公司某年在弥补了以前年度的经营亏损额后,可供分配的税后利润为 450 万元。第二年估计有三种投资机会,计划投资所需资金分别为 1 000 万元、700 万元、600 万元。该公司最优目标资本结构,即权益资本与债务资本之比率为 5:5,那么在三种不同投资机会下的剩余股利政策及其股利支付率如表 8.2 所示。

表 8.2　投资与股利分析表

单位:万元

项　目	投资机会计划		
	A	*B*	*C*
(1)投资项目所需资金额	1 000	700	600
(2)投资所需权益资本额[(1)×50%]	500	350	300
(3)可供分配的税后利润	450	450	450
(4)股利发放额[(3)-(2)]	-50	100	150
股利支付率[(4)÷(3)]	-11%	22%	33%

其中投资机会 *A*,400 万元可供分配的税后利润尚不能满足投资项目所需权益资金,不仅当年不能发放股利,而且必须另行筹集权益资金 50 万元,方能满足投资需要。投资机会 *B* 与 *C*,在满足了投资所需权益资本后,尚有剩余赢利 100 万元与 150 万元可用于股利发放。

剩余股利政策将股利作为新的投资机会的变量,其根本目的是为了降低公司筹资成本,优化资本结构。这有利于满足公司对资金的需求,有利于稳定并提高公司股票价格,但由于每年支付的股利额随投资机会变动,不能与盈余较好地配合,甚至可能不发股利,会被重视股利收入的股东所反对。

(2)固定或持续增长的股利政策

这一股利政策是将每年发放的股利固定在某一固定的水平上并在较长的时期内不变，只有当公司认为未来盈余会显著地、不可逆转地增长时，才提高年度的股利发放额。不过，在通货膨胀的情况下，大多数公司的盈余会随之提高，且大多数投资者也希望公司能提供足以抵消通货膨胀不利影响的股利，因此在长期通货膨胀的年代里也应提高股利发放额。

采用这种股利政策的优点是：(1)企业固定分配股利可使公司树立良好的市场形象，有利于公司股票价格的稳定，增加投资者的投资信心；(2)稳定的股利有利于投资者。投资者可以预先根据企业的股利水平安排支出，从而降低了投资风险，而当企业股利较丰厚时，股票价格则会大幅提高。

固定股利政策的缺点主要在于股利的支付与公司盈余相脱节。当公司盈余较低时仍需支付固定的股利额，这会导致公司资金紧张、财务状况恶化，可谓是“雪上加霜”，同时不能仿剩余股利那样保持较低的资本成本。因此，那些收益比较稳定或正处于成长期、信誉一般的企业大多采用这种政策。

(3)固定股利支付比率政策

固定股利支付比率政策又称变动的股利政策，是指企业每年不是按固定的股利支付额，而是按固定的股利支付比例从净利润中文付股利。在这种股利政策下，由于企业的赢利能力是经常变动的，因此当赢利状况好时，股东股利也相应地增加，反之，当赢利状况不好时，股东股利也会相应地下降。即股利随赢利的变化而变化，始终保持服利与赢利之间的一定比例关系、使股利支付与企业的赢利能力紧密相关。因此，这实际上是一种变动的股利政策。

这种股利政策的优点是体现了风险投资与风险收益对等的原则，不会增加企业的财务压力。但是，这种政策的不足之处在于，由于股利波动传递的是经营业绩不稳定的信息，容易使外界产生企业经营不稳定的印象，不利于股票价格的稳定与上涨，也不利于树立企业良好的财务形象。因此，这种股利政策一般由那些盈余相对比较稳定的企业所采用。

(4)低正常股利加额外分红的政策

这是一种折中的股利政策。顾名思义，是指公司在一般情况下，每年固定支付数额较低的正常股利额，当公司可用于支付股利的盈余较多时，再根据实际情况，向股东增发一定金额的红利。采用本政策的理由是，首先，这种股利政策使公司具有较大的灵活性。当公司盈余较少或投资需用较多资金时，可维持设定的较低但正常的股利，股东不会有股利跌落感；而当盈余有较大幅度增加时，则可适度增发股利，把经济繁荣的部分利益分配给股东。使他们增强对公司的信心，这有利于稳定股票的价格。其次，这种股利政策可使那些依靠股利度日的股东每年至少可以得到虽然较低，但比较稳定的股利收入，从而吸引住这部分股东。

这种股利政策可以使公司具有很大的弹性，尤其对那些利润水平各年之间变动较大的公司，是一种较为理想的股利分配政策。由于向股东每年发放固定的股利，股东不会产生股利失落感，即使在低盈余年度也可以使股东对公司有信心。而当公司盈余有较大幅度增加，且有充足现金时，再额外加付红利。可以使股东感受到公司经济的繁荣，对公司未来前景看好，有利于稳定并提高公司股票价格；由于能固定得到虽然较少但却稳定的股利，从而也吸引了重视股利收入的股东。这种股利政策既能保持股利的稳定，又能实现股利与盈余之间较好的配比，且在一定程度上弥补了剩余股利政策、固定股利政策、固定股利支付比率政策的缺点，故目前为许多公司所采纳。

以上介绍的几种股利政策各有特点，每个企业应结合自己的实际情况，制定适合本企业的股利政策。

8.3.5　股利支付的方式

根据《股份有限公司规范意见》规定，我国股份有限公司的股利发放主要采用现金股利和股票股利两种方式。在国外，除了这两种分配方式之外，还有财产股利、负债股利和清算股利等分配方式。

1. 现金股利

现金股利是指公司将股东应得的股利收益以现金的形式向股东分派股利。现金股利是公司股利发放中最常见也是最主要的发放方式，一般股东都比较希望得到现金股利。采用这种方式，公司必须具有充足的现金。

2. 财产股利

财产股利是以现金以外的资产支付的股利，主要是以公司所拥有的其他企业的有价证券，如债券、股票，作为股利支付给股东。

3. 负债股利

负债股利是公司以负债支付的股利，通常以公司的应付票据支付给股东，不得已情况下也有发行公司债券抵付股利的。财产股利和负债股利实际上是现金股利的替代。这两种股利方式目前在我国公司实务中很少使用，但并非法律所禁止。

4. 股票股利

股票股利是指采用增发股票的方式向现有股东分派股利。采用这种分配方式，相当于把公司的赢利直接转化为普通股股票，即赢利资本化，是一种增资行为，因而要按法定程序办理增资手续。从会计角度看，发放股票股利既不增加股东权益总额，一般也不会改变股东的股权比例，也不会增加公司的资产，只不过是将资金从留存收益账户转移到其他股东权益账户。

例 8.24　某公司在发放股票股利之前"资产负债表"上的有关股东权益资料如表 8.3 所示。

表 8.3　股东权益资料　　单位：万元

项目	金额
股本（普通股面值 3 元，已发行 1 000 万股）	3 000
资本公积	100
留存收益	1 400
股东权益合计	4 500

若该公司宣布按股东所持股份 5% 的比例发放股票股利，即股东每持有 100 股可得到 5 股增发的普通股，公司共发放 50 万股的普通股股利。若此时该公司股票的公允市价为每股 15 元，则随股票股利的发放，公司留存收益中有 750 万元（1 000 万元 ×5% ×15）的资金要转移到股本和资本公积账户上去。股票股利发放后，对"资产负债表"上股东权益各项目的影响如表 8.4 所示。

表 8.4　股利发放后对股东权益的影响　　单位：万元

项目	金额
股本（普通股面值 3 元，已发行 1 050 万股）	3 150
资本公积	750
留存收益	650
股东权益合计	4 550

因此,发放股票股利仅增加了市场上股票的流通数量,却没有增加股票价值总量,从而使股票的每股市价下降。

公司发放股票股利的原因及作用在于:(1)发放股票股利既可以使公司保持较高的股利支付比率,有利于公司在股东及未来潜在投资者面前保持良好形象,又能使公司保留现金,留有足够的内部积累资金,增强公司的再投资能力和资金周转能力,有利于公司的长期发展。(2)发放股票股利,股东权益总额不变而股份数却增加了,因此每股的账面价值下降了,从而使公司股票的每股市价下跌。当公司股票市价较高且处于上升趋势时,采用股票股利就可抑制股价飞涨,有利于促进本公司股票交易更为活跃。新建的或发展中的公司,多采用股票股利方式,把公司的赢利用于投资新设备和扩大经营规模上。(3)如公司缺乏足够的现金发放现金股利,又难以从外部筹措现金,或现金虽充裕,但准备留做投资之用,而发放股票股利既可以节约现金支出,又可以使股东分享利润。(4)对于股东而言,虽然公司的股东权益总额和股权结构不变,但由于每个股东手中持有的股票数增加了,因此股东在证券市场上的交易能力和获取资本收益的能力增强了。对于任何一个公司而言,现金股利和股票股利两种方式应结合使用,才能相得益彰。

8.3.6　利润分配的核算

建筑安装企业设置“利润分配”账户,核算企业净利润的分配及历年分配(或弥补)后的结存余额。该账户属于所有者权益类,借方登记分配的利润数额或年末转入的本年亏损额,贷方登记年末转入的本年净利润或用盈余公积弥补亏损的数额;年末贷方余额表示历年结存的未分配利润,若为借方余额表示历年累计的未弥补亏损。本账户应设置以下明细账户:

1. 盈余公积补亏明细账户

该科目核算企业用盈余公积弥补亏损的数额。其贷方登记转入的用于弥补亏损的数额,借方登记年末转入“未分配利润”明细账户的金额,年末结转后本账户应无余额。

2.“提取法定盈余公积”、“提取任意盈余公积”等明细账户

该科目核算按规定提取的法定盈余公积金和任意盈余公积金。其借方登记提取的各种盈余公积,贷方登记年末转入“未分配利润”明细账户的金额,年末结转后应无余额。

3.“应付现金股利或利润”明细账户

该科目核算分配给投资者的现金股利或利润。其借方登记分配给投资者的利润,贷方登记年末转入“未分配利润”明细账户的金额,年末结转后应无余额。

4.“转作股本的股利”明细账户

该科目核算企业按规定分配的股票股利,其借方登记分配给投资者的每股股利,贷方登记年末转入“未分配利润”明细账户的金额,年末结转后应无余额。

5.“未分配利润”明细账户

该科目核算企业累计尚未分配的利润(或尚未弥补的亏损)。年度终了,将本年度实现的净利润自“本年利润”账户转入本明细账户的贷方,如为亏损,则转入借方。同时将“利润分配”账户所属其他明细账户的余额也转入本明细账户。年终结转后,除本明细账户外,“利润分配”账户所属的其他明细账户均无余额。本明细账户的年末贷方余额为累计未分配的利润,如为借方余额则为累计未弥补的亏损。

例 8.25　某建筑公司 2008 年 12 月实现净利润为 367 160 元。假设该公司 2008 年 12 月初“本年利润”账户有贷方余额 5 032 840 元,年末按 10% 提取法定盈余公积金,并向投资者分

配利润100万元。有关账务处理为:

1. 计提法定盈余公积金54万元,作会计分录如下:

借:利润分配——提取法定盈余公积　540 000

　贷:盈余公积——法定盈余公积　540 000

2. 向投资者分配利润100万元,作会计分录如下:

借:利润分配——应付现金股利或利润　1 000 000

　贷:应付股利　1 000 000

3. 结转全年实现的净利润5 400 000元,作会计分录

借:本年利润　5 400 000

　贷:利润分配——未分配利润　5 400 000

4. 结转"利润分配"账户各明细账户的余额,作会计分录如下:

借:利润分配——未分配利润　1 540 000

　贷:利润分配——提取法定盈余公积　540 000

　　利润分配——应付现金股利或利润　1 000 000

经过以上账务处理,年末"利润分配——未分配利润"账户有贷方余额3 860 000,为该企业累计未分配利润(假设企业以前年度无未分配利润)。

8.4 案例 FPL公司:在股利与成长中作取舍

FPL为美国佛罗里达州最大、全美第四大信誉良好的电力公司。长期以来,FPL公司经营利润一直稳定增长,经营现金流稳定,负债比率较低,资信等级长期维持在A级以上,公司现金红利支付率一直在75%以上,每股现金红利稳中有升,这种情况延续了47年。即使在亏损的1990年,每股仍然派发现金红利＄2.34。1993年,现金红利支付率达到107.39%(当年电力行业上市公司平均现金红利支付率为80%),是一个典型的价值型公司。

1994年,面对电力市场日益加剧的竞争环境,FPL公司决定继续采用扩张战略,并制定了未来5年39亿的投资计划。但公司感到需要减少非投资方面的现金流出,增强财务能力和流动性,保持A级以上的资信等级,降低财务风险,增加留存收益和内部融资能力。而公司近期的发展并不能立即大幅度提升每股收益,继续维持高的现金红利支付率的经营压力很大。为以积极主动的态度来应对日益变化的竞争环境,保证公司长远发展目标,1994年5月初,FPL公司考虑在其季报中宣布削减30%的现金红利,此举可以使公司减少1.5亿美元的现金支出,尽管相对于公司未来五年39亿美元的资本支出计划来说,这笔钱似乎杯水车薪,但有助于增强公司减轻今后的经营压力,增加股利政策方面的灵活性,使现金红利在今后几年中有较大的上升空间。但大幅度削减现金红利不可避免导致公司股票价格大幅下跌,动摇投资者的信心,进而影响公司与其现有的稳定投资者的关系。历史经验也证实了这种负面影响。大多数投资银行分析家也预期FPL公司将削减30%的现金红利,因此,相继调低了对公司股票评级。投资分析家的这些言论确实导致FPL公司尚未宣布红利政策,股票价格已下跌了6%。FPL公司1994年5月中旬公布了最终的分红方案,把该季度现金红利削减了32.3%。公司同时宣布了在以后三年内回购1 000万股普通股计划,并且承诺以后每年的现金红利增长率不会低于5%。

尽管在宣布削减红利的同时,FPL公司在给股东信中说明了调低现金红利的原因,并且做

出回购和现金红利增长的承诺，但股票市场仍然视削减现金红利为利空信号。当天公司股价下跌了 14%。反映了股票市场对 FPL 公司前景很不乐观的预期。但几个月后，股价随大势上涨回升并超过了宣布削减现金红利以前的价格。

1994 年以来，FPL 公司扩张战略奏效，EPS 和 DPS 继续保持了增长势头，基本上兑现了当初给股东的诺言。公司股价大幅度增长，最高时比 1994 年翻了近 5 倍。

复习思考题

1. 什么是收入？建筑安装企业的收入包括哪些内容？

2. 承包合同收入的内容包括什么？各部分如何确认？

3. 确认承包合同收入的方法有哪些？各适用于什么条件？

4. 确定合同完工百分比（完工进度）的方法有哪些？

5. 工程价款的结算可采取哪些方式？

6. 某建筑公司签订了一项总金额为 200 万的建设合同，合同规定的工期为 3 年。该建设合同的结果能够可靠地估计，在资产负债表日按完工百分比法确认承包合同收入和费用。有关资料如表 8.5 所示。

表 8.5 单位：万元

	2007 年	2008 年	2009 年	合 计
合同总价款				200
实际成本	45	73.4	56.6	175
估计还需成本	105	66.6		
已办理结算金额	40	70	90	200

求：①确定各年的合同完工进度；②计算各年的合同收入、费用和毛利；③编制各年结算工程款、确定收入、费用和税费的会计分录。

7. 某建筑公司 2009 年 12 月发生以下经济业务：①自行完成延安工作员 450 000 元，已提出“工程价款结算账单”并经发包单位签证。②向甲方办理分包工程款结算，结算价款 315 000 元。甲方已在“工程价款结算账单”上签证。③分包单位市办理已完工程结算，价款为 315 000 元。④通过银行收到甲方支付的分包工程款 215 000 元。⑤按规定结转代扣代缴的分包单位营业税、城市维护建设税利教育费附加。⑥开出转账支票一张，向分包单位转账支付剩余分包工程款，试根据上述资料编制会计分录。

8. 某建筑公司计划年度变动费用在工程造价中占的比重为 70%，税率为 3.3%，固定费用总额为 2 500 000 元。①计算计划年度保本点的工程结算收入；②如该建筑安装企业计划年度目标利润为 900 000 元，计算计划年度实现目标利润的工程结算收入。

9. 某商品混凝土 2008 年有关销售及利润资料如下：①实现产品销售收入 5 500 万元，产品销售成本 2 900 万元，产品销售费用 780 万元。②其他业务收入 89 万元，其中：运输劳务收入 19 万元，转让非专利技术收入 70 万元。③管理费用 300 万元，其中包括超过规定标准的业务招待费 5 万元；财务费用 150 万元。④投资净收益 36 000 万元，其中包括国库券利息收入 6 000元，联营单位分配转来的税后利润 3 万元。⑤营业外收入 12 万元；营业外支出 50 万元，其中包括非广告性赞助支出 15 万元，向灾区捐款 10 万元。⑥企业增值税率 17%，2008 年度该公司增值税进项税额为450万元，消费税率为30%，运输业务收入的营业税率为3%，转让无形资产收入的营业税率为5%，城市维护建设税率为6%，教育费附加的税率为3%，所得税率25%。试根据上述资料计算：①全年应交增值税、营业税、消费税、城市维护建设税和教育费附加；②全年的利润总额、应交所得税和净利润。

10. 背景资料见本章练习题4，若该公司有尚未弥补的2007年度发生的亏损3.1万元。①按规定比例10%、5%、8%，分别计算提取法定盈余公积金、公益金、任意盈余公积金的数额；②计算向投资者分配利润的数额（按可供分配利润的50%），及年终未分配利润的数额。

9　工程财务分析

学习目标

- 了解财务分析的作用、目的、依据；理解财务分析的方法
- 掌握企业偿债能力、营运能力、赢利能力、发展能力分析的常用指标，达到熟练应用
- 理解企业综合分析方法，能用财务指标对企业财务状况做简单综合分析

9.1　财务分析概述

财务分析是财务管理的基础工作，它是以企业财务会计报表及其他有关财务资料为基础，对企业财务活动过程及结果进行的研究评价。具体来说，就是指运用各种分析方法和技巧，通过对公司财务报告以及相关资料有目的地加以考察、分析，来评价公司过去的经营业绩，衡量公司现在的财务状况，预测其未来的发展趋势，为公司正确理财提供科学依据的一个过程。财务分析既是财务预测的前提，也是过去经营活动的总结，它在财务管理中起着承上启下的作用。

9.1.1　财务分析的作用

财务分析是以企业财务报告反映的财务指标为主要依据，采用科学的分析方法，对企业的财务状况、营运能力和经营成果进行评价和剖析，以反映企业在运营过程中的财务状况及发展趋势，为改善企业的财务管理工作和优化经济决策提供重要财务信息的一种方法。财务分析的最基本功能，是将大量的财务会计报表数据转换为对特定决策有用的信息，以减少决策的不确定性。财务分析既是对已完成的财务活动的总结，又是财务预测和决策的前提。财务分析是企业财务管理的重要环节，做好财务分析工作对企业具有以下重要作用。

1. 通过财务分析可以判断企业偿债能力、营运能力、赢利能力和财务实力

对财务进行分析，可以评价过去的经营业绩，衡量现在的财务状况，预测未来的发展趋势，进而进行正确的决策。

通过对会计报表数据、指标的计算，可以了解企业偿债能力、营运能力、获利能力和发展能力，便于企业管理者及财务报表使用者了解已发生的业绩状况和企业现阶段的财务状况和经营成果，并将影响企业财务状况和经营成果的主观因素与客观因素、微观因素与宏观因素区分开来，以划清经济责任，合理评价经营者的工作业绩，促使经营者不断改进工作。这不仅对于企业的经营管理者十分有益，还可以帮助企业投资者和债权人做出正确的决策。

2. 通过财务分析可以评价和考核企业的经营业绩，揭示财务活动存在的问题

企业理财的根本目标是努力实现企业价值最大化。通过财务指标的计算和分析，了解企业的赢利能力、资金周转状况，不断挖掘企业改善财务状况、扩大财务成果的内部潜力，充分认识未被利用的人力资源和物质资源，发现进一步提高利用效率的可能性，以便揭示其经营管理

各方面和各环节存在的问题,找出差距,寻求措施,得出分析结论。

3. 通过财务分析可以挖掘企业内部潜力,提高经济效益

开展财务分析,不仅能对现有的财务状况和财务成果进行评价,更为主要的是通过分析,研究财务管理中存在的薄弱环节,可以找到影响财务状况和财务成果的有利因素和不利因素,挖掘潜力,使有利因素进一步巩固和发展,改变不利因素产生的条件,以达到扬长补短,提高经营管理水平和经济效益的目的。

4. 通过财务分析可以评价企业的发展趋势

无论是企业的经营管理者,还是投资者、债权人,都十分关注企业的发展趋势,这关系到他们的切身利益。通过对企业进行财务分析,可以判断出企业的发展趋势,预测企业的经营前景,从而为企业经营管理者和投资者进行经营决策和投资决策提供重要的依据,避免决策失误给其带来重大的经济损失。

9.1.2 财务分析的目的

财务分析的主要依据是财务报告,而财务报告的使用者除了公司内部管理当局外,还有投资者、债权人、财政部门等等。不同的分析人员所关心问题的侧重点各不相同,因此,进行财务分析的目的也各不相同。如企业经营管理者,必须全面了解企业的生产经营状况和财务状况,他们进行财务分析的目的和要求是全面的,既要关心企业的偿债能力和资产营运能力,又要关心企业的赢利能力、风险状况及发展能力。综合起来,进行财务分析主要出于以下目的。

1. 为各方面提供所需要的财务信息

财务分析信息具有客观性和真实性,能够对公司的投资决策、融资规划、经营管理、计划、控制等提供广泛地帮助。如满足公司投资者对公司经营和赢利状况了解的需要;满足公司债权人了解公司偿债能力的需要;满足公司内部管理的需要;满足国家有关部门对公司进行管理、制约、监督的需要等等。

2. 正确评价企业的偿债能力、获利能力和资产营运水平

通过对企业的财务报告等会计资料进行分析,可以了解企业资产的流动性、负债水平及偿还债务的能力,从而评价企业的财务状况和经营风险,为企业经营管理者、投资者和债权人提供财务信息。企业要生存和发展,必须争取获得较高的利润。赢利能力强可以提高企业偿还债务能力,提高企业的信誉。资产是企业生产经营活动的经济资源,资产的管理水平直接影响到企业的收益,它体现了企业的整体素质。进行财务分析,可以了解到企业资产的保值和增值情况,分析企业资产的管理水平、资金周转状况、现金流量情况等,为了评价企业的经营管理水平提供依据。

9.1.3 财务分析的依据

财务分析的依据就是财务分析据以进行的基础。财务分析主要是以企业的会计核算资料为基础,通过对这些会计核算资料进行加工整理,得出一系列科学的、系统的财务指标,以便进行比较、分析和评价。这些会计核算资料包括日常核算资料和财务报告,但财务分析主要是以财务报告为基础,日常核算资料只作为财务分析的一种补充资料。下面着重介绍进行财务分析常用的三张基本会计报表。

1. 资产负债表

资产负债表是反映企业一定时期财务状况的会计报表。它按照一定的分类标准和次序反

映企业在某一特定日期上资产、负债和所有者权益的增减变动情况。以“资产 = 负债 + 所有者权益”会计等式为平衡依据。资产负债表的结构见表 9.1。

表 9.1 资产负债表

编制单位:某企业　　　　2008 年 12 月 31 日　　　　单位:万元

资　产	年初数	年末数	负债及所有者权益	年初数	年末数
流动资产:			流动负债:		
货币资金	850	980	短期借款	1 900	2 300
交易性金融资产	900	600	应付账款	1 200	1 300
应收账款	1 240	1 350	预收账款	420	530
预付账款	48	76	其他应付款	90	100
存货	4 980	6 120	流动负债合计	3 610	4 230
待摊费用	62	84	非流动负债:		
流动资产合计	8 080	9 210	长期负债	2 800	3 600
非流动资产:			负债合计	6 410	7 830
长期投资	500	540	所有者权益:		
固定资产净值	14 500	16 800	实收资本	13 600	13 600
无形资产	620	650	盈余公积	1 840	1 840
非流动资产合计	15 620	17 990	未分配利润	1 850	3 930
			所有者权益合计	17 290	19 370
资产总计	23 700	27 200	负债及所有者权益合计	23 700	27 200

资产负债表是进行财务分析的一张重要财务报表。它提供了企业的资产结构、资产流动性、资本来源状况、负债水平以及负债结构等财务信息。分析者通过对资产负债表的分析,可以了解企业的偿债能力、营运能力等财务状况,为企业管理者、投资者和债权人提供决策依据。

2. 利润表

利润表是反映企业在一定期间内企业经营成果的会计报表。反映一定时期内收入、成本费用及利润(或亏损)的发生情况。以“利润 = 收入 - 费用”会计等式为平衡依据。利润结构见表 9.2。

表 9.2 利 润 表

编制单位:某企业　　　　2008 年 12 月 31 日　　　　单位:万元

项　　目	上年金额	本年数金额
一、主营业务收入	24 600	25 400
减:主营业务成本	14 500	13 000
主营业务税金及附加	1 230	1 450
二、主营业务利润	8 870	10 950
减:销售费用	2 360	2 430
管理费用	1 000	1 200
财务费用	900	1 200
加:其他业务利润	880	1 090

续上表

项　　目	上年金额	本年数金额
三、营业利润	5 490	7 210
加:投资收益	380	380
营业外收入	120	160
减:营业外支出	680	760
四、利润总额	5 310	6 990
减:所得税(税率为40%)	2 124	2 796
五、净利润	3 186	4 194

通过对利润表的分析,可以考核企业利润计划的完成情况,分析企业获利能力以及利润增减变化的原因,预测企业利润的发展趋势,为投资者及企业管理者等各方面提供财务信息。

3. 现金流量表

现金流量表是以现金及现金等价物为基础,按收付实现制编制的会计报表。它为会计报表使用者提供企业一定会计期间内现金和现金等价物流人和流出的信息,以便分析者了解和评价企业获取现金和现金等价物的能力,并据以预测企业未来的现金流量。对现金流量表进行分析,可以弥补传统财务分析仅以资产负债表和利润表为依据而产生的受会计自身方法制约的不利影响。

9.1.4 财务分析的方法

1. 比较分析法

比较分析法是指将某项财务指标与性质相同的指标标准进行对比,揭示企业财务状况和经营成果的一种分析方法。通过这种方法,能揭示财务活动中的数量关系和数量差异,从而发现问题,为进一步分析原因、挖掘潜力指明方向。比较分析法是最基本的分析方法,其他分析方法是建立在比较分析法的基础上的。

(1)指标的评价标准

选择相关指标的评价标准,是比较分析的重要条件。在比较分析法中通常采用的指标评价标准有以下几种。

1)绝对标准。绝对标准是被普通接受和公认的标准,无论哪个企业,也不论在什么时间或分析的目的是什么,它都是适用的。流动比率和速动比率就是典型的绝对标准。

2)行业标准。行业标准就是以企业所在行业的特定指标值作为财务分析对比的标准,它可以是绝对数,也可以是相对数。

3)目标标准。目标标准即财务管理的目标,它是在分析影响财务指标的主、客观因素的基础上制定的。如果企业的实际财务指标达不到预定目标而产生差异,应进一步查明原因,以便改进财务管理工作。

4)历史标准。历史标准可以是绝对数,也可以是相对数。财务分析中采用历史指标标准有利于指示企业财务状况和经营成果的变化趋势及与历史存在的差距。

(2)比较分析法的类型

比较分析法按具体的评价标准又分为横向比较法和纵向分析法两种。

1)横向比较法。横向比较法是将企业本期实际指标与同行业企业的同类指标相比较。

如将本期的实际指标与国内外同类企业的平均水平、先进水平相比较,目的在于找出差距,制定赶超目标,增强本企业的市场竞争能力。

2)纵向比较法。纵向比较法是将企业本期实际指标与前期实际指标相比较。这是一种同类指标的动态对比。通过这种对比,可以了解企业经营状况的发展变化过程。这种分析方法通过财务报表中两个时期的各种同项数据进行对比,以研究企业各项经营业绩或财务状况的发展变动情况。对比的方式有两种,一种是确定增减变动数量;另一种是确定增减变动率。

运用比较分析法对同一财务指标进行比较时,要注意指标的可比性,即所用指标在内容、时间、计算方法、计价标准上的口径应当一致。必要时,应对所用指标按同一口径进行调整或换算。

2. 比率分析法

比率分析法是指通过计算财务报表中相关指标间的比率,借以评价企业财务状况和经营成果的分析方法。采用这种方法,能够把某些条件下的不可比指标变为可以比较的指标,以利于进行分析。比率指标主要有以下3类:

(1)效率比率

它是反映经济活动中投入与产出、所费与所得的比率,用以考察经营成果,评价经济效益的指标,如成本利润率、销售利润率及总资产报酬率等指标。例如,将利润项目与销售成本、销售收入、资本金等项目加以对比,可计算出成本利润率、销售利润率以及资本金利润率等利润率指标,从而可以从不同角度观察企业获利能力的高低及其增减变化情况。

(2)构成比率

它是某项经济指标部分占总体的比重,反映部分与总体的关系,如应收账款占流动资产的比重、流动资产占总资产的比重等。利用结构比率,可以考察总体中某部分的形成和安排是否合理,从而协调各项财务活动。

(3)相关比率

它是将两个不同但又有一定关联的指标加以对比得出的比率,用以反映经济活动之间的联系,利用相关比率指标,可以考察企业有联系的相关业务安排是否合理,以保障运营活动顺畅进行。如流动负债与流动资产的比率、负债与权益的比率等。

比率分析法的计算简便,计算结果容易判断,而且可以使某些指标在不同规模的企业之间进行比较,甚至也能在一定程度上跨越行业间的差别进行比较。

3. 趋势分析法

趋势分析法是将企业连续几个时期的同类指标数字两两相除,求出趋势比率,以确定分析期各有关项目的变动情况和趋势的一种财务分析方法。为了能真正看出趋势规律,趋势分析法要求至少考察连续三期以上的数据资料。采用这种方法能够揭示企业财务状况及经营成果变动趋势,并找出其变化的原因,判断这种变化趋势对企业发展的影响,以预测企业未来的发展前景。趋势分析法主要有以下3种方式:

(1)重要财务指标的比较

它指对不同时期的重要财务指标进行比较,直接观察其绝对额或比率的增减变动情况及变动幅度,考察其业务的发展变化趋势。如计算利润的定基动态比率或环比动态比率。其具体计算有两种形式:一是基期指数,即各比较期指标分别与固定基期的数字相除,计算与基期相比较的变化情况;二是环比指数,即各比较期指标分别与前一期指标相除,计算比前一期的变化情况。

(2)会计报表金额的比较

它是将连续数期的会计报表的金额数字并列起来,比较其相同指标的增减变动金额和增减变动幅度,来说明企业财务状况和经营成果发展变化的一种方法。会计报表金额的比较,有资产负债表比较、利润表比较、现金流量表比较等。比较时,既要计算出表中有关项目增减变动的绝对额,又要计算出其增减变动的百分比。

(3)会计报表构成的比较

它是以会计报表中的某个总体指标作为100%,再计算出各组成指标占该总体指标的百分比,比较各个项目百分比的增减变动,以此来判断有关财务活动的变化趋势。它既可用于同一企业不同时期财务状况的比较,又可用于不同企业之间的横向比较。这种方法能消除不同时期、不同企业之间业务规模差异的影响,有利于分析企业的耗费水平和赢利水平等。

采用趋势分析法时要注意:用以进行对比的各个时期的指标在计算口径上必须保持一致;对于非常年度(如由于天灾人祸等偶然因素而对财务活动产生特殊影响)的资料,在分析研究时应加以消除,必要时对价格变动因素也要加以调整;分析中如发现某项指标在一定时期内有显著变动,则应将其作为分析的重点,研究其产生的原因,以便采取有效措施。

4. 因素分析法

一个经济指标往往是由多种因素造成的,它们各自对该经济指标都有不同程度的影响。因素分析法是依据分析指标与其影响因素之间的关系,按照一定程序和要求,从数值上测定各因素对有关经济指标差异影响程度的方法。采用这种方法的出发点在于,当有若干因素对分析指标发生作用时,假定其他各个因素都无变化,按顺序确定每一个因素单独变化所产生的影响。

通过因素分析法,可以衡量各项因素的影响程度大小,有利于分清原因和责任,使评价企业的工作更有说服力,并可作为制订措施、挖掘潜力的参考依据。因素分析法具体有2种。

(1)连环替代法

连环替代法是将分析指标分解为各个可以计量的因素,并根据各个因素之间的依存关系,依次用各因素的比较值(通常即实际值)替代基准值(通常即标准值或计划值),据以测定各因素对分析指标影响的一种方法。

例9.1 某企业2009年某种材料费用消耗的相关资料见表9.3。根据表中资料,试运用连环替代法,计算各因素变动对材料费用总额的影响程度。

表9.3 某企业产品材料费用计算表

项目	单位	计划数量	实际数量
产品产量	件	1 000	1 100
单位产品材料消耗量	t	9	7
材料单价	元/t	6	8
材料费用总额	元	54 000	61 600

解:根据表中资料,材料费用实际数量比计划数量增加了7 600元,这是分析对象。各因素变动对材料费用总额的影响程度如下:

材料费用总额 = 产品产量 × 单位产品材料消耗量 × 材料单价

计划材料费用总额 = 1 000 × 9 × 6 = 54 000(元) ①

替换产品产量:材料费用总额 = 1 100 × 9 × 6 = 59 400(元) ②

替换单位耗量:材料费用总额 =1 100 ×7 ×6 =46 200(元) ③

替换材料单价:材料费用总额 =1 100 ×7 ×8 =61 600(元) ④

② - ① =59 400 - 54 000 = 5 400(元) 产量增加的影响

③ - ② =46 200 - 59 400 = -13 200(元) 单位损耗降低的影响

④ - ③ =61 600 - 46 200 =15 400(元) 单价提高的影响

合计 =5 400 - 13 200 +15 400 =7 600(元) 全部影响

由此可见,产量提高 100 件,引起材料费用增长 5 400 元;单位产品消耗量降低 2 t,导致材料费用总额下降 13 200 元;材料单价提高 2 元,引起材料费用总额提高 15 400 元。综上所述,该企业材料成本提高 7 600 元,主要是由于产量和材料单价提高引起的。

(2)差额分析法

差额分析法是连环替代法的一种简化形式,它利用各个因素的比较值与基准值之间的差额,来计算各因素对分析指标的影响。连环替代法和差额分析法得出的结论往往是一致的。

例 9.2 仍以上企业的资料为例,采用差额分析法计算各因素变动对材料费用的影响。

解:产量增加对材料费用的影响为:

$$(1\,100-1\,000)\times 9\times 6=5\,400(\text{元})$$

单位产品材料消耗量降低对材料费用的影响为:

$$1\,100\times(7-9)\times 6=-13\,200(\text{元})$$

材料单价提高对材料费用的影响为:

$$1\,100\times 7\times(8-6)=15\,400(\text{元})$$

合计 = 5 400 - 13 200 +15 400 =7 600(元)

因素分析法既可以全面分析各因素对某一经济指标的影响,又可以单独分析某个因素对某一经济指标的影响,在财务分析中应用较为广泛。

9.2 财务指标分析

财务分析的基本内容可归纳为四个方面:偿债能力分析、营运能力分析、赢利能力分析和发展能力分析。其中偿债能力是财务目标实现的稳健保证,营运能力是财务目标实现的物质基础,赢利能力是两者共同作用的结果,同时也对两者的增强起着推动作用。发展能力是企业在生存的基础上,扩大规模、壮大实力的潜在能力。衡量偿债能力、营运能力、赢利能力和发展能力的高低主要是通过计算分析各种财务指标进行,以下作详细说明。

9.2.1 偿债能力分析

偿债能力是指企业偿还各种到期债务(包括本息)的能力,是反映企业财务状况和经营能力的重要标志。偿债能力的高低,是任何与企业有关联的人所关心的重要问题之一。对债权人而言,企业的偿债能力高低关系到其债权是否能及时回收,利息是否能按期取得;对投资者而言,如果企业的偿债能力欠佳,就会使企业的资金因主要用于偿债而影响企业正常的生产经营活动,使企业赢利受到影响,从而最终影响到投资者的利益;对企业而言,一旦偿债能力大幅度下降,甚至到了资不抵债的地步,就有可能导致企业破产。

偿债能力分析按照债务到期时间的长短不同,可分为短期偿债能力分析和长期偿债能力分析。

1. 短期偿债能力分析

短期偿债能力是指企业流动资产对流动负债及时足额偿还的保证程度，是衡量企业当前财务能力，特别是流动资产变现能力的重要标志。企业有无偿还短期债务的能力对企业的生存、发展至关重要。如果不能及时偿还流动负债，不仅会影响到企业的信用等级，还可能导致企业面临破产倒闭的危险。衡量和评价企业短期偿债能力的指标主要有 3 项。

(1)流动比率

流动比率是流动资产与流动负债的比率，它表明企业每一元流动负债有多少流动资产可以作为偿还的保证，它反映企业用可在短期内转变为现金的流动资产偿还到期流动负债的能力。其计算公式为：

$$流动比率 = \frac{流动资产}{流动负债} \tag{9-1}$$

流动资产是指资产负债表中的期末流动资产总额，包括资产负债表中的货币资金、短期投资、应收票据、应收账款、预付账款、其他应收款、存货、待摊费用等；流动负债是指资产负债表中的期末流动负债总额，包括资产负债表中的短期借款、应付账款、预收账款、其他应付款、应付工资、应付福利费、未交税费等。

一般情况下，流动比率越高，反映企业短期偿债能力越强，债权人的权益越有保证。按照西方企业的长期经验，一般认为 2:1 的比例比较适宜。它表明企业财务状况稳定可靠，除了满足日常生产经营的流动资金需要外，还有足够的财力偿付到期短期债务。如果流动比率过低，则表明企业可能难以如期偿还债务。但流动比率也不是越高越好。流动比率过高，说明企业流动资产存量过大，会造成企业流动资产的积压浪费，降低流动资产的运用效率，影响企业的赢利能力。因此，企业应尽可能将流动比率维持在不使货币资金闲置的水平。

对流动利率的分析应结合不同的行业特点、企业流动资产结构及各项流动资产的实际变现能力等因素。有的行业较低，有的行业较高，不可一概而论，不应用统一的标准来评价不同企业流动比率的合理性。

例 9.3　根据表 9.1 资料，计算该企业 2008 年的速动比率。

解：年初速动比率：8 080 ÷ 3 610 = 2.238

年末速动比率：9 210 ÷ 4 230 = 2.177

该企业 2008 年年初、年末流动比率均超过一般公认标准，反映该企业具有较强的短期偿债能力。

(2)速动比率

速动比率是企业速动资产与流动负债的比率。所谓速动资产，是指流动资产减去变现能力较差且不稳定的存货、待摊费用等后的余额。由于剔除了存货等变现能力较弱且无法或不能用以抵偿债务的项目，因此，速动比率较之流动比率能够更加准确、可靠地评价企业资产的流动性及其偿还短期负债的能力。其计算公式为：

$$速动比率 = \frac{速动资产}{流动负债} \tag{9-2}$$

速动资产 = 货币资金 + 交易性金融资产 + 应收账款 + 应收票据 + 预付账款

该比值反映了速动资产是流动负债的多少倍，比值越大说明企业的短期偿债能力越强，偿还流动负债的保障越大。国际上通常认为，速动比率为 1 时较为适当。因为如果速动比率小于 1，必使企业面临很大的偿债风险；如果速动比率大于 1，尽管债务偿还的安全性很高，但却会因企业现金及应收账款资金占用过多而大大增加企业的机会成本。需注意的是,尽管速动比率较之流动比率更能反映出流动负债偿还的安全性和稳定性,但并不能认为速动比率较低的企业的流动负债到期绝对不能偿还。实际上,如果企业存货流转顺畅,变现能力较强,即使速动比率较低,只要流动比率高,企业仍然有望到期偿还债务本息。

通常,影响速动比率可信度的重要因素是应收账款的变现能力,如果企业的应收账款有较大部分不易收回,可能形成坏账,则速动比率就不能真实的反映企业的偿债能力。

例 9.4 根据表 9.1 资料,计算该企业 2008 年的速动比率。

解:年初速动比率为:(850 + 900 + 1 240 + 48) ÷ 3 610 = 0.842

年末速动比率为:(980 + 600 + 1 350 + 76) ÷ 4 230 = 0.711

分析表明该企业 2008 年末的速动比率比年初有所降低,虽然该企业流动比率超过一般公认标准,但由于流动资产中存货所占比重过大,导致企业速动比率未达到一般公认标准,企业实际短期偿债能力并不理想,需采取措施加以扭转。

(3)现金比率

为了更加保守地分析企业的短期偿债能力,可以使用现金比率,即现金资产与流动负债间的比例关系。现金资产包括企业所拥有的货币资金和短期投资,它是速动资产扣除应收账款后的余额。由于应收账款存在着发生坏账损失的可能,因此,速动资产扣除应收账款后计算出的金额最能反映企业直接偿付流动负债的能力。其计算公式为:

$$现金比率 = \frac{现金 + 短期投资}{流动负债} \tag{9-3}$$

现金比率反映的是用现金资产可以偿还多大比重的流动负债,现金比率越高说明企业偿还流动负债时现金支付能力越强,反之,现金流量比率越低,说明企业短期偿还能力越差。但是,从企业自身的经济利益角度考虑,现金比率并非越高越好,因为现金比率过高,说明企业流动资产中过多的资金处在获利能力较差的现金资产状态,企业的流动资产未能得到有效的运用,资产的管理效率较低,将导致企业增加机会成本。

例 9.5 根据表 9.1 资料,计算该企业 2008 年的现金比率。

解:年初现金比率:(850 + 900) ÷ 3 610 = 0.485

年末现金比率:(980 + 600) ÷ 4 230 = 0.374

该企业年初年末的现金比率都比较高,这说明企业还需进一步有效地运用现金类资产合理安排资产结构,提高资金使用效率。

(4)现金流动负债比率

现金流动负债比率,是企业一定时期的经营现金净流量同流动负债的比率,它可以从现金流量角度来反映企业当期偿付短期负债的能力。其计算公式为:

$$现金流量负债比率 = \frac{年经营现金净流量}{年末流动负债} \tag{9-4}$$

年经营现金净流量指一定时期内,由企业经营活动所产生的现金及其等价物的流入量与流出量的差额。现金流动负债比率高,说明企业有较好的现金支付能力,对偿还短期债务有保障。但该指标也不是越大越好,该指标过大,则表示企业流动资金利用不充分,获利能力不强。

例 9.6 根据表 9.1 资料,假定该企业 2007 年度和 2008 年度的经营现金流量分别为 3 700万元和 6 500 万元,试计算该企业的现金流量负债比率。

解:2007 年度的现金流量负债比率为:3 700 ÷ 3 610 = 1.025

2008 年度的现金流为量负债比率为：$6\,500 \div 4\,230 = 1.537$

该企业 2008 年度的现金流动负债比率比 2007 年度明显提高，表明该企业的短期偿债能力增强。

2. 长期偿债能力分析

长期偿债能力是指企业偿还长期债务的能力。长期偿债能力的强弱，是反映企业财务状况稳定与安全程度的重要标志。从企业长远的发展趋势角度讲，企业债权人和所有者不仅关心企业的短期偿债能力，更关心长期偿债能力，以便于债权人和所有者通过分析全面了解企业的偿债能力和财务风险。长期偿债能力取决于企业长期内的赢利能力，也受企业资本结构的影响。衡量和评价长期偿债能力的指标主要有 3 项。

(1)资产负债率

资产负债率是企业的负债总额与资产总额的比率，它反映企业的资产中多少是通过债务资金获取的。其计算公式为：

$$资产负债率 = \frac{负债总额}{资产总额} \tag{9-5}$$

资产负债率反映企业的债务情况。该比率越高，企业偿还债务的能力越差。反之，资产负债率越小，表明企业长期偿债能力越强。但是，也并非说该指标对谁都是越小越好。对债权人来说，这一比率越低表明企业的长期偿债能力越强。对企业所有者来说，如果该指标较大，则说明利用较少的自有资本投资形成了较多的生产经营资产，不仅扩大了生产经营规模，而且在经营状况良好的情况下，还可以利用财务杠杆的原理，得到较多的投资利润；对企业投资者来说，如果企业负债资金利用得当，负债比率的提高有利于企业自用资金收益率的提高；相反，若利用不当，负债比率的提高会导致企业自有资金收益率的加速下滑。从企业的管理层来说，资产负债率过高，企业的财务风险将增大，危害投资者和债权人的利益。若资产负债率过低，表明企业管理层的进取精神不足，未能充分利用举债经营所给股东带来的利益。

例 9.7　根据表 9.1 资料，计算该企业 2008 年的资产负债率。

解：年初资产负债率 $= 6\,410 \div 23\,700 = 0.270$

年末资产负债率 $= 7\,830 \div 27\,200 = 0.288$

该企业年初、年末的资产负债率均不高，说明企业长期偿债能力较强，这样有助于增强债权人对企业的信心。

(2)产权比率

产权比率是指负债总额与所有者权益的比率，是企业财务结构稳健与否的重要标志，也称资本负债率。它反映企业所有者权益对债权人权益的保障程度。其计算公式为：

$$产权比率 = \frac{负债总额}{所有者权益} \tag{9-6}$$

一般情况下，产权比率越低，表明企业的长期偿债能力越强、债权人权益的保障程度就越高，承担的风险也越小，但企业不能充分地发挥负债的财务杠杆效应。所以，企业在评价产权比率适度与否时，应从提高获利能力与增强偿债能力两个方面综合进行，即在保障债务偿还安全的前提下，尽可能地提高产权比率。产权比率高，是高风险、高报酬的财务结构；产权比率低，是低风险、低报酬的财务结构。

一般而言，西方财务分析者常建议应把负债与权益的比率维持在 1:1 的水平上，当然，这必须视企业的营运情况而定，而不能断然做出结论。

例 9.8 根据表 9.1 资料，计算该企业2008 年的产权比率。

解：年初产权比率 = 6 410 ÷ 17 290 = 0. 371

年末产权比率 = 7 830 ÷ 19 370 = 0. 404

该企业年初、年末的产权比率都不高，同资产负债率的计算结果可相互印证，表明企业的长期偿债能力较强，债权人的保障程度较高。

(3) 已获利息倍数

已获利息倍数，也称利息保障倍数，是指企业息税前利润与利息支出的比率，它不仅反映了企业获利能力的大小，而且反映了获利能力对偿还到期债务的保证程度，它既是企业举债经营的前提依据，也是衡量企业长期偿债能力大小的重要标志。其计算公式为：

$$\text{已获利息倍数} = \frac{\text{息税前利润}}{\text{利息支出}} \tag{9-7}$$

息税前利润是指包括利息支出和所得税前的正常业务经营利润，不包括非正常的项目。这是由于由负债与资本支持的项目一般属于正常业务经营范围，因此计算已获利息倍数时就应以正常业务经营的息税前利润为基础。为了更加准确地反映利息的保障程度，利息支出应包括企业在生产经营过程中实际支出的借款利息、债券利息等。

已获利息倍数的临界值是 1。当已获利息倍数等于 1 时，企业的息税前利润扣除利息之后为零，即税前利润为零，此时，企业处于"盈亏平衡点"；如果已获利息倍数大于 1，则说明企业赢利，即息税前利润扣除利息后仍有利润，此时不仅可以交纳所得税，还可以进行利润分配；如果已获利息倍数小于 1，说明企业息税前利润不足以抵偿当期利息，扣除利息费用后企业利润为负数，表现为亏损。从长期来看，若要维持正常偿债能力、已获利息倍数至少应当大于 1，如果已获利息倍数过小，则企业将面临亏损以及偿债的安全性与稳定性下降的风险。一般情况下，已获利息倍数越高，表明企业长期偿债能力越强。相反，则表明企业没有足够资金来源偿还债务利息，企业偿债能力低下。国际上通常认为该指标为 3 时较为适当。对于某一特定企业来说，已获利息倍数多大为宜并无一定之规。分析时需要将企业的这一指标与其他企业，特别是同行业中的平均水平进行比较，进而为本企业制定一个适宜的指标数值。

例 9.9 根据表 9.2 资料，假定表中财务费用全部为利息费用，计算该企业已获利息倍数。

解：2007 年利息保障倍数为：(5 310 + 900) ÷ 900 = 6. 9(倍)

2008 年利息保障倍数为：(6 990 + 1 200) ÷ 1 200 = 6. 8(倍)

从以上计算来看，该企业 2007 年和 2008 年的已获利息倍数都大于 3，我们认为该企业有偿还负债利息的能力。

9.2.2 营运能力分析

营运能力的分析是对资产及其运用情况的分析，包括人力资源营运能力的分析和资产营运能力的分析。一般情况下，企业侧重于分析资产的营运能力。

资产营运能力的强弱关键取决于周转速度。一般说来，周转速度越快，资产的使用效率越高，则资产营运能力越强；反之，营运能力就越差。资产周转速度通常用周转率和周转期表示。所谓周转率即企业在一定时期内资产的周转额与平均余额的比率，它反映企业资金在一定时期的周转次数。周转次数越多，周转速度越快，表明营运能力越强。这一指标的反指标是周转期，它是周转次数的倒数与计算期天数的乘积，反映资产周转一次所需要的天数。周转期越短，表明周转速度越快，资产营运能力越强。其计算公式为：

$$周转率(周转次数) = \frac{周转额}{资产平均余额} \tag{9-8}$$

$$周转期(周转天数) = \frac{计算期天数}{周转次数} = \frac{资产平均余额 \times 计算期天数}{周转额} \tag{9-9}$$

具体地说，资产营运能力分析包括以下几方面内容：

1. 流动资产周转情况分析

反映流动资产周转情况的指标主要有应收账款周转率、存货周转率和流动资产周转率。

(1)应收账款周转率

应收账款周转率是指一定时期内商品或产品主营业务收入净额与平均应收账款余额的比值，是反映应收账款周转速度的指标。其计算公式为：

$$应收账款周转率(次) = \frac{主营业务收入净额}{平均应收账款余额} \tag{9-10}$$

$$主营业务收入净额 = 主营业务收入 - 销售折扣与折让$$

$$应收账款周转天数 = \frac{平均应收账款余额 \times 360}{主营业务收入} \tag{9-11}$$

应收账款周转率是评价企业应收账款的变现能力和管理效率的财务比率指标，它反映了企业在一个会计年度内应收账款的周转次数，可以用来分析企业应收账款的变现速度和管理效率。一般来说，应收账款周转率越高，说明企业收账速度越快，可以减少坏账损失，而且资产的流动性强，企业的短期偿债能力也会提高，在一定程度上，可以弥补流动比率低的不利影响。否则，企业的营运资金会过多地停留在应收账款上，影响正常的资金周转。而应收账款周转天数表示应收账款周转一次所需天数，应收账款周转天数越短，表明企业的应收账款周转速度越快。

应收账款在流动资产中有着举足轻重的地位。及时收回应收账款，不仅可以增强企业的短期偿债能力，也反映出企业管理应收账款方面的效率。

例 9.10　根据表 9.1 和表 9.2 资料，假设该企业 2006 年年末应收账款余额为 1 300 万元，计算该企业 2007 年和 2008 年两年的应收账款周转率。计算结果见表 9.4。

表 9.4　应收账款周转率计算表

单位：万元

项　目	2006	2007	2008
主营业务收入净额		24 600	25 400
应收账款年末余额	1 300	1 240	1 350
平均应收账款余额		1 270	1 295
应收账款周转率(次)		19.37	19.61
应收账款周转天数		18.59	18.35

以上计算结果表明，该企业 2008 年应收账款周转率比 2007 年稍有改善，这说明企业的营运能力有所增强。

(2)存货周转率

存货周转率指标是指一定时期内企业主营业务成本与平均存货之间的比率，或叫存货的周转次数，是反映企业流动资产流动性的一个指标，也是衡量、评价企业购入存货、投入生产、销售收回等各环节管理状况的综合性指标。其计算公式为：

$$平均存货=\frac{存货年初数+存货年末数}{2}$$

$$存货周转天数=\frac{平均存货\times 360}{主营业务成本} \tag{9-12}$$

存货周转率越高越好，存货周转率越高，表明其变现的速度越快，周转额越大，资金占用水平越低。因此通过存货周转率分析，有利于找出存货管理存在的问题，尽可能降低资金占用水平。提高存货周转率可以提高企业的变现能力，而存货周转速度越慢，则变现能力越差。

在分析计算存货周转率时应注意，存货计价方法对存货周转率具有较大的影响，因此，在分析企业不同时期或不同企业的存货周转率时，应注意存货计价方法的口径是否一致。

例 9.11 根据表 9.1 和表 9.2 资料，假设该企业 2006 年年末存货余额为 3800 万元，计算该企业 2007 年、2008 年存货周转率。计算结果见表 9.5。

表 9.5 存货周转率计算表 单位：万元

项 目	2006 年	2007 年	2008 年
主营业务成本		14500	13000
存货年末余额	3800	4980	6120
存货平均余额		4390	5550
存货周转次数		3.30	2.34
存货周转天数		109.09	153.85

以上计算结果表明，该企业 2008 年存货周转率比 2007 年有所延缓，反映出该企业 2008 年存货管理效率降低了。

(3)流动资产周转率

流动资产周转率是企业一定时期内主营业务收入净额与流动资产平均总额的比率，是反映企业流动资产周转速度的指标。其计算公式为

$$流动资产周转率(次数)=\frac{主营业务收入净额}{平均流动资产总额} \tag{9-13}$$

$$主营业务收入净额=主营业务收入-销售折扣与折让$$

$$平均流动资产总额=\frac{流动资产年初总额+流动资产年末总额}{2}$$

$$流动资产周转期(天数)=\frac{平均流动资产总额\times 360}{主营业务收入} \tag{9-14}$$

流动资产周转率反映流动资产的周转速度。周转速度快，会相对节约流动资产，等于相对扩大资产投入，增强企业赢利能力；而延缓周转速度，需要补充流动资产参加周转，形成资金浪费，降低企业赢利能力。

在一定时期内，流动资产周转次数越多，表明以相同的流动资产完成的周转额越多，流动资产利用效果越好，流动资产周转率用周转天数表示时，周转一次所需要的天数减少，表明流动资产在经历生产和销售阶段时所占用的时间越短。生产经营任何一个环节上的工作改善，都会反映到周转天数的缩短上。

例 9.12 根据表 9.1 和表 9.2 资料，假设该企业 2006 年年末流动资产年末余额为 6 000 万元，计算该企业 2007 年、2008 年流动资产周转情况。计算结果见表 9.6。

表 9.6 流动资产周转率计算表

单位：万元

项目	2006 年	2007 年	2008 年
主营业务收入净额		24 600	25 400
流动资产年末余额	6 000	8 080	9 210
流动资产平均余额		7 040	8 645
流动资产周转次数		3.49	2.94
流动资产周转天数		103.15	122.45

计算结果表明，该公司 2008 年流动资产周转速度比 2007 年延缓了，流动资金占用额增加了（122.45 − 103.15）×25 400 ÷ 360 = 1 361.73（万元）。

2. 固定资产周转率

固定资产周转率是指企业年销售收入净额与固定资产平均净值的比率。它是反映企业固定资产周转情况，从而衡量固定资产利用效率的一项指标。其计算公式为：

$$\text{固定资产周转率（次数）} = \frac{\text{主营业务收入净额}}{\text{平均固定资产净值}} \qquad (9-15)$$

$$\text{平均固定资产净值} = \frac{\text{固定资产净值年初数} + \text{固定资产净值年末数}}{2}$$

$$\text{固定资产周转期（天数）} = \frac{\text{平均固定资产净值} \times 360}{\text{主营业务收入}} \qquad (9-16)$$

固定资产周转率高，表明企业固定资产利用充分，同时也表明企业固定资产投资得当，固定资产结构合理，能够充分发挥效率。反之，如果固定资产周转率不高，则表明固定资产使用效率不高，提供的生产成果不多，企业的营运能力不强。

运用固定资产周转率时，需要考虑固定资产计提折旧其净值在不断地减少，以及因更新重置其净值突然增加的影响。同时，由于折旧方法的不同，可能影响其可比性。故在分析时，一定要剔除掉这些不可比因素。

例 9.13 根据表 9.1 和表 9.2 资料，假设该企业 2006 年年末固定资产值为 11 000 万元，计算该企业 2007 年、2008 年固定资产周转率。计算结果见表 9.7。

表 9.7 固定资产周转率计算表

单位：万元

项目	2006 年	2007 年	2008 年
主营业务收入净额		24 600	25 400
固定资产年末净值	11 000	14 500	16 800
固定资产平均净值		12 750	15 650
固定资产周转次数		1.93	1.62
固定资产周转天数		186.53	222.22

以上计算结果表明，公司 2008 年固定资产周转率比 2007 年有所放慢，说明企业固定资产的营运能力有所降低。

3. 总资产周转率

总资产周转率是企业主营业务收入净额与资产总额的比率,它可用来反映企业全部资产的利用效率。其计算公式为:

$$总资产周转率(次数) = \frac{主营业务收入净额}{平均资产总额} \quad (9-17)$$

$$平均资产总额 = \frac{资产总额年初数 + 资产总额年末数}{2}$$

$$总资产周转期(天数) = \frac{平均资产总额 \times 360}{主营业务收入} \quad (9-18)$$

总资产周转率高,表明企业全部资产的使用效率高;反之,说明使用效率较差,最终会影响企业的赢利能力。企业应采取各项措施来提高企业的资产利用程度,如提高销售收入或处理多余的资产。该项比率用来分析企业资产经营的整体效能,反映企业资产总额的周转速度。

例 9.14　根据表 9.1 和表 9.2 资料,假设该企业 2006 年年末全部资产总额为 19 800 万元,计算该企业 2007 年和 2008 年的总资产周转率。计算结果见表 9.8。

表 9.8　总资产周转率计算表　单位:万元

项　目	2006 年	2007 年	2008 年
主营业务收入净额		24 600	25 400
全部资产年末余额	19 800	23 700	27 200
全部资产平均余额		21 750	25 450
全部资产周转次数		1.13	1
全部资产周转天数		318.58	360

以上计算表明,公司 2008 年全部资产周转率比 2007 年略有放慢。总资产的利用率有所下降。

9.2.3　赢利能力分析

赢利能力分析是指对企业赢利能力和赢利分配情况所做的分析,它是企业财务结构和经营绩效的综合表现。通过赢利能力分析,评价判断企业的经营成果,分析变化原因,总结经验教训,不断提高企业获利水平。在企业财务分析中赢利能分析是核心,也是企业生存和发展的物质基础。

赢利能力分析分为一般企业赢利能力分析和股份制企业赢利能力分析。

1. 企业赢利能力分析

(1)主营业务利润率

主营业务利润率是指企业一定时期主营业务利润同主营业务收入净额的比率。它表明企业每单位主营业务收入能带来多少主营业务利润,反映了企业主营业务的获利能力,是评价企业经营效益的主要指标。计算公式为

$$主营业务利润率 = \frac{主营业务利润}{主营业务收入净额} \times 100\% \quad (9-19)$$

式中,主营业务利润是企业全部利润中最为重要的部分,是影响企业整体经营成果的主要因素。主营业务利润是指企业主营业务收入扣除主营业务成本、主营业务税金及附加、经营费用后的利润,不包括其他业务利润、投资收益、营业外收支等因素。

主营业务利润率是从企业主营业务的赢利能力和获利水平方面对资本金收益率指标的进

一步补充。体现了企业主营业务利润对利润总额的贡献，以及对企业全部收益的影响程度。主营业务收入利润率越高，表明企业主营业务市场竞争力越强．发展潜力越大，从而赢利能力也越强。

在实务中也经常使用销售利润率、销售毛利率、主营业务净利率以及营业利润率等指标（计算公式如下）来分析企业王营业务的获利水平。

$$销售利润率 = \frac{净利润}{销售收入} \times 100\% \tag{9-20}$$

$$销售毛利润 = \frac{销售收入 - 销售成本}{销售收入} \times 100\%$$

$$主营业务净利润 = \frac{净利润}{主营业务收入净额} \times 100\% \tag{9-21}$$

$$营业利润率 = \frac{营业利润}{主营业务收入净额} \times 100\%$$

例 9.15　根据表 9.2 资料，计算该企业 2007 年和 2008 年的主营业务利润率。计算结果见表 9.9。

表 9.9　主营业务利润率计算表

单位：万元

项　　目	2007 年	2008 年
主营业务利润	8 870	10 950
营业利润	5 490	7 210
利润总额	5 310	6 990
净利润	3 186	4 194
主营业务收入净额	24 600	25 400
主营业务利润率（%）	36.06	43.11
营业利润率（%）	22.32	28.39
主营业务净利润（%）	12.95	16.51

从以上分析可以看出：该企业的主营业务利润率、营业利润率和主营业务净利率均呈增加趋势。主要得益于企业成本费用的有效控制。

（2）成本费用利润率

成本费用利润率是企业一定时期的利润总额同企业成本费用总额的比率。成本费用利润率表示企业为取得利润而付出的代价。它从企业支出方面补充评价企业的收益能力，有利于促进企业加强内部管理，节约支出，提高经营效益。其计算公式为：

$$成本费用利润率 = \frac{利润总额}{成本费用总额} \times 100\% \tag{9-22}$$

成本费用总额是指企业主营业务成本、营业费用、管理费用、财务费用之和。成本费用利润率是从企业内部管理等方面，对资本收益状况的进一步修正。该指标通过企业收益与支出直接比较，客观评价企业的获利能力。

该指标越高，表明企业为取得收益所付出的代价越小，企业成本费用控制的越好，企业的获利能力越强。

例 9.16　根据表 9.2 资料，计算该企业 2007 年和 2008 年的成本费用利润率。计算结果见表 9.10。

表 9.10 成本费用利润率计算表 单位:万元

项　　目	2007 年	2008 年
主营业务成本	14 500	13 000
主营业务税金及附加	1 230	1 450
销售费用	2 360	2 430
管理费用	1 000	1 200
财务费用	900	1 200
成本费用总额	19 990	19 280
利润总额	5 310	6 990
成本费用利润率(%)	26.56	36.26

从以上计算结果可以看到,该公司主营业务成本利润率指标 2008 年比 2007 年有明显提高。

(3)总资产报酬率

总资产报酬率也称总资产收益率,是指企业一定时期内获得的报酬总额与企业平均资产总额的比率。它是反映企业资产综合利用效果的指标,也是衡量企业用债权人和所有者权益总额取得赢利的重要指标。其计算公式为:

$$总资产报酬率 = \frac{利润总额 + 利息支出}{平均资产总额} \times 100\% \quad (9-23)$$

利润总额是指企业实现的全部利润,包括企业当年营业利润、投资收益、补贴收入、营业外收支净额等多项内容;利息支出是指企业在生产经营过程中实际支出的借款利息、债券利息等;平均资产总额是指企业资产总额年初数与年末数的平均值。

总资产报酬率表示企业全部资产获取收益的水平,全面反映了企业的获利能力和投入产出状况。该比率越高,表明企业的资产利用效益越好,整个企业赢利能力越强,经营管理水平越高。

例 9.17 根据表 9.2、表 9.8 及有关资料,计算该企业 2007 年度和 2008 年度总资产报酬率。计算结果见表 9.11。

表 9.11 总资产报酬率计算表 单位:万元

项　　目	2006 年	2007 年	2008 年
利润总额		5 310	6 990
利息支出		680	760
息税前利润总额		5 990	7 750
资产年末总额	19 800	23 700	27 200
平均资产总额		21 750	25 450
总资产报酬率(%)		27.54	30.45

计算结果表明,企业资产综合利用效率 2008 年高于 2007 年。

(4)净资产收益率

净资产收益率是企业一定时期内的净利润同平均净资产的比率。它可以反映投资者投入企业的自有资本获取净收益的能力,即反映投资与报酬的关系,因而是评价企业资本经营效益的核心指标。其计算公式为：

$$净资产收益率 = \frac{净利润}{平均净资产} \times 100\% \tag{9-24}$$

净利润是指企业未作任何分配前的税后利润，受各种政策等其他人为因素影响较少，能够比较客观、综合地反映企业的经济效益，准确体现投资者投入资本的获利能力；平均净资产是企业年初所有者权益同年末所有者权益的平均数。净资产收益率是评价企业自有资本及其积累获取报酬水平的最具综合性与代表性的指标，又称自有资金利润率、权益净利率，是反映企业资本运营的综合效益的指标。该指标通用性强，适应范围广，不受行业局限，在国际上的企业综合评价中使用率非常高。通过对该指标的综合对比分析，可以看到企业获利能力在同行业中所处的地位，以及与同类企业的差异水平。一般认为，企业净资产收益率越高，企业自有资本获取收益的能力越强，运营效益越好，对企业投资人、债权人的保证程度越高。

例 9.18　根据表 9.1 和表 9.2 的有关资料，假设该企业 2006 年末所有者权益合计为 15 000万元，计算该企业 2007 年和 2008 年的净资产收益率。计算结果见表 9.12。

表 9.12　净资产收益率计算表

单位：万元

项　目	2006 年	2007 年	2008 年
净利润		3 186	4 196
年末净资产额	15 000	17 290	19 370
平均净资产		16 145	18 330
净资产收益率(%)		19.73	22.89

该公司 2008 年净资产收益率比 2007 年增加了，这是由于该公司所有者权益的增长小于净利润的增长所引起的。

(5)资本保值增值率

资本保值增值率是指企业本年末所有者权益同年初所有者权益的比率。资本保值增值率表示企业当年资本在企业自身努力下的实际增减变动情况，是评价所有者投资获利状况的辅助指标。其计算公式为：

$$资本保值增值率 = \frac{年末所有者权益}{年初所有者权益} \times 100\% \tag{9-25}$$

资本保值增值率充分体现了对所有者权益的保护，能够及时、有效地发现侵蚀所有者权益的现象，反映了投资者投入企业资本的保全性和增长性。一般认为，资本保值增值率越高，表明企业的资本保全状况越好，所有者权益增长越快，债权人的债务越有保障，企业发展后劲越强。该指标如小于1，表明企业资本受到侵蚀，没有实现资本保全，损害了所有者的权益，也妨碍了企业进一步发展壮大，应予充分重视。

例 9.19　根据表 9.1 的资料，假设该企业 2006 年末所有者权益合计为 15 000 万元，计算该企业 2007 年和 2008 年的资本保值增值率。计算结果见表 9.13。

表 9.13　资本保值增值率计算表

单位：万元

项　目	2006 年	2007 年	2008 年
年末所有者权益	15 000	17 290	19 370
资本保值增值率(%)		1.15	1.12

2. 上市公司赢利能力分析

(1)每股收益

每股收益,也称每股利润或每股盈余,是指上市公司本年净利润与年末普通股总数的比值,反映普通股的获利水平,是衡量上市公司赢利能力时最常用的财务分析指标。其计算公式为:

$$每股收益 = \frac{本年净利润}{年末普通股份股数} \tag{9-26}$$

为了更好地反映普通股所取得的利润。每股收益也可以用净利润扣除优先股股利后的余额,除以发行在外的普通股平均股数来计算。其计算公式为:

$$每股收益 = \frac{净利润 - 优先股股利}{发行在外的普通股平均股数}$$

每股收益是上市公司发行在外的普通股所得的利润,它可以直观地反映公司的获利能力和投资者的报酬。每股收益越高,股份公司的获利能力越强,投资者获得的报酬越高。

(2)市盈率

市盈率,是指普通股每股市价与每股利润的比率,它是反映股份公司获利能力的一个重要财务指标,投资者对这个指标十分重视。这一比率是投资者做出投资决策的重要参考因素之一。其计算公式为:

$$市盈率 = \frac{每股市价}{每股净利润} \tag{9-27}$$

市盈率是反映企业获利能力的一个重要财务比率,从理论上说,该比率确定投资者根据公司目前的赢利状态需要多少年时间才能收回自己的投资额。可以用它来估计股票的投资报酬和风险。一般来说,市盈率高,说明投资者对该公司的发展前景看好,愿意出较高的价格购买该公司股票,所以一些成长性较好、赢利水平高的公司的股票的市盈率通常要高一些。在市价确定的情况下,每股收益越高,市盈率越低,投资风险越小;在每股收益确定的情况下,市价越高,市盈率越高,风险越大。

(3)每股净资产

每股净资产,也称为每股账面价值、每股权益,是上市公司年末净资产(即股东权益)与年末普通股总数的比值。其计算公式为:

$$每股净资产 = \frac{年末股东权益}{年末普通股总数} \tag{9-28}$$

该指标反映发行在外的每股普通股所代表的净资产成本即账面价值。因为该指标是建立在历史成本计量的基础上,并不能反映净资产的变现价值和产出能力,在投资分析时只能有限使用。

在股票市场上,一个公司的每股净资产同该公司股票的市场价格之间几乎没有直接的联系。投资者通过计算公司几年的每股净资产的变化,可以了解公司的发展变化和获利能力的趋势。

9.2.4 发展能力分析

发展能力是企业在生存的基础上,扩大规模、壮大实力的潜在能力。分析发展能力主要考察以下五项指标;营业收入增长率、资本积累率、总资产增长率、三年销售平均增长率和三年资本平均增长率。

1. 营业收入增长率

营业收入增长率是企业本年主营业务收入增长额与上年主营业务收入总额的比率，它反映企业主营业务收入的增减变动情况，是评价企业成长状况和发展能力的重要指标。其计算公式为：

$$营业收入增长率 = \frac{本年主营业务收入增长额}{上年主营业务收入总额} \times 100\% \tag{9-29}$$

本年主营业务收入增长额 = 本年主营业务收入总额 - 上年主营业务收入总额

营业收入增长率是衡量企业经营状况和市场占有能力、预测企业经营业务拓展趋势的重要指标。不断增加的主营业务收入，是企业生存的基础和发展的条件。该指标若大于零，表示企业本年的主营业务收入有所增长，指标值越高，表明增长速度越快，企业市场前景越好；该指标若小于零，则说明产品或服务销售不对路、质次价高，或是在售后服务等方面存在问题，市场份额萎缩。在实际操作时，除对该指标进行分析外，还应结合企业历年的主营业务收入水平、企业市场占有情况、行业未来发展及其他影响企业发展的潜在因素进行预测，或者结合企业前三年的营业增长率做出趋势性分析判断。

例 9.20 根据表 9.2 的资料，计算该企业 2008 年度的营业收入增长率。

解：营业收入增长率 = (25 400 - 24 600) ÷ 24 600 = 3.25%

2. 资本积累率

资本积累率是企业本年所有者权益增长额与年初所有者权益的比率。它反映企业当年资本的积累能力，是评价企业发展潜力的重要指标。其计算公式为：

$$资本积累率 = \frac{本年所有者权益增长额}{年初所有者权益} \times 100\% \tag{9-30}$$

本年所有者权益增长额 = 所有者权益年末数 - 所有者权益年初致

资本积累率是企业当年所有者权益总的增值率，反映了企业所有者权益在当年的变动水平，体现了企业资本的积累情况，是企业发展好坏的标志，展现了企业的发展潜力。资本积累率还反映了投资者投入企业资本的保全性和增长性。若该指标为正值，则表明企业的资本积累越多，应付风险、持续发展的能力越大；若该指标为负值，则表明企业资本受到侵蚀，所有者利益受到损害，应予以充分重视。

例 9.21 根据表 9.1 的资料，计算该企业 2008 年度的资本积累率。

解：资本积累率 = (19 370 - 17 290) ÷ 17 290 = 12.03%

3. 总资产增长率

总资产增长率是企业本年总资产增长额同年初资产总额的比率，它反映企业本期资产规模的增长情况。其计算公式为：

$$总资产增长率 = \frac{本年总资产增长额}{年初资产总额} \times 100\% \tag{9-31}$$

本年总资产增长额 = 资产总额年末数 - 资产总额年初数

总资产增长率是从企业资产总量扩张方面衡量企业的发展能力，表明企业规模的增长水平对企业发展影响的指标。该指标越高，表明企业一定时期内资产经营规模扩张的速度越快。但在实际分析时，应注意考虑资产规模扩张的质和量的关系，以及企业的后续发展能力，避免资产盲目扩张。

例 9.22 根据表 9.1 的资料，计算该企业 2008 年度的总资产增长率。

解:总资产增长率 =(27 200 − 23 700)÷23 700 = 14.77%

4. 三年销售平均增长率

三年销售平均增长率表明企业主营业务连续三年的增长情况,体现企业的持续发展态势和市场扩张能力。其计算公式为

$$三年销售平均增长率 = \left(\sqrt[3]{\frac{当年主营业务收入总额}{三年前主营业务收入总额}} - 1\right) \times 100\% \qquad (9-32)$$

式中三年前主营业务收入总额是指企业三年前的主营业务收入总额数。例如,在评价企业 2008 年的绩效状况时,三年前主营业务收入总额是指 2005 年的主营业务收入总额。

利用三年销售平均增长率这一指标,能够知道企业的主营业务增长趋势和稳定程度,判断企业的连续发展状况和发展能力,避免因少数年份业务波动而对企业发展潜力的错误判断。一般认为,该指标越高,表明企业主营业务持续增长势头越好,市场扩张能力越强。

5. 三年资本平均增长率

三年资本平均增长率表示企业资本连续三年的积累情况,在一定程度上体现了企业的持续发展水平和发展趋势。其计算公式为

$$三年资本平均增长率 = \left(\sqrt[3]{\frac{年末所有者权益总额}{三年前年末所有者权益总额}} - 1\right) \times 100\% \qquad (9-33)$$

利用该指标,能够反映企业资本积累或资本扩张的历史发展状况,以及企业稳步发展的趋势。一般认为,该指标越高,企业所有者权益得到的保障程度越大,企业可以长期使用的资金越充足,抗风险和持续发展的能力越强。

9.3 财务综合分析

财务综合分析就是利用财务指标间的内在联系,将企业营运能力、偿债能力和赢利能力等各方面的分析纳入到一个有机的分析系统之中,全面地对企业经营状况和财务状况进行解剖和分析,综合评价企业的经济效益和运营状况。财务综合分析的方法主要有两种:杜邦分析法和沃尔分析法。

9.3.1 杜邦分析法

杜邦财务分析法是利用各主要财务指标间的内在联系,对企业财务状况及经济效益进行综合地、系统地分析评价的方法。该体系是以净资产收益率为龙头,以资产报酬率为核心,重点揭示企业赢利能力及其前因后果。

这种分析方法最初由美国杜邦公司创立并首先在杜邦公司成功运用,故称杜邦分析法。利用这种方法进行综合分析时、可把各项财务指标间的关系绘制成杜邦分析图,如图 9.1 所示。采用这种方法,可使财务指标分析的层次更加清晰,更具条理,有利于报表使用者全面地、系统地了解企业的经营成果和财务状况。

杜邦财务指标体系的作用在于解释指标变动的原因和说明变动趋势。在杜邦分析图中,揭示了以下几种主要财务指标关系:

1. 净资产收益率 = 总资产报酬率 × 权益乘数

净资产收益率反映所有者投入资金的获利能力,反映筹资、投资、资产运营等活动的效率,提高净资产收益率是实现财务管理目标的基本保证。净资产收益率取决于企业总资产报酬率

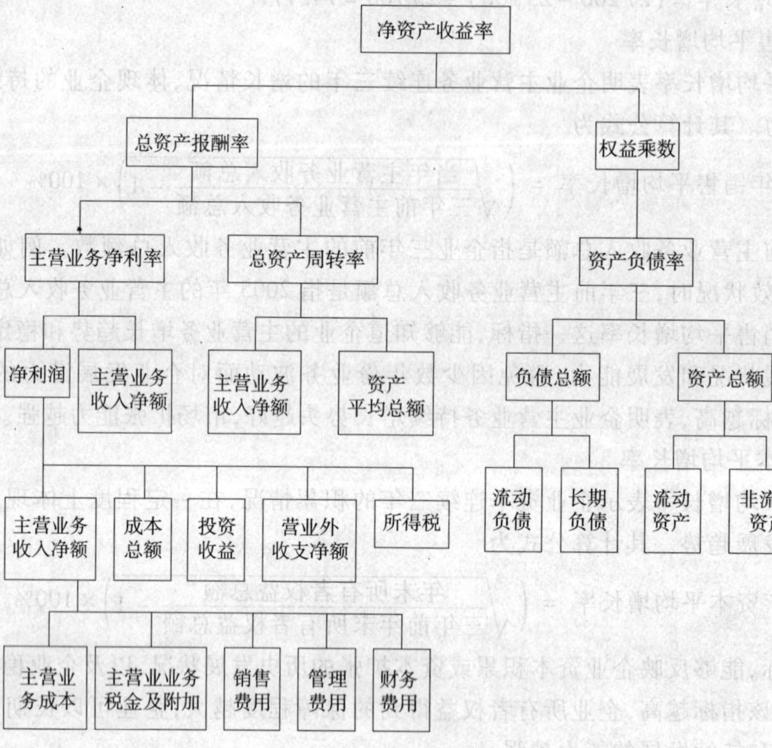

图 9.1　杜邦财务分析体系图

和权益乘数。净资产收益率是一个综合性最强的财务比率,是杜邦分析系统的核心指标。其他各项指标都是围绕这一核心,通过研究彼此间的依存制约关系,而揭示企业的获利能力及其前因后果。财务管理的目标是所有者财富最大化。

2. 总资产报酬率 = 主营业务净利率 × 总资产周转率

总资产报酬率是反映企业获利能力的一个重要财务比率,它揭示了企业生产经营活动的效率,综合性也极强。企业的销售收入、成本费用、资产结构、资产周转速度以及资金占用量等各种因素,都直接影响到总资产报酬率的高低。总资产报酬率是主营业务净利率与总资产周转率的乘积。因此,可以从企业的销售活动与资产管理两个方面来进行分析。

3. 权益乘数 = 资产 ÷ 所有者权益 = 1 ÷ (1 − 资产负债率)

资产负债率是指全年平均资产负债率,它是企业全年平均负债总额与全年平均资产总额之比。权益乘数主要反映了企业的资金来源结构如何。权益乘数的大小决定负债结构,负债结构越大,权益乘数越大,财务杠杆效益越高,同时承担着较大的财务风险;反之,权益乘数越小,财务杠杆效益越低,财务风险也越小。如何利用财务杠杆利益,控制财务风险,寻求较低的负债成本,是判断权益乘数是否正常的重要依据。因此,企业既要充分有效地利用全部资产,提高资产利用效率,又要妥善安排资金结构。

4. 主营业务净利润 = 净利润 ÷ 主营业务收入

主营业务净利率反映了净利润与主营业务收入之间的关系。一般来说,主营业务收入增加,企业的净利润也会随之增加,但是,要想提高主营业务净利率,必须一方面提高主营业务收入,另一方面降低各种成本费用,因此在杜邦分析图的最后一个层次中,可以分析企业的成本费用结构是否合理,以便发现企业在成本费用管理方面存在的问题,为加强成本费用管理提供依据。同时，要严格控制企业的管理费用、财务费用等各种期间费用，降低耗费，增加利润。

5. 总资产周转率 = 主营业务收入 ÷ 资产平均总额

总资产周转率揭示企业资产总额实现主营业务收入的综合能力。企业应当联系主营业务收入来分析企业资产的使用是否合理、资产总额中流动资产和非流动资产的结构安排是否适当。此外，除了对资产的各构成部分从占用量上是否合理进行分析外，还可以通过对流动资产周转率、存货周转率、应收账款周转率等有关各资产组成部分使用效率的分析，判断影响资产周转的主要问题出在哪里。

通过杜邦体系自上而下地分析，不仅可以揭示企业各项财务指标间的结构关系，查明各项主要指标变动的影响因素，而且为决策者改善经营理财状况，提高企业经济效益提供了思路。提高主权资本净利率的根本在于扩大销售、节约成本、合理投资配置、加速资金周转、优化资本结构、确立风险意识等。

杜邦体系的指标设计具有一定的局限性，它更偏重于企业所有者的利益。从杜邦体系来看，在其他因素不变的情况下，资产负债率越高，净资产收益率就越高，这是利用较多负债来发挥财务杠杆作用的结果，但是没有考虑财务风险的因素。一般来说，负债越多，财务风险越大，偿债压力就越大。因此，在实际操作中，还要结合其他指标综合分析。

9.3.2 沃尔比重评分法

在进行财务分析时，人们遇到的一个主要问题就是计算出财务比率之后，无法判断它是偏高还是偏低。将所测算出的比率与本企业的历史水平或计划、定额相比较，也只能看出企业自身的变化，却难以评价其在市场竞争中的优劣地位。为了弥补这些缺陷，亚历山大·沃尔于20世纪出版的《信用晴雨表研究》和《财务报表比率分析》等著作中提出了信用能力指数概念，他选择了7个财务比率即流动比率、产权比率、固定资产比率、存货周转率、应收账款周转率、固定资产周转率、自有资金周转率，分别给定各指标的比值，然后确定标准比率（以行业平均为基础），将实际比率与标准比率相比，得出相对比率，将此相对比率与各指标比重相乘，得出每项指标的得分，最后求出总评分，从而对企业业绩进行评价。

沃尔比重评分法是评价企业总体财务状况的一种比较可取的方法，这一方法的关键在于正确确定各项财务比率的重要性和标准值，这两项指标的确定带有很大的主观性，应根据历史经验和现实情况合理判断，才能得出正确的结果。

沃尔分析法最主要的贡献是将各互不关联的财务指标按照权重予以综合运用，使得综合评分成为可能。但沃尔比重评分法有两个缺陷：一是选择这7个比率及给定的比重缺乏说服力。现在通常认为，在选择指标时，偿债能力、营运能力、赢利能力和发展能力指标均应选到，除此之外还应适当选取一些非财务指标作为参考。二是如果某一个指标严重异常时，会对总评分产生不合逻辑的重大影响。

9.4 案例 杜邦分析体系应用——朝阳公司

1. 教学目的

杜邦分析体系的重要用途在于能够反映各项指标的相互关系。学习本案例可以研究引起净资产收益率发生变化的主要因素及其影响程度。

2. 案例资料

朝阳公司是我国的一家上市公司，在过去的连续7年中，其收益水平不断下降，为了分析经营业绩下降的原因，公司聘请了财务顾问进行咨询，财务顾问首先根据公司历年的财务报表资料，计算并编制了净资产收益率指标构成表，见表9.14。

表9.14　净资产收益率指标构成表

年　份	1998年	1999年	2000年	2001年	2002年	2003年	2004年
净资产收益率(%)	50.90	44.69	38.93	20.10	4.40	2.19	0.69
销售利润率(%)	17.01	15.82	16.67	17.27	5.20	2.63	0.93
总资产周转率	1.42	1.18	1.11	0.65	0.57	0.66	0.56
权益乘数	2.10	2.60	1.87	1.72	1.28	1.25	1.38

3. 思考与讨论的问题

根据表9.14提供的资料，以一个财务顾问的身份，对引起净资产收益率发生变化的主要因素进行分析。

4. 案例分析

从公司的净资产收益率指标构成表可以看出，净资产收益率一路下降，从1998年的50.90%跌至2004年的0.69%。1999－2000年，净资产收益率下滑的速度较为缓慢，2001－2002年下滑的速度很快，2003－2004年下滑速度趋缓，不过在2004年，公司已没有继续下降的空间，否则净资产收益率将降为负值。造成这种状况的原因是销售利润率、总资产周转率、权益乘数都有下降趋势，但下降的时间和程度不尽相同。

(1)销售利润率的分析

销售利润率在1998－2001年之间较为稳定，保持在15.82%～17.27%之间较高的水平，其中1999－2001年还保持微弱上升，因而在1998－2001年间，销售利润率不是构成净资产收益率下滑的原因；但从2002年开始，销售利润率逐年迅速下降，2004年跌至历史最低点0.93%，因而从2002年起，销售利润率是净资产利润率下滑的主要原因。

导致销售利润率下降的主要原因有主营业务收入的下降和成本费用的上升，同时其他收入如投资收益、营业外收入、补贴收入；其他支出如营业外支出也会影响公司的销售利润率。

(2)总资产周转率的分析

总资产周转率在1998年达到历年最高点，从1999年开始下滑，1999年下滑幅度较大，2000年下滑幅度趋缓，总的来说均保持在1以上；然而在2001年下滑速度陡然增大，下降幅度接近50%，从2001年起总资产周转率增长与下降交替变化，但仅保持在0.56～0.66之间较低的水平上。由此可见，总资产周转率的变化趋势与净资产收益率的变化趋势大体保持一致，因而构成净资产收益率变化的主要原因。

导致总资产周转率变化的主要因素是各项资产周转率，比如应收账款周转率、存货周转率、固定资产周转率等。

(3)权益乘数的分析

权益乘数发生较大变化的时点是2000年，1998－1999年权益乘数保持在2之上的较高水平，因此，不构成净资产收益率下降的主要原因；从2000年起，权益乘数下降到2以下；2002－2003年下降幅度较大，构成净资产收益率下降的主要原因；而在2004年，权益乘数略有上升。

影响权益乘数的因素主要有资产负债率、利息保障倍数等。

复习思考题

1. 财务分析的作用和目的是什么?

2. 偿债能力分析的主要指标有哪些,如何判断这些指标的合理性?

3. 企业营运能力分析的主要指标是什么,如何分析评价?

4. 分析企业赢利能力的指标有哪些?

5. 什么是杜邦分析法?试述杜邦分析体系中各指标间的关系,在杜邦分析图中,哪一项是核心指标,为什么?

6. 某公司流动资产合计500万元,其中现金类资产80万元,应收账款150万元,存货230万元,待摊费用10万元,流动负债220万元。计算流动比率、速动比率和现金比率。

7. 某公司流动资产由速动资产和存货构成,年初存货为150万元,年初应收账款为115万元,年末流动比率为3,年末速动比率为1.5,存货周转率为4次,年末流动资产余额为270万元。一年按360天计算。

求:(1)计算该公司流动负债年末余额;

(2)计算该公司存货年末余额和年平均余额;

(3)计算该公司本年销货成本;

(4)假定本年主营业务收入净额为960万元,应收账款以外的其他速动资产忽略不计,计算该公司应收账款周转期。

8. 某建筑股份公司2009年末简要资产负债表见表9.15。

表9.15 资产负债表2009年12月31日

资　　产	金　　额	负债与所有者权益	金　　额
现　　金	400	应付票据	350
应收账款	500	应付账款	450
存　　货	800	应付工资	120
待摊费用	300	长期借款	800
固定资产净额	3 500	实收资本	3 180
		来分配利润	600
总　　计	5 500	总　　计	5 500

该公司2009年度主营业务收入为15 000万元,净利润为850万元。

求:(1)计算主营业务利润率;

(2)计算总资产周转率(用年末数计算);

(3)计算权益乘数;

(4)计算净资产收益率。

9. 某公司有关资料见表表9.16。

表 9.16　资产负债表 2009 年 12 月 31 日

资　产	年　初	年　末	负债及所有者权益	年　初	年　末
流动资产：			流动负债合计	120	140
货币资金	50	45	长期负责合计	245	200
应收账款净额	60	90	负责合计	350	350
存货	92	144			
待摊费用	23	36	所有者权益合计	350	350
流动资产合计	225	315			
固定资产合计	475	385			
总计	700	700	总计	700	700

同时，该公司 2008 年度主营业务利润率为 16%，总资产周转率为 0.5 次，权益乘数为 2.5，净资产收益率为 20%，2009 年度主营业务收入为 350 万元，净利润为 63 万元。

求：(1) 计算 2009 年年末的流动比率、速动比率、资产负债率和权益乘数；

(2) 计算 2009 年总资产周转率、主营业务利润率和净资产周转率；

(3) 分析主营业务利润率、总资产周转率和权益乘数变动对净资产收益率的影响。

10 工程项目风险管理

学习目标

- 了解工程风险管理的含义、内容,熟悉风险管理的方法,树立工程风险管理意识
- 掌握项目融资风险的特点及类型,具备初步的融资风险管理能力
- 掌握项目实施阶段的财务风险内容及管理方法
- 理解工程保证担保的含义,掌握工程保证担保的种类
- 掌握工程保险的特点,了解建筑、安装工程一切险的标的、责任范围

10.1 工程风险管理概述

10.1.1 工程风险管理的概念

1. 工程风险及其特点

(1)定义

工程风险是指在整个建筑工程项目全寿命周期过程中,自然灾害和各种意外事故的发生而造成的人身伤亡、财产损失和其他经济损失的不确定性。它常受工程项目目标和项目执行效果标准定义的影响。如设定严格的成本或时间目标会使项目在成本或时间进度方面具有更高的风险,因为如果目标很严格,这些目标的实现就更加不确定了。反之,设定宽松的时间或质量要求就意味着较低的时间或质量风险。但是,不合适的目标本身就是一处风险源。不同的利益相关者具有不同的项目目标,认识不同目标之间的相互依赖关系是很有必要的,管理风险的策略不能与管理项目目标的策略相分离。

(2)工程风险的种类

工程项目投资大、工期长、参与者众多,整个建设过程都存在各种各样的风险,为了有效对工程风险进行管理,有必要对其进行分类。按照不同的分类标准,可对工程风险进行不同的分类。按风险产生的原因可将风险划分为自然风险、社会风险、经济风险、技术风险、管理风险和信用风险等。

1)自然风险。指由于自然环境的非规则运动所引起的自然现象或物理现象导致的风险。例如,风暴、火灾、洪水等所导致的工程项目目标不能达到的风险。

2)社会风险。指由于政局不稳或反常的个人行为或团体行为所造成的项目风险。例如,国家政权非正常更换、罢工、战争、玩忽职守等事件对项目的影响。对于大型工程项目还可能包括国际关系、国家政策、政治经济、科技、军事的发展战略造成的项目风险。

3)经济风险。指由于经营管理能力降低、市场预测失误、价格变动或成本需求变化等因素导致项目经费超支或经济损失的风险,以及外汇变动和通货膨胀引起的风险。

4)技术风险。指由于技术的不成熟、技术的复杂性、工作人员掌握技术的程度等因素导

致项目技术方案、设计、施工、运行等方面的风险。

5)管理风险。指项目管理人员的组织管理能力、领导和成员的个人素质不够,计划和资源调度能力不强,组织机构设置不合理等原因导致项目管理水平低,从而影响项目目标完成的风险。

6)信用风险。指合同一方的业务能力、管理能力、财务能力等有缺陷或者没有圆满履行合同而带给另一方的风险。

按照项目阶段可将项目风险进行阶段划分,如概念阶段的项目风险、开发阶段的项目风险、实施阶段的项目风险、收尾阶段的项目风险。有些风险贯穿于项目的全寿命期,有些风险只属于某个阶段。

(3)工程风险的特点

工程项目的一次性决定其风险管理的重要性,把握工程风险的特点对有效控制工程风险十分必要。工程风险与工程项目全寿命过程紧密相关,主要有以下三方面:

1)工程项目风险大、发生频率高。在项目决策、设计、招投标、施工、竣工阶段都可能潜伏着上述各种类型的工程风险,每种风险因素可能会包含若干风险事件,各因素事件错综复杂,虽不会都发生但风险发生的概率大、频率高;且一旦发生,造成的损失较大。

2)工程风险承担的责任方多。参与工程项目的责任方较多,有业主、承包商、分包商、设计方、材料设备供应商、监理方、质量监督机构等,参与各方均有风险,但各方风险不尽相同。风险事件常因多方责任造成,各责任方承担相应责任。

3)工程风险造成损失的关联性强。工程项目施工各专业接口复杂,各分部分项工程关联度高,风险事件一旦发生,会形成事故灾害链,造成工程风险的组合性和复杂性。

2. 工程风险管理

工程风险管理是对工程风险进行辨识、分析并采取措施,进行处理以达到减少意外损失或利用风险赢利之目的的工作。风险管理是需要投入成本,需要综合运用各领域知识,特别要收集类似项目的相关信息并积极正确地使用。具体可按照系统工程的思想进行管理。一般而言,一个系统工程的过程主要包括明确问题、选择目标、系统分析、方案优化、做出决策、付诸实施等步骤;而在工程项目风险管理中,可以将项目作为一个系统,对项目的各个组成部分或工作任务进行分解,找出所有可能存在风险的环节(项目风险识别),然后对这些环节进行分析(项目风险估计与评价),并根据分析的结果做出决策(项目风险应对策略),最后付诸实施并进行控制(项目风险监控)。

以下阐述工程风险管理过程包括的五个步骤:

1)工程风险辨识

风险辨识,即风险识别是风险分析的第一步,进行风险识别首先要弄清项目的组成,各种可能发生的变化、项目与环境的关系等;在此基础上运用一定方法查明产生风险的各事项。风险识别通常经历三个步骤:搜集资料→估计项目风险形式→根据直接或间接症状识别潜在风险。

识别的内容包括:确定风险来源、产生条件、描述风险特征和确定会对项目产生影响的风险。识别过程往往要反复进行,风险识别的成果是潜在损失一览表,全面反映出项目可能面临损失的各种不确定因素。

2)工程风险估计

工程风险估计是通过定性或定量分析方法,估计各种风险的风险度。它是联系风险辨识和风险管理的纽带,通过将各种风险对项目的影响程度的尽量量化描述,反映风险间相互作用，为制定风险管理措施打下基础。往往要对搜集的大量资料进行分析，利用概率统计理论，估计和预测风险发生的可能性和相应损失的大小。

3）工程风险评价

工程风险评价是在风险辨识和风险估计的基础上，对风险发生的概率、损失程度和其他因素进行综合考虑，得到描述风险的综合指标——风险度，以便对工程的单个风险因素进行重要性排序和评价工程项目的总体风险。

评价步骤为：

①确定风险评价基准。风险评价基准是项目主体针对每一种风险后果确定的可接受水平。包括单个风险评价基准、整体风险评价基准。

②确定项目整体风险水平。整体风险水平是要综合所有的个别风险之后确定。

③将单个风险与单个风险评价基准、项目整体风险水平与整体风险评价基准对比，判断项目风险是否在可接受范围之内。

4）工程风险处置

工程风险处置是指针对经过风险识别、风险估计和风险评价的风险问题采取行动或不采取行动。风险处置手段主要有：

①工程风险回避。指中断风险源、遏制风险事件发生，使风险不致发生、发展的风险管理措施。如采取工程安全措施防止安全事故发生。

②工程风险缓解。指采取有效手段和方法，遏制已发生的工程风险事故的发展态势及范围，使损失最小化的风险管理措施。

③工程风险转移。指通过一定方式将工程风险转嫁出去的风险管理措施。如设定保护性合同条款，工程保险。

④工程风险自留。是将风险损失留在风险管理主体内部。当采取风险应对措施的费用超过风险事件造成的损失数额，损失没有超出项目主体的承受能力时，可采用自留风险措施。

⑤工程风险利用。风险利用往往针对投机风险，利用风险中蕴藏的机会，若不冒险，往往失去发展或生存机会。

5）工程风险监控

风险监控就是要跟踪已识别的风险，完成风险管理计划，可根据项目执行情况、已出现的风险和可能风险，对风险管理计划进行调整，保障风险管理计划的实施，并评估消减风险的效果。风险监控过程中要与项目利益相关者保持持续不断的沟通，及时了解和通报信息。

10.1.2　工程风险管理的方法

工程风险管理的技术方法很多，以下按工程风险管理各程序介绍主要方法。

1. 风险辨识方法

常用的风险辨识方法有分析法和专家调查法。分析法类似于系统分析中的结构分解方法，根据事物本身的规律和个人的历史经验将项目风险进行分解，具体有故障树、概率树、决策树等方法。专家调查法是以专家为索取信息的重要对象，利用各领域专家的专业理论和丰富的实践经验，找出各种潜在的风险并对后果做出分析和估计，主要有头脑风暴法、德尔菲法、幕景分析法、工作分解结构等。

2. 风险估计方法

风险估计的方法有故障树分析法、蒙特卡罗模拟法、外推法、影响图法等。

故障树分析(Fault Tree Analysis)简称 FTA,是系统可靠性、安全性分析和风险评价的一种重要方法,它即可以作为风险辨识的工具,也可以作为风险估计工具。它借助图形演绎,反映风险事件在一定条件下的逻辑推理,便于层层追踪分析,同时可定量计算风险事件的发生概率及危险重要度参数,为开展风险管理提供定量数据。故障树分析法主要是以树状图的形式表示所有可能引起主要故障事件发生的次要事件,揭示风险因素的聚集过程和个别风险事件组合可能形成的潜在风险事件。它既能用于风险的定性分析也可用于定量分析。故障树定性分析的目的在于寻找导致故障的原因,即识别导致顶事件发生的所有原因和原因组合。正规故障树的系统故障树模式用最小割集表示。定性分析是运用布尔代数方法求得故障树的最小割集。它的基本用途在于识别所有可能导致顶事件发生的系统故障模式,是进一步定量分析的基础。而定量分析的目的就是对故障树的分析给出一个量的概念,从量的角度分析故障概率以确定需进一步改进的薄弱环节。故障树定量分析方法首先计算出故障树各最小割集的概率重要度和故障系数,并在量级上进行分析比较,特别当故障树规模较大时,对那些故障系数值很小的最小割集故障模式,可以不必测试。而对那些需要测试的故障模式,按故障系数值从大到小的次序进行检测,从而提高故障诊断命中率,减少测试工作量。该方法的优点是比较全面又有重点地分析了所有故障原因,定量分析了风险事件的发生概率及危险重要度,为制定风险管理措施提供定量依据。

蒙特卡洛法是一种通过对随机变量的统计试验、随机模拟求解物理、数学、工程技术问题近似解的数学方法。其特点是用数学方法在计算机上模拟实际概率过程,然后加以统计处理。它根据各随机变量的概率分布,利用随机数表或计算机上的专门程序来产生与原随机变量具有相同概率分布的一组数值,然后把该数值分别赋值给各相应随机变量,计算评价指标值,即为一个随机事件样本值,实现一次模拟。如此反复 50 ~ 300 次,可求得评价指标的具体概率分布,期望值、方差等数字特征,来对风险进行定量评估。蒙特卡洛法要求在已知各个现金流概率分布情况下实现随机抽样。当项目评估中有若干个变动因素,每个因素又有多种甚至无限多种取值时,可采用蒙特卡洛法进行风险分析。

3. 风险评价方法

风险评价方法包括定性和定量方法二类。

(1)定性方法

定性方法主要有主观评分法、层次分析法。

主观评分法是由项目管理人员和专家打分,一般取 0 ~ 10 之间整数代表风险由小到大程度,同时为每一单个风险赋予权重,将各权重下的评价值加总,同风险评价基准进行比较。

层次分析法(Analytical Hierarchy Process),又称 AHP 法,是美国数学家 T. L. Saatty 在 20 世纪 70 年代提出的一种定性分析和定量分析相结合的评价方法。

在工程风险分析中,层次分析法(AHP)是一种灵活的、易于理解的风险评价方法,它按照一定规律把决策过程层次化、数量化,具体过程分 5 个步骤:①根据评价目标和评价准则建立递阶层次结构模型;②构造比较判断矩阵;③确定项目风险要素的相对重要度,进行一致性检验;④计算项目风险的综合重要度;⑤根据评价准则和综合重要度,进行决策。

(2)定量方法

定量评价方法有等风险图法、动态决策树法、模糊数学法、敏感性分析法、蒙特卡罗模拟法、网络计划技术等。

1)等风险图法

等风险图包括两个因素:失败的概率和失败的后果。这种方法把已识别的风险分为低、中、高三类:低风险指对项目目标仅有轻微不利影响、发生概率也小(小于0.3)的风险;中等风险指发生概率大(从0.3~0.7),且影响项目目标实现的风险;高风险指发生概率很大(0.7以上),对项目目标的实现有非常不利影响的风险。用 P_f 和 P_s 分别表示项目失败和成功的概率,于是有 $P_s=1-P_f$。再用 C_f 和 C_s 分别表示项目失败的后果非效用值和成功的后果效用值。效用值通常可采用问卷调查、询问和心理测试等方法得到。根据效用理论,$C_f+C_s=1$,$0<C_f<1$,$0<C_s<1$。等风险图法用风险系数评价项目风险水平。项目风险系数用 R 表示,其定义是:$R=1-P_sC_s=1-(1-P_f)(1-C_f)=P_f+C_f-P_fC_f(0<R<1)$。上式可转化为 $P_f=1+(R-1)/(1-C_f))$,取 $R=(0.1\sim1.00)$ 的不同数值代入,可在横坐标 C_f,纵坐标 P_f 的坐标系下绘出一系列反映 C_f 和 P_f 关系的曲线,因为在同一曲线上的风险是相等的,所以把这一系列的曲线叫做等风险图。把具体项目的风险系数拿来与之对照,可知项目的风险程度。

2)动态决策树法

动态决策树法是通过绘制树状结构图,把有关决策的相关因素分解开来,逐项计算其概率和期望值,再进行方案的比较和选择,它在计算中考虑了资金的时间价值。可进行多阶段问题决策,具有层次清楚,不易遗漏,不易出错的优点。当决策涉及多方案选择时,借助由若干节点和分支构成的树状图形,可形象地将各种可供选择的方案、可能出现的状态及其概率,以及各方案在不同状态下的条件结果值简明地绘制在一张图表上进行研究,见图10.1。

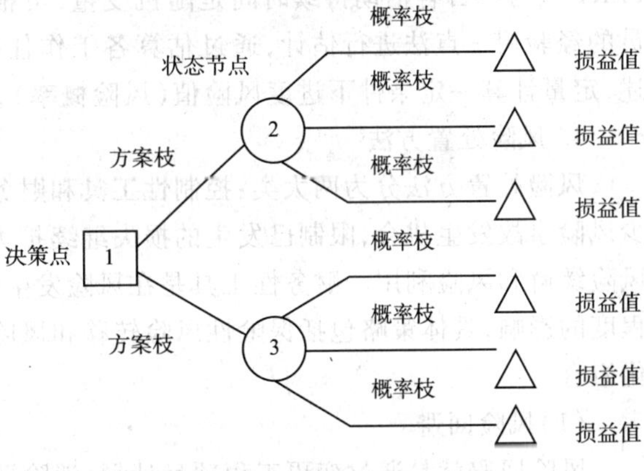

图10.1　决策树模型

决策点是以方框表示的节点,一般位于决策树的最左端,如果所做的决策为多阶段决策,则决策树图形的中间也可以有多个决策点方框,以决策树“根”部决策点为最终决策方案。方案枝是由决策点起自左向右画出的若干条直线,每条直线表示一个备选方案,它表示解决问题的途径,通常是两枝或两枝以上。状态节点在每个方案枝的末端用“○”并注上代号表示,是一个备选方案可能遇到的自然状态的起点,其上方数字表示该方案的期望损益值。概率枝是从状态节点引出的若干条直线,每条直线代表一种自然状态及可能出现的概率。结果点是画在概率枝末端的一个三角节点,在此处列出不同方案在不同自然状态及其概率条件下的收益值或损失值。

3)敏感性分析法

敏感性分析法是用来估计可量化的变量对项目决策结果影响的方法。一般步骤为:①选定分析目标;②确定可能对评价目标产生影响的因素;③根据实际需要选定因素变动范围;④按照不同的因素分别计算评价指标值;⑤明确敏感因素;⑥进行综合分析,根据分析结果采取相关措施,为决策者提供决策依据。

4)模糊数学法

模糊数学处理非数字化、模糊、难定义的变量有独到之处,并能提供合理的数学规则去解决变量问题,相应得出的数学结果又能通过一定的方法转为语言描述。这一特性适合于解决工程项目中普遍存在的潜在风险,因为绝大多数工程的风险都是模糊的、难以准确定义且不易用语言描述的。模糊数学从二值逻辑的基础上转移到连续逻辑上来，把绝对的“是”与“非”变为更加灵活的东西，在相当的限阈上去相对地划分“是”与“非”，这并非让数学放弃它的严格性去迁就模糊性，相反，是以严格的数学方法去处理模糊现象。

工程项目中潜在的各种风险因素很大一部分难以用数字来准确地加以定量描述，但都可以利用历史经验或专家知识，用语言生动地描述出它们的性质及其可能的影响结果。并且，现有的绝大多数风险分析模型都是基于需要数字的定量技术，而与风险分析相关的大部分信息却是很难用数字表示的，却易于用文字来描述，这种性质最适合于采用模糊数学模型来解决问题。

模糊综合评估法是采用模糊理论和最大隶属度原则对多因素系统进行总体评价的方法。一般步骤为：①对评估项目进行分析，找到影响评估目标的各风险因素，建立评估目标的评价指标体系；②建立风险因素等级评估矩阵；③确定各风险因素概率等级和后果等级；④确定风险因素权重；⑤总体评估风险。

5）非肯定型网络计划技术

即计划评审技术（Program Evaluation and Review Technique 简称 PERT,）是用活动逻辑关系确定而活动持续时间不确定的网络来描述工程进度。在工程实践中，由于政治、经济、气象、水文、施工方案、资源供应，施工环境等不确定因素的影响，必然导致工程项目实施中活动的持续时间，即完成活动所需的时间，具有不确定性。显然实现工程项目的工期目标存在着风险。PERT 认为项目各活动持续时间是随机变量，可根据工程项目已有的资料或工程进度管理人员的经验用三点法进行估计，通过估算各工作任务时间和费用，对工程进度进行不确定性描述，定量计算一定条件下进度风险值（风险概率），为进一步优化管理提供决策依据。

4. 风险处置方法

风险处置方法分为两大类：控制性工具和财务性工具。控制性工具主要是避免、消除和减少风险事故发生机会，限制已发生的损失继续扩大的措施。具体包括风险规避、非保险转移、风险缓解和风险利用。财务性工具是在风险发生后通过财务安排来减轻风险对项目目标实现程度的影响，具体策略包括保险性风险转移和风险自留。实际中往往采用多种处置策略的优化组合。

（1）风险回避

风险回避就是通过变更工程项目计划，消除风险或风险产生的条件，或者是保护工程项目的目标不受风险的影响。风险回避是一种最彻底地消除风险影响的策略。回避风险的具体方法有终止法、工程法、程序法和教育法。

终止法是风险回避的基本方法，是通过终止（或放弃）项目的实施来避免风险的一种方法。当项目风险发生的可能性太大，不利后果也很严重，又无其他良好策略来减轻，采取主动放弃项目或改变项目目标与行动方案，从而避开项目风险的一种风险应对措施。例如，对于某项不成熟的新技术坚决不在项目中采用，就是一种项目风险回避措施。如果通过风险评价发现项目的实施将面临巨大的威胁，项目管理班子又没有其他可用的措施控制风险，甚至保险公司亦认为风险太大拒绝承保，这时就应当考虑放弃项目的实施，避免巨大的人员伤亡和财产损失。

工程法是有形的回避风险的方法，它以工程技术为手段，消除物质性风险的威胁。该法在规避项目安全风险方面应用较广泛。如：在高空作业下方设置安全网；在楼梯口、预留孔洞、坑井口设置围栏和盖板等。工程法的特点是：每一种措施总与具体的工程设施相连，因此，采用该法规避风险成本较高。

程序法是无形的风险回避方法,其要求用标准化、制度化和规范化的方式从事工程项目活动,以避免可能引发的风险。

教育法就是通过对项目人员广泛开展教育,提高参与者的风险意识,使其认识或了解工程项目目前所面临的风险,了解和掌握处置风险的方法和技术,这是避免项目风险的有效方法。

(2)风险转移

风险转移是将项目本身面临的损失风险转移给其他人或单位去承担的行为。风险转移又叫合伙分担风险,其目的不是降低风险发生的概率和不利后果的大小,而是借用合同或协议,在风险事故一旦发生时将损失的一部分转移到项目以外的第三方身上。这类风险控制措施多用来对付那些概率小,但是损失大,或者项目组织很难控制项目风险的情况。风险转移的实现大多数是借助于协议或者合同,将损失的法律责任或财务后果转移由他人承担。

风险转移主要有以下五种方式:出售、发包、开脱责任合同、利用合同中的转移责任条款、工程保险与工程担保。

1)出售

通过买卖契约将风险转移给其他单位。这种方法在出售项目所有权的同时也就把与之有关的风险转移给了其他单位。这种出售有些像避免风险的放弃行为,但区别在于风险有了新的承担者。

2)发包

发包就是通过从项目执行组织外部获取货物、工程或服务而把风险转移出去。例如,某建筑施工企业,利用分包合同将高空作业的任务交给专业的高空作业工程队,从而将高空作业的人身意外伤害风险和第三者责任风险转移出去。

3)开脱责任合同

有些情况下转移带有风险的项目或活动可能是不现实的或不经济的,在这种情况下签订免除责任合同就是一种解决问题的方法。在合同中列入开脱责任条款,要求对方在风险事故发生时,不要求项目班子本身承担责任。签署这种合同,对项目班子来说,风险就被免除了。

4)利用合同中的转移责任条款

在工程项目招投标阶段通过设定保护性合同条款将风险转移给合同对方;或通过合法地变更某些条款或合理地运用合同语言,可以将损失责任转移给其他单位。例如,工期较长的建筑项目,承包方面临着设备、建筑材料价格上涨而导致的损失。对此,承包方可以要求在合同条款中写明:若因发包方原因致使工期延长,合同价格需相应上调。承包方使用这项条款就把潜在损失风险转移给发包方,这就是转移责任条款。采用此种风险转移方式,合同的双方都存在着利用转移责任条款转移责任的可能性。利用合同的保护性条款来降低或规避某些风险成本相对较低,转嫁风险的成本(包括损失发生后的处理成本和合同履行成本)是隐性的,不必直接支付转移费用。

5)工程保险与工程担保

工程保险是借助第三方来转移风险,同其他风险转移方式相比,工程保险转嫁风险的效率是比较高的。国外的工程项目投保工程保险非常普遍,建设项目的业主不但自己为建设项目施工中的风险向保险公司投保,而且还要求承包商也向保险公司投保。随着国内建筑市场和保险市场的发展,国内工程的投保比率会不断提高,工程保险必将成为风险转移的主流方式。通过保险机制,社会上众多的经济单位结合在一起,建立保险基金。面临风险的工程项目,可以财务上确定的小额支出参加保险,而将风险转移给保险公司(实际上是所有向保险公司投保的投保人),当风险事故发生时就能获得保险公司的补偿。投保工程保险的项目出险后发生的合理的处理费用都计入应赔款中,因而对于投保方而言,工程的风险转移成本主要是保险费,属于显性的费用支出。工程保险可化解的风险范围很广,一般是在遵循保险法规的前提下,由保险双方商定,最终以双方签订的保险合同所列保险项目和保险责任为准。

工程担保分为信用担保和财产担保。信用担保是以个人信用担保债权的实现,即保证担保。按照担保的用途不同主要分为投标保证、履约保证和承包商要求业主提供的支付保证。财产担保是以财产保证债权的实现,包括抵押担保、质押担保和留置担保。合同履约担保主要担保合同履约方的履约能力,避免因违约而使业主或承包商蒙受意外损失。当委托人违约使权利人遭受经济损失时,权利人有权从保证担保人处获得补偿。

(3)风险缓解

风险缓解,又称减轻风险,是指将工程项目风险的发生概率或后果降低到某一可以接受的程度。风险缓解的前提是承认风险事件的客观存在,然后再考虑采取适当措施去降低风险出现的概率或者消减风险所造成的损失。减轻风险措施是一种积极的风险处理方法策略,它通过各种技术和方法降低损失发生的可能性,缩小其后果的不利影响程度。例如,若某项目的实施需跨越一个雨季,而雨季又无法施工,这时在签订合同时一定要将雨季不能施工的因素考虑进去制定项目完成的时间,从而减少进度风险。

按照减轻风险措施执行时间可分为风险发生前、风险发生中和风险发生后三种不同阶段的风险控制方法,应用在风险发生前的方法基本上相当于风险预防,而应用在风险发生时和风险发生后的控制实际上就是损失抑制。

1)风险预防

风险预防是在风险发生前为了消除或减少风险因素,降低损失发生的概率,从化解项目风险产生的原因出发,去控制和应对项目活动中的风险事件。

通过风险识别、估计和评价,可得到项目风险源、各风险发生概率和后果严重性等级排序,与预先给定的风险严重程度等级要求相比较,对超过要求的风险,要采取技术措施消除风险或降低严重度等级使其满足要求。具体方式可能是选择一种减轻风险的新方案,或采取更有把握的施工技术,运用熟悉的施工工艺,或者选择更可靠的材料或设备。此外,风险缓解还可能涉及变更环境条件,以使风险发生的概率降低。有时采用分散风险的方法也能有效缓解风险,如联合投标承揽大型复杂工程,通过增加风险承担者,减轻每个个体承担的风险压力。

2)损失抑制

损失抑制是指在风险发生时或风险发生后,采取措施减少损失发生范围或损失程度的行为。事故发生中或事故发生后的损失抑制措施主要集中在紧急情况的处理即急救措施、恢复计划和合法的保护,以此来阻止损失范围的扩大。

风险预防的目的在于消除或减少风险发生的概率,损失抑制的目的在于减少项目风险发生后不利后果的损失程度。事实上,这两方面在风险管理中往往同时使用,综合考虑。一个好的项目风险减轻方案往往具有风险预防功能,也有损失抑制功能。在制定缓解风险措施时,必须将风险缓解的程度具体化,即要确定风险缓解后的可接受水平。至于将风险具体减轻到什么程度,这主要取决于项目的具体情况、项目管理的要求和对风险的认识程度。在实施缓解措施时,应尽可能将项目每一个具体风险减轻至可接受水平,从而减轻项目总体风险水平。

(4)风险自留

是接受风险的风险管理措施,当项目风险发生的概率较低或后果不严重时,或当采取其他风险应对策略的费用超过风险事件造成的损失数额,且损失数额没有超过项目主体的风险承受能力时,可采取这种策略。

项目管理者在识别和评估风险的基础上,对各种可能的风险处理方式进行比较,权衡利弊,从而决定将风险留置内部,由项目组织自己承担风险损失的全部或部分。有时也是处理残余风险的一种技术措施。例如,当对某风险采取减轻风险的措施后,该风险发生概率减少,后果减轻,但风险仍然存在,而项目组织认为此风险水平可接受时则可采用接受风险的措施。有时风险转移不出去,没有别的选择只能自留风险。例如,项目组织采用保险的方式把风险转移给保险公司,但实际上按照保险合同保险公司只承担了部分潜在损失,另一部分潜在损失,若不能控制,或无法转移给人,项目组织只能接受。

接受风险的具体措施有:将损失摊入经营成本;建立风险基金;借款用以补偿风险损失。同时有必要预先制定费用、进度和技术各方面的后备措施。提前制定风险后备措施,可以大大降低风险发生时的应对成本。

(5)风险利用

风险利用仅针对投机风险而言。利用风险中蕴藏的机会是完全必要的,不去冒这种风险,就意味着放弃发展和生存的机会。当考虑是否利用某投机风险时,首先应分析该风险利用的可能性和利用的价值;其次,必须对利用该风险所需付出的代价进行分析,在此基础上客观地检查和评估自身承受风险的能力。如果得失相当或得不偿失,则没有承担的意义,或者效益虽然很大,但风险损失超过自己的承受能力,也不宜硬性承担。风险利用就是促进投机风险向有利的方向发展。

风险管理人员制定具体措施和行动方案时,既要研究充分利用、扩大战果的方案,又要考虑退却的部署,因为投机风险具有两面性。在实施过程中,应密切监控风险的变化,遇到问题,及时采取转移或缓解等措施,小心谨慎,把握时机,使风险事件成为有利事件。

5. 风险监控方法

风险监控就是通过对项目风险全过程的监视和控制,保证风险管理能达到预期的目标。其目的是考察各种风险控制行动产生的实际效果,确定风险减少的程度,监测残留风险的变化情况,进而考虑是否需要调整风险管理计划以及是否启动相应的应急措施。

针对不同的项目风险事件,需采取不同的方法和工具进行风险跟踪和控制,将这些工具和方法集成起来,就形成了项目风险监控系统。在实施项目风险管理监控时,必须定义在什么时间、什么任务中采用什么方法对项目风险事件进行跟踪和控制,而项目风险管理的监控系统则是具体的行动指南,它定义了风险监控的组织、政策规章、人员、技术方法、信息系统等要素。以下介绍常用的风险控制方法:挣得值法、风险报告制度。

(1)挣得值法

挣得值(Earned Value)法是衡量项目执行情况和绩效的常用分析方法。这种方法科学地引入了一个能够反映项目进展情况的费用尺度——已完成工作的基线费用,被称为“挣得值”来监控项目的费用情况。挣得值表示以计划费用基线为基础的已完成工作的货币价值。它综合了项目范围、时间、费用测量,通过对已完成工作实际成本(ACWP)与计划工作预算成本(BCWS)、已完成工作预算成本(BCWP)的比较,确定项目在费用支出和时间进度方面是否符合原定计划要求。

挣得值法采用货币形式代替工作量来测量项目的进度,它不以投入资金的多少来反映项目的进展,而是以资金已经转化为项目的成果的量值进行衡量。所有的工作都按照时间段的“计划价值”增值进行计划、预算和进度安排,构成了成本和进度的度量基线。通过将实际项目进展与该基线进行比较,分析实际与计划的偏差,就可以预测各种时间的完成情况,及时处理各种变化。

在实际项目实施过程中总会有不可预期的各种因素变化,因此偏差是始终存在的。在项目实施过程中,必须将这种偏差控制在允许的范围内。一旦偏差超出了允许的范围,就表明项目的预算或者进度将可能无法按照计划完成,导致项目目标的偏离,这样就产生了风险。挣得值法可以在偏差还没有达到危险的程度之前就发现风险,从而采取措施以规避项目风险。

可采用 S 曲线来表示费用和进度的判别标准。把 *BCWP* 和 *ACWP* 在不同报告期的值画在一张时间表上,称为 S 曲线。S 曲线可以显示项目是超支还是在预算范围内。如果再画上计划费用基线 *BCWS*,则对比 *BCWP* 与 *BCWS* 和 *ACWP* 值,可以得到项目是提前还是滞后于计划的状态。这样就可以进行费用和进度控制。如图 10.2 所示为四种类别的 S 曲线。

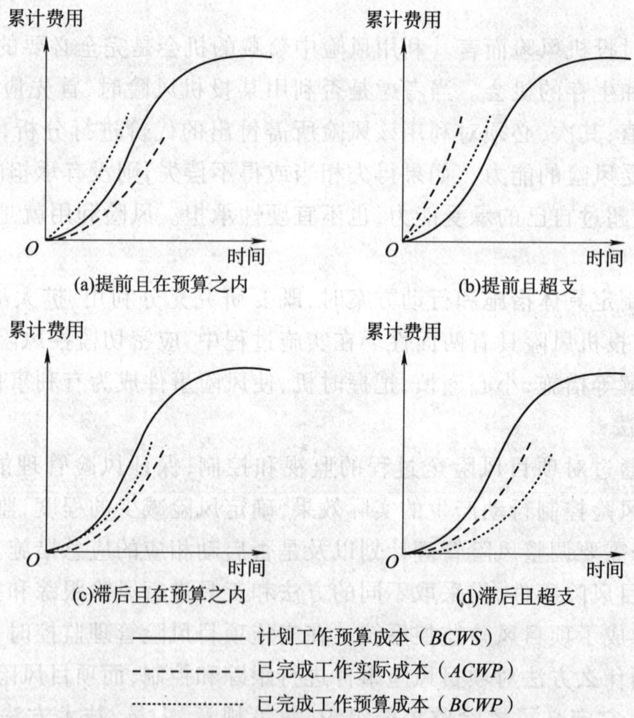

图 10.2　四种类型的 S 曲线

(2)项目风险报告

项目风险报告用来向决策者和项目组织成员传达风险信息,通报风险状况和记录风险处理活动的效果。成功的风险管理工作都要及时报告风险监控过程的结果。风险报告要求包括报告格式和频度,一般应作为制定风险管理计划的内容统一考虑并纳入风险管理计划。编制和提交此类报告一般是项目管理的一项日常工作。为了看出技术、进度和费用方面有无影响项目目标实施和满足里程碑要求的障碍,可将这些报告纳入项目管理审查和技术信息。

风险报告的形式有多种，时间仓促时可以用非正式的口头形式报告，而里程碑审查时则需提出正式摘要报告，报告内容的详略程度按接受报告人的需要确定。主要有两类风险报告：一类是在项目实施之前根据风险分析的结果进行汇总的项目风险响应计划（又称风险注册表，主要内容包括风险简要描述、原因、发生概率、对项目目标的影响、建议的应对措施、风险的责任者等）；另一类是在项目执行过程中对风险事件进行监控和状态汇报的风险管理情况报告和风险日志。

(3)项目风险监控系统

项目风险监控系统是依托项目风险管理组织及人员，按照制定的风险监控政策规章，运用各种技术方法和手段，对项目活动中存在的各种风险因素及危机现象进行持续监测、预防、控制和应急处置的一种组织一技术系统。它通过风险信息的采集、分析、预警以及控制决策的实施，动态地掌握项目风险及其变化情况，跟踪并控制项目风险，确保高效地实现项目目标。

10.2 项目融资风险管理

10.2.1 项目融资风险的概念

1. 项目融资及其特点

项目融资作为项目筹措资金的行为，是以项目的资产和所产生的现金流量为基础，筹集该项目建设所需要资金的融资方式。采用项目融资方式筹集项目资金，贷款方首先查看该经济实体的现金流量和收益，将其视为偿还债务的资金来源，并将该经济实体的资产视为这笔贷款的担保物，若对这两点感到满意，则贷款方同意贷款。

项目融资金额大，结构复杂，需要有完善的合同体系来分担风险，往往涉及较多的参与者。项目发起人是项目的实际投资者或主办人，是项目的提出者，并取得经营项目所必要的许可协议，同时将各方联系在一起，从组织上负有督导该项目计划落实的责任。发起人通过组织项目融资，实现投资项目的综合目标要求。项目直接主办人是直接参与项目投资和项目管理，直接承担项目债务责任和项目风险的法律实体。项目融资中往往成立单一目的的项目公司作为项目直接主办人。商业银行、非银行金融机构和一些国家政府的出口信贷机构，是项目融资资金的主要提供者，统称“贷款银行”。建筑承包商是按照设计、采购和建设(*EPC*)合同建设项目的经济主体。融资顾问是帮助项目投资者安排融资结构和贷款的专业技能人才，有些也同时参与贷款银团。保险机构也是项目融资的主要参与者。法律和税务顾问负责起草和协调项目融资的大量法律文件。在某些项目中还有资源供应商、包销商、第三方运营商、政府等参与。

项目融资与传统贷款方式相比具有以下特点。

1)项目导向

资金来源主要依赖于项目的现金流量而不是依赖于项目的投资者或发起人的资信来安排融资。贷款银行在项目融资中的注意力主要放在项目在贷款期间能够产生多少现金流量用于还款，贷款的数量、融资成本的高低以及融资结构的设计都是与项目的预期现金流量和资产价值直接联系在一起的。

以项目为导向，有些对于投资者很难借到的资金则可以利用项目来安排，有些投资者很难得到的担保条件可以通过组织项目融资来实现。此外，项目融资的贷款期限可以根据项目的具体需要和项目的经济寿命期来安排设计，一般可比商业贷款期限长。

2）有限追索

追索是指当借款人未按期偿还债务时，贷款人要求借款人用除抵押财产之外的其他资产偿还债务的权力。项目融资的有限追索，表现为时间上的有限性，金额上的有限性和对象上的有限性。时间上的有限性一般是指在项目建设开发阶段贷款人有权对项目发起人进行完全追索；在通过完工标准测试后，项目进入正常运营阶段时，贷款可能就变成无追索性的。金额上的有限性指项目在经营阶段，若不能产生足额的现金流量，其差额部分可以向发起人进行完全追索。对象上的有限性指如果项目是通过发起人成立的特别目的项目公司进行的融资，则贷款人一般只能追索到项目公司，而不能对发起人追索。

有限追索项目融资的特例是无追索项目融资，即贷款人对项目发起人无任何追索权，只能依靠项目未来的现金流量偿还。

3）风险分担

为实现项目融资的有限追索，对与项目有关的各种风险要素，需以某种形式在项目投资者（借款人）、与项目开发有直接或间接利益关系的其他参与者和贷款人之间进行分担。一个成功的项目融资结构应该是在项目中没有任何一方单独承担起全部项目债务的风险责任。项目主办人通过融资，将原来应由自己承担的还债义务，部分地转移到该项目身上，也就是将原来由借款人承担的风险部分地转移给贷款人，由借贷双方共担项目风险。

4）非公司负债型融资

非公司负债型融资亦称为资产负债表之外的融资，是指项目的债务不表现在项目投资者（即实际借款人）的公司资产负债表中的一种融资形式。根据项目融资风险分担的原则，贷款人对于项目的债务追索权主要被限制在项目公司的资产和现金流量上，借款人所承担的是有限责任，因而有条件使融资被安排为一种不需要进入借款人资产负债表的贷款形式。通过对投资结构和融资结构的设计，可以帮助投资者将贷款安排成为非公司负债型融资。

5）信用结构多样化

在项目融资中，用于支持贷款的信用结构的安排是灵活和多样化的。项目融资的框架结构由四个基本模块组成，即项目投资结构、项目融资结构、项目资金结构和项目的信用保证结构。

①项目的投资结构。项目的投资结构，即项目的资产所有权结构，是指项目的投资者对项目资产权益的法律拥有形式和项目投资者之间的法律合作关系。采用不同的项目投资结构，投资者对其资产的拥有形式，对项目产品、项目现金流量的控制程度，以及投资者在项目中所承担的债务责任和所涉及的税务结构会有很大的差异。这些差异会对项目融资的整体结构设计产生直接影响。

②项目的融资结构。融资结构是项目融资的核心部分。融资结构设计需考虑的因素有：项目债务责任的分担要求、贷款资金的金额、贷款资金的时间要求、不同融资方式和融资来源的融资费用、法律规定等。

③项目的资金结构。项目的资金结构设计用于决定在项目中股本资金、准股本资金和债务资金的形式、相互之间比例关系以及相应的来源。资金结构是由投资结构和融资结构决定的，但反过来又会影响到整体项目融资结构的设计。项目融资重点解决的是项目的债务资金问题，但在整个结构中也需要适当数量和适当形式的股本资金和准股本资金作为结构的信用支持。

④项目的信用保证结构。对于银行和其他债权人而言，项目融资的安全性来自两方面。一方面来自项目本身的经济强度；另一方面来自项目之外的各种直接或间接的担保。这些担保可以是由项目的投资者提供的，也可以是由与项目有直接或间接利益关系的其他参与者或担保人提供的。这些担保可以是直接的财务保证，如完工担保，成本超支担保，不可预见费用担保；也可以是间接的或非财务性的担保，如长期购买项目产品的协议、技术服务协议、以某种定价公式为基础的长期供货协议等。所有这一切担保形式的组合，就构成了项目的信用保证结构。项目本身的经济强度与信用保证结构相辅相成。项目的经济强度高，信用保证结构就相对简单，条件就相对宽松；反之，就要相对复杂和相对严格。

6）融资成本较高

项目融资涉及面广，结构复杂，需要做好大量有关风险分担、税收结构、资产抵押等一系列技术性的工作，所需文件比传统的资金筹措往往要多好几倍，需要几十个甚至上百个法律文件才能解决问题。因此，与传统的资金筹措方式相比，项目融资存在的一个主要问题，是相对融资成本较高，组织融资所需要的时间较长。这一特点限制了其使用范围，在实际运作中，既要分析其优势，也必须考虑项目融资的规模经济效益问题。

基于项目融资的上述基本特征，以及项目筹建和运营过程中的大量不确定性，研究项目融资的风险对确保项目成功十分重要。

2. 项目融资风险及特征

项目融资时间跨度长，涉及面广，受各种相关因素的综合影响大。融资风险就是指在项目融资过程中出现的不确定因素，以及这些因素对项目目标产生的有利或不利的影响的机会事件的不确定性和损失的可能性。其风险管理具有以下主要特征：

1）以项目可行性研究报告作为风险控制的首要前提

项目的可行性研究可成为项目发起人投资决策、开展融资活动、寻求融资伙伴的依据；也是项目为求得政府部门支持及提供项目具体建设指导的依据。

项目的可行性研究需要分析并评价许多与项目有关的风险因素，如项目的原材料及燃料供应、技术设备及人力资源的获取、项目的外部市场环境、项目产品的市场需求状况等，通过这一系列因素的分析，对项目做出综合性的技术评价和经济效益评价，所以可行性研究报告有助于项目融资的组织以及对项目风险的识别和判断，项目融资的风险分析就是在可行性研究的基础上进行的，可行性研究报告成为风险分析的首要前提。

2）以风险的识别作为设计融资结构的依据

项目融资风险管理的基础环节是风险识别，融资结构设计是项目融资的核心。成功的融资结构应当在其各参与方之间实现有效合理的项目风险分配，其前提是对风险进行识别，从而使风险管理的目标明确化，进一步找出控制项目风险的方法和途径，设计出风险分担的融资结构。

3）以项目的当事人作为风险分担的主体

项目融资具有有限追索特征，对于与项目有关的各种风险要素，需以某种形式在项目的各有关方之间分担，有效地分配风险与减少风险对融资成功十分重要。风险应由最适于管理它的一方承担，投资者在融资运作中首先要确定项目的关键风险，其次是要评价项目每一种风险的可接受程度，最后要确定最适合承担某种风险的各当事人。一个成功的项目融资结构应该是在项目中没有任何一方单独承担起全部项目债务的风险责任。

4）以合同作为风险处理之首要手段和主要形式

在项目融资中将各类风险具体化，需要以合同的方式明确规定当事人承担风险的程度和承担方式，以项目合同、融资合同、担保、支持文件等作为风险处理的实现形式贯穿于项目周期，彼此衔接，使风险得以规避。

10.2.2　项目融资风险管理

1. 融资风险辨识

项目融资风险因依据标准不同可分为不同类型风险。依据投资者是否能直接控制项目风险，可分为：项目的核心风险和项目的环境风险；按照项目建设进展的阶段，可分为：项目建设开发阶段风险、项目试生产阶段风险、项目生产经营阶段风险。因此，融资风险辨识首要的是识别各类风险的属性。

(1)从项目风险的可控制性划分

项目风险分为项目的核心风险和环境风险。

项目的核心风险也称为可控制风险，是指与项目建设和生产经营管理直接有关的风险，包括项目的信用风险、完工风险、生产风险、经营管理风险及市场风险等。项目的核心风险是投资者知道如何去管理和控制的风险，同时也是投资者必须承担的风险。有限追索的项目融资是依靠有效的信用保证结构支撑的。组成信用保证结构的各个项目参与者是否有能力执行其职责，是否愿意并且能够按照法律文件的规定在需要时履行其所承担的对项目融资的信用保证责任，构成项目融资面临的信用风险。完工风险存在于项目建设阶段和试生产阶段，主要表现为：项目建设延期、项目建设成本超支、由于种种原因项目迟迟达不到设计规定的技术经济指标，极端情况下由于技术和其他方面的问题，项目完全停工放弃。完工风险是项目融资的一类主要核心风险，对项目可能造成的综合性负面影响有：项目建设成本增加、项目贷款利息负担增加、贷款偿还期限延长和市场机会错过、项目现金流量不能按计划获得等。项目的生产风险是对项目在试生产阶段和生产运行阶段存在的技术、资源储量、能源和原材料供应、生产经营、劳动力状况等风险因素的总称，它直接关系着项目是否能够按照预订的计划正常运转，是否具有足够的现金流量支付生产费用和偿还债务。经营管理风险主要评价项目投资者对所开发项目的经营管理能力，该能力是决定项目质量、成本控制和生产效率的重要因素。市场风险可通过签订长期产品销售协议来降低，协议合同的买方可以是项目投资者本身，也可是对项目产品感兴趣的具有一定资信的任何第三方，通过协议安排，协议合同买方对融资承担了一种间接财务保证义务。

项目的环境风险也称为项目的不可控制风险，它是指项目的生产经营由于受到超出企业控制范围的经济环境变化的影响而遭受到损失的风险。如项目的政治风险、环境保护风险、金融风险和部分的市场风险。项目的环境风险来源于项目的核心风险。项目的政治风险主要表现为国家风险和国家政治经济法律稳定性风险，前者如项目所在国政府由于某种政治或外交政策上原因，对项目实行征用、没收，或对项目产品实行禁运、联合抵制等；后者主要指项目所在国在外汇管理、法律制度、税收制度、劳资关系、环境保护、资源主权等方面的立法健全程度、管理完善程度及是否经常变动。环境保护风险指由于环境保护问题所造成的项目成本增加，具体表现为对所造成的环境污染的罚款或考虑环保因素造成的项目成本增加。项目金融风险表现在利率风险和汇率风险两方面：利率风险是在经营过程中，由于利率变动直接或间接地造成项目价值降低或收益受到损失；汇率风险涉及东道国、经营收益的自由汇出及汇率波动所造成的货币贬值问题，境外项目发起人一般希望将项目产生的利润以本国货币或硬通货汇往本国,以避免因东道国通货膨胀而蒙受损失,资金投入与汇出两时点上汇率的波动可能对项目发起人的投资收益产生较大的影响。项目最终产品的市场风险包含价格和市场销售两要素,企业一般无法完全控制此类风险。

(2)从项目的进展阶段分析

项目融资风险具体表现为项目开发阶段风险、项目试生产阶段风险和项目经营阶段风险。

从广义来讲,项目开发、建设和运营的经济效率和效果是项目融资风险的最终表现结果。因此项目开发、建设和运营三个阶段出现的不确定性因素可以看做是项目融资风险的另外一种表现形式。项目建设开发阶段的风险包括项目在建设前的预开发阶段(即规划、可研、设计)及正式动工建设阶段的风险。项目一旦动工建设,需投入大量的资金购买工程用地、设备和支付工程施工费用,同时这阶段贷款利息也计入资金成本。随着项目建设的进展,投入的资金额不断增加,项目的风险也随之增加。项目试生产阶段,项目虽已建成投产,但如果不能按照原订的成本计划生产出符合"商业完工"条件的产品和服务,就无法达到项目预期的现金流目标,就可能没有足够的能力支付生产费用和偿还债务,给投资者带来相应的风险。项目生产经营阶段是已进入正常运转的阶段,若可研报告中的假设符合实际,项目应能产出足够现金流量支付生产经营费用、偿还债务,并为投资者提供理想收益。此阶段的主要风险为:原料及燃料供应风险、市场风险、利率波动风险、通货膨胀等。

(3)按项目风险的投入要素划分

项目融资风险可分为:人员方面的风险、时间方面的风险、资金方面的风险、技术方面的风险和其他方面的风险。

1)人员方面的风险

主要表现在:人员来源的可靠性,技术熟练程度,流动性;生产效率;工业关系,劳动保护立法及实施;管理人员素质,技术水平,市场销售能力;质量控制;对市场信息的敏感性及反应灵活程度;公司内部政策,工作关系协调等。

2)时间方面的风险

主要表现在:生产计划及执行;决策程序、时间;原材料运输;原材料短缺的可能性;在建设期购买项目土地、设备延期的可能性,工程建设延期的可能性;达到设计生产水平的时间;单位生产效率等。

3)资金方面的风险

主要表现在:产品销售价格及变化;汇率变化;通货膨胀因素;项目产品购买者及项目设备使用者的信用;年度项目资本开支预算;现金流量;保险;原材料及人工成本;融资成本及变化;税收及可利用的税务优惠;管理费用和项目生产运行成本;土地价值;项目破产以及与破产有关的法律规定等。

4)技术方面的风险

主要表现在:综合项目技术评价(选择成熟技术是减少项目融资风险的一个原则);设备可靠性及生产效率;产品的设计或生产标准。

5)其他方面的风险

其他风险如产品需求、产品替代的可能性,市场竞争能力;投资环境(立法、外交政治环境、外汇管制);环境保护立法;项目的法律结构和融资结构;知识产权;自然环境;其他不可抗拒因素等造成的风险。

以上各类要素无论哪一种出现问题,都会对项目的经济强度产生影响。

(4)按项目风险的影响范围划分

项目融资风险可分为系统风险和非系统风险。

1)项目的系统风险

项目的系统风险是指该项目的预期收益对整体资本市场要素变化的敏感程度。系统性风险不能通过增加不同类型的投资数目而排除。因为造成这种风险的要素将会影响到整体资本市场的运动。系统性风险的典型例子有政府经济政策(如税收、货币政策等)的调整、经济衰退、世界性能源危机、中长期资本市场利率激增等。

2)项目的非系统风险

非系统风险是指一个项目所特有的风险,如项目的关键技术人才的流失、项目所需的某种特殊原材料的供应问题等。非系统风险一般可以通过多样化、分散化投资战略加以避免或减低。对于非系统风险,投资者只能做出定性的判断,而不可能取得统一的定量分析标准。

2. 融资风险分析评价

项目融资风险分析评价是评价风险存在的影响、意义以及应采取何种对策处理风险等问题。只有对项目融资风险在定性和定量两方面做出正确的分析,才能找出限制项目风险的方法和途径,设计出规避风险的融资结构。通常要根据项目融资的特点和要求,运用项目现金流量模型,对影响项目经济强度的各种因素的变动风险做出准确的数量化描述,为项目融资方案设计,提供重要数据支持。

下面主要介绍项目融资的敏感性分析方法和运用动态指标进行定量的项目融资风险评价。

(1)项目融资的敏感性分析方法

项目的风险分析是在可行性研究的基础上,运用可行性研究中所使用的现金流量模型进行风险分析,当确定了风险贴现率后,就可以计算项目的净现值,判断项目的投资能不能满足最低风险收益的要求。如果项目的投资能满足最低风险收益的要求,对于项目投资者来说,从风险分析的角度看,项目是可行的,但这并不意味着项目一定能满足融资的要求。为了设计合理的融资结构,满足投资方和债务方对相应风险的共同要求,就需要在现金流量模型的基础上建立项目的融资结构模型。合理的项目融资结构模型需要考虑项目的债务承受能力和投资者可以得到的投资收益率。通常,在一系列债务资金的假设条件下,通过调整现金流量模型中各种变量之间的比例关系,来验证预期的融资结构是否可行。采用的方法是在建立于现金流量模型的基础方案之后,进行模型变量的敏感性分析,考察项目在各种可能条件下的现金流量状况及债务承受能力。

敏感性分析,就是分析并测定各个因素的变化对指标的影响程度,判断指标(相对于某个项目)在外部条件发生不利变化时的承受能力。一般情况下,在项目融资中需要测度敏感性的变量要素主要有:价格、利率、汇率、投资、生产量、工程延期、税收政策和项目寿命期等。

项目敏感性分析有单因素敏感性分析和多因素敏感性分析两种。在单因素敏感性分析中,设定每次只有一个因素变化,而其他因素保持不变,这样,就可以分析出这个因素的变化对指标的影响大小。如果一个因素在较大的范围内变化时,引起指标的变化幅度并不大,则称其为非敏感性因素;如果某因素在很小的范围内变化时,就引起指标很大的变化,则称为敏感性因素。对于敏感性因素,需要进一步研究这个变量取值的准确性,或者收集众多的相关数据以减少在预测中的误差。多因素敏感性分析是考察多个因素同时变化对项目的影响程度,从而对项目风险的大小进行估计,为投资决策提供依据。

敏感性分析的基本步骤如下：①确定分析指标。如常采用净现值 *NPV* 指标。其次，选择需要分析测度的变量要素。②计算各变量要素的变动对指标的影响程度。在项目融资风险分析中，一般情况下，产量变化幅度应不超过10%～15%；价格是以略低于目前实际价格的产品价格作为初始价格，然后按照预期的通货膨胀率逐年递增作为现金流量模型的基础价格方案，在基础方案之上对项目前几年（至少5年）的价格水平加以调整，或在基础方案上以高出生产成本的5%～10%考虑；投资成本的超支假设一般在10%～30%之间取值；生产成本的取值可以采用比基础方案生产成本高出5%～10%的数字，或采用比基础方案通货膨胀率高的生产成本增长速度；利率的敏感性取值可以金融市场上的可测利率为依据。③确定敏感性因素，对项目的风险情况做出判断。

此外，有时在进行现金流量模型变量的敏感性分析时，需要对最差方案下的现金流量（即所有变量的最坏可能性结合在一起作为现金流量模型的方案）和最佳方案下的现金流量进行比较，以此来了解在各种假设条件下的项目现金流量状况及债务承受能力。

（2）运用动态指标进行定量风险评价

项目融资风险评估分为项目融资决策的风险评估和项目融资管理的动态风险评估。项目融资决策风险评估即通过计算累计债务覆盖率和项目债务承受比率两个指标，对风险进行评价与衡量。累计债务覆盖率是项目债务覆盖率的指标之一，项目债务覆盖率是指项目可用于偿还债务的有效净现金流量与债务偿还责任的比值，它是贷款银行对项目风险的基本评价指标。可分为单一年度债务覆盖率和累计债务覆盖率两个指标。可用式（10－1）及式（10－2）表示。累计债务覆盖率的参考取值范围在1.5～2.0之间。

单一年度债务覆盖率公式：

$$DCR_t = \frac{NC_t + RP_t + IE_t + LE_t}{RP_t + IE_t + LE_t} \tag{10-1}$$

式中　DCR_t——第 t 年债务覆盖率；

NC_t——第 t 年项目净现金流量；

RP_t——第 t 年到期债务本金；

IE_t——第 t 年应付债务利息；

LE_t——第 t 年应付的项目租赁费用（存在租赁融资情况下）。

累计债务覆盖率公式：

$$\sum DCR_t = \frac{NC_t + RP_t + IE_t + LE_t + \sum_{i=1}^{t-1} NC_i}{RP_t + IE_t + LE_t} \tag{10-2}$$

式中　$\sum DCR_t$——项目累计债务覆盖率；

$\sum_{i=1}^{t-1} NC_i$——自第1年开始至第 $t-1$ 年项目未分配的净现金流量。

控制累计债务覆盖率指标是为保证项目能持续地、经常地满足债务覆盖率要求，如项目在生产前期或设备更新期可能会出现较低 *DCR* 值，所以规定项目把一定比例的盈余资金保留在项目公司中，只有满足累计覆盖率以上的资金部分才被允许作为利润返还给投资者，以确保项目在不同年份之间都有能力偿还债务。

项目债务承受比率是指项目现金流量的现值与预期贷款金额的比值，可用式（10－3）表示。债务承受比率计算公式：

$$CR = \frac{PV}{D} \tag{10-3}$$

式中 CR——项目债务承受比率；

PV——项目在融资期间采用风险校正贴现率为折现率计算的现金流量的现值；

D——计划贷款的金额

项目债务承受比率的参考取值范围在 1.3 ~ 1.5 之间。

3. 融资风险管理

(1)项目融资各方风险分担关系

有效地分配和减少风险是项目融资成功的关键，项目风险的分配并不是对每个参与者平均分配，而是要将所有风险都分配给最适合承担它的一方，即项目的任何一种风险应完全由对该风险偏好系数最大的项目参与方承担时，项目的整体满意度最大。

图 10.3 是项目融资的主要参与方及其相互风险分担关系的结构图。

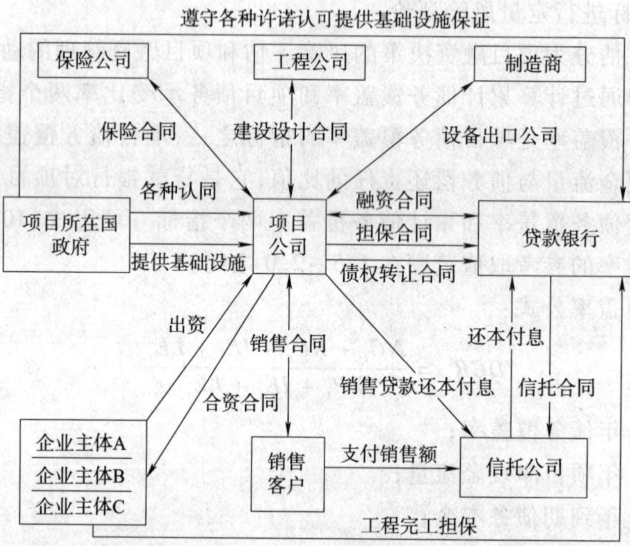

图 10.3 项目融资各参与方及其风险分担关系

(2)项目融资风险回避

项目投资者在决策中应回避高风险的投资领域项目和方案，选择低风险方案。在进行风险规避时，需要规避三种投资领域：一是高风险的项目投资领域；二是高风险的技术创新项目投资；三是高风险的技术创新方案。作为风险控制的一种方法，其使用的基本原则是回避不必要的风险。尽量回避那些远远超过企业承受能力的、可能对企业造成致命打击的风险。回避那些不可控制的、不可转移的、不可分散性较强的风险，在主观风险和客观风险并存的情况下，以回避客观风险为主。

(3)项目融资风险分散

项目融资的风险分散是指项目投资者通过科学的投资组合，如选择合适的项目组合，不同成长阶段的投资组合、投资主体的组合，使整体的项目融资风险得到分散而降低，从而达到控制的效果。风险分散的原则：一是高风险项目与低风险项目适当搭配，以便在高风险项目失败时，通过低风险项目弥补部分损失；二是项目组合的数量要适当。项目数量太少时，风险分散作用不明显,而项目数量过多时,会加大项目组织的难度,导致资源分散,影响项目组合的整体效果。三是采用项目寿命周期不同发展阶段的投资项目相组合。从项目启动阶段到中间阶段再到项目结束阶段,每个阶段都会面临着不同的机会与风险,为了使收益最大,尽可能地降低风险,最好采用不同阶段的投资组合。

(4)项目融资主要风险控制策略

1)信用风险的控制

主要措施是实地考察项目有关参与方的资信,通过各类资金承诺函、支持函等文件获得保障。如山东日照电厂项目,四家中方项目发起人都由金融机构对其发起人融资部分出具了资金承诺函。

2)建设和开发风险的控制

限制和转移此类风险的管理方法主要有:①签订固定价格的交钥匙总承包合同;由项目公司与工程承包商签订固定价格的交钥匙总承包合同,工程建设费用一次性包干,不管发生何种意外,项目公司都不再增加对工程的拨款,由此控制成本超支导致的完工风险。②由项目发起人提供完工担保;即由项目的一个或几个发起人以连带责任或个别责任的形式,保证项目按照融资协议中确定的完工标准,在一个规定的时间内完工。③提供债务承购保证;如果项目最终不能达到商业完工标准的条件,则由项目发起人将项目债务收购下来或将其转化为公司债务,即由有限追索的项目融资转化为完全追索的公司融资。④技术保证承诺;在项目工程建设中,要求施工方使用成熟的技术,并要求其在一个双方同意的工程进度内完成,也可以要求承包商提供项目完工担保和工程建成后的性能担保。⑤建立完工保证基金;即要求项目发起人提供一笔固定数额的资金作为保证基金,投资者不再承担任何超出保证基金的项目建设费用。⑥保险。有两种分散完工风险的保险:一是东道国商业机构的保险;二是外国投资者和贷款人本国的投资保险机构或多边投资担保机构的保险。前者由项目公司投保,后者由外国投资者和贷款人投保。

3)市场运营风险的控制

降低运营期风险的管理措施主要有:①签订无条件供应合同;如原材料供应、设备供应合同,它可以保证项目的运营成本相对稳定。②签订无条件销售合同;由项目产品买主或用户以自身信用保证无论是否取得产品或接受服务都要支付规定数额的货款,从而保证了项目的现金收入和经营效益。③建立储备基金账户;通过设立经营成本储备、检修储备、债务偿还等各类账户来保证有足够收入应付经营成本、特别设备检修费和偿还债务。④由项目发起人提供资金缺额担保;即由项目发起人向贷款人保证,由于各种原因引起项目收益不足,以致不能清偿全部贷款时,自己补足其差额。⑤签订有利的经营管理合同。如签订带有最高价格和激励费用的成本加费用合同,在这种合同形式下,经营者的报酬将严格地与其经营成本的高低挂钩。

4)金融风险的控制

项目融资实务中,一般通过以下措施来管理金融风险:

①将项目收入货币与支出货币相匹配。可以通过构造不同的合同结构使项目的收入与债务支出货币相匹配。

②在当地筹集债务。项目公司可以通过在当地举债的办法来减少货币贬值风险。

③将产生项目收入的合同尽量以硬货币支付,尤其是当这些合同的一方是政府部门时,这实际由政府以合同方式为项目提供了硬货币担保。

④与东道国政府谈判取得其保证项目公司优先获得外汇的协议或由其出具可获得外汇的

担保。

⑤利用衍生金融工具减少货币贬值风险。如利用互换交易，主要是利率互换和货币互换两种方式。互换就是用项目的全部或部分现金流量交换与项目无关的另一组现金流量。利率互换指项目投资者可将部分或全部的浮动利率贷款转换成固定利率贷款，从而在一定程度上可能减少利率风险对项目的影响。

利用期权交易也是常用的金融风险管理措施。在项目融资中多使用中期利率期权形式。在风险管理期，使用一系列逐步升高的利率作为不同时期的期权价格，以降低期权成本，进而提高项目投资收益率。

10.3 项目实施财务风险管理

10.3.1 施工过程财务风险

财务风险是指在各项财务活动中，由于内外环境及各种难以预料或无法控制的因素影响，使企业在一定时期、一定范围内所获取的财务收益与预期目标发生偏离而形成的使企业蒙受经济损失的可能性。在施工过程中，承包商的财务风险主要表现为垫资承包风险、汇率金融风险、资金管理风险、材料款结算支付风险。

1. 垫资承包风险

垫资承包风险是施工企业为业主的垫资由于难以预料或无法控制的因素影响而无法按时足额收回的风险。建筑市场上的不规范行为和建筑市场供过于求的局面，造成带资承包、垫资工程成为较为普遍的现象。有些施工企业在将自身资金押到施工项目上还不足以能拿到工程任务的情况下，可能会迫不得已去向银行贷款用于垫资施工。投入工程施工中大量的资金，少则几百万元，多的可能上千万元。同时，还会外欠协作单位的若干债务。一旦出现由于建设单位的种种原因(是施工企业所预料不到的)，工程停建、缓建或其他原因，建设单位不能按施工合同、约定给付施工企业工程款，施工单位必然陷入债务矛盾的旋涡。

随着建筑市场的不断发展、投资主体的法人化程度的不断提高，许多业主在招标过程中增加了风险抵押或履约保证金的比例和数量，越来越多的业主将履约保证金由原来的银行保函改变为货币资金，由于施工企业生产产品的独特性，即单位产品价值高、生产周期长等，决定了履约保证金的数额大、抵押时间长，项目履约保证金往往变成了实质上的“垫资”，此外，按比例付款和质量保证金制度又会积压一定比例的应收工程款等，因而更加大了施工企业的垫资承包风险。

2. 汇率金融风险

在国内基础设施建设业务领域，有许多世行、亚行等外资贷款建设的项目，这些项目明确要求以外币作为结算单位。建筑施工企业走出国门承接国际业务时，更是以外币作为结算单位，国际货币市场汇率变化必然引起汇率风险。在合同期若人民币对外币汇率上升，意味着合同规定的以外币计价的工程款兑换成人民币减少了，无形中合同总价就可能发生很大损失。

一般建筑施工企业在国内承接外资贷款项目，以外币作为结算单位时，所遇到的汇率风险往往比在国外承接业务的汇率风险要大。前者项目收入支出是同一种货币，项目成本相对容易控制。后者收入是以外币计价，而材料设备采购、人工工资等成本支付基本用本币，外币计价收入金额越大，遇到汇率波动越大，则汇率风险也就越大。

3. 资金管理风险

一方面是筹集资金的风险，当企业承接工程项目的规模不断增加时，流动资金易出现短缺，这时必然会向银行借入资金。借入的资金将会产生借款费用，这些费用与还款的压力有时会构成一定财务风险，严重时会使企业的借款利息都无法支付。有些情况下由于经营的需要与流动资金的限制，在经营规模扩大时必然占用供应商的资金，当供应商索债紧迫时，也会造成企业财务危机。

另一方面是企业内部资金管理，若权限过于分散下放，易导致资金使用失控，难以保障有效支付。有些施工企业资金管理上采用的是分级管理模式，这种模式对调动基层单位理财的积极性有一定的作用，但大量的贷款由企业总部统一管理，承担还本付息的义务，这就要求总部必须有集中资金的控制能力和适当的控制方式。而这种模式缺乏统一的资金使用规划，不能统筹运作，难以保证支付的有效进行。

4. 资金回收的风险

是指企业的资金由于不能按时收回而影响企业资金周转，加大财务成本，引起财务状况恶化的可能性。工程结算应收账款是建筑企业资金回收的主要风险之一，建筑安装工程生产周期较长，企业必须在施工过程中先期投入大量的人力、实物资本，一般按月办理结算，回收期则要延伸到全部工程完工并经验收之后，扣留的质保金则要在工程运行一段时间后再办理退款。因此，建筑企业存在的应收账款，相对其他企业金额更大、在企业资产中所占比重也更高，资金长期不到位，必然增加企业的财务风险。

另一方面的资金回收的风险是材料款结算支付风险。有些项目中业主提供的材料，合同未规定材料结算的方式、时限，业主可能要求当即货款两清或者分享材料的节约收益，会增加企业的资金压力。有些乙方自行供应，质量标准约定不明确，如合同规定"采购的工程材料，须经甲方代表认可后方能使用"，业主代表若提高材料档次标准或指定供应商提供质次价高建材，会使乙方支付较高的费用。

10.3.2 施工过程财务风险管理

1. 防范垫资承包风险

应树立财务风险防范意识，建立并完善项目承接前期的调查、论证与决策程序，对拟承揽项目要做到有准备、有选择、有论证。拟垫资承接项目，为防范垫资承包风险，不论是硬垫（交纳保证金），还是软垫（垫进度款），都要考察项目收益和现金流。在签约时，需要细致、明确地规定垫资方式、归还方式、归还期限、违约责任等，最大限度地减少垫资风险。对付出的保证金要采取递退式返还方式，及时收回资金，降低风险。

2. 规避汇率风险

管理或规避汇率风险的措施有：①将汇率风险纳入投标价格。就是在投标报价时将合同期内汇率可能波动的幅度考虑纳入投标价格中，这种情况可以部分地将汇率风险转嫁给对方。②运用汇率衍生金融工具管理风险。通过运用远期外汇交易、货币期权、汇率期货等金融工具固定成本或收益来规避汇率风险。这要求企业有精通外汇金融管理的人才。③锁定汇率，在签订合同时，与发包方约定按签约时的汇率约定一个浮动范围，当汇率的波动较大，超过浮动范围就可以索赔，这是一个双方都可以接受的规避汇率风险的办法。

3. 控制资金风险

1）加强资金的统一调控管理，成立内部资金管理中心。大额筹资、融资、投资要经过公司法人层面的决策，如垫资施工、现金保证、投标保证金等项目，要经过相关程序严格审批。通过设立内部结算中心，调剂资金余缺，加速周转，提高资金效益和使用效率。

2）拓宽融资渠道，建立强大的资金支持体系。

3）对应收账款进行全过程的控制。做到事前、事中和事后控制。应收账款的事前控制，是在承揽工程、签订施工合同环节的控制，企业应设立专职或兼职的应收款管理部门，明确其职责。事中控制的时间段是企业施工合同签订至应收账款回收之前，这个阶段的控制工作由财务部门及项目部等有关部门和人员来完成，应随时关注建设单位的相关信息，进行动态管理。财务会计部门应定期向债务单位寄送对账单，以确保双方在应收账款数额、还款期限、付款方式等方面保持一致。应收账款一旦形成，企业应制订合理的清欠策略，组织专门力量，成立债权清理领导小组对应收账款进行清理。事后控制包括施工合同到期时款项的收回控制以及款项到期由于各种原因无法收回而形成坏账损失的处理。坚持清欠偿债不放松，利用打折等方式主动偿还各类债务，有效地规避风险，改善资产负债状况。

4）规避材料款结算支付风险。业主提供的材料，合同中应规定材料结算的方式、时限、材料节约收益的分享等。乙方自行供应的材料，应在合同中明确材料的质量标准。为规避施工期材料价格上涨风险，承包商可采用可调价格合同，把材料价格波动引起的风险和利润留给业主或材料供应商。若承包商判断出某一建材有涨价的趋势，也可利用期货的方式购买建材。通过先期签订购货合同，预付一部分保证金，就可以在后续施工中以低于市场价的价格购买所订购的建材。以节省开支，规避风险。

5）加强保函管理，保函是一种或有负债，即可能要支付的现金。除了要认真做好项目，认真履约，保证保函的安全外，还要及时办理保函退回手续，努力节约各类保函手续费。

4. 加强项目的资金管理与成本控制

1）强化项目资金管理。项目部应按时编报资金使用计划，严格审批制度，遵循以收定支和资金有偿使用的原则。同时建立财务审核支付制度，提高审核支付的效率。使已形成支付要求的凭证资料及时报送财务部门，以便及时审核，落实资金。

2）加强项目成本管理。推行目标成本管理，以中标价扣除税金后作为工程结算收入，再扣除目标利润后确定目标成本。项目管理部门要及时编制施工图预算和施工预算。由项目经理负责采用施工现场成本控制法对项目成本实施现场控制，确定施工项目资金支配数额，项目经理负责在控制的成本（资金）范围内完成施工。施工项目部的余缺资金则由施工单位的内部资金管理中心进行调剂。

3）重视工程项目结算管理。要做好结算工作，要在内部强化基础管理工作，如变更签证、索赔、实物量核对、结算书的编制和送审等，决不因自身的原因而延误结算。项目竣工阶段，应成立项目结算小组或类似机构，安排专人负责工程项目的结算和清欠事务，以免丧失索赔的法律时效，给企业造成损失。

5. 改善财务管理与核算模式

1）加强财务预算管理，提高企业资金控制力。企业应推行全面预算管理，通过设定的预算管理体制，发挥各级预算分管部门和预算责任单位的职能作用，对通过预算期内的全部投入和产出所反映的收入、成本、费用、赢利和财务状况，逐级编制全面预算，分级实施控制并严格考核，从而实现企业的经营目标。

2）推行财务管理信息化。结合施工企业的行业特点和集团财务管理现状，开始实施财务集中管理系统，以实现财务管理信息化、实时化。实现集团从财务信息的集中到资金管理的集中,以达到实时监控,防范风险的目的。

10.4　工程保证担保

10.4.1　担保与工程保证担保

1. 担保概念及方式

担保是为了保证债务的履行、确保债权的实现,在人的信用或特定的财产之上设定的特殊的民事法律关系。

根据担保标的不同,担保可分为人的担保和物的担保。人的担保,又称信用担保,是指债务人通过第三人,即保证人的信用向债权人提供的担保。在人的担保中,涉及债权人、债务人和保证人三方关系。债权人为了确保自身权利的实现,在设定保证担保时,应当严格审查保证人的资信状况。人的担保专指保证担保。物的担保,又称财产担保,是指债务人通过自身的财产,包括有形财产或无形财产,向债权人提供的担保。如果债务人不履行其债务,债权人通过处分担保财产而从中优先受偿。担保一经设立,债权人即对标的物享有担保物权。在物的担保中,只涉及债权人和债务人双方关系,并不涉及第三方。物的担保又可分为不转移占有权的物的担保和转移占有权的物的担保。不转移担保财产占有权的是抵押,转移担保财产占有权的包括质押、留置以及定金。

我国《担保法》规定的担保方式一共有五种:保证、抵押、质押、留置和定金。这五种方式尽管都属于债权的担保,但它们的性质、特点、适用范围等各有不同,有的适用于给付金钱债权,有的适用于给付特定物债权,有的适用于劳务债权。保证担保是我国《担保法》所规定的五种合同担保方式中的一种。我国《担保法》第6条规定:“本法所称保证,是指保证人和债权人约定,当债务人不履行债务时,保证人按照约定履行债务或者承担责任的行为。”保证担保,即保证担保人(担保单位)向权利人保证,如果被保证人无法完成其与权利人签订之合同中规定的应由被保证人履行的承诺、债务的话,则由保证担保人代为履行,或付出其他形式的补偿。

2. 工程保证担保

工程保证担保是银行、金融机构或经营保证担保业务的企业,在事先评估承包商(业主)业绩和信用的基础上,向业主(承包商)保证承包商(业主)履行合同约定完成工程(支付有关工程款项)的信用行为。已成为维护建设市场秩序、保证参与工程的各方守信履约、优化资源配置的风险控制管理手段。

工程项目风险管理中采用保证担保方式是国际工程风险管理长期实践的结果,即以专业保证担保公司(保险公司)履约担保书或银行保函方式进行工程担保,而不采用抵押、质押、留置和定金等方式。工程担保作为一种特定物给付债务的担保,其义务首先是保证履约,保证按质按量按时地实现特定物(工程项目)的给付;其次才是承担赔偿损失责任。而其他四种担保方式只是承担金钱赔偿责任,并无实际履行义务。保证担保提供了独立的第三方(银行或保险公司等)介入的机会,因而可以真正起到担保作用,以避免发包人与承包商陷入长期的债务纠纷,保证合同全面、合理地履行,并保护公共利益和当事人各方的合法权益。

10.4.2　工程保证担保的种类

工程保证担保形式包括多种,应用最多同时也是最具实效的主要有以下四种:

1. 投标保证担保

即保证投标人有能力和资格按照竞标价签订合同，完成工程项目，并能提供业主要求的履约和付款保证担保。如果承包商在投标有效期内退出投标或中标后不签订工程合同，担保人将负责偿付业主的损失。国外投标保证担保金额一般为合同价的5% ~20% 。

目前，投标担保虽已广泛采用，但大多是现金形式的保证金，即由投标人向业主交纳投标保证金。这种做法都是承包商以现金形式直接向业主提供信用保障，并未涉及第三方保证人出具信用担保，是我国担保法规定以外的一种担保形式。投标担保直接采用押金形式的担保，有着操作手续简便的优点，但存在明显的缺点：1）冻结了承包商的部分周转资金。2）不能有效解决承包商的资格预审问题。为了进一步完善投标担保制度，投标担保应考虑采用保证担保的形式。保证担保将第三方（担保方）引入，如果承包商中标后因故不能与业主签约承揽工程，则保证人将按保函规定赔偿业主的损失。投标保证担保的作用一方面，可以促使投标人认真对待投标报价，有效防止了投标人的轻率投标行为；另一方面，通过保证人对投标人的资格、信誉、管理水平等进行严格的资格预审，确保投标人具有合格的资信以及中标后签约和提供业主要求的履约及维修保证担保。

2. 履约保证担保

即保证承包商能够按照合同履约，使业主避免遭受由于承包商违约，不能按合同约定的条款完成承包的工程而遭受经济损失。如果承包商不能按合同要求完成工程且业主并无违约行为，担保人可以向承包商提供资金上的支持或技术上的服务，以避免工程失败的结果。担保人也可以将剩余的工程转给其他承包商去完成，并弥补差价。如果以上手段均不能奏效，担保人则将以现金形式补偿业主的损失。履约保证担保保证承包商100% 的履行合同，而保证的金额根据世界银行文件规定，银行保函开具的保证金额为合同价的15%，由保证担保公司担保书开具的金额为合同价的30% 。

我国《招标投标法》第四十六条规定“招标文件要求中标人提交履约保证金的，中标人应当提交”；第六十条规定“中标人不履行与招标人订立的合同的，履约保证金不予退还，给招标人造成的损失超过履约保证金数额的，还应当对超过部分予以赔偿；没有提交履约保证金的，应当对招标人的损失承担赔偿责任”，从法律角度为实行履约担保的做法做出了规定。同投标担保采用保证金一样，直接采用押金形式的履约担保，操作手续简便，但也有明显的缺点：1）冻结了承包商的周转资金。履约保证金，一般为中标合同价的10% 左右，有些达30% ，当中标工程比较大时，工期也较长，则所需保证金数额就高，押置时间也长，这对施工企业形成的财务负担相当沉重。2）不能有效解决承包商的信誉问题及工程转包问题。从表面上看，直接交纳保证金能较好地约束承包商履行合同，有利于保证工程质量和工程建设的顺利进行。但实际上，由于我国施工企业资金周转困难，有时甚至导致施工企业无法正常运营。有些很难正常运营的承包商，也因高额保证金押在业主手中，为减少损失，就不得不依靠各种不正当的、合同外的一些行为来履行合同，最终受害的是整个社会。

3. 付款保证担保

即保证业主（承包商）根据合同向承包商（分包商、材料商）支付全部款项。业主支付保证担保实质上是建设单位的履约担保，是指建设单位通过担保人为其提供担保，保证建设单位按照合同规定的支付条件，如期将工程款支付给建筑企业。如果业主不按合同支付工程款，将由保证人代业主向承包商履行支付责任，其受益人是政府和承包商。推行业主支付担保，由担保人为建设单位提供建设资金担保，保证建设资金及时到位时，以保障工程建设的顺利实施，可解决建设单位在资金不足时千方百计压低造价,拖欠工程款等违约做法。这对于彻底解决我国工程建设领域存在的工程款拖欠、三角债、垫资承包、工期拖延、偷工减料及应付款问题导致的各种纠纷具有特别重要的意义。

承包商付款保证担保是担保承包商对分包商和材料供应商的合同付款责任。

4. 维修保证担保

建筑工程在竣工验收交付使用时,虽然已经验收合格,但由于建筑工程质量的单一性、过程性、隐蔽性(如地基工程和钢筋工程等)等特点,其质量的检测和评价难度较大,使建筑工程在竣工验收时很难将一些隐蔽和潜在的质量问题发现,只有在使用之后,经过一定的时间才能暴露出来。为了保证工程质量,维护业主及使用方的合法权益,我国《建筑法》第六十二条明确规定,建筑工程实行质量保修制度。质量保修制度规定,交付使用的工程在质量保修期内,因勘察设计、施工、材料等原因造成的工程缺陷,应由承包人负责维修、更换,承担质量保修责任。这对于承包人切实履行保修义务,保证建设工程质量,维护业主和用户的合法权益,起了极其重要的作用。

在执行过程中,也存在一些问题:如质量保修金比例过高、质量保修金归还时间过长、质量保修金被发包人无偿占有等。有些建设单位利用质量缺陷等方面的合同条款,不合理没收或扣除工程保修金等。因此,需进一步完善工程保修担保制度,以保证工程质量保修制度能够有效落实。如工程质量保修可采取维修保函方式和保险担保方式。

5. 其他保证担保形式

例如"预付款担保"、"不可预见款担保"等。

10.4.3 相关概念

1. 保函(保证担保书)

保证义务是通过保函(保证担保书)依法设定的。保函是合同,保证人的义务也就是保函中所规定的义务。一般保函由银行出具,而保证担保书由专业保证担保公司出具。

2. 保费

保费是保证担保公司提供保证担保所收取的费用。保证人在提供保函(投标保证担保书)时就承担着风险,每一个保函就是一种资金信用,保证人提供这种信用要收取一定的费用;保证人因承担风险要获得一定的补偿。一般来说,保证人认为风险越大,收取的保费就越高。如果合同的价格增加或履约期超出规定期限,保证人可以索取额外保费。

3. 反担保

保证担保方为了降低自身的风险,作为出具保函的一个条件,向被保证人寻求反担保,即当保证人因承担保证担保的风险而遭受损失时,被保证人应对其予以赔偿。反担保可以采用不同的方式,包括现金、不动产信托契约、股票和其他投资、应收款转让证书、信用证等。保证人也可以采取其他减少风险的措施,包括付款账户的控制或特定的提存协议来使被保证人将来自工程项目的收入确实用于该项目,即保证项目收入首先用于项目开支。

4. 再保证

这是保证人的又一降低风险的措施。保证人将其所承保业务的一部分或全部分给其他保证人承保。接受再保证的保证人称为再保证人。

10.4.4 工程保证担保制度的作用及在国内的发展

1. 推行工程保证担保制度作用

工程保证担保制度对我国建设工程质量保证监督机制的建立,具有重大的意义。具体表现为以下方面:

1)工程保证担保有利于保障合同履行,确保工程质量和工期

保证合同履行是工程保证担保制度的基本功能,信守合同者,社会信誉高,担保机构愿意担保,容易获得更多的工程项目;相反,失去信誉者,企业形象受损,赔偿巨大,担保机构不愿担保,在激烈的市场竞争中,必然使于劣势甚至遭到淘汰。这种运用信用手段建立起的社会保证、利益制约、相互规范的监督制衡机制,通过正面利益驱动,守信则受益,失信则受制裁,能大大强化工程各方自我约束和自我监督的力度。建设市场参与各方,都必然在自身利益的驱动下,提高合同意识,强化责任落实,确保工程质量工期,形成良好的建设市场运行机制。

2)工程保证担保有利于解决工程款拖欠问题

3)工程保证担保有利于转移和规避风险

工程保证担保制度可以将信用风险转移回它的风险源,信用风险转移的结果是债务人增强了履约的自律,从而规避了合同履行的风险。

4)工程保证担保有利于工程量清单招标和最低价中标的推行

工程保证担保提供了对承包商的资格预审功能,所以美国的公共项目招投标过程中业主无需自行进行承包商资格预审,通常实行完全的公开招投标制度,通过建筑业企业之间的竞争,使业主以自己满意的价格找到合适的承包商。同时,在评标过程中,也采用最低价中标的评标办法。担保人严格的预审与反担保措施,不仅给市场提供了公平的竞争机会,也能有效约束承包商行为,承包商若以不合理低价中标,其结果是进则亏损,退则被罚。

5)工程保证担保制度能够有效地转换政府职能

推行工程保证担保制度能够使担保人从自身经济利益出发,参与工程管理和监督,这样政府就从微观监督中解脱出来,实现有效的宏观调控。

6)有助于减少工程建设领域的腐败问题

工程保证担保制度是一项市场保证制度,是对部分政府职能的社会化。它以市场经济的手段建立起一道硬性的市场准入门槛,作为独立的经济利益主体,担保人将为其错误的评审承担责任,政府在整个过程中起到的是管理者的作用。工程保证担保制度所形成的利益约束机制将在一定程度上减少我国工程建设领域的腐败问题。遏制腐败是美国当年对公共项目实施强制性保证担保的原因之一。

7)工程保证担保有利于与国际市场接轨

在全世界范围内特别是在市场经济发达的国家和地区,工程保证担保制度作为一种信用工具已在工程建设中被广泛运用,以此来规避履约风险。加快全面推行工程担保保证制度的步伐,是与国际市场接轨,满足外国承包商进入国内建设市场的需要,满足国内建筑承包商适应国际市场的要求。

工程保证担保制度还在降低建筑业信息不对称,降低交易成本,增强建筑企业的竞争力,降低工程建设事故发生概率方面具有重要的作用。

2. 我国工程保证担保制度的发展

与发达国家相比较,我国工程担保开展较晚。1998 年 5 月,建设部发出“关于一九九八年

建设事业体制改革工作要点”的文件，明确提出“逐步建立健全工程索赔制度和担保制度”；“在有条件的城市，可以选择一些有条件的建设项目，进行工程、质量保证担保的试点”。1998年7月，国家批准长安保证担保公司挂牌成立。长安保证担保公司是我国首家专业化的工程保证担保公司，商业化运作，以股份制形式组建，以工程保证担保、质量保证担保、信用保证担保和住房保证担保为特色。它的成立标志着我国建设市场运行机制的改革与国际惯例接轨，并按照“非迪克条款”方式建立起新型的工程质量保证监督机制。长安保证公司成立以后，先后与北京市建委、上海市建委、天津市建委、河北省建委、深圳市建设局签订合作协议书或开展有关合作，在上述五省市具体实施了建立我国工程保证担保制度的试点工作。

目前，我国建设工程担保业务仍处于起步发展阶段，品种单调，业务量很小，地区覆盖面低，交易双方积极性不高，担保市场发育很不成熟。据调查，目前所开展的建设工程担保业务，其特点一是集中在外资项目上，如外商独资项目、国际金融组织贷款项目、中外合资项目，这些项目将国际惯例随同投资一起带入了我国建筑市场。二是集中在经济较发达、建设工程规模比较大、被列为推行建设工程担保制度试点的一些城市，如深圳、北京、天津、大连、宁波、厦门等。三是集中在一些大型工程项目上，如三峡工程、国家大剧院工程、首都博物馆工程、杭州湾大桥工程等。此外，目前一些政府投资的重点工程、一些国家政策性银行贷款工程、一些运作规范的房地产开发公司，也开始在工程建设过程中采用担保方式来规避和化解风险。四是集中在少数的建设工程担保品种上，如建设工程投标担保、履约担保、维修担保等。

10.5 工程保险

10.5.1 工程保险的概念和特点

保险，即投保人根据保险合同(保险单)的约定，向保险人支付保险费，保险人对于合同约定的可能发生的事故因其发生所造成的财产损失承担赔偿保险责任，或者当被保人死亡、伤残、患病时承担给付保险金责任的商业行为。

工程保险是维护建设市场正常运作、减少工程事故、优化资源配置的风险控制管理手段，主要是指工程业主、承包商、技术咨询顾问(设计、监理)等将工程建设中可能遇到的风险向保险公司进行投保(即转嫁风险)，同时享受保险公司提供的风险管理服务，以便在保险事故发生时可以获得技术经济赔偿，从而保证工程建设顺利进行。

工程保险属于财产保险的领域，但与普通财产保险区别显著，主要特点为：

(1)风险的特殊性

工程保险承保的风险具有特殊性，具体表现在：

1)既承保被保险人的财产损失风险，还承保被保险人的责任风险；

2)风险标的中大部分暴露于风险之中，自身抵御风险的能力低；

3)施工始终处于一种动态过程，且存在大量交叉作业，各种风险因素错综复杂，风险程度高。

(2)责任范围的综合性

工程保险的主要责任范围一般由物质损失部分和第三者责任部分构成。同时还可针对工程项目风险的具体情况提供运输过程中、人员工地外出过程中、保证期过程中各类风险的专门保障，是一种综合性保险。

(3)被保险人的广泛性

工程保险在建设中涉及的当事人较多,关系相对复杂,项目参与各方均可能对项目拥有保险利益,因此可能并不只有一方为被保险人。

(4)保险期限的不确定性

工程保险的保险期限一般由具体工程项目的工期确定,时点也具有不确定性,通常采用工期费率。

(5)保险金额的变动性

工程保险中物质损失部分针对的标的的实际价值在保险期限内是随着工程建设的进度不断增长的。保险期限内,不同时点的实际保险金额是不同的。

10.5.2 工程保险的种类

我国已开办的工程保险包括建筑工程一切险、安装工程一切险和建筑职工意外伤害保险;正在逐步推行勘察设计、工程监理及其他工程咨询机构的职业责任险、工程质量保修保险等。以下主要介绍我国建筑工程一切险、安装工程一切险和建筑职工意外伤害保险的相关规定。

1. 建筑工程一切险(含建筑工程第三者责任险)

建筑工程一切险是承保以土木建筑为主体的工程项目在整个建筑期间因自然灾害或意外事故造成的物质损失,以及依法应承担的第三者责任的保险。

该险种是对各种建筑工程项目提供全面保障的险种,既对施工期间工程本身(含工程质量)、机械、设备遭受的损失给予赔偿,也对因施工给第三者造成的财产损失或人员伤亡承担赔偿责任。该险种一般由业主或承包商购买。保险受益人包括业主、承包商及分包商,保险金额以完工价值为最高限额。国外称作“承包商险”,但承保内容有所不同。

(1)保险标的与保险金额

建筑工程一切险的保险项目包括物质损失部分、第三者责任及附加险三部分。以下分别介绍。

1)物质损失

①建筑工程。如民用房屋工程、公用工程和工业工程。包括永久和临时性工程及物资材料。这是建筑工程保险的主要保险项。该部分保险金额为承包工程合同的总金额,也即建成该项工程的实际价格,包括设计费、材料设备费、施工费(人工及施工设备费)、运杂费、税款及其他有关费用。

②业主提供的物料及项目。指未包括在工程合同价格之内的,由业主提供的物料及负责建筑的项目。该项保险金额应按这一部分标的的重置价值确定。

③安装工程项目。指承包工程合同中未包含的机器设备安装工程的项目。该项目的保险金额为其重置价值,所占保额不应超过总保险金额的20%;超过20%的按安装工程一切险费率计收保费;超过50%的则另投保安装工程一切险。

④施工用机械,装置及设备。如施工用的推土机、钻机,脚手架、吊车等机器设备。此类物品一般为承包商所有,其价值不包括在工程合同价之内,因而做专项承保。该项保险金额应按机器、装置及设备的重置价值确定。

⑤场地清理费。指发生承保风险导致损失后,为清理工地现场所必须支付的一项费用,不包括在工程合同价格之内。该项保险金额一般按大工程不超过其工程合同价格的5%,小工程不超过工程合同价格的10%计算。

⑥工地内现成的建筑物。指不在承保的工程范围内的，由业主或承包单位所有的或由其保管的工地内已有的建筑物或财产。该项保险金额由双方共同商定，但最高不得超过该建筑物的实际价值。

⑦业主或承包商在工地上的其他财产，指上述五项范围之外的其他可保财产。该项保险金额由双方共同商定。

以上各部分之和为建筑工程一切险物质损失部分总的保险金额。货币，票证、有价证券、文件、账簿、图表、技术资料，领有公共运输执照的车辆、船舶以及其他无法鉴定价值的财产，不作为建筑工程一切险的保险项目。

2）第三者责任

是指被保险人在工程保险期内因意外事故造成工地及工地附近的第三者人身伤亡或财产损失而依法应负的赔偿责任。保险金额一般通过一个赔偿限额来确定，该限额根据工地责任风险的大小确定。通常有两种方式：

①只规定每次事故的赔偿限额，不具体限定为人身伤亡或财产损失的分项限额，也不规定在保险期限内的累计赔偿限额，这种方式适用于责任风险较低的第三者责任。

②先规定每次事故人身伤亡及财产损失的分项赔偿限额，进而规定对每人的限额，然后将分项的人身伤亡限额与财产损失限额组成每次事故的总赔偿限额，最后再规定保险期限内的累计赔偿限额，这种方式适用于责任风险较大的第三者责任。

3）附加险

根据投保人的特别要求或某项工程的特性需要可以增加一些附加保险，保险金额由双方商定。

（2）保险责任与除外责任

1）物质损失的保险责任与除外责任

①责任范围

a. 在保险期限内，若保险单列明的被保险财产在列明的工地范围内，因发生除外责任之外的任何自然灾害或意外事故造成的物质损失，保险人应负责赔偿。自然灾害包括：地震、海啸、雷电、飓风、台风、龙卷风、风暴、暴雨、洪水、水灾、冻灾、冰雹、地崩、雪崩、火山爆发、地面下陷下沉及其他人力不可抗拒的破坏力强大的自然现象。意外事故是指不可预料的以及被保险人无法控制并造成物质损失或人身伤亡的突发性事件，包括火灾和爆炸等。

b. 上述有关费用包括必要的场地清理费用和专业费用等，也包括被保险人采取施救措施而支出的合理费用。但这些费用并非自动承保，保险人在承保时需在明细表中列明有关费用，并加上相应的附加条款。如果被保险人没有向保险公司投保清理费用，保险公司将不负责该项费用的赔偿。

②除外责任（保险人对以下情况不承担赔偿责任）：

a. 设计错误引起的损失和费用。

b. 自然磨损、内在或潜在缺陷、物质本身变化、自燃、自热、氧化、锈蚀，渗漏、鼠咬、虫蛀、大气（气候或气温）变化、正常水位变化或其他渐变原因造成的被保险财产自身的损失和费用。

c. 因原材料缺陷或工艺不善引起的被保险财产本身的损失以及为换置、修理或矫正这些缺点错误所支付的费用。

d. 非外力引起的机械或电气装置的本身损失，或施工用机具、设备、机械装置失灵造成的本身损失。

e. 维修保养或正常检修的费用。

f. 档案、文件、账簿、票据、现金,各种有价证券、图表资料及包装物料的损失。

g. 盘点时发现的短缺。

h. 领有公共运输行驶执照的,或已由其他保险予以保障的车辆、船舶和飞机的损失。

i. 除已将工地内现成的建筑物或其他财产列入保险范围,在被保险工程开始以前已经存在或形成的位于工地范围内或其周围的属于被保险人的财产的损失。

j. 除非另有约定,在保险期限终止以前,被保险财产中已由工程所有人签发完工验收证书或验收合格或实际占有或使用或接收的部分。

2)第三者责任的保险责任与除外责任

①责任范围

a. 在保险期限内,因发生与承保工程直接相关的意外事故引起工地内及邻近区域的第三者人身伤亡、疾病或财产损失,依法应由被保险人承担的经济赔偿责任,保险公司负责赔偿。

b. 对被保险人因上述原因而支付的诉讼费用以及事先经保险公司书面同意而支付的其他费用,保险公司亦负责赔偿。

②除外责任

a. 物质损失项下或本应在该项下予以负责的损失及各种费用:

b. 由于震动,移动或减弱支撑而造成的任何财产、土地、建筑物的损失及由此造成的任何人身伤害和物质损失;

c. 下列原因引起的赔偿责任:

• 工程所有人、承包商或其他关系方或他们所雇佣的在工地现场从事与工程有关工作的职员、工人以及他们的家庭成员的人身伤亡或疾病;

• 工程所有人、承包商或其他关系方或他们所雇佣的职员、工人所有的或由其照管、控制的财产发生的损失;

• 领有公共运输行驶执照的车辆、船舶、飞机造成的事故;

• 被保险人根据与他人的协议应支付的赔偿或其他款项。但即使没有这种协议,被保险人仍应承担的责任不在此限。

3)总除外责任

建筑工程一切险一般都设有同时适用于物质损失和第三者责任两个部分的除外责任,总除外责任规定保险人对以下各项不承担赔偿责任:

①战争、类似战争行为、敌对行为、武装冲突、恐怖活动、谋反、政变引起的任何损失、费用和责任;政府命令或任何公共当局的没收、征用、销毁或毁坏;罢工、暴动、民众骚乱引起的任何损失、费用和责任。

②被保险人及其代表的故意行为或重大过失引起的任何损失、费用和责任。

③核裂变、核聚变、核武器、核材料、核辐射及放射性污染引起的任何损失、费用和责任。

④大气、土地、水污染及其他各种污染引起的任何损失、费用和责任。

⑤工程部分停工或全部停工引起的任何损失、费用和责任。

⑥罚金、延误、丧失合同及其他后果损失。

⑦保险单明细表或有关条款中规定的应由被保险人自行负担的免赔额。

(3)保险期限

保险期限是在保险单列明的建筑期限内,自投保工程动工日或自被保险项目被卸至建筑工地时起生效,直至建筑工程完毕经验收合格时终止。建工险的保险期限分为制造期限、运输期限、主保期限(建筑安装期限)、试车期限、保证期限等。

2. 安装工程一切险(含安装工程第三者责任险)

该险种属于技术险种,目的在于为各种设备安装及钢结构工程施工提供全面的专门保险(含工程质量),风险主要来自于人为事故。该险种一般由业主或承包商购买,保险受益人除业主承包商外,还包括设备制造或供应商、设计、监理等。它是以设备的购货合同价和安装合同价加各种费用或以安装工程的最后建成价格为保额的,以重置基础进行赔偿的,是指专门承保新建、扩建或改造的工矿企业的机器、设备或钢结构建筑物在安装、调试期间,由于保险责任范围内的风险造成的保险财产的物质损失和列明的费用的保险。与建筑工程一切险相比,安装工程一切险具有下列特点:

1)建筑工程保险的标的从开工以后逐步增加,保险额也逐步提高,而安装工程一切险的保险标的一开始就存放于工地,保险公司一开始就承担着全部货价的风险。在机器安装好之后,试车、考核和保证阶段风险最大。由于风险集中,试车期的安装工程一切险的保险费通常占整个工期的保费的三分之一左右。

2)在一般情况下,建筑工程一切险承担的风险主要为自然灾害,而安装工程一切险承担的风险主要为人为事故损失。

3)安装工程一切险的风险较大,保险费率也要高于建筑工程一切险。

建筑工程一切险和安装工程一切险在保单结构、条款内容、保险项目上基本一致,是承保工程项目相辅相成的两个险种。下面主要介绍两者的不同部分。

(1)安装工程一切险的保险对象与标的

1)保险对象

安装工程责任方主要有:业主(应对自然灾害及人力不可抗拒的事故负责);承包商(应对不属于卖方责任的安装、试车中的疏忽、过失负责);卖方(应对机器设备本身问题及技术指标导致安装试车过程中的损失负责)。由于安装期间发生损失的原因很复杂,往往各种原因交错,难以截然区分,因此,将有关利益方,即具有可保利益的,都视为安装工程险项下的共同被保险人。

因此,其投保对象包括:①业主;②承包商(含分包商);③供货商,即负责提供被安装机器设备的一方;④制造商,即被安装机器设备的制造商,但因制造商的过失引起的直接损失,即本身部分,不包括在安装工程险责任范围内;⑤技术顾问;⑥其他关系方。

一般来说,在全部承包方式下,由承包商作为投保人投保整个工程的安装工程保险。同时把有关利益方列为共同被保险人。如非全部承包方式,最好由业主投保。

2)保险标的

①安装项目。如工厂、矿山的安装机械设备、钢结构工程及机械工程。是安装工程险承保的主要保险项目,包括被安装的机器设备、装置、物料、基础工程以及工程所需的各种临时设施如水、电、照明、通信等设施。

②土木建筑工程项目。指新建、扩建厂矿必须有的工程项目。保险金额应为该工程项目建成的价格,包括设计费、材料设备费、施工费、运杂费、税款及其他有关费用。该项保险金额不能超过安装工程一切险金额的20%,超过20%时,应按建筑工程保险费率计收保险费;超过50%时,则需单独投保建筑工程一切险。

③安装施工用机器设备。保险金额按重置价值计算。

④业主或承包商在工地上的其他财产。保险金额可由保险人与被保险人商定,但最高不能超过其实际价值。

⑤清理费用。此项费用的保险金额由被保险人自定并单独投保,不包括在工程合同价内。保险金额对大工程一般不超过其工程总价值的5%;对小工程一般不超过工程总价值的10%。

以上各项之和即可构成安装工程保险物质损失部分总的保险金额。被保险人可以以工程合同规定的工程造价确定投保金额。第三者责任保险金额的确定同建筑工程一切险。

(2)保险责任与除外责任

安装工程一切险的保险责任与建筑工程一切险基本相同,主要承保保单列明的除外责任以外的任何自然灾害或意外事故造成的损失及有关费用。两者除外责任除以下两条外基本相同:

1)因设计错误、铸造或原材料缺陷或工艺不善引起的保险财产本身的损失以及为换置、修理或矫正这些缺点错误所支付的费用,都属于除外责任范围。需注意,安装工程一切险只对设计错误等原因引起保险财产的直接损失及其有关费用不予赔偿,而对由于设计错误等原因造成其他保险财产的损失仍予以负责。因为设计错误等原因造成保险财产的直接损失,被保险人可根据购货合同向设计者或供货方或制造商要求赔偿。而建筑工程一切险不承保设计错误引起的保险财产本身的损失及费用,同时也不负责因此造成其他保险财产的损失和费用。

2)由于超负荷、超电压、碰线等电气原因造成电气设备或电气用具本身的损失,安装工程一些险不予负责。安装工程一切险只对由于电气原因造成的其他保险财产的损失予以赔偿。而建筑工程一切险对于此种原因造成的任何损失都不予赔偿。

3. 建筑意外伤害险

建筑意外伤害险是指为建筑行业所开设的意外伤害保险。由于第三者责任险中的第三者,并不包括承包商自身的施工人员,故该险种用于承保承包商雇员在施工期间遭受到的意外伤害。具体是指建筑企业为施工现场从事施工作业和管理的人员,向保险公司办理建筑意外伤害保险、支付保险费,保险公司对于在施工活动过程中发生的人身意外伤亡事故,对遭受意外伤害的施工人员实施赔付的保险。

《建筑法》第48条规定,建筑职工意外伤害保险是法定的强制性保险,是保护建筑业从业人员合法权益,转移企业事故风险,增强企业预防和控制事故能力,促进企业安全生产的重要手段。我国《建筑法》、《安全生产法》、《建设工程安全生产管理条例》均对建筑职工意外伤害保险列有专项条款,建设部专门对建筑意外伤害保险下发了《关于加强建筑意外伤害保险工作的指导意见》,在原建设部、财政部的联合发文《建筑安装工程费用项目组成》中将建筑职工意外伤害保险费列为必须缴纳的费用。

(1)建筑职工意外伤害保险的投保

建筑职工意外伤害保险以工程项目或单项工程为单位进行投保。投保人为建筑企业,工程项目中有分包单位的由总承包企业统一办理,分包单位合理承担投保费用。建筑企业应在工程项目开工前办理完投保手续。鉴于工程建设项目施工工艺流程中各工种调动频繁、用工流动性人,投保应实行不记名和不计人数的方式。

(2)责任范围与除外责任

保险公司所制定的建筑意外伤害险对被保险人的工作性质与地点范围进行规定。对被保险人在从事建筑施工及与建筑施工相关的工作或在施工现场或施工期限指定的生活区域内,因遭受意外伤害事故而致身故或残疾,保险人承担赔偿责任。具体包括:①被保险人在从事建筑施工或与建筑施工有关的工作时,发生意外事故;②在施工现场范围内;③在施工期限指定的生活区域内发生的人身意外伤害所造成的经济损失。

除外责任有以下几点:危险的发生是被保险人故意造成的并非出于偶然除外(如自杀);违反国家法律或社会公德的行为(被保险人犯罪导致自身死亡);事故的发生及后果难以估计(如战争、疾病致死)。

10.5.3 工程保险的作用及其与工程保证担保的异同

1. 工程保险的作用

(1)分散市场风险,保障建筑市场稳定发展

建设项目具有工艺技术复杂、投资巨大、工期要求高、涉及环节多等特点,一旦发生事故,不仅调查其原因十分复杂,且造成的延误损失额度巨大。以下列举1995年北京罗马花园案例:1995年12月,北京罗马花园工程在装修中发生火灾,损失达1700万。由于该工程购买了建筑工程一切险,事故发生第二天,中国平安保险公司按规定支付预先赔偿200万,使该工程在查清事故责任前,拥有资金迅速进行清理和修复现场工作,最终使工程销售计划未受影响。

由于《保险法》对保险业务额及最大损失承担额均有再保险的具体规定,建筑市场的风险被分散,事故发生后的震荡被减弱。

(2)规范市场准入,促进建筑市场建立"优胜劣汰"机制

保险公司要对前来投保的建筑承包商的施工能力和管理水平进行严格审查,对资质差的不予投保或提高保费。这客观上起到了规范市场的作用。

(3)实施全程监督,保证施工安全和建筑质量

作为经济实体,保险公司事先对建筑商的施工能力进行审查,通过保险条例规范其行为,并派出自身监理员全程监督工程施工,有些甚至从工程设计就进行参与,以最大程度降低事故发生概率和损失。许多发达国家保险公司与承包商一起制定项目风险管理计划并进行全程风险管理,保证了施工安全和建筑质量。

(4)规范统筹事故处理程序,合理保障事故各方的权益

建筑工程事故原因复杂,往往涉及各方利益,事故发生后,经常会引发诸多经济和法律纠纷。工程投保使各参与方对损害赔偿和损失分担有了事先约定,事故一旦发生,损害赔偿、损失分担、协调处理等工作可交由保险公司处理,保险公司按保险合同和完善的处理程序进行事故处理,减轻了政府和企业的负担,合理保障了事故各方的权益。

2. 工程保证担保和工程保险的异同

1)二者相同特点:

①两者都是风险转移和经济损失补偿的重要手段。

②两者的目的都是保障债权人在合同中权利的实现。

③两者保证的性质相同。担保人或保险人在签发保函或保单时即做出了保证。

④两者保证的方式相同。保证方式都包括一般保证和连带责任保证。一般保证指保证人在主合同纠纷未经审判或仲裁,并就债务人财产依法强制执行仍不能履行债务前,对债权人可以拒绝承担保证责任。连带责任保证指所保证的债务人在主合同规定的义务履行期届满没有履行义务的债权人可以要求债务人履行义务也可以要求保证人在其保证范围内承担保证责任,不需要通过仲裁或者法院审判程序。

⑤两者的主从合同实质相同。很大程度上依附于工程承包合同。

2)两者不同之处:

①风险对象的不同。工程保险主要针对针对工程实施中发生的天灾、自然风险、意外事件;工程保证担保主要针对工程实施过程中人为的违约责任、政治、经济因素导致的风险。

②风险承担方式不同。保险合同是在投保人和保险人之间签订的,风险转移给了保险人,保险是谁投保谁受益。保证担保当事人有三方:委托人、权利人和担保保证人。权利人是享受合同保障的人,即受益方。当委托人违约使权利人遭受经济损失时,权利人有权从保证担保人处获得补偿,即保证担保的投保人并不受益,受益的是第三方。

③风险责任不同。依据担保法律,委托人对保证人为其向权利人支付的任何赔偿,有返还给保证人的义务,工程保证担保可以通过反担保对投保人追偿。依据保险法律,保险人赔付后是不能向投保人追偿的,工程保险对投保人不予经济追偿。

④投保条件不同。同样作为投保人,保险没有选择性,只要投保人愿意,都可以被保险。保证担保不同,它必须通过资信审查、评估等手段选择有资格的委托人。因此,通过保证担保可以建立一种严格的建设市场准入制度。

⑤风险预期不同。保险建立在实际可计算的预期损失基础上,而保证担保则建立在委托人的信用等级和履约能力上。工程保险是在对风险有预期,即预计风险可能会出现的,工程保证担保是在对风险无预期,即确信风险不会出现情况下给予担保。保险形成的是互助机制,保证担保形成的是信用机制。

⑥目的不同。工程保险是一种商业行为、经济行为,它只注意经济赔偿,以下情况不予赔偿:人为原因导致的风险事故;政治原因导致风险事故;经济原因导致的风险事故。

工程保证担保是一种信用行为,它以确保履约、完成合同标的为最终目的,其次才考虑对经济损失的补偿。

⑦对工程成本影响不同。工程保险因无反担保资金保证,对工程成本影响很大。工程保证担保有反担保资金保证,保费一般为担保合同价的1% ~3%,对工程成本影响很小。

10.6 案例 英法海底隧道工程的融资风险

1. 项目背景

20世纪80年代,人们开始研究依靠私人投资来修建英吉利海峡隧道或桥梁的可能性。1984年5月,Banque Indosuez Banqu Nationale de Paris,Credit Lyonnais,Midland Bank 和 National Westminster Bank 组成的银行团向英法两国政府提交了一份关于可以完全通过私人投资来建立双孔海底铁路隧道的报告。牵头银行团后来很快与英法两国的大建筑公司联合分别在两国成立了海峡隧道工程集团(Channel Tunnel Group Limited,CTG)和法兰西—曼彻公司(France Manceh S. A,FM),CTG—FM 以合伙形式组成英法海底隧道公司。

1985年5月,英法两国政府发出了无政府出资和担保情况下英吉利海峡连接项目的融资、修建及运营的联合招标。1986年1月,GTG—FM 的26亿英镑的双孔铁路隧道提案中标。同年2月,两国政府签署协议授权建立海底隧道系统,并且给予中标者 CTG—FM 在协议通过之日起55年(到2042年)内运营隧道系统的权利。CTG—FM 公司将有权征税并且决定自己的运营政策。英法两国政府许诺若没有 CTG—FM 的同意,在2020年之前不会建立竞争性的海峡连接项目。协议期满后(2042年)海底隧道系统将会转让给英国和法国政府。

海底隧道系统项目包括：在英吉利海峡下面建立两条铁路隧道和一条服务隧道；在英国的Dover和法国的Coquelles分别建立一个铁路站；在两站之间建立往返列车以运送乘客和货物；在法国的终点站和英国的终点站分别建立一个地面货物仓库；建立与附近公路及铁路系统的连接。

隧道起自法国北部的加来（Calais），穿越多佛海峡（Dover Str.），至英国东南部的福克斯顿（Folkstone），全长50公里，其中海底部分38公里。每一个主隧道的内径有7.6米，并且还有一条内径4.8米的服务隧道，用于主隧道的通风、日常的安全维修工作及在紧急情况下提供安全避难。项目建成后，从英国到法国的时间可以缩短到35分钟。

英法海底隧道工程特许经营权协议在1987年由英法两国政府签订；在特许权协议中，政府对项目公司提出三项要求：①政府不对贷款做担保；②本项目由私人投资，用项目建成后的收入来支付项目公司的费用和债务；③项目公司必须持有20%的股票。项目资金来源依靠股票和贷款筹集。在1986—1989年间分四次发行，贷款由209家国际商业银行提供。

隧道自1987年12月开始正式动工，于1991年6月凿通，1994年5月6日通车，为20世纪最伟大的工程之一。

2. 项目公司所有权结构

项目公司所有权结构如图10.4。英法海底隧道项目所有权结构是一个双重跨国联合体结构，两家公司是分别独立注册的。Eurotunnel PLC注册地在英国，而Eurotunnel S. A注册地在法国，它们联合起来成立了一个合伙制公司Eurotunnel General Limited（本文按习惯称英法海底隧道公司），所有收益或损失由CTG—FM两家公司平均分担。

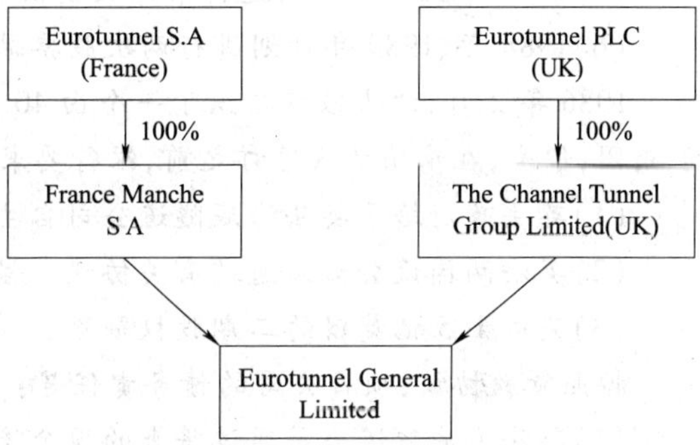

图10.4　海底隧道工程项目所有权结构

项目的建设由一个建筑公司团体Tansmanch Link承担，Tansmanch Link是一家由5家主要的英国建筑公司组成的Tanslink公司和由5家主要的法国建筑公司组成的Transmanche公司成立的合资公司。1986年9月，Tanbmanch Link与CTG—FM签订了一个全面责任合同，负责工程的设计、施工、测试，计划施工期为7年，即建设公司保证在签订合同的7年之内将一个可以完全运营的铁路系统交付使用。

如果海底隧道工程在最后期限之后完工，Tansmanch Link将承担每天50万英镑的损失。由偶然事件或者是洪水带来的推迟或成本增加都由Tansmanch Link来承担。但是以下事件带来的损失Tansmanch Link不负责：一是海底隧道更改系统设计；二是英国或法国政府的行为；三是隧道岩床条件与海底隧道公司所预计的不符。

3. 项目融资方案

海底隧道公司估计要48亿英镑来建立这一隧道系统。

建筑成本：　28亿

公司和其他成本：　5亿

通货膨胀：　5亿

净融资成本：　10亿

总成本：　48亿（英镑）

为了满足这些成本及可能的成本超支，海底隧道公司计划融资60亿英镑，计划融资结构为：

股权 10亿
债务 50亿
总额 60亿(英镑)

由于在英国国内的资本市场上,存在发达的股本市场和债券市场,依靠项目公司在股市发行股票,或者筹集私营投资者的资金的办法,就可以从投资者手中为BOT项目筹集到足够的资金。因此,该项目就地融资,英法两国政府不提供任何外汇风险担保。海底隧道公司计划分阶段来筹集这一笔资金:

(1)在中标之前,牵头银行就已经收到了33家银行的大约43亿英镑的措辞坚定的债务承销意向书。

(2)中标之后,发起人股东向CTG—FM投入5000万英镑。

(3)牵头银行在建筑合同签订之后计划进行一次50亿英镑的联合贷款(syndicated loan)。

(4)英法海底隧道公司计划在1986年6月进行第二次股票发行,计划融资1.5亿到2.5亿英镑。

(5)1987年上半年计划进行第三次股权融资,计划融资10亿英镑。

(6)1988年、1989年计划进行两次股票融资。项目债务融资主要由银行集团提供。

1986年2月,牵头银行组织了一个由40个二级银行组成的价值为50亿英镑的联合贷款承销团,但是,在承销协议签订之前,银行要求借款人必须保证达到以下条件:

(1)英法政府给予英法海底隧道公司自主经营权。

(2)英法两国议会必须通过有关协议来保证项目合同的合法性。

(3)完成1.5亿英镑的二期股权融资。

按照贷款协议,项目公司的债务责任是:

(1)英法海底隧道公司通过将来的现金流来偿还贷款,签订合同之后18年内完全还清。

(2)费用条款:英法海底隧道公司给予牵头银行总费用的12.5%作为牵头费用。

(3)安全条款:英法海底隧道公司的所有资产用来作为还款的抵押。

(4)英法海底隧道公司保证未经贷款银行允许不进行海底隧道系统之外的其他工程。

(5)违约事件:如果以下任一事件发生,英法海底隧道公司将被视为违约:一是海底隧道运营时间推迟一年以上;二是英法海底隧道公司违反责任造成无法补偿的后果;三是未按合同按时还款。

(6)币种选择权:贷款货币包括英镑、法国法郎、美元,但是贷款银行团同意英法海底隧道公司有权选择其他的币种。

(7)建筑合同必须签订。

4. 项目风险与实际进展

政府允许项目公司自主确定通行费。由于隧道把伦敦与欧洲的高速铁路网相连接,其收入的一半是通过与国家铁路部门签订的铁路协议产生;其他收入来自通过隧道运载商业机动车的高速火车收费。项目公司承担隧道建设的全部风险,并且为造价超支设置了18亿美元的备用金。在岸上施工的部分,工程量按一个固定价格合同,隧道则以目标费用为基础。项目公司按实际费用加上目标价值12.36%的固定费用向承包商支付;该费用估计为2.5亿美元。如果隧道在目标价格以下建成,承包商将得到所节约资金的一半;如果实际费用或进度超过目标值,承包商将支付特定数量的损失费用给项目公司。另外,由于不可预见的地质条件或通货膨胀,合同要服从于价格调整。

英法海底隧道工程是历史上由私营团体筹款的最大的基础设施，它将面临极大的经济风险和市场风险，为此，投资方进行了周密的经济可行性研究。市场研究的结果是海底隧道在经济上是可行的。

海底隧道系统最初计划在1993年5月运营，由于成本问题、设备的运输延后以及测试问题，直到1994年3月6日才开始货物运营。客运服务到1994年11月4日才开始，起初计划成本是48亿英镑，可是最后实际约为105亿英镑。成本的超支引起了Transnmn Link和英法海底隧道公司的纠纷，前者因此推迟了项目的建设。这使得英法海底隧道公司在1990年不得不通过配股融资5.32亿英镑。

同时，轮渡运营商为提高其竞争力降低了票价，这吸引了大量的运输量，导致英法海底隧道公司的预期收入大大降低，现金缺口增大。随着完工日期的接近，所需追加的现金额不断上升，达到了18亿英镑。英法海底隧道公司在1994年不得不进行了两次配股，总额是8.16亿英镑，同时，又筹集了6.47亿英镑的信用便利。到1994年，又一场价格大战爆发了，轮渡公司再次大幅度削减票价，迫使英法海底隧道公司跟着降低。同时不断推迟的客运服务意味着它将不能实现其在1994年发行股票时作的赢利预测。利润的缺口也使英法海底隧道公司违反了它在银行贷款协议中的一些条款，导致其不能继续使用剩余的信用额度，更加恶化了项目公司的现金危机。

1995年，英法海底隧道公司的形势更糟，伦敦——巴黎航线的航空公司开始了一轮广告攻势以提高其竞争力，并且英国轮渡公司进行同归于尽的削价，这对英法海底隧道公司的财务危机更是雪上加霜。最后，1995年9月，英法海底隧道公司单方面推迟了超过80亿英镑银行贷款的利息偿还。它计划在1996年跟银行谈判安排一次债务重组。该公司联席主席AlastazirMorton曾提醒公司股东：除非该公司表现特别出色，否则，最早要到2004年才能开始派发股息。

2006年7月13日，经营英国和法国海底铁路的英法海底隧道公司（Eurotunnel S. A）表示，其与包括德意志银行在内的债权人谈判破裂，将在法国寻求破产保护。英法海底隧道公司背负62亿英镑的巨额贷款，近20年来一直为降低利息支出而努力。如果无法实现债务重组，该公司2007年2月起将无力支付利息。主要问题为：

(1)收入抵不上巨额利息隧道公司接近破产。

(2)债主抛出各自方案重组之路困难重重。

由于债务负担沉重，自从1994年运营以来，英法海底隧道公司经历了股价暴跌、1997年债务重组和2004年高层管理变动等多重"磨难"。该公司在法国交易的股票在2006年5月12日以来被停牌。

(3)海底隧道的建造成本达到95亿英镑，是最初预计的两倍。

由于建造成本大大超过预期，公司被迫多借了很多钱。为了转嫁风险，一些银行在提供贷款的时候提出附加条件：该公司上市发行股票。为此，英法海底隧道公司于1990年和1994年两次发售股票。1995年，由于隧道延迟了1年才正式开通，加上公司现金流出现短缺，公司股价出现大崩盘。1995年底，该公司的股价从两年前的546.98便士跌至84.74便士。1995年以来，股价又跌了70%。英法海底隧道公司的总裁古农表示，如果无法达成债务重组，2007年将无力支付利息。因为从2006年11月份开始，该公司将停止向隧道使用者收取最低使用费。目前，法国的国营铁路公司Societe Nationale、英国最大的铁路货物公司EWS、欧洲之星集团等公司每年支付7000万英镑的隧道使用费。

试对海底隧道工程项目融资的风险进行分析。

复习思考题

1. 简述工程风险的种类及特点。
2. 简述工程风险管理的步骤。
3. 简述风险评价有哪些定量方法。
4. 什么是融资风险，其种类和特征是什么？其管理策略是什么？
5. 简述项目实施阶段财务风险的内容及管理对策。
6. 什么是工程保证担保？什么是工程保险？比较二者异同。
7. 工程保证担保的具体形式有哪些？
8. 工程保险的特点及种类是什么？
9. 简述建筑工程一切险的标的及责任范围。

11 国际工程财务管理

学习目标

- 了解国际财务管理的概念、特点及其内容
- 熟悉国际筹资的渠道方法与投资管理的方式
- 掌握外汇风险管理的方法

11.1 国际财务管理概述

11.1.1 国际财务管理的产生

国际财务管理产生的背景,即国际财务管理产生的环境,主要有以下两个方面:

1. 产品市场的国际化

第二次世界大战之后,世界市场容量的迅速扩大,导致了交易商品的种类和数量大大增加,商品结构和地域布局发生重大变化。工业制成品在进出口业务中所占比重上升,一些新兴工业、高科技产品比重越来越大。

随着世界经济的发展,各国之间的经济联系很快突破流通领域进入生产领域,出现了生产国际化。生产国际化是生产过程的全球化,是从生产要素的组合到产品销售的全球化。由于国际企业规划全球化生产,必然实行内部的更合理的生产组织体系,从原材料的供应、加工工序到零部件的制造,一切都是在全球范围内进行。从而传统的以国家之间分工为定义的国际分工表现为以跨国公司内部生产组织为形式的分工。

随着产品市场的国际化,必然要求在财务管理上与之相适应。例如,要求在全球范围内以最低的成本筹措资金,把资金投放于最有利的国家和地区,在全球范围内进行盈余的分配,合理管好用好外汇资金等,这些都极大地促进了国际财务管理的形成和发展。

2. 金融市场的国际化

二战后,由于科学技术迅猛发展,生产国际化提高到一个新的阶段,生产国际化又推动了资本国际化,国际资金借贷日益频繁,国际资本流动达到空前规模,极大地促进了国际金融市场的发展。20 世纪 70 年代后,一大批新兴国际金融市场主体迅速崛起,为国际企业迅速筹集资金和合理运用资金提供了方便条件,同时也对国际企业的财务管理提出了新的要求。如无论在国际金融市场上筹资还是投资,都必须认真预测汇率的变化趋势,选用合理的规避风险方式减少或消除外汇风险。金融市场的国际化是国际财务管理形成和发展的推动力量。

11.1.2 国际财务管理的概念及特点

国际财务管理与国内财务管理和传统的财务管理并没有本质的差别,但国际财务管理比国内财务管理更复杂、风险更高。因为跨国经营往往遇到的是不同的法律、市场、利率、企业营

运方式，最重要的还有不同的币种。

国际财务管理是指从企业的全球整体利益出发，对资金的筹措、调拨、运用、外汇风险等财务问题所进行的规划、协调、组织和控制等一系列活动。

国际财务管理具有以下方面主要特点。

1. 资金流动的国际性

生产经营的国际化使得跨国公司的资金以多种货币形式存在，并在国际间流动。因此国际财务管理必须努力避免资金流动中的外汇风险、各国资金管理政策以及通货膨胀给企业带来的财务风险，同时通过在全球范围内合理地配置资金，以取得更大的经济效益。

2. 资金筹集和融通的多样性

跨国公司由于其体制上的便利，可以利用各种方式在国际上广开融资渠道，在全球范围内统一筹集和融通资金，并且根据跨国公司的全球性经济目标及各国在资金、外汇、税收管理上的差异与特点，制定相应的财务政策，选择适当的时间、地点和方式融通资金。

3. 财务收益的整体性

国际财务管理不同于国内财务管理的最大特点在于，国际财务管理不贪图一时一地的局部利益，决策的出发点是整体利益的最大化。本着这一根本原则，跨国公司可以通过制定适当的价格策略、机构设置策略等，调节公司内部的成本、利润，从而达到转移资金、降低税负总量，避免外汇风险等一系列财务目标，以实现企业整体财务收益的最大化。

11.1.3　国际财务管理的内容

国际财务管理主要包括以下方面内容。

1. 外汇风险管理

由于跨国公司在财务活动中会涉及许多国家的货币，发生大量的外汇收支，因此，外汇风险成为国际财务管理最基本的内容，这也是其与国内财务管理的根本区别。外汇风险是由于外汇汇率变动而使企业资产、负债及收入、支出的金额发生变动的可能性。外汇汇率的波动有可能给企业带来收益，也有可能给企业造成损失。因此，跨国公司的财务人员必须掌握外汇风险管理的程序和方法，尽可能利用汇率变动为企业增加收益，减少损失。

2. 国际筹资管理

跨国公司不仅可以从本国筹集资金，也可以从国际金融市场筹集资金。国际筹资的方式主要有：国际股票筹资、国际债券筹资、国际信贷筹资、国际租赁及补偿贸易筹资等。不同的资金来源其成本不同，再加上国际金融市场行情瞬息万变，因此，跨国公司的财务管理人员一方面要正确选择各种筹资方式，及时取得企业生产经营所需的资金，尽可能降低筹资成本；另一方面，要正确安排资本结构，使企业既可以获得财务杠杆利益，又能保证财务风险在可控的范围内。

3. 国际投资管理

国际投资是把筹集到的资金用于国际企业生产经营活动，以获取收益的一种投资行为。国际投资一般可分为直接投资和间接投资，本章主要介绍国际直接投资。国际投资的决策方法与国内投资基本相同，但国际投资涉及的范围及其风险要比国内投资更加复杂。在进行国际投资时，首先要分析国际投资的环境，其次还要对项目的可行性进行财务分析。在进行财务分析时，不仅要从项目本身进行分析，还要从母公司的角度进行分析。

4. 国际企业税收管理

随着世界各国经济交流和国家合作的不断深化，特别是跨国公司的不断发展，国际税收问

题越来越受到重视,成为国际财务管理必须面对的一项重要内容。国际税收管理的主要内容有:

1)根据一些国家的税法、税收协定来避免双重征税;

2)充分利用一些国家的优惠政策,实现更多的纳税减免;

3)利用各种避税港减免企业税负;

4)利用内部转移价格,把利润转移至低税国家和地区,以实现避税目的。

11.1.4 国际财务管理方法

指跨国公司总部对于公司或成员企业的财务活动进行组织、控制和考核评价的方法。一般包括:

(1)财务预算制度

指跨国公司的子公司或成员企业要根据公司总部下达的任务和有关规定,向公司总部编报年度财务预算和长期计划。

(2)财务报告制度

各子公司或成员企业向公司总部上报的财务报告主要有资产负债表、损益表、应收账款分析、存货分析、资金流动分析、借款情况、通货膨胀影响及外汇风险分析等。

(3)财务分析制度

一般情况下,考核成员企业的指标有每股赢利、投资报酬率、销售利润率及资产报酬率等;分析的方法主要是将财务指标的实际数与预算数进行比较,可以是横向比较,也可以是纵向比较。

11.2 国际筹资与投资管理

11.2.1 国际筹资管理

国际筹资管理要了解国际投资的资金来源,考虑筹资成本,选择具体筹资方式,更主要的是要考虑筹资的资本结构及融资战略问题。

1. 筹资的资本结构

资本结构也称财务结构,是指各种资本来源的构成,通常表现为短期资本与长期资本的比例,股权资本与债务资本的比例。在其他条件相同的情况下,不同的资本结构不仅会使企业的投资者所承担的风险和取得的收益具有迥然不同的结果,而且还会给企业的债权人(债券持有者和向企业提供贷款的银行等)所承担的风险和政府的税收等带来不可忽视的影响。在国际直接投资活动中,企业资本结构的作用尤为突出。

(1)长期资本与短期资本的比例

在每个企业的资本来源中,长、短期资本的比例不同,各企业的风险和报酬则不同。在国际投资中,长短期资本的比例主要取决于跨国企业的资产构成情况和财务主管人员的偏好。如果跨国企业想持有较多的流动资产,则应筹集较多的短期资本;反之,则应筹集较多的长期资本。如果跨国企业的财务主管人员偏好于较高的报酬,则往往较多地筹集成本低、风险大的短期资本;反之,则可能较多地筹集成本高、风险小的长期资本。具体说来,跨国企业大致有三种融资决策。

1）套头型融资政策

套头型融资也称平稳型融资，即短期资产由短期资本来融通，长期资产由长期资本来融通，从而使资产使用期和债务归还期相衔接。

2）保守型融资政策

保守型融资政策是指跨国企业将部分短期资产用长期资本来融通。即一部分短期资产和全部长期资产，用长期资本融通，而另一部分短期资产则用短期资本融通。因而风险较小，但成本较高、公司利润较少。

3）激进型融资政策

激进型融资，也称冒险型融资或积极型融资，是指将部分长期资产由短期资本来融通。即一部分长期资产用长期资本来融通，而另一部分长期资产和全部短期资产却用短期资本来融通。因而风险较大，但成本较低、公司利润较多。

上述三种类型的融资政策，其主要区别在于它们所安排的短期资本在全部资本中的比重不同。激进型融资安排了比重最高的短期资本，保守型融资却安排了比重最低的短期资本，而套头型融资安排短期资本的比重介于以上两者之间。与长期融资相比，短期融资的主要特点在于：一方面其财务风险较大；另一方面成本较低、公司收益较多。

（2）股权资本与债务资本的比例

国际投资的资金来源，按性质可划分为股权资本与债务资本两大类，它们是跨国公司资本结构的基础。股权资本是指通过发行国际股票和利用保留盈余所筹集的资本，如优先股股本、普通股权益。债务资本则是指利用国际信贷、国际租赁，以及发行国际债券所筹集的资本。

在国际投资的资本构成中，债务资本的比重越高，固定费用的支出则越多，跨国公司丧失偿债能力的可能性也越大；反之，债务资本的比重越低，应税收益则相对增多，但同时，公司利用税负节省的余地越小，资本成本也越高。在不同的资本结构下，债务资本的比重较高，则普通股收益变化的概率也较大，因为普通股收益会随着公司债务资本比重的变化而变化，这就是财务杠杆的作用。

在正常情况下，跨国公司要利用一定的债务资本，同时通过内部和外部信贷的转换，获得较大的财务杠杆利益。

2. 国际企业资金来源与筹资方式

（1）资金来源

与单一国内企业相比，国际企业有更多的资金来源。

1）公司集团内部的资金来源

国际企业经营规模大，业务多，常在其内部形成国际性的资金融通体系。这些内部资金的来源有：母、子公司未分配利润和折旧基金；公司集团内部相互提供的资金。

2）母公司本土国的资金来源

国际企业的母公司可以利用它与本土国经济发展的密切关系，从母公司本土国的金融机构和有关政府组织获取资金。

3）子公司东道国的资金

国际企业也可从子公司的东道国来筹集资金。如子公司在当地借款，既可弥补投资不足，又可预防减少风险。

4）国际资金来源

指除上述资金外的资金，主要有：向第三国银行借款或在第三国资本市场上出售证券；在国际金融市场上出售证券;从国际金融机构获取贷款。

(2)筹资方式

相比国内企业,国际企业的筹资方式有更多选择。

1)发行国际股票

国际股票是指一国企业在国际金融市场或国外金融市场上发行的股票,也称境外上市。境外上市能迅速筹集外汇资金,提高企业信誉,有利于企业以更快的速度向国际化发展。但要遵守有关国家的金融法规,发行程序较复杂。

2)发行国际债券

国际债券是一国政府、金融机构或工商企业为筹措资金而在国外市场发行的使用外国货币为面值的债券。可分为外国债券和欧洲债券两类:外国债券是指债券发行人在某一个国家债券市场上发行的,以发行所在国的货币为面值的债券。如日本企业在美国债券市场上发行的美元债券。欧洲债券是指国际借款人在其本国以外的债券市场上发行的不是以发行所在国的货币为面值的债券。如日本企业在法国债券市场上发行的美元债券。

3)利用国际银行信贷

国际银行信贷是一国借款人向外国银行借入资金的信贷行为。按借款期限可分为短期信贷和中长期信贷两类:短期信贷一般不超过1年,通常是为满足企业流动资产需求;中长期信贷贷款期限1年以上,10年以内,要通过贷款协议对贷款事项详细规定,银行为控制风险通常要求提供担保财产。

国际银行信贷按贷款方式有独家银行信贷和银团贷款两种。独家银行信贷是一国贷款银行对另一国的银行、政府及企业提供的贷款。银团贷款又称辛迪家贷款,是由一家贷款银行牵头,由该国的或几国的多家贷款银行参加,联合起来组成贷款银行集团,按着同一条件共同对另一国的政府、银行及企业提供的长期巨额贷款。银团贷款期限一般5~10年,金额1亿~5亿美元,有的高达10亿美元。

4)利用国际贸易信贷

国际贸易信贷是指由供应商、金融机构或其他官方金融机构为国际贸易提供资金的一种信用行为。如国际巨额对外贸易合同、大型成套设备出口往往都要借助国际贸易信贷。按期限可分为短期和中长期信贷,由于中长期信贷目的是扩大出口,又称为出口信贷。出口信贷是出口国设立的一种利率优惠贷款,目的是向国外摊销产品和吸引资金不足的进口商进口产品,按信贷对象又包括卖方信贷和买方信贷两种。

5)利用国际租赁

国际租赁是一国从事经济活动的某单位,以支付租金为条件,在一定时期内向外国某单位租借物品使用的经济行为。通过国际租赁直接获得国外资产,起到融物和融资的双重作用。

11.2.2 国际投资管理

所谓国际投资是指投资者将其资金投放到其他国家。国际投资是国际企业重要的财务活动之一。通过国际投资,不仅有利于企业学习国外的先进技术和管理经验,也有利于企业了解国际市场动态,把产品打入国际市场,分散企业的经营风险;但国际投资面临的环境比国内投资更复杂,承担的风险也更大。因此,在进行国际投资之前必须进行详细的分析论证。

1. 国际投资的作用

一个企业在外国投资经营时,必然承受比国内投资更大的风险,那么企业为什么要进行国际投资呢?

(1)获得高额利润

通过在国外投资,可以达到优势互补的作用,发挥当地竞争者不具有的一些技术、管理等优势,利用当地廉价劳动力、自然资源及市场的有利条件,使企业获得更多的利润。

(2)促进出口贸易的发展,占领国际市场

通过国际投资,往往可以带动本国产品的出口及技术的输出,拓展销售市场,增加外汇收入。

(3)引进技术和管理经验

引进国外技术设备及其管理方法。

(4)获取信息

通过国际投资,便于了解外围经济发展动态及市场动态经济信息。

(5)保证原材料供应及时为国内企业提供

对于原材料供应依赖进口的企业,通过在原材料供应国投资设厂使材料供应得到保证。

2. 国际投资的方式

国际投资按其方式的不同,可分成国际直接投资和国际间接投资。

(1)国际直接投资

国际直接投资又称对外直接投资,是指投资者在国外创办企业或与当地资本合营企业,投资者对所投入的生产要素使用过程的管理拥有直接控制的权力。国际直接投资不仅仅是指货币资金在国际间的流动,而且也通过实物性资产投资手段在另一目的地设厂,从而使资金由投资母国转移到东道国。直接投资的类型主要有:独资企业、合资企业和合作企业等。

1)国际独资投资

国际独资投资是指通过在国外设立独资企业的形式所进行的投资。这里的独资企业是指根据东道国的法律,经过东道国政府批准,在其境内兴办的全部为外国资本的企业。进行国际独资投资,由于经营权独立,因而受到的干涉较少。另外,还可以利用各国税率的不同,通过内部转移价格的形式,进行合理避税。由于对东道国的投资环境及市场情况的了解比较困难,因而国际独资投资风险较大,获批设立也不易。

2)国际合资投资

国际合资投资是指某国投资者与另外一国投资者通过组建合资企业的形式所进行的投资。这里的合资企业又称股权式合营企业,通常是国外投资者与东道国投资者按照共同出资、共同经营、共负盈亏、共担风险的原则所建立的企业。国际合资投资是国际投资的一种主要方式,它不仅可以凭借东道国企业对该国政策、法律、市场等方面情况的了解,减少投资风险,而且还有利于学习东道国企业的先进技术和管理经验,同时还可以享受一些优惠政策。但寻找国际合资伙伴比较困难,而且由于各国对合资企业外方控股权都有比例的规定,即不能超过50%,从而使国外投资者不能对合资企业进行完全控制。

3)国际合作投资

国际合作投资是指通过组建合作企业的形式所进行的投资。这里的合作企业又称契约式合营企业,是指国外投资者与东道国投资者通过签订合同、协议等形式来规定各方的责任、权利、义务而组建的企业。举办国际合作投资企业所需时间较短. 形式也较灵活,但由于合作条件、管理形式、收益分配以及各方的责权利都是双方协商确定的,因而规范性稍差、容易引起纠纷。

(2)国际间接投资

国际间接投资又称国际证券投资，是指投资者在国际金融市场上购买外国的公债、公司债券或公司股票等而进行的投资。国际间接投资对资金的运用比较灵活，可以随时变现和转移，它不需要像直接投资那样要经过谈判、协商和复杂的审批程序，只要有合适的证券，可马上进行投资，而一旦国际形势或对方政局发生变化，可马上抽回投资。由于国际证券在发行时一般要经过国际权威机构的评级，因而相对来说，国际间接投资的风险比直接投资要小。但国际间接投资不能使投资者学习到国外的先进技术和管理经验，也无助于投资企业的产品进入国际市场。

国际投资除了直接投资和间接投资外，还包括一些灵活的投资方式如国际租赁、国际承包等。无论采用哪种形式进行投资，投资者都必须做出投资决策，对各种具体方案进行可行性分析，从而做出选择。

3. 国际投资决策

国际投资决策是指国际企业运用科学的方法对众多投资项目进行筛选，从中选出若干个较有希望的项目进行综合分析比较，最后确定一个最优的投资项目的过程。

国际投资决策是国际企业执行全球性投资的一种战略决策。由于世界各国地理位置不同，经济发展不平衡，政治法律不一致等，导致各国的投资环境不同，在不同的投资环境中进行投资是 种分散投资风险的途径。因此各国的大公司都纷纷组成国际企业，在许多国家进行直接或间接投资，以期带来可观的投资效益。国际投资决策与国内投资决策相比，两者有许多共同之处，它们所运用基本原则和方法是相同的，但国际投资涉及的面很广，国际环境比较复杂，在做出投资决策前，要充分考虑其他国家的政治、经济、东道主国家政府的态度等因素对投资的影响。因此，国际投资决策比国内的投资决策更为复杂。

一般讲，依据全球战略目标，测算各种方案的现金流量、投资收益率、投资回收期等指标是用来判断是否要投资或如何取得最佳投资效果的基础；同时，在测算各种指标的基础上还要考虑到各种不同投资环境所带来的影响，以便使投资决策更为合理。

国际投资决策与国内投资决策的指标测算过程中，不同之处有：

1)现金流量的测算的复杂性。国际企业在货币单位不同的国家进行投资，在现金流量测算中则要考虑不同货币之间的换算问题，而货币之间换算要依据一定的汇率，由于汇率是瞬息万变的，这对确定汇率带来一定的困难。因此在国际投资中的现金流量测算问题上不确定性的因素更多。

2)资本成本测算不一致。资本成本在财务管理中是一个重要的指标，精明的决策者总以最低的资本成本来获得利益，对于国际舞台上的投资决策来讲，要合理测算资本成本存在着一定的困难，这是由于各个国家的利率不同，通货膨胀、税收政策也存在着差异，对于某个国家是最佳的资本结构不一定是另一国的最佳资本结构，因此，在测算各种方案时，国际投资需考虑的面更多、更广。

4. 国际投资的风险

在进行投资决策时，首先要对风险因素进行分析，以便于国际投资者做出较为明智的决策。国际投资除了遇到像国内投资的经营风险、财务风险外，还会遇到许多国内投资不曾有的风险，概括来讲主要有两类：经济上的风险和政治上的风险。

(1)经济上的风险

1)外汇风险

外汇风险是指由于各国货币的国际汇率的变动而造成投资者损失的风险。许多国家的货币在外汇市场上可公开买卖,因此汇率决定于供求双方的力量对比及各国货币币值的差异。国际企业进行国际投资要受公司所在国货币价值的影响,对经营涉外业务的公司来说,业务所在国的货币相对于本国货币的价值下跌时、则本国企业的涉外经营业务就面临外汇风险。

另一种风险则是外国政府将其货币冻结起来,不能兑换成别国货币。投资者在国外进行投资后,东道主国家政府将其货币冻结起来,货币兑换受到限制,从而使投资者面临无法收回投资的风险。

2)利率风险

利率风险主要是指在投资过程中因受利率的变动给投资者的收益带来的影响。资金总是由收益率低的方面向收益率高的方面流动。同样一笔资金,投资者总是想投资于利率高(在其他投资条件相一致情况下)的地方,但是利率会根据各国经济发展情况及资金运转情况不断地发生变化。公司买入其他公司发行的二年期债券时,当时市场年利率为10%,债券年利率为11%,此时,购买债券还有利可图,但过了一年后市场利率发生变化,经调整后,市场年利率为11.5%,超过了债券利率,这时,市场利率的调高对于债券投资者来说,是一项利益损失。相反,市场利率调低,对债券投资者来说又是一种潜在的赢利。因此,利率在不同市场和不同币种中的变化对投资效果的影响程度各不相同,有些利率变化所带来的影响是不易被人察觉的,国际投资中必须要分析多国货币市场利率的变化。

3)通货膨胀风险

物价变动对投资者来说是个无法控制又直接影响投资决策的因素。一个国家在物价保持相对稳定的情况下,投资者作投资决策时较为方便,当通货膨胀影响一国货币的购买力时,就会阻碍国际投资的进展。国际企业在投资决策时,为了有效利用别国廉价劳动力及其他较为便宜的资源,往往在该国投入资金进行生产,但东道主国家可能会发生严重的通货膨胀,物价水平大幅度提高,导致产品成本提高,费用上升,从而使产品在国际市场上失去竞争力,其后果最终导致国际投资的失败。

(2)政治上的风险

1)国家政治变动的风险

国际投资需要东道主国家有一个政局相对稳定的投资环境。国际企业在作投资决策时,最为敏感的是东道国政局是否稳定,这关系到能否在某国作长久而稳妥的投资。因此,投资者在作投资计划前会认真研究东道国的政情、政局是否稳定,是否会发生战争、出现内乱等问题。因为政局不稳定会给经济发展带来影响,从而影响每个投资者的投资收益。

2)法律政策变动的风险

在某一特定的国家中进行投资,就必须按照该国的法律、政策行事。每个国家都制订与本国发展相关的各项法律、政策,来规范和约束社会主体的行为。各国政策、法规不是一成不变的,而是随着社会不断地变化发展而不断进行修改、完善、重新制订或废除。因此,投资者在没有了解东道主国家的法律政策、法规出台的目的和内容时,是不会轻易进行投资的。当东道主国家的法律,政策发生变化时,投资者必须适应新的法律、政策。例如:东道主国家的税收政策发生了变化,投资者就应按照新的税收政策照章纳税,这会直接影响投资者的经济利益。

无论是经济上的风险还是政治上的风险,投资者都应认真对待。在做出投资决策前要仔细分析。产生投资风险的各因素不是单个在起作用,而是互相交错共同影响着投资者的投资决策,因此,投资者应全面考虑各风险因素的影响。

投资风险分析不仅包括对国际投资所面临的风险进行识别了解,而且还包括对风险因素的估计和评价。在投资风险分析具体过程中,应采用定性和定量的方法对各种因素进行分析,来确定风险的存在,估计风险的大小及今后发展的趋势。定性分析和定量分析两者相互配合、补充,既依靠积累的经验和知识,同时借助科学的计算分析方法,如,敏感分析法,盈亏平衡分析等方法,帮助投资决策者进行投资决策,以期国际投资的可行。

11.2.3 国际营运资金管理

营运资金管理是国际企业财务管理中至关重要的一环;由于国际理财环境的复杂性和特殊性,与单纯的国内企业相比,国际企业的财务人员在营运资金管理方面必须具备更强的风险意识和更高的应变能力。

营运资金的定义方式有两种:一是毛营运资金,指企业的流动资产总额,包括现金、短期证券、应收账款、存货等项目;二是净营运资金,指流动资产减流动负债后的净额。本书主要介绍第一种方式为主的营运资金管理。

1. 现金管理

现金是可以立即投入流动的交换媒介,它是企业生产经营过程中流动性最强的资产,包括备用金、各种形式的银行存款、银行本票和银行汇票。

有效的现金管理技术对国内公司和跨国公司来说都是很相似的。但是,跨国公司的现金管理相对国内公司的现金管理更为复杂。国内公司的现金管理必须使其资金国际化来降低资本成本,它们也把资金投入到任何能产生巨大回报的地方。而跨国经营的企业不仅具有国内公司现金管理的上述特点,而且它们通常不只接触一种货币。因此,跨国现金管理的一个很重要的方面就是要节省外汇交易费用。而且,现金在进行跨境转移时还可能会遇到各国不同的法律约束。因此,跨国公司的现金管理更为复杂。

(1)现金的成本

一般情况下,流动性越强的资产,其收益率越低,而企业因为上述的需要又必须保证持有一定量的现金。因此,一个好的现金管理包括以更大的投资回报率投资大量的资金,以及当出现现金短缺时以较低的成本借入大量的现金。跨国企业现金管理的目标首先就是确定持有现金的最佳水平,也就是说,在保证企业生产经营活动对现金需要的前提下,尽可能节约现金,减少现金余额,提高资金利用率。跨国公司现金管理的另外一个很重要的目的是,加快现金流动,当子公司有现金需要时能尽快地提供现金。

(2)最佳现金持有量

保持最佳现金持有量,是指既能使公司在现金存量上花费的成本最低,即机会成本最小,又能够相对确保公司现金需求的最佳现金持有量。

公司最合理的现金持有量一般能使公司的现金机会成本、现金短缺成本和现金管理成本三者的综合成本最低。现金机会成本是指企业为了维持一定的现金存量,而放弃了一些投资获利的机会。现金短缺成本是指企业由于缺乏必要的现金资产,不能应付必要的业务开支,而使企业蒙受的各种损失。现金管理成本是指企业对置存现金资产进行管理而需要支付的代价。

如果公司的现金持有量太大,在银行利率相对较低的情况下,放弃了对外投资的机会,此时公司会面临较高的现金机会成本和现金管理成本以及较低的现金短缺成本。而如果公司的现金持有量太小,应付不了公司日常的必要开支,就有可能使公司蒙受损失,即会使公司面临着较大的现金短缺成本和较小的现金机会成本和现金管理成本。

因此，最佳现金持有量的确定，无论对国内公司还是国际公司而言，都具有很重要的意义。如果在不同国家拥有子公司的跨国企业对现金的管理没有多边现金管理时，则其每个子公司必须单独确定其最佳现金持有量，必须使各子公司拥有的现金满足交易性需要、预防性需要以及投机性需要。

而对集中现金管理的跨国企业而言，各子公司只需要持有其正常营运需要的资金，而过量的其余资金将会被转移到现金管理中心。所有子公司的预防性余额都将被现金管理中心持有。一旦子公司对现金有另外需求时，现金管理中心就会迅速地提供。正是由于预防性余额和投机性余额的集中化管理，集中现金管理的跨国公司的最佳现金持有量的数量将极大地少于非集中管理的公司。

2. 应收账款管理

国际企业的应收账款由两种类型的交易引起：一是向企业外部的独立顾客销售产品的交易引起的；二是由企业集团内部交易引起。除了同样面临外汇风险外，这两类应收账款在影响因素方面存在很大差别，所以应分别考察。

(1)独立顾客的应收账款管理

国际企业的应收账款管理包括以下几个步骤：确定交易币种、确定付款条件等环节。其中，在交易币种和付款条件选择上，出口商一般愿意选择坚挺的货币及尽快收款，而进口商则愿选择疲软的货币及推迟贷款。经过谈判协商，通常是在支付币种和付款条件之间双方各退一步，达成平衡。例如，出口商提供较长的付款期，而进口商同意以硬通货支付。

(2)国际企业内部的应收账款管理

国际企业内部的应收账款与独立顾客的应收账款的差别体现在：第一，前者无需考虑资信问题；第二，付款时间不完全取决于商业习惯，而主要取决于国际企业的全球战略。因此，国际企业内部的应收账款的币种、付款条件是国际企业资金配置的政策性问题。

一般说来，在国际企业内部应收账款的管理上有两种技巧：提前或延迟付款和设置再开票中心。

1)提前或延迟付款。提前或延迟付款，实质上是商业贷款期的改变。当东道国政治不稳定、受到外汇管制、货币贬值、利率变动等情况时可以采用这种方式，其中最主要的经济原因就是汇率和利率。

如果跨国企业的某一家子公司位于货币可能贬值的国家，那么母公司一般要求这家子公司尽早支付应付其他子公司的货款；反之，则要求延迟付款。

在汇率相对稳定的情况下，因利率的差异也可能运用提前或延迟付款的技巧。因为，如果应收方资金充裕，收到的账款就可以存入银行，收取存款利息。如果资金短缺，收到的账款可以减少从银行的借款，减少利息费用；应付方如果当时资金短缺，必须从银行借款来支付货款，增加利息费用，如果当时资金充裕，付出账款就等于减少银行存款，减少利息收入。而银行存款与银行借款的利率是不一致的，前者低，后者高，同时不同的地区之间利率的整体水平也有差别。因此，跨国企业可以利用这些差异，有意识地提前或推迟付款，以达到节约利息费用、增加利息收入的日的。提前或延迟付款虽然可以在一定程度上规避风险，但这种技巧在运用上灵活性较差，因为两子公司只有发生赊销赊购业务时才可能运用这种技巧。

2)设置再开票中心。再开票中心是国际企业设立的贸易中介公司，它的业务职能是，当跨国企业成员从事贸易活动时，商品和劳务直接由子公司提供给买方，但有关收支的业务都通过这个中介机构进行。

再开票中心一般设立在低税管辖区，由于在当地不进行购销业务，因而可以取得非居民资格，不必在当地纳税。在开票中心不仅可以起到避税作用，而且可以实现更多的业务目标和财务目标。设立再开票中心的优势在于，对原来没有业务联系的企业，也可以实现资金的融通。

3. 存货管理

存货是指企业在生产经营过程中为销售或耗用而储备的各种物资。国际企业必须持有一定数量的存货，以保证生产经营的正常进行。存货管理的目的是使存货达到最佳水平，既能保证生产正常进行，又能节约存货占用的资金。

(1) 影响国际企业存货管理的特殊因素

国际企业要确定最佳存货量十分困难，除了要遵守国内企业应用的"经济订货量"、"保险储备量"等计算模型所体现的基本原则外，还要考虑到各国经济环境的变化与影响，因此国际企业的存货管理更加复杂。

1) 国际企业的大多数子公司在通货膨胀的环境下从事经营活动，故币值变动因素迫使企业改变传统的存货管理策略。

2) 对于那些主要依靠进口存货的子公司来说，存货的供应要跨越国界，运输距离遥远，到货时间可能受多种不确定性因素的影响。此外，存货的进口还要遵守有关国家的外汇管理制度和进出口条例。所有这些因素，都会使国际企业的存货管理呈现出不同于国内企业存货管理的特征。

(2) 国际企业存货管理策略

在正常情况下，如果子公司所在因物价稳定，汇率变化不大，且外汇管制较宽松，运输有保障，这样国际企业只需保有最小存货量。但是，在东道国发生通货膨胀的情况下，预计其货币会发生贬值，那么国际企业就不得不超额储备，甚至增加存货进口。然而，如果预期的货币贬值没有发生，或者虽然货币贬值发生了，但是东道国实行物价冻结，就会造成大量的存货积压。为了防止东道国政府冻结物价，国际企业可先将进口存货定在较高的价位上，然后折价销售，一旦货币贬值发生，而东道国政府又冻结了物价，这时可以取消折扣，将货物在原来的高价位上进行出售。如果进口存货是有期货交易的大宗商品，也可以通过购买期货合约来规避风险。一旦预期的东道国货币贬值发生，就可以执行该期货合同；若货币贬值没有发生，或虽然货币贬值发生了，但东道国实行物价冻结，则可将该期货合约在国外出售，换回硬通货。但要注意，如果后一种情况发生，国际企业可能会承担较大的交易风险。

在那些存在持续通货膨胀的发展中国家，远期外汇市场往往不健全或不存在，并且通常实行严格的外汇管制，如规定本国货币不能自由兑换成硬通货，也不能自由汇出。在这种情况下，国际企业的财务主管部门就应该预测货币贬值的程度，并相应地增加进口存货的库存数量，因为在货币贬值后，存货按当地货币表示的进口成本会大幅度增加，而其销售价格也会随着提高。当然，存货超前购置会带来较高的资金占用成本和仓储费用，因此，存货应否超前购置需要进行具体的成本效益分析。

11.2.4　国际税收管理

税收管理，一般讨论企业如何对纳税进行统一的筹划，从战略的制定和具体的各项决策等方面来实现纳税额的最小化，通常范围仅限于国内企业，也就是将税收管理的税收制度环境限于一个国家的税制，在这个基础之上探讨。但对国际企业，我们要将视野放宽到整个国际领域,除了仍要遵循国内纳税筹划的原理和方法外,更要考虑国际税收问题给税收管理带来一些新的方法和要求。

1. 国际税收与国际税收管理

通常所说的国际税收,是指在开放的经济条件下因纳税人的经济活动扩大到境外以及国与国之间税法规定存在差异或相互冲突而带来的一些税收问题和税收协定。从本质上看,国际税收所表现出来的种种税收现象,其背后隐含的是国与国之间的税收关系,主要表现在以下两个方面:一是国与国之间的税收分配关系;二是国与国之间的税收协调关系。

国际税收管理即为利用国与国之间的税收分配和税收协调关系进行统一的纳税筹划的一种管理活动,其目标是纳税额的最小化。

2. 国际税收管理的主体

国际税收所涉及的纳税人是指负有跨国纳税义务的自然人和法人。国际税收所涉及的负有纳税义务的自然人,一般包括从事国际活动的所有个人。按照其法律范围,可以分为税收上的个人居民和个人非居民,居民与非居民在税收领域中是一对相关联的有特殊含义的概念。所谓居民是指按照一国法律,由于居所、居住时间、注册登记地或管理机构所在地,或其他类似标准,在该国负有全面纳税义务的人,包括个人居民和法人居民。非居民特指凡不符合该国居民身份,在该国负有有限纳税义务的人。按照这些个人从事的经营活动,可以分为从事跨国间接投资的自然人、从事独立个人劳务的自然人和从事非独立个人劳务的自然人三类。从事间接投资者(消极投资者),一般指单纯购买股票、债券或放款食利者,可以是一个跨国股票投机商,也可以是向外国出售工业产权的专利权转让者,获得来自不同国家的间接投资收入;从事独立个人劳务的自然人,一般指从事独立的科学、文化、艺术、教育活动的自然人以及独立开业的会计师、医师、律师等,获得来自跨国的劳务收入;从事非独立个体劳务的自然人,一般指因受雇领取薪金报酬的自然人,如跨国公司的雇员、技术人员和工人等,取得跨国工资收入。

上述涉及的跨国法人的公司组织形式,有两种值得注意。一是总公司(总机构)与分公司(分支机构)的关系;二是母公司与子公司的关系。按照西方国家一般公司法的规定,所谓总公司与分公司,是指如果一个公司在国内外设立资本完全受其控制的公司或办事机关时,则前者是后者的总公司或总机构,后者为前者的分公司或分支机构(或常设机构)。一般说来,子公司与分公司在法律上的地位不同,二者在纳税方式和税收待遇上也有差别。总公司与分公司一般同属一个法人实体,即分公司是总公司的一个派出机构或附属机构,不具有独立的法人地位,其经营业务问题完全由总公司决定,资本全部属于总公司,其债务由总公司负担,所以分公司一般与总公司汇总纳税,分公司的损益可以并入总公司的损益。分公司在把利润汇出时,无须交纳预提所得税。子公司与分公司的法律地位正好相反。母公司与子公司是两个独立的法人实体,母公司虽然控制子公司的部分甚至全部股权,但它们是各自国家的法人组织,子公司具有独立的法人资格。这种独立性主要体现于:子公司有自己的公司名称和公司章程,可以独立地召集股东大会和董事会,具有独立的资产负债表,可以独立地以自己的名义进行各类业务活动。子公司一般与母公司分别纳税,独自计算盈亏,但也有汇总纳税的情况。子公司在汇出股息给母公司时,要向东道国缴纳预提所得税。跨国公司和跨国性企业也有居民公司与非居民公司之分。一般说来,在采用注册登记地标准来确定居民身份的国家,由于分公司不具有独立的法人地位,是该国的非居民公司;而子公司由于是独立的法人实体,所以是该国的居民公司。无论是居民公司还是非居民公司,都可能成为国际税收所涉及的纳税人。

3. 国际税收所涉及的征税对象

国际税收管理所涉及的征税对象主要包括两类:一为跨国所得;二为跨国一般财产价值。

跨国所得是国际税收所涉及的主要征税对象。顾名思义,它是指一国纳税人来源于另一国的所得。跨国所得可以分为以下两类。

1)跨国一般经营性所得。跨国一般经营性所得,指纳税人在一定时期内经常获得的所得或收益。按来源的不同件质,跨国经常性所得可以划分为如下几类:

①经营所得,即营业利润。指纳税人在某一常设机构或工厂、公司等固定场所从事生产和经营活动所取得的所得。

②劳务所得。一般指个人劳动所得,分为独立与非独立两种。

③投资所得。一般指因股权关系而取得的股息、因债权关系而收取的利息以及提供工业产权、专有技术而获得的特许权使用费等所得。

④租赁所得。指出租房屋、机器设备及其他财产而取得的租金收入。

⑤其他所得。除了上述所得以外的其他所得,包括因意外事件而取得的各项所得,如中奖、彩票收入等。

2)跨国超额所得。跨国超额所得,是指跨国纳税人取得的超过一般经常性所得标准的那部分跨国所得。这类所得大多是在特殊的环境下取得的。有的国家对这类所得另立税种,专门单独征税,如超额所得税、暴利税、战财利得税等。

4. 重复征税及其避免

(1)概念、特点、形式

国际重复征税是指两个或两个以上的国家依据各自的税收管辖权在同一期间内对同一课税对象征收同一税种的税收。其特点是:①征税主体是多元的,即是两个或两个以上的国家;②纳税人是跨国界的,同时对两个或两个以上的国家负有纳税义务;③征税对象或税源是单一的。

国际双重税是不同国家税收管辖权交叉重叠和相互冲突的结果,其基本形式有以下4种:①居民或公民管辖权与地域管辖权的重叠和冲突引起的双重征税,即一个行使居民(或公民)管辖权的国家对其居民(或公民)纳税人的课征范围覆盖了其他国家行使地域管辖权的课征范围;②公民管辖权与居民管辖权的重叠和冲突引起的双重课税,即一个纳税人分别被两个国家认定为公民纳税人和居民纳税人;③居民管辖权与居民管辖权的重叠和冲突引起的双重课税,即由于行使居民管辖权的国家采用的居民纳税人的确定标准不同,造成同一纳税人同时被两个国家认定为居民纳税人;④地域管辖权与地域管辖权的重叠和冲突,即有关国家采用的关于境内所得的确定标准不同。

目前,世界上大多数国家兼行居民和地域两种税收管辖权,因此居民管辖权与地域管辖权的重叠和冲突是国家税收领域中最主要和最普遍的现象。双重征税会增加企业的税收负担,影响企业的最终收益,从而会影响企业国际商务活动的开展。为避免国际重复征税,联合国有关机构及政府间的双边或多边协定提出了一系列解决办法。目前在实践中,一般遵循属地优先原则,即当一国政府行使居民或公民管辖权对本国居民或公民纳税人在世界范围内的所得征税时,对其中来源于外国的部分,应优先考虑有关国家行使地域管辖权对此已征税的事实,允许这部分在国外已纳税的所得免付或减征本国税收。

(2)国际上免除国际重复征税的方式

国际上免除国际重复征税通常采取三种方式,即单边方式、双边方式和多边方式。

1)单边方式。指由一个国家单方面采取措施来免除本国居民或公民来自全世界所得已经或可能出现的国际重复征税。在这种方式下,居住国或国籍国为了鼓励本国居民(公民)对外投资和从事其他国际经济活动,为了减轻其国际税收负担,这些国家在本国税法中单方面制定一些旨在免除或减轻国际重复征税的规定,对本国居民(公民)来源于全世界的所得,所行使的居民或公民税收管辖权加以一定的限制,使得这些跨国纳税人来自国外所得的国际重复征税得以免除或减轻。例如,一些国家在本国税法中规定本国居民来源于国外所得已承担的税款可以按免税法的规定获得全额免税或部分免税,而不管其他国家是否也采取相同的办法对待跨国纳税人。

2)双边方式。指由两个国家在协商谈判的基础上,通过签订双边税收协定,采取一定的方法来免除双方居民或公民的国际重复征税。由国际税收关系的特点所决定,仅由一国单方面采取措施免除国际重复征税有很大的局限性,而且一国又不可能要求其他国家按照自己的愿望去对待跨国纳税人。一国给予跨国纳税人免税,但另一国不一定会这样做。居住国或国籍国在给予跨国纳税人国外所得免税的同时,也希望收入来源国对地域税收管辖权加以一定的限制,但收入来源国不一定会这样做。在这种情况下,只有通过双方协商谈判,签订双边税收协定,在协定的有关条款中规定双方在免除国际重复征税方面应承担的义务和应采取的方法。双边方式是目前免除国际重复征税的最常见、最普遍采用的方式。

3)多边方式。指由两个以上的国家在协商谈判的基础上,通过签订多边税收协定,采取一定的方法来免除跨国纳税人的国际重复征税。多边方式与双边方式的性质和原理基本相同,只是参与国较多而已。目前,它还不是免除国际重复征税的主要方式。

(3)双重征税减除的范围

1)减除的纳税主体必须是在本国负有纳税义务的居民。能享受减免待遇的,只能是那些被一国行使了居民税收管辖权的跨国纳税人。那些非居民是不能享受此项待遇的。

2)减除的必须是向有关外国支付缴纳的税,而不是费。各国征收的税收种类很多,有些名义上是税,但实际上是费。税是国家向纳税人强制、无偿征收的,而"费"是国家的有关部门因提供某种权益或服务向收益人收取的代价或报酬。跨国纳税人在收入来源国从事经济活动,不但要向该国缴纳税款,还要缴纳一些费用,如注册费、执照费、检验费等。这些费用,均不予抵免。

3)减除的税种是所得税或一般财产税及相关税种。跨国纳税人除缴纳所得税、一般财产税之外,还要缴纳土地税、增值税、营业税、消费税、房屋税等。由于这些商品课税和个别财产课税的税种并不涉及国家之间的财权利益关系,因此不予减免。

4)减免对象必须是实际已缴纳的境外所得或境外财产。本国纳税人申请享受减除国际重复征税待遇时,必须申报有关外国所得或财产总额以及已纳税情况。同时,提交已在有关外国政府缴税的纳税证明及其他有关资料。

(4)国际避税

随着我国投资环境的不断改善,越来越多的跨国公司到我国进行投资,随之与跨国公司内部其他成员之间的交易也逐渐增多起来。跨国公司为了整体的利益,逃避更多的税收,运用各种手段将各控股公司的利润进行转移。

国际避税是指跨国企业利用税法规定差别,采用选择合适的经营地点和经营方式等种种合法手段,来减少或消除其纳税义务的一种行为。国际避税与国际逃税是两个不同的概念,后者是故意或有意地违反税法规定的行为,具有欺诈性。

跨国公司的国际避税措施主要有以下四种：

1）转移定价。跨国公司通过转移定价。在公司体系内部调节成本和收入，将成本由低税率地区公司转移到高税率地区公司，从而将利润由高税地区公司转移到低税地区公司，可大大降低应纳税额。这里有两种情形，一种是直接转移——在高税率地区与低税率地区的连属企业之间发生商品和劳务交易时，人为压低高税率地区公司的销货收入和税费，或人为抬高低税率地区公司的销货收入和税费，使利润通过交易从高税率地区公司转移到低税率地区公司，达到避税目的。另一种是间接转移——两连属公司发生交易时，由设立在低税地区的第三连属公司中转，使真正发生交易的两个公司的利润转移到第三连属公司。第三连属公司一般只进行账面处理，并不实际参与交易。

2）"避税港"营业。避税港是对外国经营者征收相当低的所得税甚至不征所得税的国家和地区。鉴于避税港的特殊条件，跨国公司可通过在避税港设立附属公司（多系皮包公司），当母公司与其所属的其他子公司之间或其他子公司相互之间发生货物转移、费用转移时，制造事实上不存在的通过避税港公司中转的假象，把利润转移到避税港公司的账上，从而使公司总体税负得以减少。

3）提高贷款利率。在母公司所在国所得税率低于子公司所在国的情况下，母公司对于公司增加投资时，在不影响对子公司的控制的情况下，往往采取高利率贷款的方式。由于贷款的收益是利息，利息不课征所得税，这样，子公司的一部分所得就可以通过利息分配转移到母公司，从而逃避国际税收。

4）借用机构身份。由于一个国家的任何一种税收都规定有具体的纳税人和纳税对象，因此，跨国公司通过在海外机构上做文章就可以达到避税目的。

① 规避税收管辖权。就居民管辖权而言，各国执行不同的标准，常用标准有管理机构所在地标准、注册地标准和总机构所在地标准三种。跨国公司可在实行管理机构所在地标准的国家注册成立子公司，而把实际管理机构设在使用注册地标准或总机构所在地标准的国家，其总机构则设在实行注册地标准或管理机构所在地标准的国家。这样就避开了有关国家的税收管辖权。②跨国公司可根据东道国的税收规定有选择地设立子公司还是分公司。③避免成为常设机构。跨国公司在国外可利用一些替代性活动避免成为常设机构，从而避免非居住国行使的地域管辖权。

（5）国际反避税

随着国际经济、技术的发展，国际企业避税规模不断增加，避税方式更是不断翻新，并且往往与国际偷税漏税结合在一起，导致财富的不正当分配，歪曲了国际竞争条件，影响了一些国家（主要是实行高税率的国家）的财政收入。为此，许多国家特别是发达国家纷纷采取对策，完善税收立法，加强征税管理，以防止和消除国际避税的泛滥。在长期的实践中，一些国家逐渐形成了一些反避税的方法。

1）单边制定反避税法。反避税立法是反避税措施中主要的方面。各国反避税立法有以下几种形式。

① 针对一种或多种国际企业避税做法而加入特殊税法条款。

② 加入具有全面影响力的综合性条款。有些国家制定了在原则上适用于全部税收法规的综合性避税条款。

③ 加入必须获得政府同意的有关条款。在税法中明文规定某些交易活动必须事先征得税务当局的同意，否则便以违法论处。这是国际反避税领域中最严厉的立法形式。

2)双边或多边的反避税措施。双边反避税措施主要是指通过签订双边税收协定来限制国际企业避税,并规定双方在纳税管理上要相互协助、互通信息。多边反避税措施是指许多国家签订多边协定来防止国际企业避税的措施。例如,欧洲经济共同体于1975年作出的“关于共同体为反对国际避税和避税应采取的措施”的协定,便属于多边反避税措施。

3)加强纳税管理。税法上规定的反避税措施,还必须在纳税管理的实践中加以落实,否则,再完善的法律也仅仅是一纸空文。为了有效地同国际避税行为做斗争,各国税务部门必须对国际企业在国外的经济活动有全面的了解,通常采用的方法有以下三种。

① 向纳税人或第三方施加压力,要求他们提供详细的纳税资料。

②在税收入员为反避税准备需要纳税资料时,要求银行给予配合。

③各国之间加强税收情报的交流。

11.3 外汇汇率风险管理

11.3.1 外汇风险的概念

外汇是一国持有的以外币表示的用以进行国际之间结算的支付手段。外汇汇率是指一国货币单位兑换另一国货币单位的比率或比价。

外汇风险的含义有广义与狭义之分。广义的外汇风险指国际经济交易主体在从事外汇相关业务时,由于汇率及其他因素的变动而蒙受损失或丧失预期收益的可能性。广义的外汇风险包括在从事外汇相关业务时所面临的一切风险。如汇率风险、利率风险、政策风险、信用风险、决策风险以及道德风险。狭义的外汇风险是指国际经济贸易主体在从事相关业务时,由于汇率的变动而蒙受损失或丧失预期收益的可能性。狭义的外汇风险实际上只包括汇率的风险。本书只介绍狭义的外汇风险。

11.3.2 外汇汇率风险的管理

1. 外汇汇率风险管理的一般原则

(1)根据不同的情况选择不同的外汇风险管理战略

在汇率相对稳定的时期企业选择消极的外汇风险管理战略,可以获得节约风险管理成本的利益;在汇率剧烈波动的时期企业选择完全避险战略,可以保证生产和经营的正常进行。预测能力较强的大企业可以选择积极的外汇风险管理战略,预测能力较差的小企业选择消极的或完全避险的外汇风险管理战略。同一企业也可在不同时期针对不同情况调整风险管理战略,如流动资金较多时其抗御风险的能力较强,从而可以选择较为积极的风险管理战略。

(2)外汇风险管理服从于企业的总目标

在一般情况下,企业的总目标表现为追求利润最大化。因而在外汇风险管理中企业应对外汇风险报酬(即汇率变动可能给人们带来的利益)、风险损失和管理成本进行比较,不能只考虑其中某一方面。但是在某一时期,企业的总目标可能表现为在维持令人满意的利润率前提下追求生产和经营计划的顺利实施,这样企业便更加重视风险损失而相对忽视风险报酬,自然需要选择避险战略。

(3)全面考虑外汇风险

企业同时从事多种业务活动,如制定规划、采购原料、销售产品、国际筹资、对外投资、买卖外汇和会计核算等。这些都可能涉及外汇风险。它们引起的外币债券债务关系可能相互抵消,也可能造成相当大的敞口头寸(指外汇资产与负债的差额)。如果企业能够将某一项业务中的外汇头寸(指经济主体外币资产与负债存量)与另一项业务中的外汇头寸相互抵消。便能够尽可能地消除外汇风险。

(4)根据特定的约束条件采取不同的避险措施

每一项外汇风险管理措施都有其特定的长处和短处,如交易成本不同和对实际业务的消极影响不同等。有些措施能完全消除外汇风险也有些措施只能部分地消除外汇风险。

2. 外汇汇率风险的分类

在汇率方面的风险管理上,主要根据以下几种风险,相应采取对付的措施。通常外汇风险的分类有三种:

(1)交易风险

此风险主要指企业在国际业务中,以某种外汇交易,自交易合同生效到货币结算期间因汇率变化而带来的汇兑损益风险。它用以衡量汇率变化对未偿还债务的影响,而这种未偿还债务在汇率变化之前就已存在,但在汇率变化之后才进行结算。交易风险的项目包括商品或劳务的赊销与赊购,这些商品或劳务是以外币价格表示,所借(贷)的资金也以外币计价,且双方签订了未结远期外汇合同。交易风险是企业外汇风险中的主要风险。经常外汇风险管理都是针对此风险进行的。

(2)经营风险

此风险是由于汇率发生变化导致改变企业未来收入、成本费用和预期营业现金流量的风险。一个跨国企业的子公司所拥有的有利条件(如价格稳定、融资方便,且存在国际收支顺差、低税率的国家)可能会随东道国经济形势恶化而消失,最终导致该国货币贬值。若该公司以硬通货支付进口品,或者已从国外借入了资金,它很可能立即面临着经营困难的危机。外汇汇率变动也有可能影响通货膨胀压力、价格管制、可贷资金和当地劳动力供给这一类的经济因素。即经营风险的发生具体可表现为,由于汇率变化,企业在国内市场上的价格优势能否维持和在国际市场上进出口业务能否有利于企业经营这两方面内容。显然,汇率变化,在一个开放的市场下,必然影响企业的一切经营活动。

(3)折算风险

此风险主要指汇率变化引起企业编报合并资产负债表、损益表时所引起的风险。报表是企业经济活动和业绩的概括和反映,但在涉及跨国子公司的财务状况时,要以统一的货币来换算,不同币值以及汇率波动,必然使财务状况变形。折算风险不考虑已经变化后的汇率对未来的影响,也没有考虑在未来将会发生的汇率变化的影响,没有涉及实际现金流量。

交易风险和经营风险着重考虑了发生变化后的汇率、或在未来发生变动的汇率对未来经营状况的影响,它们涉及了实际的或潜在的现金流量变化。交易风险和经营风险虽然在性质上相同、但它们所承担的风险程度不同,例如,经营风险程度取决于对预计现金流量的估计,基本上是主观的;而交易风险取决于在汇率未变动前就存在未偿还债务,而又在汇率变动之后加以结算或偿还,基本上比较客观。

3. 外汇汇率风险的管理

(1)交易风险的管理

交易风险主要集中在对外汇的应收、应付款和大笔资金融通上。利用国际间有效的各种金融工具,可对其实施控制,避免部分风险。

1)外汇买卖合同。即企业预期有一笔债权或债务时,可以选择在市场上卖出或买进相应外汇的方法来避免风险。

一般企业首选的是远期外汇。即按照远期的即期汇率作相应债权或债务的卖出或买入,届时应付相应的结算。例如。某公司有一笔一月后收到的100万美元的贷款,为防止汇率变化带来的损失,公司可与银行签订远期突出100万美元的远期合约,这样,当一月后收到外汇时,就能以远期即时汇率转换成相应的货币,避免外汇的波动。当然,若汇率变化有利于美元外汇持有者,企业也失去汇兑收益。

2)运用期货合约。期货和远期的合约基本区别在于,期货在交易所中交易,并且有标准化合约,需支付佣金和保证金。而远期外汇主要通过各银行店头交易进行,有明确的对手存在,其汇率走势的预期也没有期货市场反映的客观。

上例中的该企业,可以直接通过经纪人按一月期期货的标准合约和期货价卖出100万美元,在期末以现货交割。由于期货支付保证金和佣金,因此,要求企业事先准备一定比例的美元作为保证,要计算避险成本时,也要将这笔佣金和货币机会成本考虑进去,甚至每日结算盈亏。

3)运用期权合约。企业可以根据对市场汇率的判断,作一笔按既定的履约价实出一笔一月期买进100万美元的期权。或者按既定履约价买进一笔一月期卖出100万美元的期权。前者可以在期初就获得一笔期权收益,在期末直接以现货交割,这是在对美元汇率看涨时作出的;而后者是在期初支付一笔买入实权的期权费,期末以现货交割,这往往是在美元汇率看跌时作出的,由于拥有这种权利,可在汇率变化不利于企业(卖方)时,放弃此权利,直接在外货现货市场上卖出美元。因此,期权更适应不确定性。

4)调期交易。这是企业在负有一笔外币债务(特别是债券每期付息还本时),为避免汇率变化的风险,寻找一个有本国债务的外方债务人,相互调换债务的支付义务,从而避开每期的汇率变化。当然,调期的方式分为利率调期和货币调期。利率调期主要是改变利息的支付方式.以适应本企业相应外汇收益的模式。而货币调期则是以相同利率的异种货币相交换。例如,使美国公司的固定利率的日元债务和日本公司的固定利率的美元债务相互代为支付,则变成单纯的一国债务问题,避开汇率风险。随着国际间各企业及金融机构的大量调期需要;企业这种调期活动大部分都是和国际性银行调期。上例中美国公司对日本的债务,只需要按事先约定的美元对日元的比率,定期支付美元就可以应付。而日本这家公司也通过定期支付日元,就可以应付美国的这笔债务。两公司所承受的汇率风险都转嫁给了银行。

(2)经营风险的管理

分析因汇率变化所带来的经营风险问题,是比较复杂的,一般要熟悉企业经营各个环节对汇率变动灵敏度的情况,重点需要分析:

1)企业原材料供应取自国外的比重以及供应商的垄断和竞争的情况,从而估计原材料的价格弹性幅度。

2)企业产品销往国际市场的比重,以及可能的价格优势与劣势;生产成本的改变幅度;成本中各国汇率的影响情况;企业产品的组合和调整的可能性。

3)企业在国际商业信用方面的赊销、赊购时间和规模,以及这种活动可能面临的汇率变化的风险程度。

4)企业利用国际资本的条件和区域;企业获得国际资本的数量和筹资成本;企业可能利用的外币种类。

5)企业投资于国际市场所可能面临的各国外汇管制政策的情况,资本收益的分配管制和税收问题。

总之,一切分析和认识都是为了掌握企业国际业务的程度和因汇率变化、企业调整和适应其变化的余地。

因此,对经营风险的管理,从跨国企业来说,往往通过建立专门的,包括国际管理不同方面的主管人员在内的外汇管理委员会来进行。其中,财务主管适当的营销和生产政策实施后,为其选择收、付的外币组合和时间,并估算和套头保值仍有的经营风险。

这里的套头保值,是指锁定各种外币流的成本,而不是为投机所进行的操作。事先作套头保值的操作,从交易技术上大致有两类做法:一类是使用期货,它是对已经确定的外汇流出或流入量进行的套头保值。另一类是期权,它则是对尚难确定的外汇流出或流入量进行的套头保值。通过期权、期货的组合,还能得到更有利于企业的避险效果和获利机会的统一。例如美国企业有国外远期销售定单,为此商定以日元付款。该美国企业担心届时日元贬值,故先作一笔相应数量和期限的卖出期货。可是这种担心把握不大,万一届时日元不贬值而增值,虽然企业因套期不会产生损失,但却错过一次汇率收益。对此的弥补是同时再作一笔相同数量和期限的买进看涨期权(买权)。这样,无论是日元贬值或增值,企业都会因此而获利。同时作一个买进买权和买进卖权之后,只要原生资产价格发生较大波动时,企业都可因此而获利。

(3)对折算风险的管理

折算风险主要产生于总公司对跨国子公司的投资规模超过需编制合并会计报表的比例时,以及这些子公司所在国币值的稳定性程度。另外,会计处理方法也对合并报表产生影响。对于跨国公司外币报表折算方法,大致分为四种:以现行汇率法折算;以流动与非流动项目分别汇率折算;以货币性与非货币性项目分别汇率折算;按各项目所属日期的汇率折算。这些都属于国际会计的内容。这里不再详述。但是,由于折算风险只是在将外币表述的报表转换成本币(或统一货币)重新表述中出现的不确定性,除在财务成果和核算上有影响外,并不真正形成损益。财务管理上一般不再对其进一步进行风险的避让管理。

11.4 案例 外汇风险:百富勤破产

1. 历史回声

百富勤投资集团有限公司(Peregrine Investments Holdings Limited)成立于1988年年底,由集团主席杜辉廉和董事兼总经理梁伯韬在中国香港地区创办。集团主席杜辉廉先生在财经服务业积累了30余年的经验,梁伯韬先生在企业融资顾问方面已纵横15个春秋。百富勤集团在短短的几年间,其业务已遍及亚太各地,如今它已拥有庞大的办事处网络,建立了广泛的亚洲业务伙伴及商业联系,以及公认的环境配售力。在其业务重点的亚洲市场,该集团主要为客户提供各类型的综合投资银行及证券经纪服务。客户既可在亚洲各个经贸中心获得精辟独到的企业融资顾问、证券买卖及包销服务,同时也可通过集团的全球服务网络在中国香港地区及国际资本市场筹集资金。

2. 演艺香港、蜚声海外

(1)收购广生行。提及广生行,资深的人尤其是岭南人无不想起双妹嚜(粤语商标的英语谐音)花露水,它就是广生行战前畅销全国和东南亚的名牌产品。1989年,长实收购广生行,纳其地产入长实地产。此后,长实拟对所购广生行地产实行私有化,受到长实部分股东批评,李嘉诚遂欲脱手广生行。百富勤抓住良机意于接手,因为百富勤高层与李嘉诚过往甚密,李又持有百富勤一部分股份,故做个顺水人情,将协议售予百富勤。百富勤可谓"一命二运三人气"皆大通顺,走出了收购活动的第一步棋。

(2)顺势运力,收购泰盛。1990年2月28日与泰盛主席香植球及其家族达成协议,终以每股25元购入泰盛股份19亿多股(面值0.10元),价格高于前日市场收盘价的5.3%,共值4.78亿港元,占泰盛股份的34.9%,收购导致了泰盛的改组重组。1991年5月23日,泰盛向控股母公司百富勤国际以2.6亿港元收购百富勤融资及百富勤证券两公司。泰盛改名百富勤投资控股有限公司。至同年年底,百富勤以包销商身份参与的融资交易逾35项,总值几百亿港元,仅其中8项公司收购业务的金额达120亿港元。之后,它又多次组织配股、招股、合并、收购等活动。特别是1993年大放光彩,为中资企业融资共达206.41亿元。

百富勤通过收购途径一飞冲天,其业务已扩大到亚太地区,当时已成为香港地区屈指可数的投资银行集团。

3. 业"精"于勤——百富勤的多元业务

(1)融资顾问及配售代理人。企业融资顾问(投资银行)业务是百富勤的主导业务,主要为证券发行、证券买卖、定息债券以及集团的各个直接投资项目提供咨询。百富勤在亚洲区域及本城市场上的经营运作中所积累的经验、技术及资源优势,使它的投资银行业务成绩斐然。这一业务范围主要包括企业改组、合并(收购)、合资经营,为亚洲机构提供本域及国外顾问、承销包销证券、私募证券及在全球市场上分销各类亚洲证券,在此主业务之外还极力为有意投资亚洲的域外跨国机构提供咨询及融资顾问服务。百富勤在跨国投资方面也创出了佳绩,为需要市场的客户提供融资服务、配售股份是它的拿手好戏。最好的例子是为协助世界最大的浴厨设备生产商美国标准有限公司在1994年配售私人股份。本次共筹得资金8 000万美元,百富勤成为有史以来第一家美国机构采用配售和私人股份的形式向亚洲投资者筹募中国发展资金。此举充分显示了百富勤在世界资本市场上具有高度集资能力及创意,它又向国际化经营走近了一步。据统计,1994年至1996年中期,百富勤先后多次以主干事或其他身份参与了几次亚洲、美国及欧洲机构的集资活动,集资总额超过200亿美元。

(2)合并、收购及财务顾问经过几年发展,百富勤已跻身为中国香港主要经办合并及收购的公司。集团已参与超过50项公开交易事项,包括香港历史上规模最大的收购事项——中信泰富有限公司以8.9亿美元收购恒昌行,中信泰富电讯以13亿美元收购中国香港电讯有限公司少数股东权益,以及航天科技国际集团有限公司以5 850万美元收购康力投资有限公司等。百富勤第一宗最大的买卖便是收购广生行,之后百富勤又帮助多家中资企业以收购及其他途径上市经营。

(3)扎根中国——辉煌红筹股。百富勤在中国的名声大多是从红筹股在港上市过程中为大众所知的。在百富勤经营的多种中国业务中,红筹股算是最辉煌的一页。中信泰富是第一支红筹股,其成功发行上市离不开百富勤的全力支持。百富勤一直担任中信泰富的投资顾问和股东,为中信泰富在中国香港和中国内地发展提供了资金保证。在合作期间,百富勤为中信泰富配售的股份达15亿美元,使之有能力购买港龙、国泰、澳门电讯、香港电讯及位于河南、江苏和上海的基建项目股份,实现了中信泰富滚动发展的目标。1997年,中信泰富的市值已由当初的7.2亿港元升至1 000亿港元。

4. 风云变幻、雏鹰折翼

然而就在百富勤正欲振翅高翔,去拓展国际资本市场之时,适逢东南亚金融危机,1998年

1 月 12 日下午 5 时，传来令人震惊的消息：百富勤投资集团公司发出公告："百富勤已委托罗宾逊会计师事务所作为清盘人，进入法律程序进行清盘"。由于百富勤大量投资于东南亚市场，此番东南亚货币及股市狂泻给它造成了无法弥补的损失。1997 年 7 月，当东南亚国家货币接二连三的贬值时(7 月 2 日泰国宣布放弃捍卫泰铢，当日泰铢贬值 20%；7 月 11 日菲律宾让比索自由浮动；3 天后马来西亚放弃保卫林吉特；8 月 14 日印度尼西亚让印尼盾自由浮动，印尼盾狂泻不止。这一天泰国 390 亿外汇储备只剩下 11 亿，被迫向 IMF 求救。由于百富勤是区内最大的亚洲货币债券商，货币突然贬值，使一些由百富勤安排发行债券的东南亚公司可能无法履行如期还款责任，百富勤因此在 8 月及 10 月共拨出 6000 万美元作呆账准备。另外，欠百富勤庞大款项的印尼计程车公司 SS 本计划以配股筹集资金，偿还百富勤的巨额债务，但由于印尼盾连创新低，汇率从 1 美元兑换 2400 印尼盾跌至 3900 印尼盾。于是 SS 决定再度延迟配股计划，这一决定使百富勤能否收回 SS 公司债项成为悬念。尽管百富勤一直未曾透露其与 SS 之间的债务关系，但实际上百富勤手上持有一笔多达 2.65 亿美元的 SS 短期票据，而此笔票据将在 1998 年 2 月至 4 日到期，以当时印尼在金融危机中的局势，不仅遭受巨大的汇率风险(损失近半，至 1998 年 1 月百富勤宣布破产，印尼盾已跌破 6000)，而且连这笔贷款是否能够顺利收回都成为问题，机会甚为渺茫；而百富勤在东南亚其他国家的业务也在这场危机中遭受不同程度的损失，特别是在泰国的业务受损最为严重。

虽然这次金融风暴是促使百富勤陷入财政危机的直接导火线，但百富勤在推行业务国际化时就已开始处处碰壁，这主要是因为其国际业务扩张过于迅速。随着香港华资财团业务日益国际化，百富勤也追随在欧美和亚洲多个国家开设分行，不过在许多新兴市场，百富勤不断遇到麻烦：1996 年初不得不结束开设了近 3 年的缅甸业务，因为该国军方一直无意推行国企私有化，仰光证券市场的成立又遥遥无期；1996 年中，百富勤越南分公司又卷入非法业务逃税的指控，分公司的主管被扣押近 1 年；同年 4 月，孟加拉国当局调查股市舞弊时，也拘捕了两名百富勤雇员；1997 年百富勤在港发行台湾地区证券市场加权指数认购权也引起台湾方面的不满，该认购权证在期满后并未获得续期。

由于业务和财务上发生严重困难，百富勤开始准备引入新股东以自救。相关机构也与百富勤洽谈对其收购一事，但由于市场形势不断恶化，终未有进展。百富勤集团的两大主要往来银行(即债权人)汇丰银行和中银集团明确表示，不会收购百富勤；另外，香港长江实业主席李嘉诚和中信泰富主席荣智健作为百富勤的股东，也表示不会对其伸出援手。

就是在这般重重压力下，又传来原协议认购股份的瑞士苏黎世集团打退堂鼓和又有一笔 6000 万美元贷款到期的不幸消息，这时百富勤内部流动资金早已枯竭，至此，百富勤再无任何回转余地，终于被迫申请破产清盘。

复习思考题

1. 什么是外汇风险？外汇风险有哪些类型？
2. 防范经济风险的主要措施有哪些？
3. 防范交易风险的主要措施有哪些？
4. 国际企业筹资有哪些基本形式？它们各有什么优缺点？
5. 国际投资方式有哪几种？怎样选择投资方式？
6. 怎么避免在国际税收中重复税收？

12 工程财务信息化管理

学习目标

- 了解信息化和工程财务信息化的概念，财务信息的分类和财务信息化的内容
- 熟悉财务信息的分类和财务信息化的内容；掌握工程财务信息系统的构成及对应功能模块
- 了解工程财务信息系统软件使用

12.1 工程企业财务管理信息化

12.1.1 信息和企业财务信息化的概念

1. 信息的概念

信息是世界上一切事物的状态、特征和变化的反映，其最高形式是人类的思想理论。物质世界的内在规律对于人类来说，需要借助五官和思维以及识别监测技术手段，并且这些技术不断地与时俱进、动态发展，而消息是信息的外壳，信息则是消息的内核。信息一开始表现为真伪难辨的消息。信息不同于数据，数据是信息的载体，信息则是数据所载的内容：数据是记录信息的一种形式，如3%是一个数据，不表示任何含义，而银行存款3%的利息率，则提供给我们一条对于存款人而言表示存款的回报率的信息。

对于不同的领域信息具有不同的定义，如企业管理中定义信息是管理活动的特征及其发展情况的情报、资料等的统称；信息管理中的信息定义为是按照用户决策的需要经过加工处理的数据；从财务管理学的角度看，信息是经过加工处理并对财务业务或经营管理活动产生决策影响的数据。

2. 信息化的概念

信息化最早是日本学者在20世纪70年代提出的，但信息化的具体涵义是什么，众说纷纭，至今没有一个被广为接受和认可的权威定义。

在杜栋教授主编的《信息管理学教程》中认为：信息化是指人们信息活动的规模不断增长以致在国民经济中占主导地位的过程；在张继焦等专家主编的《数字化管理》中认为：信息化是信息技术在经济活动中广泛应用的过程。具体而言，信息化在技术层次上体现为信息技术的推广和应用，在知识层次上体现为信息资源的开发和利用，在产业层次上体现为信息产业的增长。在王众托院士主编的《企业信息化与管理变革》中认为：信息化是在经济和社会活动中，通过普遍地采用信息技术和电子信息装备，更有效地开发和利用信息资源，推动经济发展和社会进步，使由于利用信息资源而创造的劳动价值（信息经济增加值）在国民生产总值中的比重逐步上升到占主导地位的过程。

总之，信息化应该是一个能给用户随时提供大量信息的，由通讯网络、计算机、数据库与日

常设备以及服务人员组成的无缝网络,是一个信息网络组成的网络。

3. 工程企业财务信息化的概念

工程企业财务信息化是指工程企业利用计算机网络和通讯技术对企业财务的预测、决策、预算、控制、分析诸多环节信息资源进行收集、加工、传输和共享,并实现核算的高效准确化、管理的透明规范化、决策的科学化。工程财务信息化在工程企业信息化中起着先导作用,是工程企业实现全面信息化的重要组成部分。

12.1.2 财务信息化的发展历程

财务信息化,最早起源于美国,起初一些企业运用计算机辅助财务人员的设计思想,后来相继出现了财务电算化、MRPII 等体现信息化思想的企业管理流程,直到 1990 年 4 月 12 日,美国 Gartner 公司在《ERP:下一代 MRPII 的远景设想》中首次提出"ERP",一种面向企业流程的信息化资源管理方案,立刻引起了财务经理和相关学者的极大兴趣,许多跨国公司争相上马 ERP 项目,引发了一场企业传统财务管理的信息技术变革,也使财务信息化成为企业财务管理的研究热点。在信息革命和全球经济一体化的隆隆炮火中,SAP、甲骨文、Sage 等销售额数十亿美元级的"信息巨擘"在全球财务信息化版图上翻云覆雨。

中国企业的财务信息化也经历了相似的发展历程。1979 年长春第一汽车制造厂大规模信息系统的设计与实施,是我国财务管理应用计算机技术发展过程的一个里程碑。1981 年 8 月,在财政部、第一机械工业部、中国财务学会的支持下,中国人民大学和长春第一汽车制造厂联合召开了"财务、成本应用电子计算机问题研讨会",第一次提出了"财务电算化"的概念。在 1999 年召开的"财务—信息化理论专家座谈会"上,专家们认为,随着计算机和现代电信息技术的飞速发展、财务信息需求的日益增加、财务电算化的功能的不断拓展和丰富,将"财务电算化"改为"财务信息化"更有利于与国际接轨,更有利于推进新形势下财务的研究与发展。至 2009 年中国 ERP 市场规模达到 67 亿元,并将历史性地突破 2% 的全球市场份额。从 1979 年长春第一汽车制造厂车间里的财务电算化试点到如今庞大数额的 ERP 市场,20 年内中国财务信息化经历了突飞猛进的发展。据统计,2004 年国产 ERP 软件已经占据全国 80% 的市场份额。

12.1.3 财务信息的种类

1. 按财务信息的稳定性分

财务信息按其稳定性可分为固定信息和变动信息。固定信息是指在一定时期内,其数值基本不发生重大变化的,可重复利用的信息,如职工的基本工资、各种定额、材料预算价等。变动信息是指在一定时点上,随着工程企业生产经营活动的进行,其数值是发生变化的,不能重复利用的信息,如职工的实发工资、每次的材料采购量等。财务信息的这种分类对财务信息化过程中进行数据的加工处理有着极其重要的意义。

2. 按财务信息的来源分

财务信息按其来源可分为内部信息和外部信息。来自于工程企业财务主体之内的信息称为内部信息,它主要是由工程企业组织内部的各职能部门提供的,有资金、成本、利润等各方面的信息;来自于工程企业财务主体以外的信息称为外部信息,它是由供应商、业主、银行、财政、税务等各方面提供的,有发票账单、借贷凭据、完税凭证等信息。这种分类对于理顺信息来源渠道、及时准确的获取信息有着重要的意义。

3. 按财务信息的产生过程分

财务信息按其产生过程分为原始信息和派生信息。原始信息是指工程企业在施工及生产经营活动中经营业务发生时,所取得的原始凭证上所载有的数据,既包括外来原始凭证数据,也包括自制原始凭证数据。派生信息是指在财务工作中按照财务要求对原始信息进行加工以后产生的信息,这种加工既包括初次加工,也包括再加工。派生信息包括记账凭证信息、账簿信息、报表信息、财务分析信息等。财务信息的这种分类,对于搞清财务信息加工对象以及目标信息有着重要的意义。

4. 按财务信息的表现形式分

财务信息按其表现形式可分为财务文件信息、财务凭证信息、财务账簿信息、财务报表信息和其他信息。这是一种财务信息的存储介质进行的分类,这在传统财务管理中是极其重要的,因为传统财务信息赖以存在的是"只读寄存"的存储介质。在财务信息化时代,"只读寄存"方式将被"随机寄存"方式所取代,财务信息的这种分类概念依然存在,但有逐渐淡化的趋势。

5. 按财务信息的计量属性分

财务信息按其计量属性可分为货币性信息和非货币信息。货币性信息是指能够用货币计量的信息,非货币性信息是指可以用货币以外的计量手段表示的信息。在工程企业资源日渐多元化、复杂化的今天,单纯用单一的货币计量属性已经不能客观地反映一个企业组织的实际能力及潜在的价值,增加货币以外的计量属性将能够更全面、更完整地揭示一个工程企业组织的价值。

12.1.4 工程财务信息化的特征

1. 集成性

工程财务信息化将对传统财务组织和业务处理流程进行重整,以支持"虚拟企业"、"数据银行"等新的组织形式和管理模式。信息集成包括三个层面:首先,在财务领域实现信息集成,即内外信息系统的集成。实现财务财务和管理财务之间的信息集成,协调和解决财务信息真实性和相关性的矛盾;其次,在企业组织内部实现财务和项目管理的一体化,即集成财务信息和项目信息,在两者之间实现无缝联结,使财务信息和项目管理信息能够做到你中有我,我中有你,真正融合在一起;再次,与外部关系(如业主、材料供应商、银行、税务、财政、审计等)建立信息网络,实现工程企业内外信息系统的集成。信息集成的结果是信息共享,工程企业内外与企业组织有关的所有原始数据只要一次输入,就能做到分次利用或多次利用,既减少了数据输入的工作量,又实现了数据的一致性,还保证了数据的共享性。

2. 动态性

动态性,又名实时性或同步性,工程企业财务信息化在的动态性表现在:首先,财务数据的采集是动态的。无论是工程企业外部的数据(例如发票、订单),还是企业内部的数据(例如入库单、成本计划),也无论是局域网数据,还是广域网数据,一旦发生,都将存入相应的服务器,并及时送到财务信息系统中等待处理。其次,财务数据的处理是实时的。在财务信息系统中,财务数据一经输入系统,就会立即触发相应的处理模块,对数据进行分类、计算、汇总、更新、分析等一系列操作,以保证信息动态地反映企业的财务状况和经营成果。再次,财务数据采集和处理的实时化、动态化,使得财务信息的发布、传输和利用能够实时化、动态化,财务信息的使用者也就能够及时地做出管理决策。

3. 渐进性

现代信息技术对财务模式重构具有主观能动性,但是,这种能动性的体现是一个渐进的过程,具体可分为三步:首先,以信息技术去适应传统财务管理模式,即建立核算型财务信息系统,实现财务核算的信息化;其次,现代信息技术与传统财务管理模式相互适应,表现为:传统财务管理模式为适应现代信息技术而对财务管理理论、方法做局部的小修小改,扩大所用技术的范围(从计算机到网络)及所用技术的运用范围(从核算到管理),即管理型财务信息系统,实现财务管理的信息化。最后,以现代信息技术去重构传统财务管理模式,以形成现代财务管理信息系统。实现包括财务核算信息化、财务管理信息化和财务决策支持信息化在内的财务信息化。

12.1.5 财务信息化的内容

财务信息化的内容包括财务核算信息化、财务管理信息化和财务决策支持信息化三个方面的内容。

1. 财务核算信息化

财务核算信息化是财务信息化的第一个阶段,在这一阶段完成的主要任务包括:设置财务科目、填制财务凭证、登记财务账簿、进行成本计算、编制财务报表等。财务核算信息化主要是指这几个方面均运用财务核算软件,实现财务数据处理信息化。

(1)设置财务科目信息化

设置财务科目信息化是通过财务核算软件的初始化功能实现的。初始化功能是在软件开始正式投入使用时运用的,除了输入总分类和明细分类财务科目名称和编码外,还要输入:财务核算所必需的期初及有关资料,包括年初数、累计发生额、往来款项、工资、固定资产、存货、成本费用、营业收入核算等必需的期初数字;计算有关指标需要的各种比例;选择财务核算方法,包括记账方法、固定资产折旧方法、存货计价方法、成本核算方法等;定义自动转账凭证;输入操作人员岗位分工情况,包括操作人员姓名、操作权限、操作密码等。

(2)填制财务凭证信息化

财务凭证包括原始凭证和记账凭证,对这两类凭证的处理方法,在各个财务核算软件中是不同的。记账凭证是根据审核无误的原始凭证登记的,有的财务核算软件要求财务人员手工填制好记账凭证,再由操作人员输入计算机;有的财务核算软件要求财务人员根据原始凭证,直接在计算机屏幕上填制记账凭证;有的财务核算软件要求财务人员直接将原始凭证输入计算机,由计算机根据输入的原始凭证数据自动编制记账凭证。

(3)登记财务账簿信息化。

登记财务账簿一般分两个步骤进行,首先是计算机根据财务凭证自动登记机内账簿,其次是把机内账簿打印输出。1996 年财政部发布的《财务基础工作规范》考虑了信息化的要求,对信息化条件下登记会账簿提出了规范,改变了过去设计财务制度时主要考虑手工操作的作法。

(4)成本计算信息化。

根据账簿记录,对工程企业项目管理过程中发生的采购费用、生产费用,进行成本计算,是财务核算的一项重要任务。在财务软件中,成本计算是由计算机根据机内上述费用,按照财务制度规定的方法自动进行的。许多通用财务软件提供了多种成本计算方法供用户选用;定点开发财务软件的成本计算方法,则相对少一些。

(5)编制财务报表信息化

编制财务报表工作，在财务软件中都是由计算机自动进行的，一般都有一个用户可自行定义报表的报表生成功能模块，它可以定义报表的格式和数据来源等内容，这样无论报表如何变化也都可以适应。但是在各财务软件中，这个功能模块的开发水平有很大的差别，有的灵活性比较强，有的则比较差。《财务基础工作规范》规定："财务报表之间，财务报表各项目之间，凡有对应关系的数字，应该相互一致。本期财务报表与上期财务报表之间有关的数字应当相互衔接"，多数财务报表软件都具备按照这一规定自动进行核对的功能。

2. 财务管理信息化

财务管理信息化是在财务核算信息化的基础上，利用财务核算提供的数据和其他有关数据，借助计算机财务管理软件提供的功能和信息，帮助财务人员筹措和运用资金，节约生产成本和经费开支，提高经济效益。财务管理信息化主要有以下任务：(1)进行财务预测；(2)进行财务控制；(3)编制财务计划。

财务管理信息化系统按财务管理的内容可以分为资金管理、成本管理和利润管理三个子系统。财务管理信息化的主要特点是：它不仅支持作业层和管理层的结构化和半结构化决策，而且对决策层的计划工作也是有用的；财务管理信息化一般是面向报告和控制的；财务管理信息化依赖于工程企业现有的数据和数据流；财务管理信息化一般用过去和当前的数据辅助决策；财务管理信息化是针对企业内部的而不是企业外部的；财务管理信息化的信息需求是已知的和稳定的。

3. 财务决策支持信息化

财务决策支持信息化是财务信息化的最高阶段，在这个阶段由财务决策支持软件来完成决策工作。该软件根据财务预测的结果，对资金、成本和企业项目管理等内容进行决策，并输出决策结果。财务决策支持系统与财务信息系统中其他子系统共同构成了一个完整的财务信息系统，他们相辅相成，分别完成财务核算、财务管理、财务预测决策等相关工作。其中财务核算信息化是基础，是后两个层次的重要数据来源，财务决策支持信息化是从前两个阶段的信息化发展而来的，决策所依据的数据要靠前两个阶段的数据来提供。

财务决策支持信息化的特点是：可以让用户设置和控制系统的输入和输出；基本上不需要专业程序员的帮助；一般是针对非结构化问题的；需要使用复杂的分析和建模工具。

财务核算信息化、财务管理信息化和财务决策支持信息化可以是独立的信息系统，但更应该是集成的信息系统。这是因为财务信息系统本来就是一个整体，三个系统的数据存在一定的关联，而且集成化的财务信息系统的效率远远超过各子系统独立存在的效率。

12.1.6 我国财务信息化的现状

我国财务信息化的发展大致分为三个阶段：财务软件试验阶段（1979－1986年）、核算型财务软件阶段（1987－1995年）和管理型财务软件发展阶段（1996年至今）。

1. 存在的问题

经过20多年的不同发展阶段，我国财务信息化有了长足的发展，信息系统的功能不断增强，应用也越来越普及。现在，大、中型企业都已不同程度地实现了财务信息化，应用了核算型财务软件。但是，从总体来看，我国财务信息化还处在发展过中，并存在诸多问题，具体表现在：

(1)中国式"集造"带来的问题

我国财务信息化发展迅速，但目前处于财务集中和流程再造——"集造"阶段。即通过财务集中来寻求对企业的全面财务控制，利用再造来引发新一轮的企业结构革命。在企业信息化初期，“集造”的烙印有助于目标企业短时间内统一认识，明确各部门任务职能，迅速推动项目进展，但是随着企业对信息化认知的不断加深，以及市场需求层级的提升，中国式“集造”体现的更多的是信息化市场的一种“急躁”心态，表现为：

1）市场急功近利

由于市场基础薄弱，大多数企业缺乏对财务信息化精髓——资源管理的理解，仍停留在急功近利“上项目”的阶段。有些企业特别是国有企业，实施 ERP 项目甚至被当作企业领导的政绩考核。

2）同质化严重

企业财务信息化项目被人为割裂成财务集中和流程再造两个孤立部分，几乎所有厂商提供的信息化服务都是如此，毫无差异化可言，这对于中国财务信息化的纵深发展非常不利。

3）恶性竞争

这是产品同质化的后遗症，把本应集中在产品层面的竞争无限扩展到价格和营销领域，“低价陷阱”、互相拆台等低劣竞争手段，给信息化市场前景发展蒙上阴影。

我国财务信息化软件发展的滞后，影响了企业财务信息化建设。

(2)企业管理体制对财务信息化的制约

我国企业的组织管理体制与国外的跨国公司和大企业有很大区别。国外许多大企业的组织结构是一种高度民主集中统一的组织管理体制，为企业实行资金预算管理制度、加强财务的集中管理和资金的合理调配提供了体制基础。而我国多数大企业实行的是多级法人制，大企业下面的每个子公司都强调各自独立的法人地位，这种组织管理体制下的资产和财务风险主要集中在子公司，与之共存的是，在有关法规不健全的情况下，大力推进财务管理的信息化建设必然会存在体制障碍。

(3)企业财务管理的各环节未建立规范的信息化作业流程

没有规范的财务操作流程，财务人员就没有统一的行动纲领。信息系统上线后财务人员应该做什么、财务人员在信息系统中有哪些角色、在信息系统运行的事前、事中、事后如何进行操作和控制，以及系统的财务内控机制如何建立？以上问题还没有一个量化的规范的操作流程，影响了我国企业财务信息化的进程。

2. 对策

财务信息化之路并非一片坦途，就连美国这样的信息化霸主也曾在 21 世纪初的网络泡沫风暴中蹒跚难行。我国的财务信息化才刚刚上路，偶尔的跌跌撞撞更属正常。经历“集造”的我国财务信息化市场已经呈现分层细分的良好趋势，在进一步的兼并重组后，信息化软件商也已基本整合就绪，蓄势待发。

(1)市场培育及差异化竞争

俗语有言“众口难调”，财务信息化市场也是如此。没有任何一家厂商能够提供对每个企业都好的信息化方案，必须集中资源实施差异化竞争。比如：主攻高端，或者盘踞中端，或者针对中小企业。

(2)完善企业财务制度和内部控制制度

企业信息化对于一个企业不是一项简单的工作，它涉及国家政策、客观环境、领导意识、员工素质、管理基础等诸多方面的制约，企业信息化应从企业自身需求出发，因地制宜、因势利导、脚踏实地、循序渐进。要想建立一个完整的企业信息系统首先必须要抓住主流，抓住核心，讲究策略，分步实施。财务信息化管理的成功可为企业的理财提供了有力的工具，也可为实现企业全面信息化奠定坚实的基础。企业进行财务信息化建设，必须加强基础工作建设，改善财务信息化环境，培养复合型财务人才，适应财务信息化要求。企业对财务人员进行计算机和财会知识培训，使每个财务人员既具备最基本的计算机知识又具备先进的财务管理知识，把财务人员培养成"财务—计算机—管理"型的复合型人才，以促进财务信息化的正常发展。公司财务管理信息系统的建设实行统一领导、分级管理、统一规划、分步实施；同时，在工作中建立健全财务信息化岗位责任制，加强财务信息系统维护、使用人员的管理，对财务人员的管理实行"责、权、利"相结合的原则，明确系统内各类人员的职责、权限并与利益挂钩，切实做到事事有人管，人人有专责，办事有要求，工作有检查。

(3)加强信息化流程规范，建立实用的操作手册

按照规范性、实用性、长期性的原则，组织专门力量修订完善信息化作业流程和标准，编制信息化操作手册。操作手册一般应包括如下项目：企业内部的组织系统和各部门间的关系：各财务管理环节、各财务管理人员岗位详细的操作方法；各类标准化表格，包括合同、协议书、成本管理单据等。

12.1.7 案例 三环车桥有限公司的财务信息化

湖北三环车桥有限公司(以下简称公司)，隶属于三环集团公司，是目前国内独具特色、规模最大、品种最全的汽车前轴专业化生产企业，中国机械工业500强、中国汽车零部件100强企业，湖北省高新技术企业和国家火炬计划重点高新技术企业。

自20世纪90年代以来公司一直致力于将财务制度建设与企业信息化建设结合起来，走出了一条财务制度内控化、财务核算电算化、财务管理信息化的高速发展之路。特别是1998年以来，企业财务管理网络化后，销售市场迅速扩大，销售收入不断增加，成本费用连年下降，经济效益显著提高，综合实力明显增强，有力地提升了企业的核心竞争力。2001年，企业产销实现2亿元，比上年增长19.20%，比1997年增长1倍；实现利润1 500万元，比上年增长45%，扭亏增盈1900万元。2002年1~8月，实现销售收入1.8亿元，增长速度为64%；实现利润1 200万元，增长速度为51%。

1. 财务信息化始于生产经营管理的透明化

公司信息化之前一直沿用直线职能式的组织管理模式，财务靠经验、凭感观对生产经营活动实施反映监控。在企业规模较小时，纵向管理在各层财务人员协助下能够监控到位。随着企业规模的日益扩大，生产经营业务量的增多，横向的职能部门分工细化，财务凭经验或感观监控难度加大，造成职能部门之间封闭运行，相互隔离，产供销业务与财务部门的联系相互脱节。

(1)采购部门业务与财务部门的联系脱节

采购部门的采购计划大纲、采购合同、采购渠道与采购价格均由部门内部提出并实施，财务部门对采购计划与采购合同不清楚、采购价格也难以监控，只是在物资入库后，凭仓储部门传来的入库单才知道这笔采购已经发生，从而产生估价应付，依采购部门的用款申请支付购贷款。财务没有能够对采购业务实施过程监控，也无法有效地实施应付账款管理和科学合理地安排采购资金，造成采购部门大手大脚，采购成本不断攀升，1991~1993年，累计采购成本增长3 237万元。

(2)生产部门的在制品流转业务与财务部门的联系脱节

生产部门从材料领出库到产成品入库，这中间的工序流程或周转均由生产部门操作完成，每批产品的毛坯与半成品流到哪儿，财务是不透明的，且材料出库单与产成品入库单、半成品流转报表均是“批处理”地月底传到财务部门，财务部门只能按“上月在产品＋本月材料出库－本月产成品”推导出一个半成品资金成本，造成了生产制造成本不真实准确。1996年底，企业彻底盘点结账时，一次发现钢材盘点短少近2000吨、计450余万元，后经财务、审计联合查实属于生产部门未办理材料出库手续，直接从下料单位将钢坯接到生产线上，使得产品毛坯盘点盈余近3万件、计600万元。按照财务账账、账物相符的要求，财务部门反复核账调平了这一账务。

(3)销售部门的发货、赊销、收款等环节与财务部门的联系脱节

产品发出，赊销形成。应收账款收回，无论是现金、汇票或以物抵账等收款业务均由销售部门业务员经办完成，月底“批处理”地传到财务。对于每批产品的发出去向与收款动向财务不能实时监控，事后对账核销也是一年一次，所以到1996年底企业形成呆账、死账款高达千万元。

不仅如此，研发经费收支、生产工资收支等财务部门没能实时监控。各业务部门的作业信息都是先在部门内部流转，对财务不透明，最后“批处理”地反映到财务账上。这样，财务仅起到事后记账、核算的作用，成了“事后诸葛亮”。企业在1994年～1996年经济效益大滑坡时，认真分析形成原因，发现财务监控的数据不够真实、准确，形成人们认为赚钱的产品却是亏损的，而认为是亏损的产品却是赚钱的，导致领导决策失真，该提的产品价格提不起来，该降的配件价格又降不下去，两头挤中间，所以，3年中，企业潜亏1908万元。痛定思痛，这也促成了企业走财务信息化之路。

1997年，企业新的班子上任，首要落实的是财务电算化和内部管理程序化。该公司一次性给财务部门配备了7台电脑，集中理顺了各种业务的内部控制制度，实行了科学规范的票证传递程序，运用先进的财务理财软件渗入企业的销售、生产、采购、库存的全过程，而且伴随着每笔业务，财务都实行了计划、合同、价格的监控管理。销售、采购、生产等部门的年度计划大纲、月份作业计划、每笔业务合同，超计件计资以外的工资费用单证、各种物资日出入单证及财务收支报表一一传递到财务，确保了财务信息真实、准确。财务部门也提高了财务人员的素质和责任心，加快了财务信息处理的速度，最大限度地利用网络信息加强对业务部门的监督控制力度，保障企业快速、高效地发展，杜绝了“客观造假”的隐患。如对采购业务，除每年提出降低采购成本600万元的目标外，财务部门对各种物资的采购渠道、采购价格、采购质量、付款期限均实施了电脑监控，对采购应付账款，采购部门在提交完采购入库单后，系统会自动产生，财务部门按照采购合同的付款条件直接付款给供货单位，供货单位寄来发票后，财务再自行核销。这样，不仅简化了原有的业务流程，减少了采购与财务之间的穿梭往来，极大地提高了工作效率，而且由于采购与财务之“墙”的推倒，财务能够掌握采购计划的全部信息，有效地减少了漏洞，建立起了采购和财务之间相互制约和监督的机制。

2. 财务信息化便于经营管理决策的科学化

市场经济是竞争经济，也是信息经济，企业要想在竞争中求得生存和发展，取决于经营管理的动态决策，决策正确与否，又取决于各种真实、准确的信息。公司1994年的经济滑坡与1998年的经济复苏增长，无一例外地证明了信息化对经营管理决策的重要性。

1994年下半年，随着汽车行业整体滑坡，公司出现了销售下降趋势，且1995年仍继续下降。在编制1995年的生产经营计划和财务预算时，企业决策层有的提出增长目标20%，有的

提出15%，有的认为5%。但是问及增长目标确定的具体依据时，谁也说不准确，也没有人提出异议；而市场营销员提供的市场信息仍很乐观，造成决策还是以10%的速度增长。实际运行结果，半年末“过半”，1～9仅完成年度目标的50%，而且产成品库存急剧增加，流动资金占用超速上升，财务、管理费用急速增长，企业第一次出现了亏损。财务信息化被决策层提到了议事日程。

1998年以后，财务核算与管理走上了电算化和网络化，财务信息化在公司扎根，财务人员积极利用信息技术，一方面向外广泛搜集市场信息与政策信息，为公司决策层提供了调整市场结构、产品结构、营销体系结构，让技术人员贴近市场搞开发等重要信息参考资料。短短3年，公司产品结构由单一的中吨位向中、重、轻、客、农多品种宽系列方向发展，市场结构由单纯的东汽向一汽、北汽、川汽、济南重汽等具有一定优势的潜在用户延伸，经营领域越来越宽。在决策层“不惜一切代价占领市场”的经营总策略指引下，3年开发新产品100多种，开发新市场70余个，销售网络遍布29个省、市、自治区，新产品销售收入每年以6000万元的速度递增。

另一方面，财务人员运用高效、快捷的电算化运算工具，参与企业经营管理决策，为实现决策科学化服务。新的决策者上任之初，十分关注辊锻四线这个“半拉子”工程，银行借款基本到位，企业自筹资金无来源，工程停缓了3年。怎么办？财务人员经过筹资效益评估后，运用信息化工具进行严密的预决策分析研究，提出了融资与合资“两条腿”走路的建议，引起了公司决策层的高度重视。1997年8月，省机械厅组建一上市公司正意向收购本公司，决策者根据财务部门的意见抢抓这一机遇，多方开展工作，终于在两个月内加入了三环集团公司。1998年4月，公司股票在深圳上市，企业募集资金600万元，启动了辊锻四线的在建工程，2000年建成投产，前轴生产能力增加10万件，实现了产品产量的翻两番。

近年来，公司财务运用信息化工具进行可行性研究，先后砍掉了效益较差的粉条厂、养鱼厂、溜冰场等建设项目，淘汰5个信誉差的销售用户和供货商，压缩了资金偿还能力差的2个用户供货量，确保了公司的经营质量，求得了企业持续、稳定、健康发展。

3. 财务信息化便于财务核算管理的高效准确化

首先，财务信息化提高了财务核算的装备水平，改善了财务信息产品的劳动生产率，财务人员从繁重的手工计算中解放出来。1997年以前，每月财务部门15人加班加点核算需要15天左右才能得到一份不十分准确的财务报表，财务信息化后，只需要8人不到一个星期就完成了一份准确的财务报表，再不用加班加点了。可见，信息化使财务人员的能量进一步释放，财务核算成本降低，财务人员有大量精力投身到生产经营业务的监控审核、预测、分析，参与公司各种决策。决策者自然而然地把所需要信息数据分析处理的业务交给财务部门先预测、分析，以实现科学决策。

其次，财务信息化提高了财务管理水平，改进了财务控制管理方法。一是预算管理更加精确。财务人员通过历史数据和现实准确信息分析处理，去做好各种产品、各部门、各项费用的预算工作，并且能够随着市场形势变化，及时提出预警或禁止信息，且各部门负责人可以在月中任何一天了解到截止日的收入、毛利、净利报表，便于及时了解经营信息，指导日常业务正确决策。二是财务控制更加集中。企业通过使用一体化的下级对上级透明的电算化系统，使企业内外哪一方发生的业务或开支，不进入系统就无法实现，在其他账目环节上做假账的可能性大大减少，降低了企业的经营风险。

财务管理信息化是降低成本的重要举措，是解决数据真实准确的可靠工具，是加强财务管理、堵塞采购销售环节管理漏洞的有效手段，是实现组织结构扁平化的技术保障。有条件的企业，要建立起以财务管理为核心的内部信息管理系统。借助计算机管理软件，使管理工作的"手"伸长，"眼"变亮，透明度增加，特别是规章制度可以通过计算机程序固化，减少人为因素，变成硬约束，从技术上解决信息不及时、不对称和监督乏力、滞后的问题。要积极稳妥推进企业财务与业务一体化的工作。应用统一的计算机财务管理软件、实现财务信息与业务流程一体化，实现生产经营全过程的信息流、物流、资金流的集成和数据共享，保障企业预算、结算、监控等财务管理工作规范化、高效化。

12.2 工程财务信息系统

财务信息系统是一个人造的信息系统，系统的结构、功能和内容取决于一定历史条件下人们对经济活动管理的需要与可能。

12.2.1 工程财务信息系统的功能模块

财务信息系统的功能模块划分为物理结构、功能结构和业务职能结构。

1. 财务信息系统的物理结构

财务信息系统的物理结构是指计算机系统和计算机网络系统。计算机系统是一个人机系统，其物理组成包括人员、计算机硬件、计算机软件、数据、操作规程等。根据工程企业规模和财务工作的具体需求不同，计算机系统的物理设施也不同，通常可分为单用户结构、多用户结构和局域网络结构；计算机网络系统具有设备共享、数据共享、分布式处理等优点。随着计算机网络技术的发展，网络各终端间的距离已不再是阻碍系统工作的屏障。若将网络系统中各设备间的联系看成是次互联网支持下的连接，那么计算机系统的物理控制也将扩大到一个相当广阔的地域。

计算机网络技术及软硬件的发展给财务信息化管理带来了新的机遇。目前。网络工作模式已日趋成熟，新的工作模式将会给财务信息化软件的应用带来更大的生存空间。

2. 财务信息系统的职能结构

财务信息系统的职能结构，是从系统职能的角度分析财务信息系统的构成及其内部联系。目前，财务信息系统各职能子系统的划分还没有固定的模式。财务职能子系统的划分，受到工程企业组织、规模、生产特点和管理要求等各方面因素的影响，因此要根据工程企业自身的特点和要求划分职能子系统。工程企业财务信息系统的职能子系统的划分，要有助于合理组织和使用各职能子系统所需的信息；有利于数据的存取且数据的冗余度低；有助于提高系统的适应性、实用性和可移植性；有助于提高系统的可靠性和安全性；有助于提高系统的通用化程度。

3. 财务核算信息系统的业务功能结构

工程企业财务核算信息系统通常由账务处理系统、材料核算系统、固定资产核算系统、工资核算系统、成本核算系统、项目核算系统、报表生成系统、银行对账、财务分析等组成。

12.2.2 工程财务信息系统的构成

在信息社会，工程财务信息系统的内容主要是财务核算系统、财务管理系统和财务决策系统。与此相适应，工程财务信息化的内容也包括工程财务核算信息化、工程财务管理信息化和工程财务决策支持信息化三个方面。正是由于现代信息技术在财务信息系统中的充分介入和广泛应用，使得财务信息化从理想走向现实。

1. 工程财务核算信息系统

在财务信息化的过程中，财务核算信息化是基础，财务管理信息化和财务决策支持信息化的深度和广度取决于财务核算信息化的规模和程度。

(1)工程财务核算信息系统的功能结构

结合目前财务信息化过程中我国财务核算信息化软件的现状，将工程财务核算信息化功能结构划分为账务处理、工资核算、采购与应付账款核算、存货核算、固定资产核算、成本核算、销售与应收账款核算、财务报表编制等几个模块。它们之间以账务处理模块为核心，通过转账凭证这一接口连接在一起，构成一个完整的财务核算信息系统。

1)账务处理

账务处理模块完成全部制证、记账、算账、转账、结账工作，生成日记账、总账以及除各模块生成的明细账之外的所有明细账。具体来讲，账务处理主要应提供和支持以下功能：工程企业根据自己的需要，自由定义财务科目、凭证类别、财务期间以及修改财务科目等，从而建立适合自己单位的账务处理应用环境；提供严密的制单控制、随时可调用常用财务凭证和常用摘要、单据及明细账查询，以及自动生成红字冲销凭证的功能；提供严密的凭证管理、审核功能，实现标准财务凭证格式的引入引出，完成不同站点间财务凭证的传递；提供对各种财务凭证、财务账簿的管理功能；提供自动完成月末分摊、计提、转账的功能；提供银行账、往来账、项目账、部门账的对账和管理功能。

2)工资核算

工资核算模块完成工程企业的工资计算、工资费用的汇总和工资费用的分配等工作，生成工资结算单、工资条、工资结算汇总表、工资费用分配汇总表、票面分割一览表、职工福利费计提分配表、个人所得税计算表等，并自动编制机制转账凭证传递给账务处理模块。

3)采购与应付款核算

采购与应付款核算提供以下业务和辅助功能的核算：录入或导入采购订单，查询订单汇总表、采购执行汇总表、明细表、对供应商发出催货函等；处理采购入库、委托代销商品入库、同时填制相应的入库单；可以人工或自动处理采购核算；自动生成采购凭证，并转入债务处理模块；应付款核算帮助企业有效地管理每一笔业务的应付账款，提供材料供应商的统计分析；由录入或导入的单据形成应付款项，处理应付项目的付款和转账；自动生成应付项目的记账凭证，并向账务处理模块进行传递；提供对应付款项的各种查询分析。

4)存货核算

存货主要包括原材料、在成品和产成品三类。存货核算模块应提供如下功能：及时准确地反映采购业务的发生、货款的支付及存货的入库情况；正确反映存货的收发结存数，提供存货的库存动态情况，及时反映各种存货的积压和短缺信息，生成存货明细账、存货库存信息表等；根据各部门、各产品领用存货的情况，自动进行材料费用的分配，生成存货费用分配汇总表；自动编制机制转账凭证，传递给账务处理模块和成本核算模块。

5)固定资产核算

固定资产核算模块能够通过自动或人工方式录入固定资产核算的原始资料；系统能够实现固定资产卡片管理、固定资产增减变动核算、折旧的计提与分配等工作，生成固定资产卡片、固定资产统计信息表、固定资产登记簿、固定资产增减表、固定资产折旧计提表，并自动编制机制转账凭证供账务处理系统调用。

6)成本核算

成本核算与工程企业的承包工程特点、施工工艺流程及成本管理要求密切相关,如果这些内容不同,成本核算方法也就不同,相应地成本核算的处理程序和功能也各具特色。但一般情况下,成本核算模块完成各种费用的归集和分配,计算产品的单位成本和总成本,并为成本管理和利润核算提供相应的成本数据。

7)销售与应收款核算

销售核算模块一般要和存货核算中的产成品核算相联系,实现对销售收入、销售费用、销售税金、销售利润的核算。生成销售明细账、发出商品明细账、应收账款明细账、销售费用明细账、销售成本明细账、销售利润明细表以及销售收入、销售成本、销售税金、销售利润汇总表等,并自动编制机制转账凭证供账务处理子系统调用。与销售核算相联系的是应收账款的核算,该模块完成应收账款的登记、冲销工作,动态反映各客户信息即应收账款信息,还可进行应收账款的账龄分析和坏账准备金的计算与核算。

8)财务报表编制

财务报表编制模块实现各种财务报表的定义和编制,并可进行报表的汇总和合并。该模块生成的财务报表包括对外财务报表(资产负债表、利润表、现金流量表及其附表)和对内财务报表(费用报表、成本报表等)。

(2)财务核算信息系统各功能模块间的关系

一个完整的财务核算信息系统是由若干个模块构成的,这些模块中,账务处理模块处于核心位置。这是因为,一方面财务信息系统所提供的企业用于微观管理和国家经济管理部门进行宏观管理所需要的财务信息,都必须经过账务处理模块对企业发生的交易或事项进行加工处理后才能取得;另一方面账务处理的起点是财务凭证,从它和各模块之间的关系的角度来讲,这里的财务凭证就是记账凭证。各业务模块对原始凭证汇总处理后,编制机制记账凭证,传递给账务处理模块进行账务处理,然后再经过报表编制模块生成财务报告。可见,记账凭证是各业务模块和账务处理模块之间的接口,财务报表是财务核算信息化系统和财务信息用户之间的接口。从这个意义上说,账务处理模块是财务核算信息化系统的核心模块。

(3)财务核算信息系统中的账务处理程序

从财务核算的本质出发,结合现代信息技术的特点,财务核算信息系统的账务处理程序为:

1)从原始财务数据到分录数据库

这一阶段主要完成对工程企业发生的交易或事项。按统一的计量标准进行计价,并将交易或事项分类转化为由应借、应贷的财务科目及金额组成的财务分录形式。分录数据库类似于记账凭证库,但与电算化财务信息系统相比有两点不同:一是包含的数据量更广,包括原始凭证和记账凭证的数据量;二是分录数据库中数据一经确认,即成为财务分类账和日记账数据,无需再经过任何转化过程,就可以随机地输出财务信息使用者日常所需的财务资料。

2)从分录数据库到科目数据库

这一阶段完成账户数据浓缩任务。科目数据库类似于通常的科目余额库。但此时设置科目数据库的目的已远远超出生成财务报表的需要,而是为财务信息系统乃至企业管理信息系统,积累全方位的基本财务信息资料,为企业管理和决策提供全方位的信息支持。

3)从科目数据库到输出的各类财务信息资料

根据在科目数据库中已积累的大量基本财务信息,按照标准的数据代码和报表信息生成关系自动定义和产生所需财务信息资料。包括日常对外定期报表、随机的内部管理报表以及财务分析报告等。

2. 工程财务管理信息系统

在工程企业管理过程中,全面预算、过程控制和考核评价是财务事前控制、事中控制和事后控制的具体体现。全面预算是工程企业规划管理目标,过程控制是保证管理目标实现的措施,分析评价是检查管理目标的实现程度,三者之间相互依存、相互作用、密不可分,构成了财务管理的有机整体。财务管理的信息化,在某种程度上讲,就是要实现事前控制、事中控制和事后控制的信息化。

(1)全面预算模块

全面预算是指用数字形式编制的工程企业未来一定时期的计划,或者说是未来一定时期实现企业目标的具体化、数据化步骤。

全面预算编制的步骤是:1)价格预测:2)成品标准成本计算;3)间接费用计划;4)差距分析和预算调整;5)预算通过并冻结修改。在具体工程企业中,对预算编制步骤的设计应该根据工程企业承包项目的特点来确定。

全面预算是财务控制的先导,其量化指标可作为日常控制与业绩考核的依据,预算模块应该提供按科目、部门、项目等编制并查询详细的预算数据,预算输入后,可根据业务实际发生额方便地进行预算分析,尤其是直观的图形分析功能,这样,可给预算管理带来极大的方便。

一些大型工程企业呈现出资本、投资和经营分散化的趋势,他们所属分公司可能遍布国内外、海内外,而且从事着多元化的经营活动。在这种情况下,全面预算就成为工程企业协调和保证经营目标实现的重要步骤。以网络为代表的现代信息技术为工程企业远程预算控制搭建了平台。这样,大型工程企业可以通过计算机网络系统对下属企业进行监控和管理;大型工程企业可以通过计算机网络对下属企业的财务预算进行审批,并设定控制指标控制各单位每年的预算,一旦出现超出预算的支出,系统会自动报警,通知上级公司;大型工程企业可以通过计算机审批各类合同,系统不允许业务人员签订与预算不符的合同;大型工程企业可以通过计算机系统审批下属企业的利润分配预算;通过计算机系统,对下属企业的预算内支出和预算外支出进行记录并形成标准格式单据,予以自动记账。

(2)财务过程控制模块

财务控制是按照一定的程序和方式确保工程企业及其内部机构和人员全面落实、实现全面预算的过程。财务控制是一个动态的控制过程,要确保预算的贯彻执行,必须对各控制项目执行预算的情况进行跟踪监控,不断调整执行偏差。为此,必须建立一个信息反馈系统。

财务控制主要是通过责任控制系统进行的。责任控制系统作为财务控制的一个基本的、核心的模块,一方面履行财务事中控制的功能,另一方面连接全面预算和财务考核评价两个模块,使得整个财务控制系统形成一个闭环控制回路。该系统应具有如下功能:1)建立责任中心控制模式,责任中心的类型有成本中心、利润中心和投资中心,各责任中心是财务核算、责任控制和业绩考核评价的基本单位,并将初始信息输入系统。2)及时准确地把责任中心、与责任中心有关的工程企业内部生产经营活动、客户和供应商以及相关单位的变动信息输入系统。3)对各责任中心的控制责任(成本、利润、投资)的情况能够做到实时查询、输出,以便使相关管理人员对经营过程进行动态控制。4)各责任中心表面上是工程企业内部的财务主体,其实是一个部门、班组或个人。因此,在技术层面,应将各责任中的数据集成在一起,并进行充分的挖掘和利用。5)在市场经济和信息技术环境下,工程企业管理朝着两个趋势发展,一是内部管理组织越来越小,实施精细化管理,二是工程企业越来越依赖于外部市场信息。因此,系统要建立面向客户管理的销售模块和面向供应商管理的采购模块,并实现与责任控制模块的集成。

(3)财务考核评价模块

财务考核评价既是对已完成的财务活动的总结,又是财务预测的前提,在财务管理循环中起着承上启下的作用。财务考核评价模块是财务管理信息系统中的一个重要模块,目前大多数财务软件都加入了这一模块。

1)财务分析方法

财务分析是运用财务报表的有关数据对工程企业过去的财务状况、经营成果及未来前景的一种评价。财务分析的主要内容是财务报表分析、财务比率分析和预算分析。财务分析的主要目标为:分析工程企业的获利能力;分析工程企业的财务状况和偿债能力;分析工程企业筹资和投资的合理状况。财务报表上所列示的各类项目的金额,如果孤立起来看,是没有多大意义的。必须与其他金额相关联或相比较才能成为有意义的信息,供决策者使用,而这些正是财务分析所要解决的问题。

对众多信息资料的收集、整理、加工,形成有用的分析结论,在手工方式下是难以全面展开的,而财务分析软件却做到了这一点。在财务分析软件里一般都设置了绝对数分析、定基分析、对比分析、环比分析、结构分析和趋势分析等多种专门的分析方法,提供了从经营者、债权人、投资者等多角度的分段报表选择,使分析工作者能轻松地完成对财务数据的进一步加工,及时、迅速、准确地获取有用的信息,为决策提供正确、客观的依据。

2)财务数据源分析

财务分析的对象是财务数据,如何从财务软件中获得所需的数据,以及如何从不同高度取数是进行财务分析的前提。手工方式下,财务数据存放在凭证、账簿、报表、摘录、抄写和复制等纸介质中,因此,获取财务数据只能靠手工。财务信息化后,传统的财务的数据处理方式、存储方式、输出方式发生了根本性变化,它可以根据工程企业管理、分析、预测、决策的各种需要,做到及时、准确地提供丰富的数据源和复杂的计算结果。

3)从财务信息源中获取信息的途径

从财务信息源中获取信息的途径之一为一次输入、多次使用。财务软件的设计者充分考虑了数据的共享和重复使用,因而所有的财务数据在一次录入后,均可多次重复使用。比如:采购单录入后,可直接生成凭证,并转入账务处理子系统;成本费用可以在成本核算中录入,进行成本计算后再通过凭证自动生成,引入账务处理子系统,从而可为财务数据分析模块提供数据源;获取信息的途径之二为机内取数。运用财务软件或其他计算机应用软件所提供的取数工具,直接从机内的账务、报表等模块中读取或生成所需的财务分析数据,这是获得财务数据的主要途径;获取信息的途径之三为:利用数据库本身提供的数据转出获取数据。各种大数据库都提供了导出功能,可以将指定的数据以指定的文件格式转出,不同数据库的转出功能可以参照相应的数据库管理手册。有些财务软件中提供了"查询数据转出"功能,可以直接将查询到的数据引出,提供给财务分析模块使用;获取信息的途径之四为:读取机外磁介质或光盘介质中的数据。机外磁介质和光盘介质可用来存放财务源数据,财务软件可自动从这些介质上直接获取数据,并将其存放在财务分析管理模用于单机之间数据的传递。获取信息的途径之五为网络传送。对于局域网络环境而言,财务分析管理系统可自动从网络服务器上直接获取数据,并将其存入财务分析模型中。例如,总公司、分公司所需的项目部财务管理与决策数据,由项目部定期利用远程通讯工具,通过调制解调器、电话线和国际互联网,就可以坐在办公室里,轻轻松松地向其上级单位发送财务数据。上级管理单位在收到项目部传送的财务数据后,便可由财务分析系统自动从主网络服务器上或本地硬盘中直接获取数据。

4)财务分析的实现

利用财务软件中报表处理功能实现财务分析。目前,报表软件的功能日趋强大,借助于报表软件不仅可以完成日常的财务分析工作,同样,也可自由定义分析或管理数据。利用报表软件实现财务分析的一般步骤是:设计和确定一种财务数据的分析模型;确定和分析模型中所需的数据及其来源;进入报表系统,完成报表格式设置,指定报表标题、行列信息等内容;具体描述报表内容,定义报表项目;定义每一具体项目的公式,包括取数方式、数据来源、运算公式等信息;调用报表计算功能,生成分析报表;打印输出,查询或以直观形式输出分析信息。但是报表软件毕竟不是专用的表格制作软件,因此,在报表的格式定义、数据的处理和分析能力上,都与数据管理的要求有一定的差距,这也限制了报表软件的应用。

3. 工程财务决策信息系统

(1)决策支持系统的总体结构

从决策支持系统的总体上看,决策支持系统可以划分为三个组成部分,即决策者、决策目标和决策方法。

1)决策者

决策者是决策活动的原始驱动者,当决策者面临环境的变化和挑战时,要求决策者获取具体的环境信息,结合自身的实际情况,在众多的选择方案中确定最有利于自身的行动方案并付诸实施。决策是基于选择产生的,没有可供选择的方案,实际上也就不存在决策过程。

2)决策目标

决策目标是指决策人在一定的约束条件下,对某项决策所希望达到的结果。决策目标是基于对问题有相当了解的基础上产生的,确定合理的决策目标,是决策成功的前提条件。

3)决策方法

按照决策问题的性质分类,可以分为结构化决策和非结构化决策。结构化决策是指问题的解决方案明确,有规律地重复发生的问题的决策;非结构化决策是指问题的求解过程不明确,结构复杂,偶然发生的问题的决策。

(2)决策支持系统各子系统的功能

决策支持系统是一个复杂的系统,关于决策支持系统的结构在早期普遍认为是“二库”结构,即由数据库和模型库构成决策支持系统的主干。后来,人们把方法库从模型库中分离出来,形成目前流行的三库结构,即数据库子系统、模型库子系统和方法库子系统。

1)数据库子系统

数据库子系统包括数据库和数据库管理系统。数据库中的数据专门用于支持决策,从结构上看,它与传统的数据库不同的是,它存储的不是基本的业务数据,而是基于庞大的业务数据产生的、高度概括和抽象的专门用于决策的“元数据”。

在更多的决策支持系统中,引入了“数据仓库”的概念。数据仓库是基于数据库及网络技术的发展,是一种关系型数据库管理系统,是专为支持决策管理而设计的,它不是为了满足事务处理系统的需要,而是特殊的提供决策支持的数据库。数据仓库中存储了非常庞大的数据记录,并且能够自动更新、删除不必要的数据。

数据库子系统中另一个重要的组成部分是数据库管理系统,它负责管理和维护系统所需的内部和外部数据,实现与模型库、方法库和会话子系统之间的数据连接,为系统内的各个部件方便有效的调用数据、完成各种分析工作提供最基础的数据支持。

2)模型库子系统

模型库子系统包括模型库以及模型管理系统。模型库的主要任务是存贮决策所需的各种模型,例如:财务模型、统计分析模型、图表模型和项目管理模型。模型的存储方式有多种,包括程序方式、数据方式、谓词方式等。

模型管理系统的主要任务是完成对模型库的访问,对模型的添加、删除、修改和维护等基本功能,以及实现模型库与方法库、数据库子系统的连接。对决策支持系统而言,用来支持决策活动的各种模型是一种共享的资源,同时,由于要应用模型的各种实际问题的约束条件、决策变量和目标形式等具体细节千差万别,因此,没有一个统一的、一成不变的标准能够适用于所有的实际问题的决策。这就要求模型管理系统的设计允许用户或决策者能够直接参与模型的各种操作和设置活动,控制模型的细节属性。从决策支持系统的结构来看,模型库是决策支持系统的核心。

3)方法库子系统

方法库子系统包括方法库及其管理系统。方法库中存放各种算法,决策支持系统中常用的方法可以分为三类:优化类方法:这类问题用于求解最优解或次优解问题,具体有:数学规划方法、库存优化方法、销售优化方法、投资及筹资优化方法,使用的技术有线性规划、非线性规划、动态规划、整数规划、多目标规划等;统计类方法:这类方法主要用于解决统计决策问题,适用于根据历史数据以及当前数据,对未来的趋势进行预测;模拟类方法:这类方法又称为仿真方法,具体又可以细分为离散型模拟和连续性模拟两类。在决策支持系统中主要应用的是离散型模拟方法。

在计算机中,方法主要是以子程序的形式存放的。从本质看,方法库与模型库的存储方式和访问方式是一致的。方法库管理系统的功能主要有:方法的增加、删除、调用、显示和查询等。

12.3 案例 亿通项目施工财务管理软件简介

亿通建筑项目财务管理软件是专为建筑项目施工过程的财务管理而开发的软件,是专门针对建筑企业来进行账务处理的,完全按建筑现场施工的实际情况进行财务业务分组,它不仅统计出了建筑企业的财务状况,还增加了与工程预算的对照表,通过预算与实际成本的对照,不仅能了解工程成本的组成,进而控制工程成本,可有效提高工程项目管理的自动化及信息化水平。并且具有操作方便,账务工作准确简单的优点。

亿通建筑项目财务管理软件从建筑项目独有的人材机直接成本组成的角度出发,单独反映了各会计期进入工程成本的人工、材料和机械费;月末可根据工程的完工进度情况对成本进行相应地结转。提供了工资、库存材料、周转材料、低值易耗品、小型机械和固定资产各模块的单独结账,这样可对各模块进行连续几个月的业务处理。在这里各模块的连续单独结账与账务方面的结账是没有冲突的,账务始终是以期末结账为准,需注意的是在期末结账时必须保证当期各模块已经结账,然后进行总账的期末结账后再进行下个会计期的日常业务。

不仅如此,一个账套可同时核算多个项目工程的日常业务,分别统计出各项目工程的成本费用及利润;通过历史记录可随时查询客户、供应商、员工及班组的应收实收、应付及实付情况，以达到超额付款的控制；也可查询一段时期各项目工程成本及费用等。

功能简介：

通过友好录入窗口，后台自动生成凭证，功能强大，可适合于专业会计知识相对不足的人员使用。设有工资及固定资产模块，按标准的会计准则组账，最终出具各种规范的会计报表。也能通过直接填写凭证完成账务录入，同样适合于专业的会计人员使用。查询功能强大。操作非常简单，能用于多工程项目同时进行财务账务处理，最终可进行项目预算与实际费用的比较，提高管理及费用控制水平。

具体特点：

1）按日常业务单进行录入各项数据，简单易懂，在软件后台自动生成对应的科目，并生成资产负债表及损益表，特适合于一些会计知识不足的人员作账，且有学习作用。

2）可直接填写凭证方式录入，对一些会计知识丰富的用户直接用此功能完成全部的账务。

3）参考用友软件的操作方法，在会计科目中设有辅助核算的功能，简化会计科目的设置，更适用于一些有用友软件使用经验的用户。

4）强大的统计汇总查询功能，并可在每一窗口直接查询到每个单据或凭证，并统计出与各个单位的所有往来。

5）使用软件可对材料进行收发存管理，并可查询仓库库存及设置上下限提醒。

6）设有材料的进价查询功能，能快速查到平均价、总进货量、最后一次进价的数据。

7）具有工资管理模块及固定资产的核算模块，功能强大。

8）支持多项目在一个账套中完成，且能独立查询每个项目的财务情况，并最终生成与工程预算的一致口径的对比表。

9）专门针对建筑行业的项目施工财务管理开发，具有其他财务软件所没有的深度。

复习思考题

1. 信息化和工程财务信息化的定义是什么？
2. 财务信息的分类有哪些？财务信息化的内容是什么？
3. 财务核算信息化包括哪些内容？
4. 我国财务信息化的存在的问题是什么？如何处理？
5. 工程财务信息系统的功能模块包括哪些模块？这些模块的功能是什么？
6. 工程财务信息系统的构成是什么？
7. 工程财务核算信息系统包括哪些模块？这些模块间的关系如何？
8. 工程财务管理信息系统包括哪些模块？这些模块间的关系如何？
9. 工程财务决策信息系统包括哪些模块？这些模块间的关系如何？

参考文献

[1]卢谦．建设工程招投标与合同管理．2 版．北京:中国水利水电出版社,知识产权出版社,2005.
[2]全国造价工程师执业资格考试培训教材编审委员会．工程造价管理基础理论与相关法规 2006 版．北京:中国计划出版社,2006.
[3]王虹,徐玖平．项目融资管理．北京:经济管理出版社,2007.
[4]叶晓甦．工程财务与风险管理．北京:中国建筑工业出版社,2007.
[5]陈伟珂．工程项目风险管理．北京:人民交通出版社,2008.
[6]刘慧娟．财务管理．武汉:华中科技大学出版社,2007.
[7]宋秋萍．财务管理．北京:高等教育出版社,2008.
[8]高玉香,夏明会．财务管理原理．武汉:武汉理工大学出版社,2006. 12.
[9]涂利平．财务管理．成都:四川大学出版社,2006.
[10]赵栓文,聂亦慧．财务管理学．西安:西北大学出版社,2007.
[11]胡华夏．财务管理．武汉:华中科技大学出版社,2007.
[12]宋秋萍．财务管理．北京:高等教育出版社,2008.
[13]朱传华．财务管理案例分析．北京:清华大学出版社,北京大学出版社,2007.
[14]赵华,苏卫国．工程项目融资．北京:人民交通出版社,2004.
[15]刘桂英,邱丽娟．财务管理实验案例教程．北京:经济科学出版社,2005.
[16]龙敏．财务管理．北京:电子科技大学出版社, 2009.
[17]刘建民．财务管理．郑州:郑州大学出版社, 2008.
[18]张新民,孔宁宁．财务管理案例点评．北京:对外经济贸易大学出版, 2008.
[19]庾安勤,杨明娜．财务管理．北京:电子科技大学出版, 2008.
[20]吕向敏．财务管理．北京:冶金工业出版社, 2008.
[21]黄良杰, 蔡方, 陈复昌．财务管理学．郑州:河南人民出版社, 2007.
[22]竺素娥,涂必胜.《财务管理》学习指导书．杭州:浙江人民出版社, 2008.
[23]刘迪．财务管理学．北京:中国电力出版社, 2004.
[24]温作民．财务管理．南京:东南大学出版社, 2002.
[25]柯琼．成本会计．武汉:华中科技大学出版社, 2009.
[26]杨洛新,胥兴军．成本会计学．武汉:武汉理工大学出版社, 2007.
[27]中国冶金建设管理协会财务会计研究会．施工企业成本管理．北京:冶金工业出版社．1988.
[28]张铁城．建筑企业成本管理．北京:中国建筑工业出版社, 1987.
[29]张学英,涂申清．工程成本与控制．重庆:重庆大学出版社, 2008.
[30]盛文俊．工程成本会计学．重庆:重庆大学出版社, 2002.
[31]郝建国,许群,黄毅勤．施工企业会计实务．北京:中国市场出版社, 2005.
[32]黄毅勤,李世钰．现代施工企业会计实务．北京:民主与建设出版社, 2004.
[33]李跃珍．工程财务与会计．2 版．武汉:武汉理工大学出版社, 2008.
[34]万希宁, 郭炜．会计信息化．武汉:华中科技大学出版社, 2009.
[35]万希宁．财务与会计信息化实用教程．武汉:华中科技大学出版社,2003.
[36]辛茂荀．会计信息化．北京:经济科学出版社, 2003.

[37]王正伟．企业财务信息化管理．北京:中国广播电视出版社, 2002.
[38]方虹．货币银行学．北京:人民邮电出版社, 2007.
[39]刘晓君．工程经济学．北京:中国建筑工业出版社, 2005.
[40]谭大路,赵世强．工程经济学．武汉:武汉理工大学出版社, 2008.
[41]严复海．财务管理学原理与实务．北京:北京大学出版社,2008.
[42]季光伟．财务管理教程．北京:科学出版社,2008.
[43]刘晓君．工程经济学.2版．北京:中国建筑工业出版社,2008.
[44]李岚．财务管理实务．长沙:中南大学出版社,2006.
[45]王化成．财务管理理论结构．北京:中国人民大学出版社,2006.
[46]余娟．国际财务管理．北京:机械工业出版社,2007.
[47]陈琦伟．公司金融．北京:中国金融出版社,2003.
[48]吴少平．中小企业财务管理．广州:广东经济出版社,2003.
[49]黄庆阳．财务管理学．武汉:武汉理工大学出版社,2008.
[50]中国建设会计学会建筑会计学术委员会．施工企业工程项目财会实务．天津:天津科学技术出版社,1997.
[51]王化成．高级财务管理学.2版．北京:人民大学出版社,2007.
[52]陈津生．建设工程保险实务与风险管理．北京:中国建材工业出版社,2008.
[53]王龙华．关于建立我国建筑业工程保证担保制度的研究．重庆:重庆大学,2005.